高职高专土建类专业“十三五”规划教材
GAOZHIGAOZHUAN TUJIANLEI ZHUANYE SHISANWU GUIHUAJIAOCAI

建筑结构基础与识图

JIANZHU JIEGOU JICHU YU SHITU

主　编　赵邵华
主　审　苏永堂

中南大学出版社
www.csupress.com.cn

内容简介

《建筑结构基础与识图》这本书是按照本课程的教学基本要求及国家最新的有关规范、标准编写的。全书围绕结构施工图识读能力的培养，主要研究一般结构构件的受力特点、构造要求、施工图表示方法等建筑结构基本概念和基本知识。

全书共分四大模块，内容包括：建筑力学基本知识，混凝土结构构件的识图及钢筋算量，砌体结构基本知识，钢结构基本知识等。

本书主要作为高等职业教育工程造价与建筑管理类专业的教学用书，也可作为岗位培训教材或工程技术人员的参考书。

图书在版编目（CIP）数据

建筑结构基础与识图／赵邵华主编.
--长沙：中南大学出版社，2015.12
ISBN 978-7-5487-1949-6

Ⅰ.建…Ⅱ.赵…Ⅲ.①建筑结构—高等职业教育—教材②建筑结构—建筑制图—识别—高等职业教育—教材
Ⅳ.①TU3②TU204

中国版本图书馆 CIP 数据核字(2015)第 296692 号

建筑结构基础与识图

赵邵华　主编

□责任编辑　周兴武
□责任印制　易红卫
□出版发行　中南大学出版社
社址：长沙市麓山南路　邮编：410083
发行科电话：0731-88876770　传真：0731-88710482
□印　装　长沙德三印刷有限公司

□开　本　787×1092　1/16　□印张 18　□字数 436 千字　□插页 1
□版　次　2015 年 12 月第 1 版　□印次　2018 年 1 月第 2 次印刷
□书　号　ISBN 978-7-5487-1949-6
□定　价　40.00 元

高职高专土建类专业“十三五”规划教材编审委员会

出版说明 INSTRUCTIONS

遵照《国务院关于加快发展现代职业教育的决定》(国发〔2014〕19号)提出的“服务经济社会发展和人的全面发展，推动专业设置与产业需求对接，课程内容与职业标准对接，教学过程与生产过程对接，毕业证书与职业资格证书对接”的基本原则，为全面推进高等职业院校土建类专业教育教学改革，促进高端技术技能型人才的培养，依据国家高职高专教育土建类专业教学指导委员会工程管理类专业分指导委员会《高等职业教育工程造价专业教学基本要求》，在总结吸收国内优秀高职高专教材建设经验的基础上，我们组织编写和出版了本套基于专业技能培养的高职高专土建类专业“十三五”规划教材。

近几年，我们率先在国内进行了省级高等职业院校学生专业技能抽查工作，试图采用技能抽查的方式规范专业教学，通过技能抽查标准构建学校教育与企业实际需求相衔接的平台，引导高职教育各相关专业的教学改革。随着此项工作的不断推进，作为课程内容载体的教材也必然要顺应教学改革的需要。本套教材以综合素质为基础，以能力为本位，强调基本技术与核心技能的培养，尽量做到理论与实践的零距离；充分体现了《关于职业院校学生专业技能抽查考试标准开发项目申报工作的通知》(湘教通〔2010〕238号)精神，工学结合，讲究科学性、创新性、应用性，力争将技能抽查标准和题库的相关内容有机地融入教材中来。本套教材以建筑业企业的职业岗位要求为依据，参照建筑施工企业用人标准，明确职业岗位对核心能力和一般专业能力的要求，重点培养学生的技术运用能力和岗位工作能力。

本套教材的突出特点体现在：(一)将工程造价专业技能抽查标准与题库的相关内容融入教材之中；(二)将建筑业企业基层专业技术管理人员岗位(八大员)资格考试相关内容融入教材之中；(三)将国家职业技能鉴定标准的目标要求融入教材之中；(四)采用最新的国家《建设工程工程量清单计价规范》(GB 50500—2013)和省级(2014)配套的工程造价定额规范。

高职高专土建类专业“十三五”规划教材

编审委员会

前言 PREFACE

《建筑结构基础与识图》是工程造价和管理专业的一门既有系统理论又有较多社会实践的重要专业技能基础课程。该课程具有较强的综合性及应用性，它以培养学生的方法能力、社会能力以及对结构施工图的识读能力为主要目标，同时兼顾后续专业课程的学习需要以及建筑业企业基层“八大员”(施工员、造价员、质检员、安全员、材料员、机械员、测量员、资料员等)岗位的任职资格要求。

本书为全国高职高专土建类专业规划教材，根据建筑行业“八大员”岗位技能培养的要求，采用最新的国家标准和规范，引入工程实际案例，把建筑结构构造知识融入建筑识图中，分模块编排教学内容，加强学生的动手能力和实践能力锻炼，训练学生的结构施工图的识图及钢筋算量能力，实现课程内容设计的创新，保证各项能力目标的实现。

本书采取校企合作的方式编写。全书由湖南城建职业技术学院副教授、高级工程师、一级注册结构师赵邵华编写，由香港庄胜集团湖南省娄底工程建设有限公司原总工程师、湖南大学硕士研究生校外指导教师、中国科技咨询协会注册高级咨询顾问苏永堂任主审。

本书在编写过程中，参考了国家、行业最新标准及其他书籍、图片等文献资料，得到了出版社和编者所在单位的领导和同事的鼎力支持，在此一并致谢。由于编者水平有限，书中难免出现错误，恳请各位读者批评指正。

编　者

目录 CONTENTS

0 绪 论 …… (1)
0.1 建筑结构的分类及应用 …… (1)
0.1.1 按所用材料分类 …… (1)
0.1.2 按承重结构类型分类 …… (1)
0.1.3 其他分类方法 …… (2)
0.2 我国建筑结构的发展概况 …… (2)
0.3 本课程的特点与基本要求 …… (4)
习 题 …… (4)
模块一 建筑力学基本知识 …… (5)
1.1 静力学的基本概念 …… (5)
1.1.1 力的概念 …… (6)
1.1.2 静力学公理 …… (7)
1.1.3 约束与约束反力 …… (12)
1.1.4 受力图 …… (16)
习 题 …… (20)
1.2 平面力系平衡条件的应用 …… (22)
1.2.1 力的投影、力矩和力偶 …… (23)
1.2.2 平面一般力系 …… (29)
习 题 …… (39)
1.3 内力与内力图 …… (46)
1.3.1 内力的概念 …… (46)
1.3.2 杆件变形的基本形式 …… (47)
1.3.3 轴向拉伸和压缩时的内力 …… (48)
1.3.4 受弯构件的内力 …… (50)
习 题 …… (57)
模块二 混凝土结构构件的识图及钢筋算量 …… (59)
2.1 钢筋的分类 …… (59)
2.2 钢筋通用构造 …… (61)
2.2.1 混凝土结构的环境类别 …… (61)
2.2.2 受力钢筋的混凝土保护层厚度 …… (62)

2.2.3 钢筋的锚固 …… (63)
2.2.4 钢筋的连接 …… (65)
2.3 混凝土结构板 …… (69)
2.3.1 混凝土结构板的分类 …… (69)
2.3.2 混凝土结构板的构造要求 …… (70)
2.3.3 楼板钢筋构造 …… (71)
2.3.4 混凝土结构板的钢筋计算实例 …… (85)
2.4 混凝土结构梁 …… (88)
2.4.1 混凝土结构梁的分类 …… (88)
2.4.2 混凝土结构梁的构造要求 …… (88)
2.4.3 混凝土结构梁平法标注及钢筋的构造 …… (89)
2.4.4 混凝土结构梁的钢筋计算实例 …… (106)
2.5 混凝土结构柱 …… (110)
2.5.1 混凝土结构柱的分类 …… (110)
2.5.2 混凝土结构柱的构造要求 …… (110)
2.5.3 框架柱钢筋及平法标注 …… (111)
2.5.4 混凝土结构柱的钢筋计算实例 …… (122)
2.6 混凝土结构剪力墙 …… (127)
2.6.1 混凝土剪力墙结构的分类 …… (127)
2.6.2 混凝土结构剪力墙的构造要求 …… (129)
2.6.3 剪力墙钢筋构造及平法标注 …… (134)
2.6.4 混凝土结构剪力墙平法施工图的识读及钢筋计算实例 …… (148)
2.7 混凝土楼梯 …… (155)
2.7.1 混凝土楼梯的分类及构造 …… (156)
2.7.2 楼梯钢筋构造及平法标注 …… (158)
2.7.3 混凝土楼梯的钢筋计算实例 …… (165)
2.8 混凝土结构基础 …… (167)
2.8.1 独立基础 …… (167)
2.8.2 条形基础 …… (184)
2.8.3 筏形基础 …… (201)
习 题 …… (211)
模块三 砌体结构基本知识 …… (213)
3.1 砌体结构的类型及材料的强度等级 …… (213)
3.1.1 砌体的类型 …… (213)
3.1.2 砌体的材料 …… (214)
3.2 砌体结构的耐久性 …… (217)
3.3 砌体结构构件的一般构造措施 …… (219)
3.3.1 墙柱的一般构造要求 …… (219)

3.3.2 框架填充墙 …… (221)
3.3.3 夹心墙的构造 …… (222)
3.3.4 防止或减轻墙体开裂的主要措施 …… (222)
3.3.5 圈梁、过梁、墙梁及挑梁的构造 …… (224)
3.3.6 配筋砖砌体的构造 …… (227)
3.3.7 配筋砌块砌体剪力墙构造规定 …… (229)
3.4 砌体结构构件抗震构造 …… (232)
3.4.1 一般规定 …… (232)
3.4.2 砖砌体构件的抗震构造 …… (235)
3.4.3 混凝土砌块砌体构件的构造要求 …… (238)
3.4.4 底部框架—抗震墙砌体房屋抗震构件的构造 …… (239)
3.4.5 配筋砌块砌体抗震墙的构造要求 …… (241)
习 题 …… (243)
模块四 钢结构基本知识 …… (244)
4.1 钢结构的连接 …… (244)
4.1.1 钢结构的连接方法 …… (244)
4.1.2 焊缝连接 …… (245)
4.1.3 螺栓连接 …… (249)
4.2 钢结构构件 …… (253)
4.2.1 轴心受力构件 …… (253)
4.2.2 受弯构件 …… (256)
4.3 钢屋盖 …… (258)
4.3.1 钢屋架 …… (258)
4.3.2 钢屋盖支撑 …… (260)
4.3.3 钢屋架的节点设计 …… (261)
4.3.4 钢屋架施工图 …… (265)
习 题 …… (267)
附：某办公楼工程结构施工图 …… (268)
参考文献 …… (278)

0 绪 论

0.1 建筑结构的分类及应用

建筑结构是建筑物承受荷载和其他间接作用时，起骨架作用的部分。它们是板、梁、柱（墙）和基础等构件的集合体。

建筑结构有多种分类方法，一般可按照结构所用的材料、承重结构类型、使用功能、外形特点和施工方法等进行分类。

0.1.1 按所用材料分类

1. 混凝土结构

混凝土结构包括素混凝土结构、钢筋混凝土结构和预应力混凝土结构，其中钢筋混凝土结构应用最为广泛，其主要优点是强度高、整体性好、耐久性和耐火性好、易于就地取材、具有良好的可模性等，主要缺点是自重大、抗裂性能差、施工环节多和施工工期长等。

2. 砌体结构

砌体结构是由块材和砂浆等胶结材料砌筑而成的结构，包括砖砌体结构、石砌体结构和砌块砌体结构，广泛应用于多层民用建筑。其主要优点是易于就地取材、耐久性和耐火性好、施工简单和造价低，主要缺点是强度低、整体性差、结构自重大、工人劳动强度高等。

3. 钢结构

钢结构是钢板、型钢和薄壁型钢通过焊接、铆接和螺栓连接而成的结构，广泛用于工业建筑和高层建筑中。随着钢产量的大幅增加，钢结构在我国将得到越来越广泛的应用。

钢结构与其他结构形式相比，其主要优点是强度高、结构自重轻、材质均匀、可靠性好、施工简单、工期短、具有良好的抗震性能，主要缺点是易腐蚀、耐火性差、工程造价较高。

4. 木结构

木结构是指全部或大部分用木材制作的结构。由于木材生长受自然条件的限制，砍伐木材对环境造成不利影响，以及易燃、易腐、结构变形大等因素，目前已较少采用。本书对木结构将不再叙述。

0.1.2 按承重结构类型分类

1. 砖混结构

砖混结构是指砌体和钢筋混凝土材料制成的构件所组成的结构。通常，房屋的楼(屋)盖由钢筋混凝土的梁板组成，竖向承重构件采用砌体材料，它主要用于层数不多的住宅、宿舍、办公楼、旅馆等民用建筑。

2. 框架结构

框架结构是指由梁和柱为主要构件组成的承受竖向和水平作用的结构。有钢框架和钢筋混凝土框架两种，目前我国框架结构多采用钢筋混凝土结构。框架结构具有建筑平面布置灵活，与砖混结构相比具有较高的承载力、较好的延性和整体性、抗震性能较好等优点，因此在工业与民用建筑中获得了广泛应用。但框架结构仍属柔性结构，侧向刚度较小，其合理建造高度为 70 m 以内。

3. 框架－剪力墙结构

框架－剪力墙结构是指在框架结构内纵横方向适当位置的柱与柱之间，布置厚度不小于 160 mm 的钢筋混凝土墙体，由框架和剪力墙共同承受竖向和水平作用的结构。这种结构体系结合了框架和剪力墙各自的优点，目前广泛用于 140 m 以内的高层建筑。

4. 剪力墙结构

剪力墙结构是指房屋的内外墙都做成实体的钢筋混凝土墙体，利用墙体承受竖向和水平作用的结构。这种结构体系的墙体较多，侧向刚度大，可建造 150 m 以内的高层住宅和高层旅馆。

5. 筒体结构

筒体结构是指单个或多个筒体组成的空间结构体系，其受力特点与一个固定于基础上的筒形悬臂构件相似。一般可将剪力墙或密柱深梁式的框架集中到房屋的内部或外围形成空间封闭的筒体，使整个结构具有相当大的抗侧刚度和承载力。根据筒体不同的组成方式，筒体结构可分为框架－筒体、筒中筒、组合筒三种结构形式。适用于超高层建筑。

6. 排架结构

排架结构是指由屋架(屋面大梁)、柱和基础组成，且柱与屋架铰接，与基础刚接的结构。多采用装配式体系，可以用钢筋混凝土或钢结构建造，广泛用于单层工业厂房建筑。

此外，按承重结构的类型还可分为深梁结构、拱结构、网架结构、钢索结构、空间薄壳结构等，本书不再叙述。

0.1.3 其他分类方法

(1)按使用功能可以分为建筑结构(如住宅、公共建筑、工业建筑等)，特种结构(如烟囱、水塔、水池、筒仓、挡土墙等)，地下结构(如隧道、涵洞、人防工事、地下建筑等)。

(2)按外形特点可以分为单层结构、多层结构、大跨度结构、高耸结构等。

(3)按施工方法可以分为现浇结构、装配式结构、装配整体式结构、预应力混凝土结构等。

0.2 我国建筑结构的发展概况

我国建筑结构有着悠久的历史，并随着人类社会的进步、科技的发展而不断发展和提高。

我国最早的建筑结构是砖石结构和木结构。砖石结构的代表作有万里长城、河北省赵县的安济桥(又名赵州桥)、山西五台山的佛光寺大殿等。木结构的代表作有北京故宫、阿房宫、苏州的园林等。

到了17世纪，随着钢材和水泥的出现，钢筋混凝土结构、预应力混凝土结构、钢结构被广泛用于建筑物。如北京奥运主场馆鸟巢(外部结构为钢结构，图0－1)、香港中国银行大厦(71层，高369 m，巨型钢桁架结构，图0－2)，广州中信大厦(80层，322 m，钢筋混凝土框—筒结构)，香港汇丰银行大厦(43层，高180 m，悬挂结构，图0－3)。

图0－1 北京奥运主场馆——鸟巢

图0－2 香港中国银行大厦

图0－3 香港汇丰银行大厦

在设计理论方面，从1955年开始有了第一批建筑设计规范，至今已修订了五次，由原来的简单近似计算到以概率理论为基础的极限状态设计法，从对结构仅进行线性分析发展到非线性分析，从对结构侧重安全发展到侧重整体结构性能的概念设计，使设计方法更加完善、科学。随着理论的深入研究、计算机的广泛应用和现代测试技术的发展，建筑结构的设计和计算理论必将日趋完善。

0.3　本课程的特点与基本要求

“建筑结构基础与识图”是一门综合性较强的课程，其内容主要包括建筑力学、钢筋混凝土结构、砌体结构、钢结构等四部分。主要研究各种结构构件的受力特点、构造要求、施工图表示方法与平法图集的识读。重点培养学生识读建筑工程施工图和相关平法标准图的能力，正确计算结构构件的工程量，主要是各类构件中钢筋工程量的计算。

本课程是工程造价专业及相关专业的一门基础课程，它不仅是学习工程预算课的基础，也为其他专业课奠定一定的基础。在学习本课程时要注意以下几点：

(1)学习本课程时，应与建筑构造与识图、建筑材料等相关知识相联系，使新知识植根于旧知识，随着学习内容的展开和深入，逐步加深理解，使新旧知识得到巩固和提高。

(2)本课程和规范与平法图集密切相关，通过本课程的学习，应熟悉现行规范的诸多构造要求和平法制图的诸多规则，通过学习力学知识加深对构造要求的理解。

(3)本课程是一门实践性很强的课程，在课堂教学过程中，要注重对真实施工图的识读和相关量的计算，并组织一些工地参观和对工程真实图片的讲解。

习　　题

1. 简述建筑结构的分类。
2. 简述本课程的特点与基本要求。

模块一 建筑力学基本知识

【教学目标】

本模块主要介绍了静力学基本概念、平面一般力系平衡条件和轴心受力构件、受弯构件的内力与内力图。通过本模块的学习，应了解力、平衡、计算简图、静定与超静定、内力与内力图等概念。熟悉静力学基本公理和杆件变形的基本形式。掌握常见约束的约束反力和平面一般平衡条件的应用。具有对一般物体进行受力分析、对基本杆件求解内力和作内力图的能力。

1.1 静力学的基本概念

静力学是研究物体在力作用下的平衡规律的科学。

在一般工程问题中，平衡是指物体相对于地球处于静止或匀速直线运动的状态。例如，房屋相对于地球静止不动，火车在直线轨道上匀速行驶，物体被起重机沿直线匀速起吊等，都属平衡状态。平衡是物体机械运动的一种特殊形式，它的特点是物体的运动状态不发生变化。

通常，一个物体所受的力不止一个而是若干个。我们把作用于物体上的一组力，称为力系。如果物体在力系作用下处于平衡状态，则该力系称为平衡力系。当物体平衡时，作用于物体上的力系所满足的条件，称为力系的平衡条件。

作用于物体上的力系如果可以用另一个力系来代替而作用效应相同，那么这两个力系互称等效力系。如果一个力与一个力系等效，则该力称为此力系的合力，而力系中的各个力称为其合力的分力。

静力学主要研究两个问题：

(1)力系的简化；

(2)力系的平衡条件及其应用。

在一般情况下，作用于物体上的力系较为复杂，在建立力系的平衡条件时，为了便于分析，往往需要把作用于物体上较复杂的力系，用与其作用效应相同的简单力系来代替，这种对力系做效应相同的代换，称为力系的简化，或称为力系的合成。将一个复杂力系简化后，就比较容易了解它对物体的总的作用效应，进而可以导出力系的平衡条件。

在土建工程中有着大量的静力学问题。例如，用起重机起吊重物时，必须根据平衡条件确定起重量不超过多少才不致翻倒。在设计屋架时，必须将其所受的重力、风雪压力等加以简化，再根据平衡条件求出各杆件所受的力，作为确定各杆件截面尺寸的依据。其他如桥梁、水坝、工业烟囱等建筑物，设计时都须进行受力分析，以便得到既安全又经济的设计方案，而静力学理论则是进行受力分析的基础。即使是机械方面的设计，也往往应用静力学理论分析其零部件的受力情况。可见，静力学理论在工程实际中有着广泛的应用。

本节主要研究力的概念、刚体的概念、静力学的四大公理、约束与约束反力、受力图的画法。

1.1.1 力的概念

1. 力的定义

力的概念是人们在长期的生产劳动和日常生活中逐步建立起来的。人们由从事推车、提物、掷物体、打铁等活动时所感到肌肉紧张，从而对力产生了感性认识。后来又逐渐认识到：物体的机械运动状态发生的变化(包括变形)，都是由于其他物体对该物体施加作用的结果。例如，自空中落下的物体由于受到地球的吸引作用而使运动速度逐渐加快；在平地上滑动的物体，由于空气和地面的作用而使运动速度逐渐减慢；桥梁在车辆的作用下会产生弯曲变形等。人们经过长期的观察和分析，对力做出了如下定义：**力是物体之间的相互机械作用，是物体的运动状态或形状发生改变的根本原因。**

力使物体运动状态发生改变，称为力的外效应。而力使物体形状发生改变，称为力的内效应。

既然力是物体与物体之间的相互作用，所以力不能脱离物体而单独存在。某一物体受到力的作用时，一定有另一物体对它施加这种作用。因此，在分析物体受力情况时，必须分清哪个是受力物体，哪个是施力物体。

2. 力的三要素

自然界中有各种各样的力，例如，重力、弹力、水压力、土压力、摩擦力、万有引力等，它们的物理本质各不相同。但在建筑力学中，将不探究力的物理本质，而只研究对物体产生的效应。

实践证明，力对物体的作用效应决定于三个要素：①力的大小，②力的方向，③力的作用点。这三个要素称为力的三要素。

力的大小是指物体间相互作用的强弱程度。为了度量力的大小，必须确定力的单位。在国际单位制中，力的单位为牛顿(牛，N)或千牛顿(千牛，kN)。

3. 力的图示法

力是一个具有大小和方向的量，所以力是矢量。图示时，通常用一条带箭头的有向线段来表示。线段的长度(按选定的比例尺)表示力的大小，线段的方位和箭头的指向表示力的方向，线段的起点或终点表示力的作用点。通过力的作用点沿力的方向的直线，称为力的作用线。如图 1.1.1 中的有向线段 AB 表示的是一作用在小车上的力，这个力的大小(按图中比例尺)为 80 N，它的方向是水平向右，作用在小车的 B 点。通过 AB 的直线(图 1.1.1 中的虚线)为该力的作用线。本书中用黑体字母表示力矢量，而用白体的同一字母表示这个力的大小。例如，用 $\boldsymbol{F}$ 表示力矢量，F 表示这个力的大小，在图 1.1.1 中 $F=80$ N。

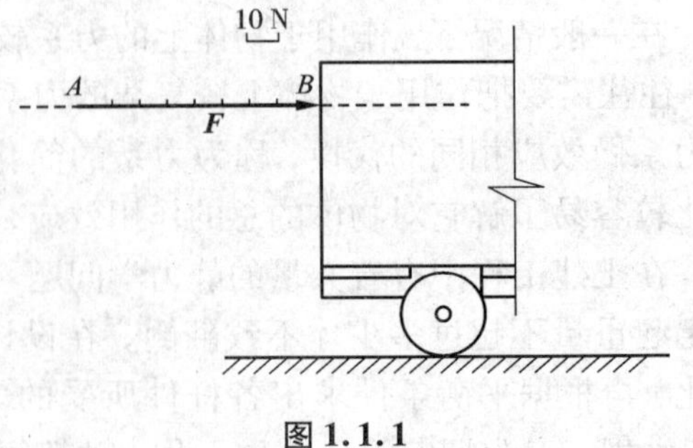

图 1.1.1

4. 刚体的概念

在静力学中，把所研究的物体都看做刚体。刚体是指在力的作用下，大小和形状保持不变的物体。实际上，刚体是不存在的，它是一个理想化的力学模型。任何物体受力后都会产生不同程度的变形，但在正常情况下，工程上的结构或构件受力后所产生的变形都很微小，甚至只有用专门的仪器才能测量出来。这种微小的变形，对研究物体的平衡问题影响极小，可以略去不计。这样就可把物体看做是不变形的，从而使问题的研究大为简化。这种处理问题的方法，是科学抽象所必需的，也是实际所许可的。

一个物体能否看做刚体，不仅取决于物体变形的大小，而且和问题本身的要求有关。当研究物体在受力情况下的变形和破坏问题时，变形这一因素就跃居重要地位，这时就不能把物体看做刚体，而应该看做变形体。在材料力学和结构力学所研究的问题中就是这样。

1.1.2　静力学公理

静力学公理是人类在长期的生产和生活实践中，经过反复观察和实践所总结出来的普遍规律。静力学的全部理论，都是建立在这些公理的基础上的。

静力学公理共有 4 个，现叙述如下。

1. 二力平衡公理

作用在刚体上的两个力，使刚体处于平衡状态的充分必要条件是：这两个力大小相等、方向相反、作用线相同(简称这两个力等值、反向、共线)。

二力平衡公理给出了由两个力所组成的最简单的力系的平衡条件。一个物体只受两个力作用而平衡时，这两个力一定要满足二力平衡公理。例如，拉杆 AB 的两端分别受到 $\boldsymbol{F}_A$ 和 $\boldsymbol{F}_B$ 的作用(图 1.1.2)，由经验知道，当拉杆平衡时，这两个力必等值、反向、共线。又如在起重机上挂一重物[图 1.1.3(a)]，重物受到绳索拉力 $\boldsymbol{T}$ 和重力 $\boldsymbol{G}$ 的作用[图 1.1.3(b)]，这两个力方向相反、作用在同一铅垂线上。实践告诉我们，重物加速上升时，$\boldsymbol{T}$ 大于 $\boldsymbol{G}$；重物加速下降时，$\boldsymbol{T}$ 小于 $\boldsymbol{G}$；要使重物匀速上升、下降或静止，$\boldsymbol{T}$ 和 $\boldsymbol{G}$ 相等。即重物处于平衡状态时，作用在重物上的两个力 $\boldsymbol{T}$ 和 $\boldsymbol{G}$ 必等值、反向、共线。

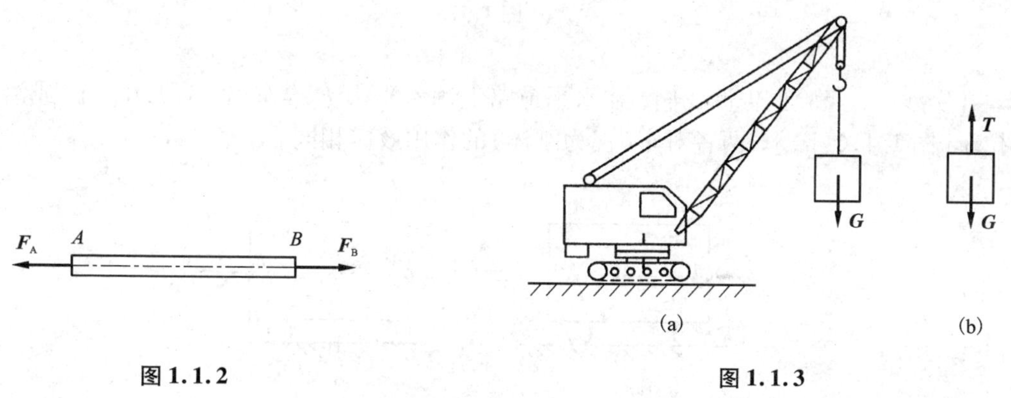

图 1.1.2　　图 1.1.3

必须注意，对于变形体来说，二力平衡公理是不成立的，两个力等值、反向、共线的条件只能是二力平衡的必要条件而不是充分条件。例如，绳索的两端受到等值、反向、共线的两个拉力作用时处于平衡状态[图1.1.4(a)]，但如受到等值、反向、共线的两个压力作用时，就不能平衡了[图1.1.4(b)]。

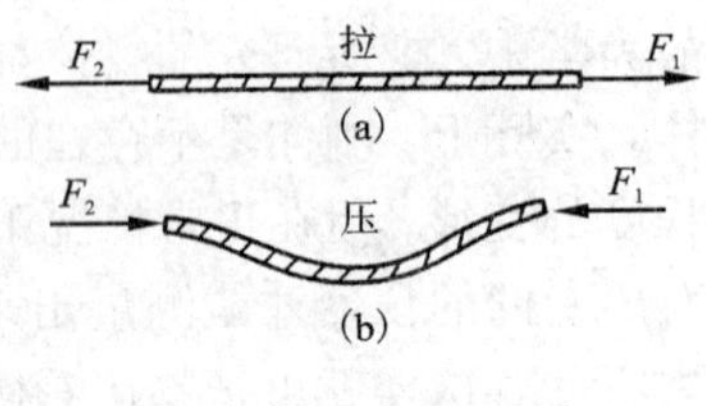

图1.1.4

在两个力作用下并处于平衡状态的杆件称为二力杆。二力杆上的两个力的作用线必为这两个力作用点的连线(图1.1.2)。

2. 加减平衡力系公理

在作用于刚体上的任意力系中，加上或去掉任何一个平衡力系，不会改变原力系对刚体的作用效应。

因为平衡力系作用在刚体上，不会改变刚体的运动状态，所以在刚体的原力系上加上或去掉一个平衡力系，并不改变原力系对刚体的作用效应。

推论：(力的可传性原理)作用在刚体上的力可沿其作用线移动到刚体内任一点，而不改变该力对刚体的作用效应。

证明：设力 F 作用在刚体的 A 点[图1.1.5(a)]，在力 F 的作用线上任取一点 B，并在 B 点加上一个平衡力系 F_1、F_2，并使 $F_2=-F_1=F$[图1.1.5(b)]。由加减平衡力系公理可知，这并不会改变原力 F 对刚体的作用效应，因此力 F 与力系 F、F_1、F_2 等效。由于 F 和 F_1 是一个平衡力系，把它们去掉不会改变力系 F、F_1、F_2 对刚体的作用效应[图1.1.5(c)]，即力系 F、F_1、F_2 与力 F_2 等效。因此力 F_2 与 F 等效。对比图1.1.5(a)和图1.1.5(c)可知，这就相当于把作用在 A 点的力 F 沿其作用线移到了刚体内任一点 B，并且没有改变该力对刚体的作用效应。于是推论得证。

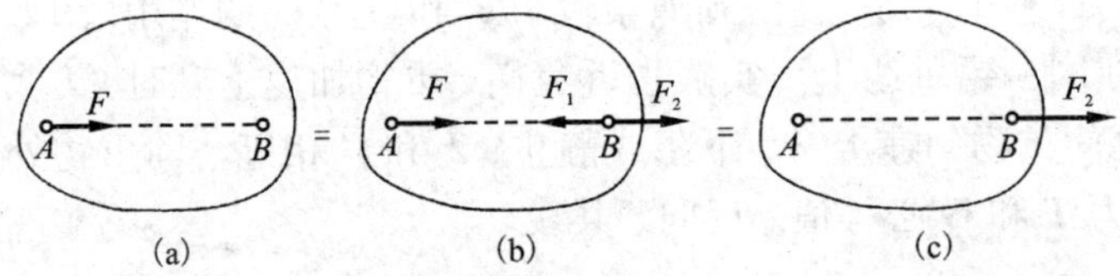

图1.1.5

在实践中，经验也告诉我们，在水平道路上用水平力 F 推车[图1.1.6(a)]或沿同一直线拉车[图1.1.6(b)]，两者对车(视为刚体)的作用效应相同。

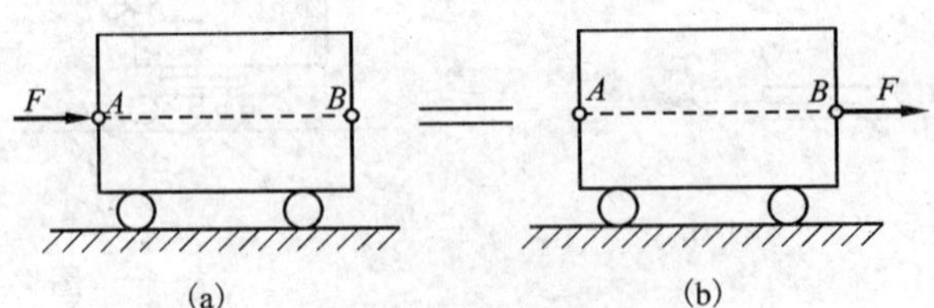

图1.1.6

由力的可传性原理可知，对刚体而言，力的作用点已不是决定其效应的要素之一，而是由作用线取代。因此，作用于刚体上的力的三要素是：力的大小、方向和作用线。

必须注意，加减平衡力系公理和力的可传性原理都只适用于刚体，而不适用于变形体。因为在物体上加上或去掉一个平衡力系或将力沿其作用线移动，不改变力对物体的外效应，但会改变力对物体的内效应。例如，直杆 AB 的两端分别受到两个等值、反向、共线的力作用而处于平衡状态[图 1.1.7(a)]。如果将这两个力沿其作用线分别移到杆的另一端[图 1.1.7(b)]，显然，直杆 AB 仍处于平衡状态。这说明力沿其作用线移动并不改变力的外效应。但是在图 1.1.7(a)的情况下，直杆产生拉伸变形，而在图 1.1.7(b)的情况下，直杆产生压缩变形。可见力对直杆的内效应由于力沿其作用线的移动而发生了性质截然不同的改变。这说明对变形体而言，力的可传性原理就不适用了。

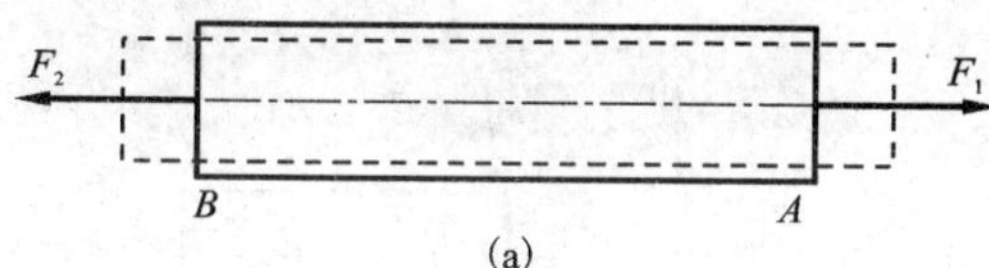

(a)

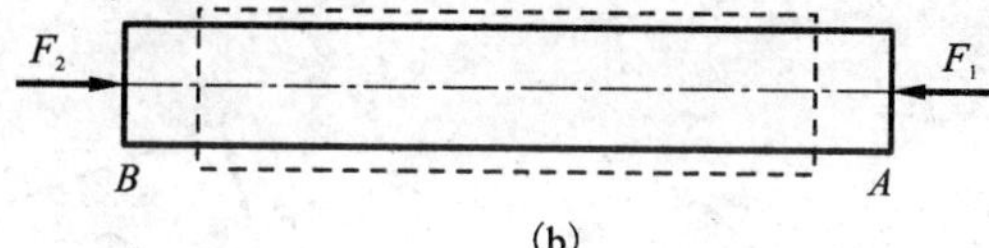

(b)

图 1.1.7

3. 力的平行四边形公理

作用于物体上同一点的两个力，可以合成为一个合力，合力也作用于该点，合力的大小和方向由以这两个力为邻边所构成的平行四边形的对角线来表示。

如图 1.1.8 所示，F_1、F_2为作用于物体上 A 点的两个力，按比例尺以这两个力为邻边作出平行四边形 ABCD，则从 A 点作出的对角线表示的矢量 AC，就是 F_1 与 F_2的合力 R。

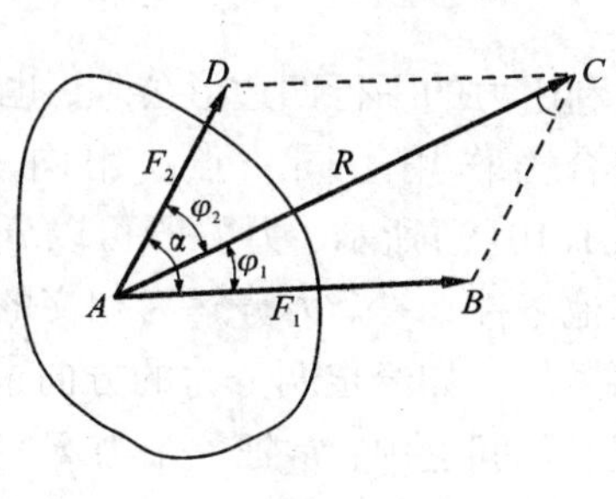

图 1.1.8

合力 R 的大小和方向，可利用几何关系计算得出。如已知 F_1、F_2和它们的夹角 α，则由余弦定理得

$$R^2 = F_1^2 + F_2^2 - 2F_1F_2\cos(180° - \alpha)$$
$$= F_1^2 + F_2^2 + 2F_1F_2\cos\alpha$$

所以合力 R 的大小为

$$R = \sqrt{F_1^2 + F_2^2 + 2F_1F_2\cos\alpha} \qquad (1.1.1)$$

合力 R 的方向可根据合力 R 与分力 F_1、F_2之间的夹角 φ_1、φ_2 来确定。为求出 φ_l或 φ_2，可对三角形 ABC 应用正弦定理：

$$\frac{F_1}{\sin\varphi_2} = \frac{F_2}{\sin\varphi_1} = \frac{R}{\sin(180° - \alpha)}$$

所以

$$\sin\varphi_1 = \frac{F_2\sin\alpha}{R}, \ \sin\varphi_2 = \frac{F_1\sin\alpha}{R} \qquad (1.1.2)$$

力的平行四边形公理表明了两个力的合力等于这两个力的矢量和。分力 F_1、F_2合成为合

力 R 可用下列矢量等式来表示：

$$\boldsymbol{R}=\boldsymbol{F}_1+\boldsymbol{F}_2 \tag{1.1.3}$$

上式与代数等式 $R=F_1+F_2$ 的意义完全不同，不能混淆。

下面考虑几种常见的特殊情况：

(1) $\alpha=0°$，即力 F_1 与 F_2 方向相同。此时合力 R 与两分力方向相同，其大小 $R=F_1+F_2$。

(2) $\alpha=180°$，即力 F_1 与 F_2 方向相反。此时合力 R 的方向与分力中较大的一个力的方向相同，其大小为 $R=|F_1-F_2|$。

(3) $\alpha=90°$，即力 F_1 与 F_2 相互垂直（图 1.1.9）。此时所作的平行四边形成为矩形。合力 R 的大小为

$$R=\sqrt{F_1^2+F_2^2} \tag{1.1.4}$$

其方向可由三角几何关系求出 φ_1 或 φ_2 后确定（图 1.1.9）。

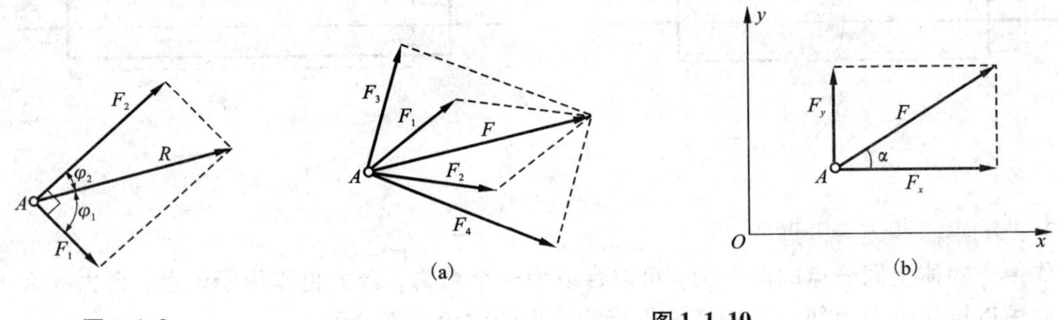

图 1.1.9

图 1.1.10

利用力的平行四边形公理，也可以把作用在物体上的一个力分解为相交的两个分力，分力与合力作用于同一点。用同一条对角线可以作出无穷多个不同的平行四边形。如图 1.1.10(a)所示，力 F 既可以分解为力 F_1 和 F_2，也可以分解为 F_3 和 F_4 等等。所以如不附加其他条件，一个力分解为相交的两分力可以有无穷多个解。要得出唯一的解答，必须给予限制条件。如给定两分力的方向求其大小，或给定一分力的大小和方向求另一分力等等。在工程实际问题中，常把一个力 F 沿直角坐标轴方向分解，可得出两个相互垂直的分力 F_x 和 F_y，如图 1.1.10(b)所示。F_x 和 F_y 的大小可由三角公式求得

$$\begin{cases} F_x=F\cos\alpha \\ F_y=F\sin\alpha \end{cases} \tag{1.1.5}$$

式中的 α 为力 F 与 x 轴间的夹角。

推论：（三力平衡汇交定理）当刚体受到共面而又互不平行的三个力作用而平衡时，则此三个力的作用线必汇交于一点。

证明：设有共面而又互不平行的三个力 F_1、F_2、F_3 分别作用在一刚体上的 A_1、A_2、A_3 三点而处于平衡状态，如图 1.1.11(a)所示。根据力的可传性原理，将其中任意两个力 F_1、F_2 分别沿其作用线移到它们的交点 O 上，然后利用力的平行四边形公理求得其合力 R［图 1.1.11(b)］，R 也作用在 O 点。因为 F_1、F_2、F_3 三力处于平衡状态，所以合力 R 应与力 F_3 平衡，由二力平衡公理可知，力 R 和 F_3 一定共线，就是说，力 F_3 的作用线必通过力 F_1 和

F_2的交点 O，即三个力 F_1、F_2、F_3的作用线必汇交于一点。于是推论得证。

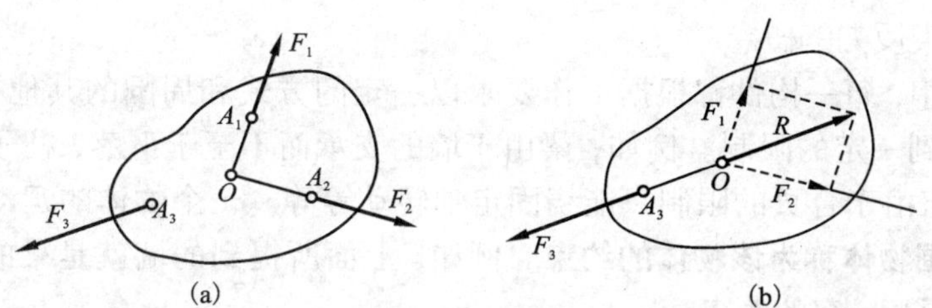

图 1.1.11

4. 作用与反作用公理

两个物体间的作用力和反作用力，总是大小相等、方向相反、沿同一直线，并分别作用在这两个物体上。

这个公理概括了两个物体间相互作用力的关系，表明了作用力和反作用力总是成对出现的。例如，图 1. 1. 12(a)所示，重物在 A 点被绳索 AC 悬挂在吊钩 C 上，重物给绳索一个向下的力 T，绳索也同时给重物一个向上的力 T'[图 1. 1. 12(b)]；如果将绳索在 B 点分成两段，AB 段给 BC 段一个向下的力 T_1，BC 段也同时给 AB 段一个向上的力 T_1'，绳索在 C 点给吊钩一个向下的力 T_2，吊钩也同时给绳索一个向上的力 T_2'。由此可见，两物体间的作用力和反作用力总是成对出现的，有作用力，则必有反作用力。今后作用力和反作用力用同一字母表示，但其中之一，在字母的右上方加一撇。

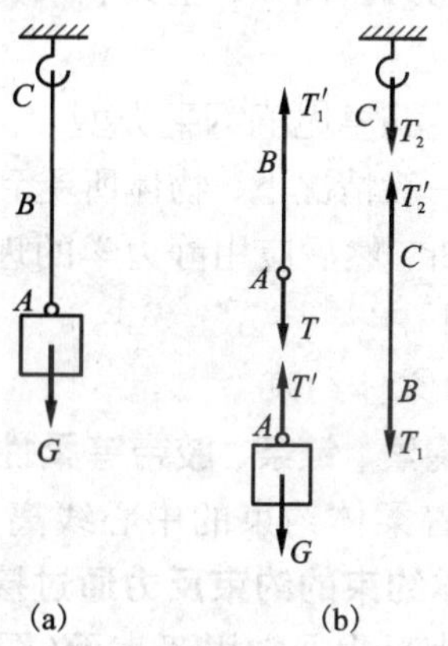

图 1.1.12

这里应注意二力平衡公理和作用与反作用公理的区别。前者叙述了作用在同一物体上两个力的平衡条件，后者描述两物体间的相互作用关系。例如，图 1. 1. 12(b)中的 G 与 T'、T 与 T_1'、T_1与 T_2'它们分别作用在同一物体上，而且满足等值、反向、共线，是二力平衡关系；而 T 与 T'，T_1与 T_1'、T_2与 T_2'，它们虽然也是等值、反向、共线的两个力，但它们分别作用于两个物体上，是作用力与反作用力的关系，不能认为是二力平衡关系。

作用力和反作用力是力学中普遍存在的一对矛盾。它们相互对立，相互依存，同时存在，同时消失。通过作用与反作用，相互关联的物体的受力即可联系起来。因此，借助于作用与反作用公理，我们可以从结构中一个构件的受力分析过渡到另一个构件的受力分析。可见这个公理在实际应用中具有重要的作用。

1.1.3 约束与约束反力

1. 约束与约束反力的概念

在工程结构中，每一构件都根据工作要求以一定的方式和周围的其他构件相互联系着，它的运动因而受到一定的限制。例如，梁由于墙的支承而不至于下落，柱子由于基础的限制而被固定，门、窗由于合页的限制只能绕固定轴转动等等。**一个物体的运动受到周围物体的限制时，这些周围物体称为该物体的约束。**例如，上面所提到的墙就是梁的约束，基础是柱子的约束，合页是门、窗的约束。

约束既然限制了某一物体的运动，它就必将承受该物体对它的作用力。与此同时，它也给该物体以反作用力。例如，墙能阻止梁的下落，它就受到梁的向下压力，同时它也给梁以向上的反作用力。**约束给被约束物体的力，称为约束反力，**简称反力。上述墙给梁的力，就是梁所受到的约束反力。**约束反力的方向总是与约束所能限制的运动方向相反。**

在物体上，除约束反力以外的力，即能主动引起物体运动或使物体产生运动趋势的力，称为主动力。例如，重力、风力、水压力、土压力等都是主动力。主动力在工程中也称为荷载。

2. 几种常见的约束类型

在一般情况下，物体所受到的主动力往往是已知的，而约束反力则必须根据约束的性质进行分析，然后应用静力学的理论通过计算才能确定。现将工程中常见的约束及其反力特征介绍如下。

(1)柔体约束

由绳索、链条、胶带等柔性物体所构成的约束，称为柔体约束。由于柔体约束只能限制物体沿着柔体约束的中心线离开柔体约束的运动，而不能限制物体沿其他方向的运动，所以，**柔体约束的约束反力通过接触点，其方向沿着柔体约束的中心线且背离物体(为拉力)。**这种约束反力通常用 T 表示(图 1.1.13)。

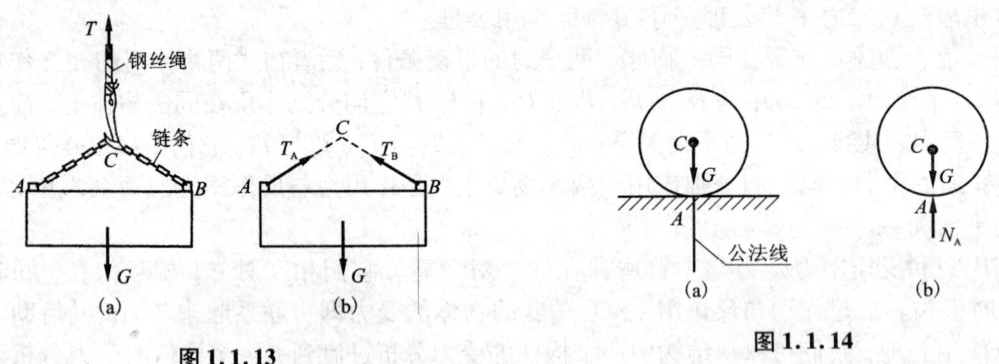

图 1.1.13

图 1.1.14

(2)光滑接触面约束

两个相互接触的物体，如果接触面上的摩擦力很小而略去不计，那么由这种接触面所构成的约束，称为光滑接触面约束。由于光滑接触面约束只能限制物体沿着接触面的公法线指向接触面的运动，而不能限制物体沿着接触面的公切线或离开接触面的运动。所以，**光滑接**

触面的约束反力通过接触点，其方向沿着接触面的公法线且指向物体(为压力)。这种约束反力通常用 N 表示(图 1. 1. 14)。

(3)圆柱铰链约束

圆柱铰链简称铰链，**它是由一个圆柱形销钉插入两个物体的圆孔中而构成**[图 1. 1. 15(a)(b)]，并假设销钉与圆孔的表面都是完全光滑的。圆柱铰链的计算简图如图 1.1.15(c)(d)所示。圆柱铰链约束只能限制物体在垂直于销钉轴线的平面内沿任意方向的相对移动，而不能限制物体绕销钉做相对转动。当物体相对于另一物体有运动趋势时，销钉与孔壁便在某处成光滑接触。由光滑接触面反力的特点可知，销钉反力应沿接触点与销钉中心的连线作用[图 1.1.15(e)]，但因接触面的位置一般不能预先确定，所以，约束反力的方向也不能预先确定。综上所述，可得如下结论：**圆柱铰链的约束反力在垂直于销钉轴线的平面内，通过销钉中心，而方向未定**。在对物体进行受力分析时，通常把圆柱铰链的约束反力用两个相互垂直的分力 R_x 和 R_y 来表示[图 1. 1. 15(f)]。两分力的指向可以任意假设，其假设是否正确则要根据计算的结果来判断。

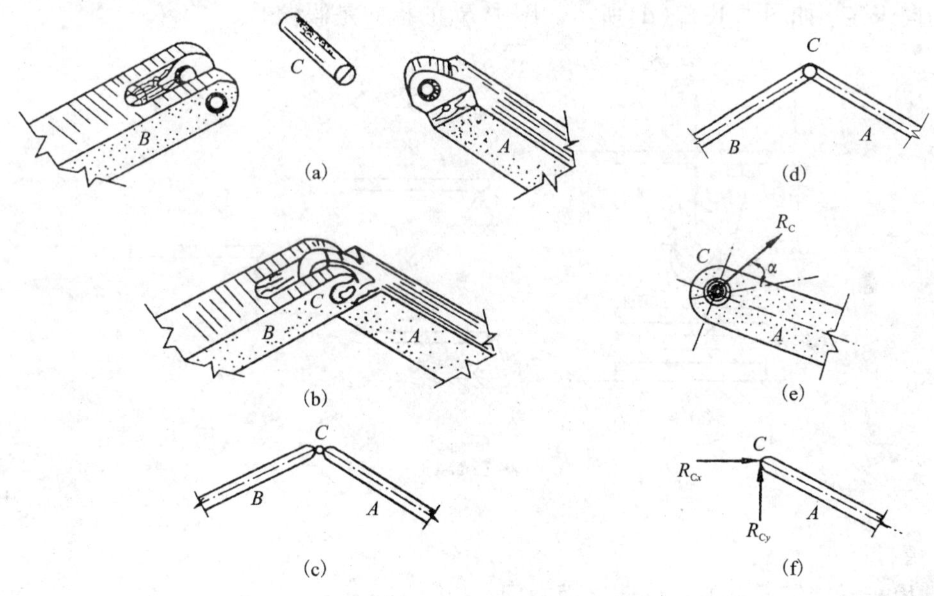

图 1.1.15

(4)固定铰支座

工程上常用一种叫做支座的部件，将一个构件支承于基础或另一静止的构件上。**如将构件用光滑的圆柱形销钉与固定支座连接，则该支座称为固定铰支座**[图 1. 1. 16(a)]。固定铰支座的计算简图如图 1. 1. 16(b)(c)所示。

由固定铰支座的构造形式可知，它的约束性能与圆柱铰链相同，所以固定铰支座的约束反力与圆柱铰链的反力相同，如图 1. 1. 16(d)所示。

(5)可动铰支座

如果在固定铰支座与支承面之间加装辊轴，则该支座称为可动铰支座[图 1. 1. 17(a)]。可动铰支座的计算简图如图 1. 1. 17(b)(c)所示。

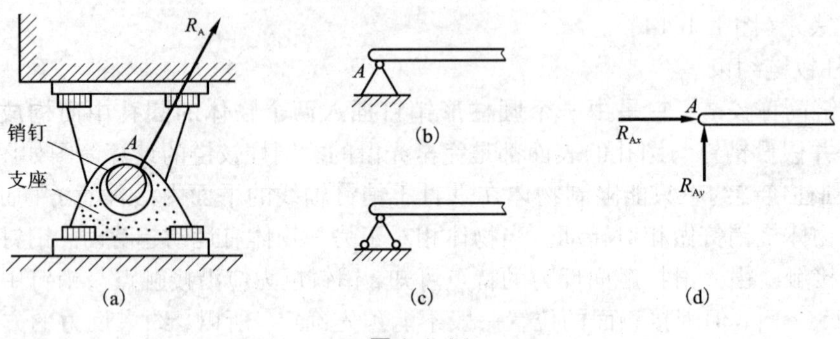

图 1.1.16

可动铰支座除了能限制物体沿着支承面法线指向支承面的运动以外，通常还附有特殊装置，使之也能限制物体沿着支承面法线背离支承面的运动，但不能限制物体沿支承面的切线运动，也不能限制物体绕销钉转动。所以，可动铰支座的约束反力通过销钉中心，垂直于支承面，指向未定，如图 1.1.17(d)所示。图中 R_A 的指向是假设的。

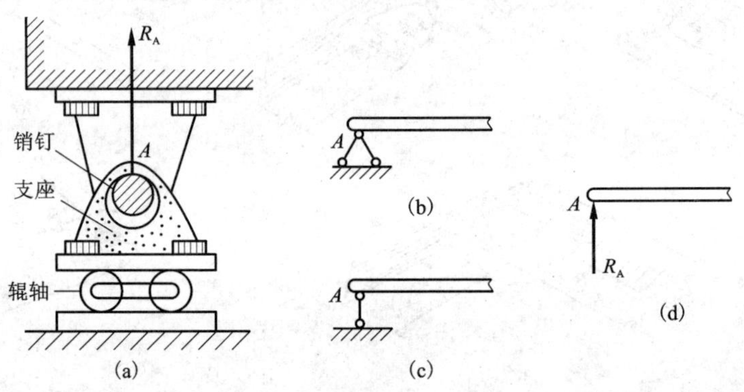

图 1.1.17

(6)链杆

两端用光滑销钉与其他物体连接而中间不受力的直杆，称为链杆。图 1.1.18(a)中的杆件 AB 即为链杆，它的计算简图如图 1.1.18(b)所示。

由于链杆只能限制物体沿着链杆中心线的运动，而不能限制其他方向的运动。所以，链杆的约束反力沿着链杆中心线，指向未定，如图 1.1.18(c)所示。图中 R_A 的指向是假设的。

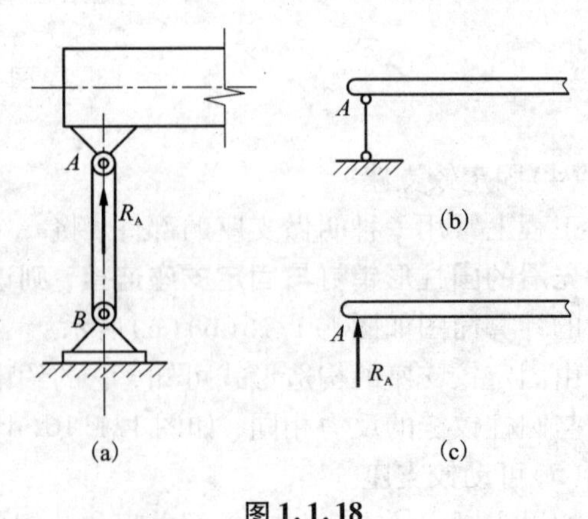

图 1.1.18

(7)固定端支座

物体的一部分固嵌于另一物体所构成的

约束，称为固定端约束。这种约束不但能限制物体在约束处的移动，而且也能限制物体在约束处的转动。例如建筑物中的阳台[图 1.1.19(a)]、桥墩[图 1.1.19(b)]、埋在地基中的电线杆[图 1.1.19(c)]等都是受固定端约束的实例。固定端约束的力学模型可以用一端插入墙内的悬臂梁来表示[图 1.1.20(a)]。下面利用力系向一点简化的方法分析固定端约束的约束反力。

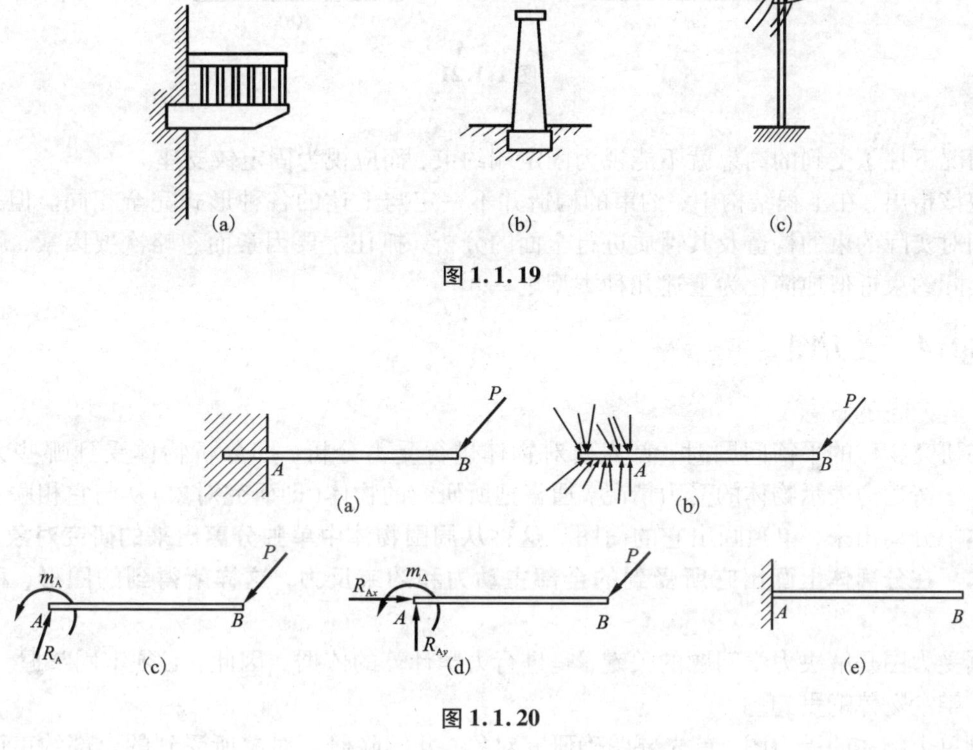

图 1.1.19

图 1.1.20

如图 1.1.20(b)所示，梁 AB 在主动力 P 作用下，其插入部分受到墙的约束，梁上每个与墙接触的点所受到的约束反力的大小和方向都不一样，这些杂乱分布的约束反力组成了一个平面一般力系。将该力系向 A 点简化，可得到一个作用在梁 A 点的约束反力 R_A 和一个力偶矩为 m_A 的约束反力偶[图 1.1.20(c)]。一般情况下，反力 R_A 的大小和方向都是未知量，为了便于计算，可用它的水平分力 R_{Ax} 和铅垂分力 R_{Ay} 来代替。因此，在平面力系情况下，固定端支座的约束反力可简化为两个约束反力 R_{Ax}、R_{Ay} 和一个力偶矩为 m_A 的约束反力偶[图 1.1.20(d)]。约束反力的指向和约束反力偶的转向可以任意假设，假设是否正确则要根据计算结果来判断。

固定端约束还可以更简单地表示为图 1.1.20(c)所示的形式。

应当指出，在工程实际中，有些构件所受到的约束在形式上虽与固定端约束相同，但在进行力学计算时，是否将其视为固定端约束，必须对实际结构的构造加以分析后再确定。例如将一柱子插入较深的杯形基础中，如果杯口四周用细石混凝土填实[图 1.1.21(a)]，则柱子不能产生移动和转动。在这种情况下柱子受到的约束就可视为固定端约束。但如果杯口四周用沥青麻丝填实[图 1.1.21(b)]，则柱子虽不能产生移动，但能产生微小转动。因此，在

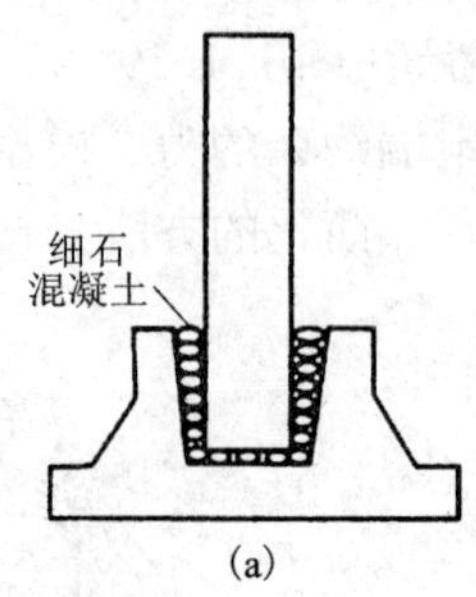

(a)

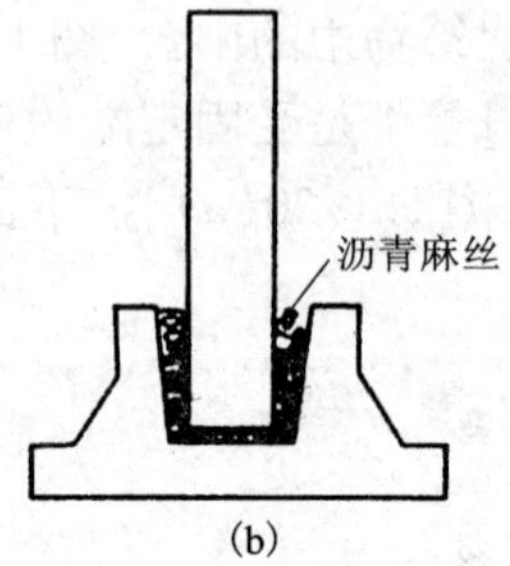

(b)

图 1.1.21

这种情况下柱子受到的约束就不能视为固定端约束，而应视为固定铰支座。

应该指出，在工程结构中，约束的构造并不一定与上述的各种形式完全相同。但是，只要我们对实际约束的构造及其性质进行全面的分析，抓住主要因素而忽略次要因素，就有可能将实际约束近似地简化为上述几种类型之一。

1.1.4 受力图

1. 受力图的概念

在研究物体的平衡问题时，首先要对物体进行受力分析，即分析物体受到哪些力的作用。为了清楚地表示物体的受力情况，通常把所研究的物体(即研究对象)从与它相联系的周围物体中分离出来，单独画出它的简图。这种**从周围物体中单独分离出来的研究对象，称为分离体。在分离体上画出它所受到的全部主动力和约束反力，这样所得到的图形，称为受力图。**

画受力图是解决力学问题的关键，是进行力学计算的依据。因此，必须牢固掌握。

2. 单个物体的受力图

画单个物体的受力图，首先要明确研究对象，并解除研究对象所受到的全部约束而单独画出它的简图，即取出分离体。然后在分离体上画出主动力及根据约束类型在解除约束处画出相应的约束反力。

【例 1.1.1】 匀质小球重 G，用绳索系住，并靠在光滑的斜面上，如图 1.1.22(a)所示，试画出小球的受力图。

【解】 取小球为研究对象，解除约束并将它单独画出。小球受主动力 G 作用。绳索对小球的约束反力 T_A 作用在小球的 A 点，沿着绳索的中心线背离球体；光滑面对球的约束反力 N_B 作用在小球的 B 点，沿着接触面的公法线指向球体。小球的受力图如图 1.1.22(b)所示。由三力平衡汇交定理可知，小球所受到的 G、T_A、N_B 三力的作用线必汇交于一点(交于球心 O)。

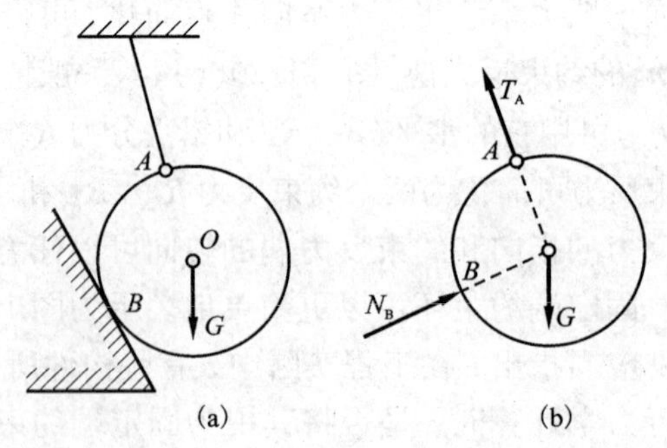

图 1.1.22

【例1.1.2】　简支梁 AB 的 A 端为固定铰支座，B 端为可动铰支座，梁在中点 C 受到主动力 P 的作用，如图 1.1.23(a)所示。梁的自重不计，试画出梁 AB 的受力图。

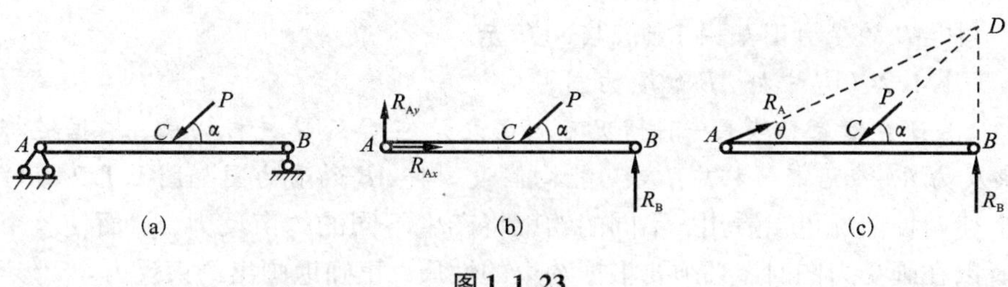

图 1.1.23

【解】　取梁为研究对象，解除约束并将它单独画出。梁受主动力 P 作用。A 处是固定铰支座，它的反力可用两个相互垂直的分力 R_{Ax} 和 R_{Ay} 表示，指向假设；B 处是可动铰支座，它的反力 R_B 垂直于支承面，指向假设。梁的受力图如图 1.1.23(b)所示。

需要指出，固定铰支座 A 的约束反力也可以用一个力 R_A 来表示。因为梁 AB 受到共面不平行的三个力作用而平衡，故可应用三力平衡汇交定理来确定反力 R_A 的作用线。若以 D 表力 P 和 R_B 作用线的交点，反力 R_A 的作用线必通过这个交点，如图 1.1.23(c)所示。图中 R_A 的指向是假设的。

本例题说明，物体的受力图可能有不同的表示方法。但在实际画图时，只需画出其中一种，在以后的例题中就是如此。

【例1.1.3】　试画出图 1.1.24(a)及图 1.1.24(b)中杆 AB 的受力图。杆的自重不计。在图 1.1.24(a)中，C 处是光滑接触面。

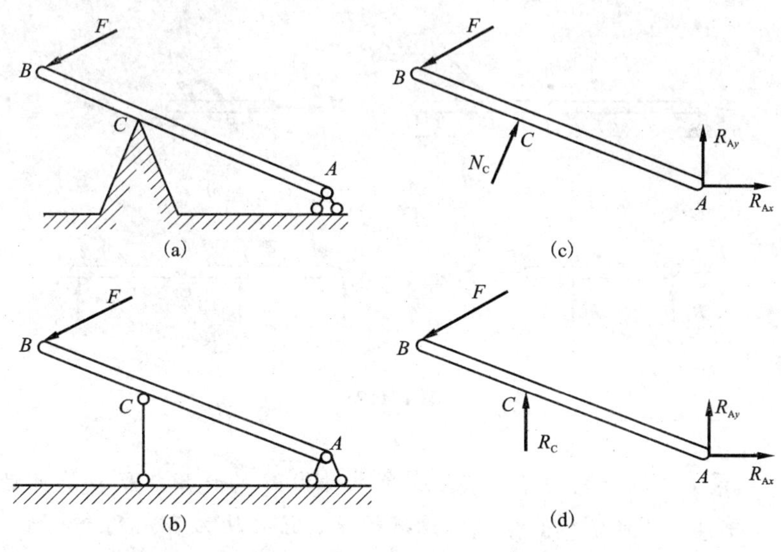

图 1.1.24

【解】 (1)画图 1.1.24(a)中杆 AB 的受力图

取杆 AB 为研究对象，并将它单独画出。杆受主动力 F 作用。A 处是固定铰支座，它的反力可用两个相互垂直的分力 R_{Ax}、R_{Ay} 来表示；C 处是链杆约束，它的反力 N_C 与杆件垂直并且指向杆 AB。杆 AB 的受力图如图 1.1.24(c)所示。

(2)画图 1.1.24(b)中杆 AB 的受力图

取杆 AB 为研究对象，与上一种情况不同之处是在 C 处受链杆约束，根据链杆约束的性质，其约束反力 R_C 应沿着链杆中心线，指向假设。杆 AB 的受力图如图 1.1.24(d)所示。

比较上述两种情况可以看出，不同的约束将产生不同的约束反力，从而使整个受力图发生改变。所以在画受力图时，必须要根据约束的性质，正确地画出约束反力。

3. 物体系统的受力图

在工程中，常常遇到由几个物体通过一定的约束联系在一起的系统，这种系统称为物体系统，简称为物系。对物体系统进行受力分析时，把作用在物体系统上的力分为外力和内力。所谓**外力是指物系以外的物体作用在物系上的力**；所谓**内力是指物系内各物体之间的相互作用力。**

画物体系统的受力图的方法，基本上与画单个物体受力图的方法相同，只是研究对象可能是整个物体系统；也可能是整个物体系统中的某一部分或某一物体。需要指出的是，在对多个研究对象进行受力分析时，注意应用作用与反作用公理来确定两个物体间的相互作用力。此外，若研究对象是整个物系，这时要注意虽然物系中存在内力，但内力并不影响物系的整体平衡。所以，画物系的受力图时，其内力不必画出。

【例 1.1.4】 图 1.1.25(a)所示为一组合梁。梁受主动力 P 的作用。C 处为铰链连接，A 处是固定铰支座，B 和 D 处都是可动铰支座。若不计梁的自重，试画出梁 AC、CD 及整个梁 AD 的受力图。

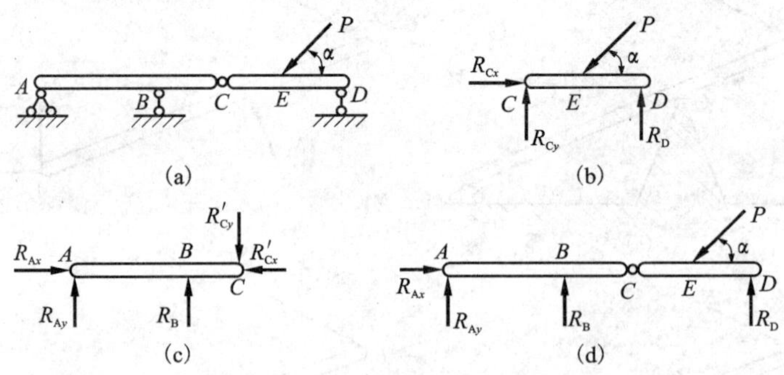

图 1.1.25

【解】 (1)取梁 CD 为研究对象。梁 CD 受主动力 P 的作用。D 处是可动铰支座，它的反力 R_D 垂直于支承面，指向假设；C 处为铰链约束，它的反力可用两个相互垂直的分力 R_{Cx} 和 R_{Cy} 来表示，指向假设。梁 CD 的受力图如图 1.1.25(b)所示。

(2)取梁 AC 为研究对象。A 处是固定铰支座，它的反力可用两个相互垂直的分力 R_{Ax} 和 R_{Ay} 来表示，指向假设；B 处是可动铰支座，它的反力 R_B 垂直于支承面，指向假设；C 处是铰链，它的反力 R'_{Cx}、R'_{Cy} 和作用在梁 CD 上的 R_{Cx} 和 R_{Cy} 是作用力与反作用力的关系，其指向不能再任意假设。梁 AC 的受力图如图 1.1.25(c)所示。

(3)取整个梁 AD 为研究对象。它的受力图如图 1.1.25(d)所示。图中 P 是主动力，R_{Ax}、R_{Ay}、R_B 和 R_D 都是约束反力。约束反力的指向是假设的，并且与图 1.1.25(b)(c)中所示的一致。因梁 AD 是由梁 AC 和 CD 通过铰链 C 连接而成的物体系统，对这个系统来说 R_{Cx}、R'_{Cx}、R_{Cy}、R'_{Cy} 都是内力，故这些力在梁 AD 的受力图上都不画出。

【例 1.1.5】　三铰拱 ACB 如图 1.1.26(a)所示。C 处为铰链连接，A 和 B 处都是固定铰支座。在拱 AC 上作用有荷载 P。若不计拱的自重，试画出拱 AC、BC 及整体的受力图。

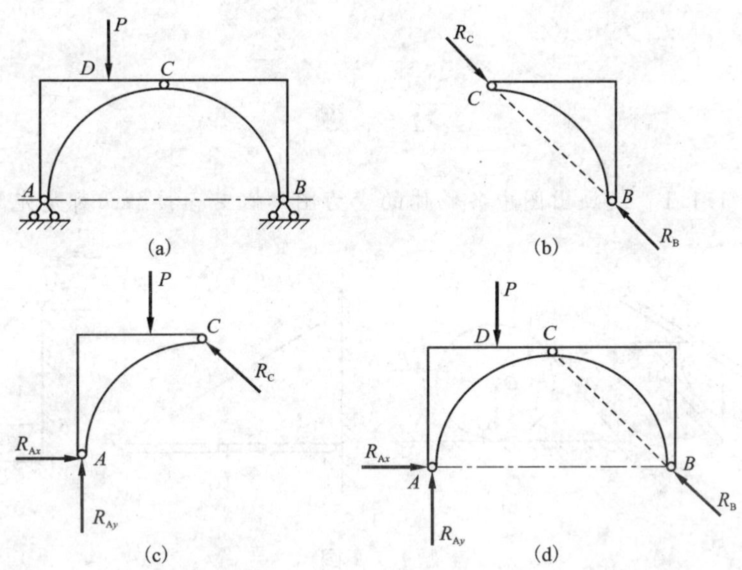

图 1.1.26

【解】　(1)取拱 BC 为研究对象。因为拱 BC 只在两端各受到一个约束反力 R_B、R_C 作用而平衡，所以拱 BC 是二力杆。显然，这两个反力 R_B 和 R_C 的作用线必沿 B、C 两点的连线，指向假设。拱 BC 的受力图如图 1.1.26(b)所示。

(2)取拱 AC 为研究对象，拱 AC 受主动力 P 作用。C 处是铰链，它的反力 R'_C 与作用在拱 BC 上的 R_C 是作用力与反作用力的关系；A 处是固定铰支座，它的反力可用两个相互垂直的分力 R_{Ax} 和 R_{Ay} 来表示，指向假设。拱 AC 的受力图如图 1.1.26(c)所示。

(3)取整个三铰拱 ACB 为研究对象。它的受力图如图 1.1.26(d)所示。图中 P 是主动力，R_{Ax}、R_{Ay} 和 R_B 都是约束反力。约束反力假设的指向与图 1.1.26(b)(c)中所示的一致。至于 C 处的反力 R_C 和 R'_C 对整个三铰拱而言是内力，故不必画出。

通过以上各例的分析，现将画受力图时应注意的几点归纳如下：

(1)明确研究对象

画受力图时，必须首先明确要画哪一个物体或物体系统的受力图。研究对象一经确定，就要解除它所受到的全部约束，单独画出该研究对象的简图。

(2)约束反力与约束类型相对应

每解除一个约束，就有与它相对应的约束反力作用在研究对象上；约束反力的方向必须严格按照约束的类型画，不能单凭直观或者根据主动力的方向简单推断。

(3)注意作用与反作用关系

在分析两物体之间的相互作用力时，要注意作用与反作用关系，作用力的方向一经确定(或事先假定)，反作用力的方向就必须与它相反。

(4)只画外力，不画内力

当画物体系统的受力图时，注意只画外力不画内力。

(5)不要多画也不要漏画任何一个力；同一约束反力，它的方向在各受力图中必须一致。

模块一 1.1习题答案

习　题

1.1.1　试画出图中各物体的受力图。假定各接触面都是光滑的。

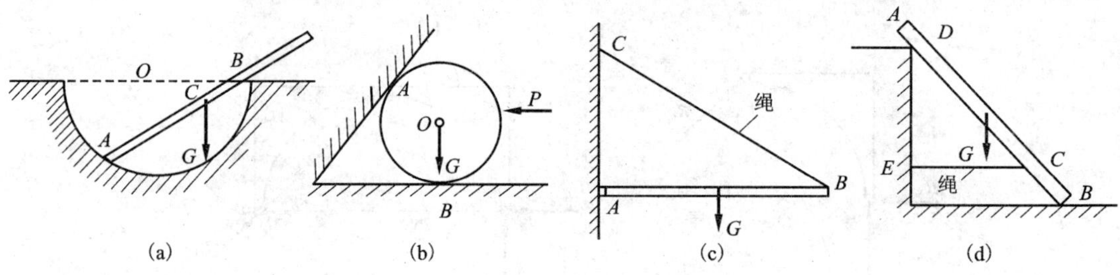

题 1.1.1 图

1.1.2　试画出图中各梁的受力图。梁的自重不计。

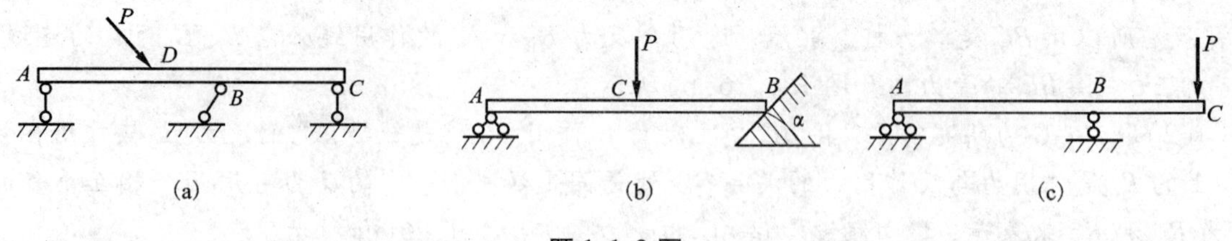

题 1.1.2 图

1.1.3　刚架 AB，一端为固定铰支座，另一端为可动铰支座，试画出图中各种受力情况下，刚架的受力图。刚架的自重不计。

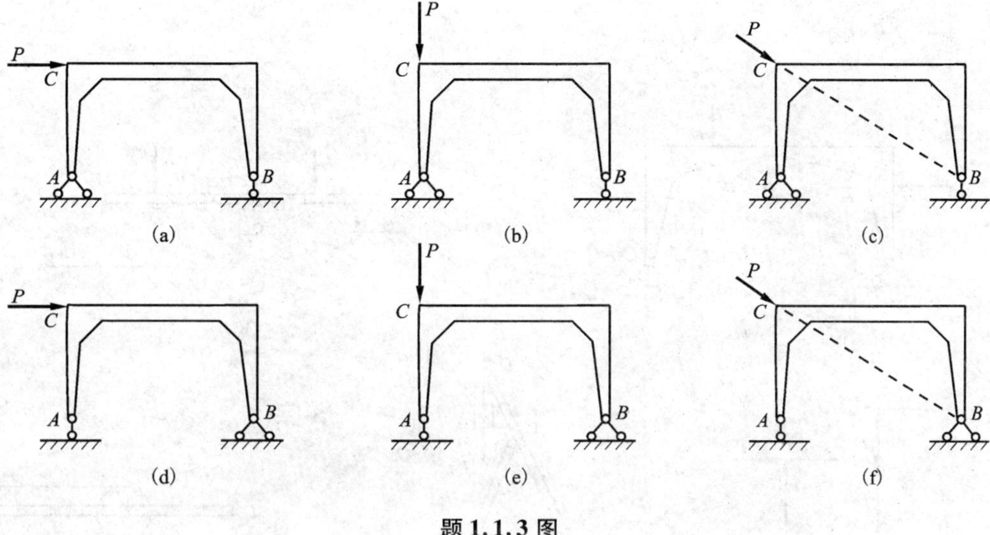

题 1.1.3 图

1.1.4 试画出图中杆 AB 和 CD 的受力图。各杆的自重不计。

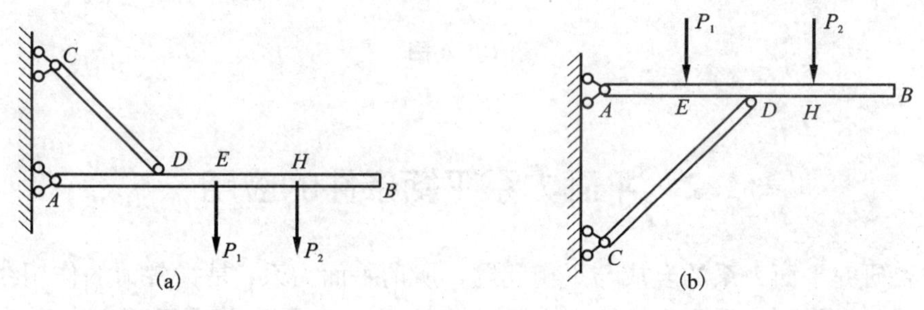

题 1.1.4 图

1.1.5 试画出图示结构中各物体的受力图。假定所有接触面都是光滑的，图中不注明重力 G 的物体，其自重不计。

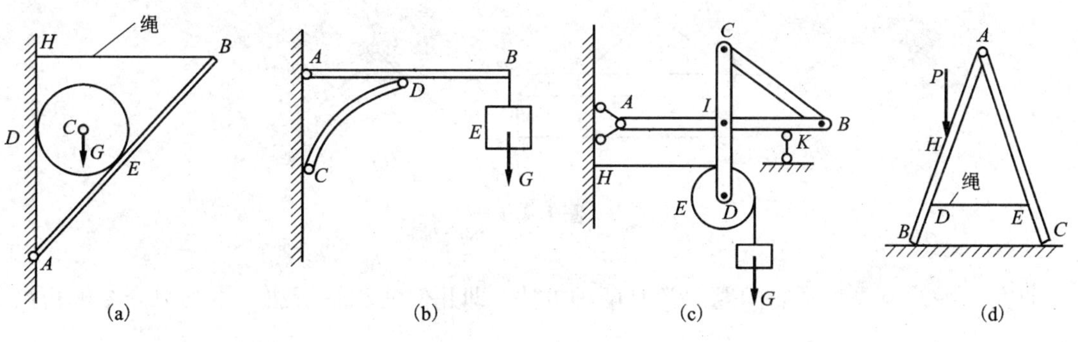

题 1.1.5 图

1.1.6 试画出图示整个物系和物系中每个物体的受力图。图中不注明重力的物体，其自重不计。

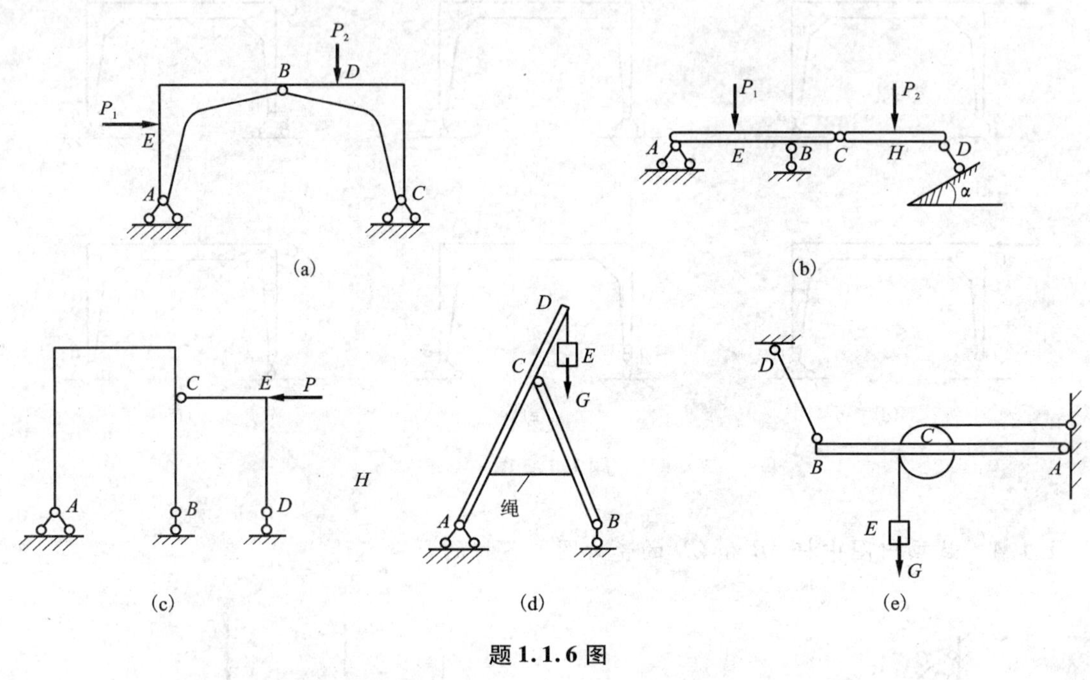

题 1.1.6 图

1.2　平面力系平衡条件的应用

本节主要研究平面力系的合成与平衡问题。所谓平面力系，是指各力的作用线都在同一平面内的力系。在平面力系中，若各力的作用线交于一点，则称为平面汇交力系(图 1.2.1)；若各力的作用线相互平行，则称为平面平行力系(图 1.2.2)；若各力的作用线既不完全交于一点也不完全相互平行，则称为平面一般力系(图 1.2.3)。平面力系是工程实际中常见的一种基本力系。

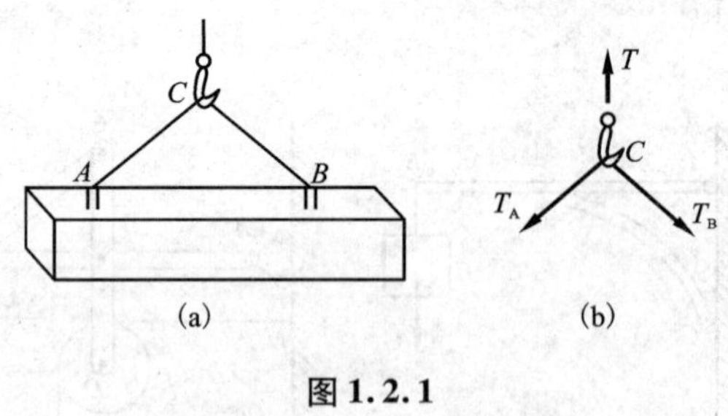

图 1.2.1

研究力系的合成与平衡问题通常有两种方法，即几何法和解析法。本书只介绍解析法。

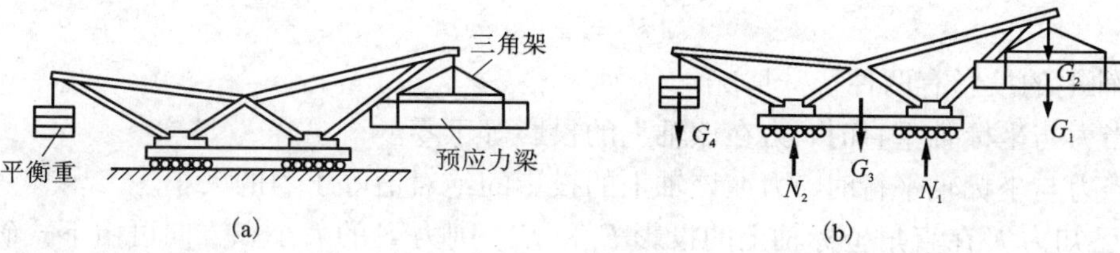

图 1.2.2

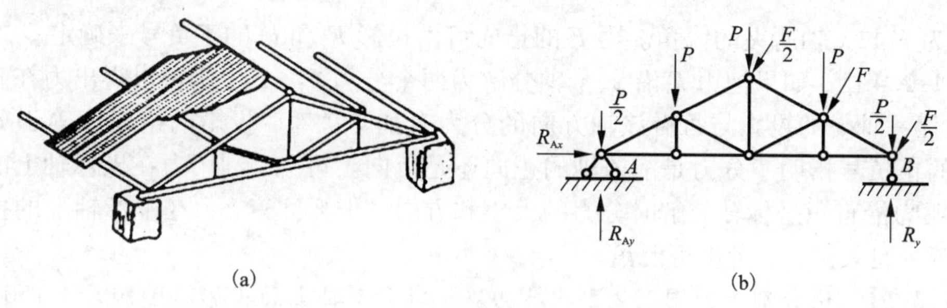

图 1.2.3

1.2.1　力的投影、力矩和力偶

1. 力在坐标轴上的投影

设力 F 作用于物体的 A 点，如图 1.2.4 所示。在力 F 作用线所在的平面内取直角坐标系 xOy，从力 F 的起点 A 和终点 B 分别向 x 轴及 y 轴作垂线，得垂足(a、b 和 a'、b'，则线段 ab 加上正号或负号，称为力 F 在 x 轴上的投影，用 F_x表示。线段 $a'b'$，加上正号或负号，称为力 F 在 y 轴上的投影，用 F_y表示。并规定：当从力的起点的投影(a 或 a')到终点的投影(b 或 b')的方向与投影轴的正向一致时，力的投影取正值；反之，取负值。图 1.2.4(a)中的 F_x、F_y均为正值，图 1.2.4(b)中的 F_x、F_y均为负值。由图 1.2.4 可见，若已知力 F 的大小及其与 x 轴所夹的锐角 α，则力 F 在坐标轴上的投影 F_x和 F_y可按下式计算：

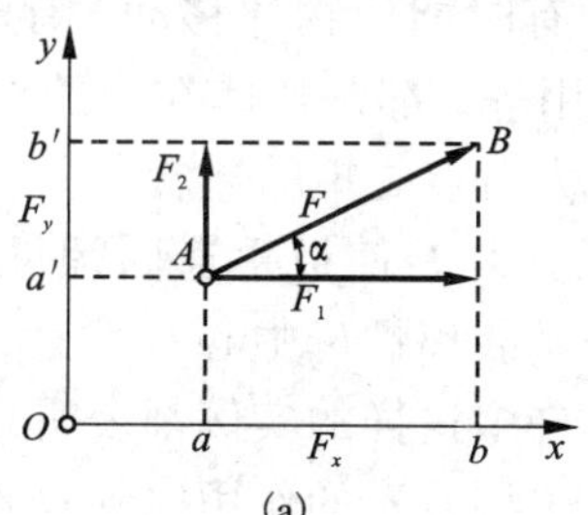

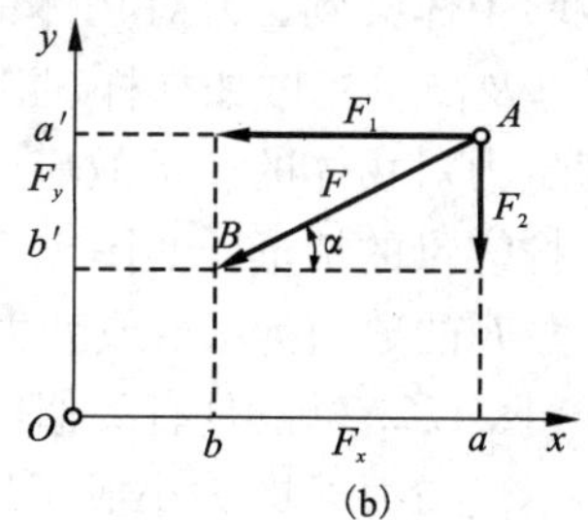

图 1.2.4

$$\begin{cases} F_x = \pm F\cos\alpha \\ F_y = \pm F\sin\alpha \end{cases} \tag{1.2.1}$$

力在坐标轴上的投影有两种特殊情况：

(1) 当力与坐标轴垂直时，力在该轴上的投影等于零。

(2) 当力与坐标轴平行时，力在该轴上的投影的绝对值等于力的大小。

如果已知力 F 在直角坐标轴上的投影 F_x 和 F_y，则力 F 的大小和方向可由下式确定：

$$\begin{cases} F = \sqrt{F_x^2 + F_y^2} \\ \tan\alpha = \left|\dfrac{F_y}{F_x}\right| \end{cases} \tag{1.2.2}$$

式中的 α 为 F 与 x 轴所夹的锐角。力 F 的指向可由投影 F_x 和 F_y 的正负号来确定。

在图 1.2.4 中，如果把力 F 沿 x、y 轴分解为两个分力 F_1、F_2，则可以得出力在直角坐标轴 x、y 中任一轴上的投影与力沿该轴方向的分力有如下关系：投影的绝对值等于分力的大小，投影的正负号指明了分力是沿该轴的正向还是负向。可见，利用力在坐标轴上的投影可以同时表明力沿直角坐标轴分解时分力的大小和方向。但要注意：力在坐标轴上的投影是代数量，而分力是矢量，二者不可混淆。

【例 1.2.1】 试分别求出图 1.2.5 中各力在 x 轴和 y 轴上的投影。已知 $F_1 = 150$ N，$F_2 = 120$ N，$F_3 = 100$ N，$F_4 = 50$ N，各力的方向如图所示。

【解】 力 F_2 与 x 轴平行，与 y 轴垂直，其投影可直接得出；其他各力的投影可由式(1.2.1)计算求得。故各力在 x、y 轴上的投影为：

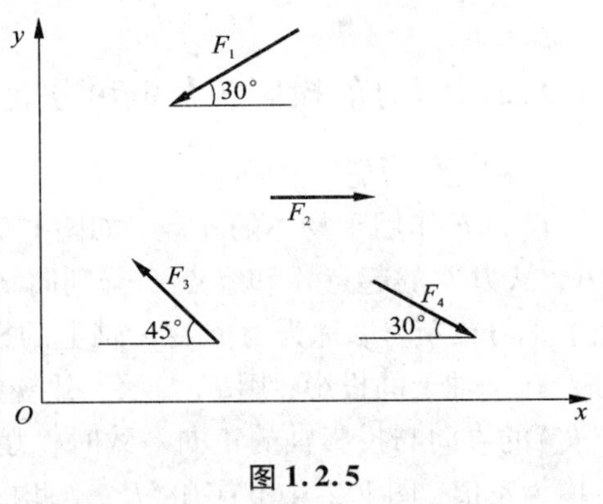

图 1.2.5

$F_{1x} = -F_1\cos30° = -150 \times 0.866 = -129.9(\text{N})$

$F_{1y} = -F_1\sin30° = -150 \times 0.5 = -75(\text{N})$

$F_{2x} = F_2 = 120$ N

$F_{2y} = 0$

$F_{3x} = -F_3\cos45° = -100 \times 0.707 = -70.7(\text{N})$

$F_{3y} = F_3\sin45° = 100 \times 0.707 = 70.7(\text{N})$

$F_{4x} = F_4\cos30° = 50 \times 0.866 = 43.3(\text{N})$

$F_{4y} = -F_4\sin30° = -50 \times 0.5 = -25(\text{N})$

2. 力对点之矩

人们从实践经验中体会到，力对物体的作用，有时能使物体移动，有时能使物体转动。例如，用扳手拧螺母及简单机械如杠杆、滑轮的使用等，都是物体在力的作用下产生转动效应的实例。为了度量力对物体的转动效应，现引入力对点之矩的概念。

试观察用扳手拧螺母的情形，如图 1.2.6 所示，力 F 使扳手连同螺母绕螺母中心 O 转动。由经验可知，力 F 的数值愈大，或者力 F 的作用线离螺母中心 O 愈远，则愈容易旋转螺母。用钉锤拔钉子(图 1.2.7)也具有类似的性质。许多这样的实例都表明：力 F 使物体绕某点 O 转动的效应，不仅与力 F 的大小成正比，而且还与力 F 的作用线到 O 点的垂直距离 d 成正比。可见乘积 Fd 就可作为这种转动效应强度的度量。力对物体的转动效应，除了反映它的强度外，还要反映其转向，就平面问题来说，可能产生两种转向相反的转动，即逆时针或顺时针方向的转动。对这两种情况，可采用正负号加以区分。因此，我们用乘积 Fd 加上正号或负号作为度量力 F 使物体绕 O 点转动效应的物理量，该物理量称为力 F 对 O 点之矩，简称力矩。O 点称为矩心，矩心 O 到力 F 作用线的垂直距离 d 称为力臂。力 F 对 O 点之矩通常用符号 $m_O(F)$ 表示，即

$$m_O(F) = \pm Fd \tag{1.2.3}$$

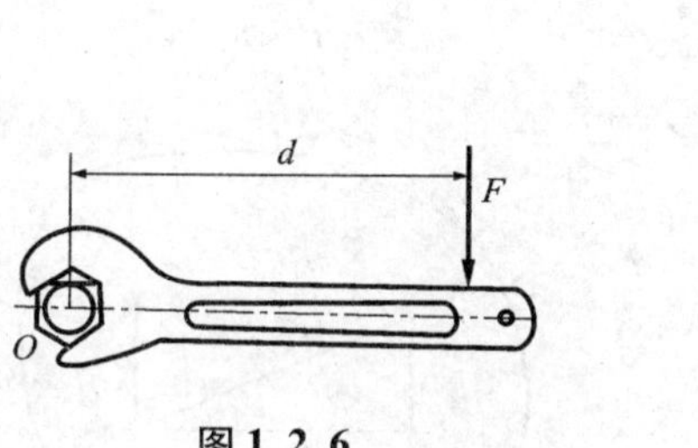

图 1.2.6

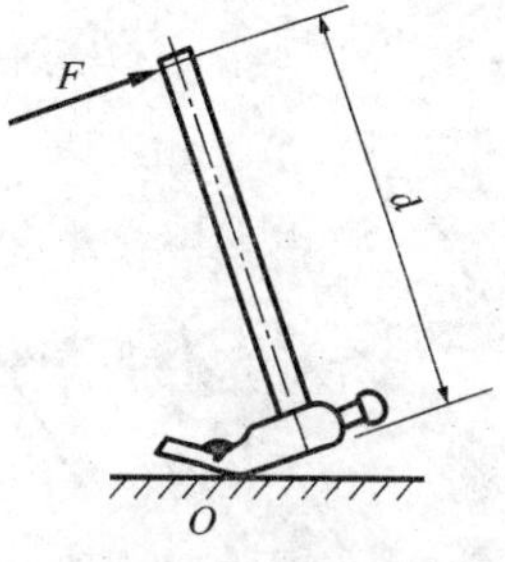

图 1.2.7

式中正负号的规定是：若力使物体产生逆时针方向转动，取正号；反之，取负号。(图 1.2.8)

力矩的单位是力与长度的单位的乘积。在国际单位制中，力矩的单位为牛顿米(N · m)或千牛顿米(kN · m)。

由力矩的定义可知：

(1)当力的大小等于0，或力的作用线通过矩心(力臂 $d=0$)时，力矩为0。

(2)力对某一点之矩不因力沿其作用线任意移动而改变。这是因为力沿其作用线任意移动后，其大小、方向及力臂都没有改变。

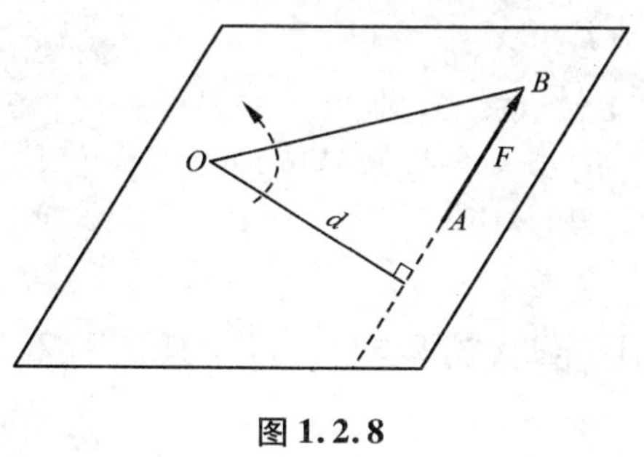

图 1.2.8

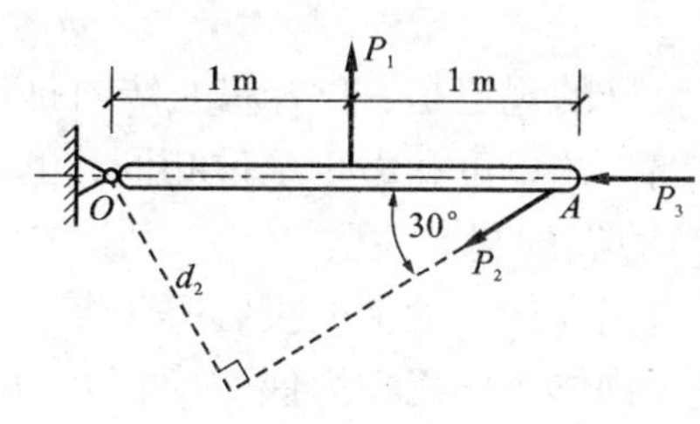

图 1.2.9

【例 1.2.2】 如图 1.2.9 所示，$P_1 = 200$ N，$P_2 = 100$ N，$P_3 = 300$ N。试求各力对 O 点的力矩。

【解】 由式(1.2.3)得

$$m_O(P_1) = P_1 d_1 = 200 \times 1 = 200\ (\text{N} \cdot \text{m})$$

$$m_O(P_2) = -P_2 d_2 = 100 \times 2\sin 30^\circ = -100\ (\text{N} \cdot \text{m})$$

因为力 P_3 的作用线通过矩心 O，即有 $d_3 = 0$，故 $m_O(P_3) = 0$

3. 力偶及其基本性质

(1)力偶和力偶矩

在实践中，我们有时可见到两个大小相等、方向相反、作用线平行而不重合的力作用于物体的情形。例如，钳工用丝锥攻螺纹(图1.2.10)就是这样加力的。力学中，将这种大小相等、方向相反、作用线平行而不重合的两个力组成的力系，称为力偶，用符号(F, F')表示。力偶中两力作用线间的垂直距离d(图1.2.11)，称为力偶臂，力偶所在的平面称为力偶作用面。

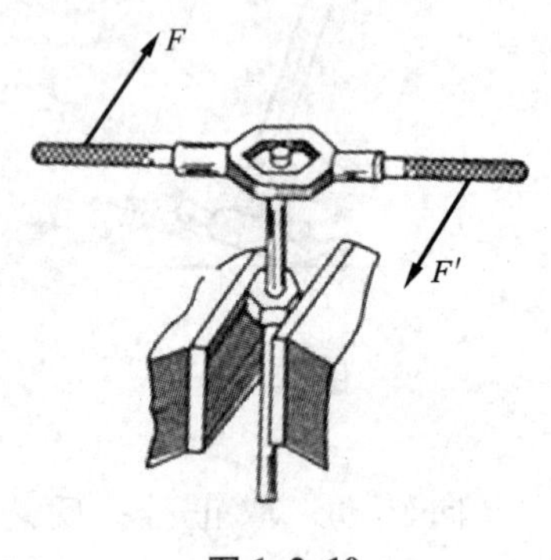

图1.2.10

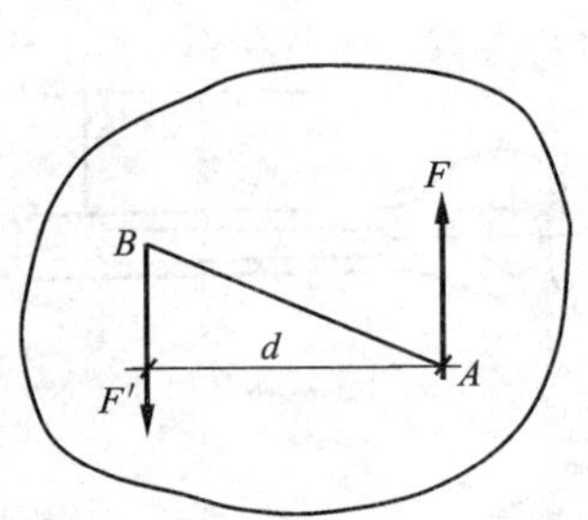

图1.2.11

力偶是一种常见的特殊力系，由实践经验可知，在力偶作用面内，力偶能使物体产生转动。当力偶中的力F愈大，或者力偶臂d愈大时，力偶对物体的转动效应愈显著。此外，力偶在平面内的转向不同，其作用效应也不相同。可见，在力偶作用面内，力偶对物体的转动效应取决于力偶中力F和力偶臂d的大小以及力偶的转向。在力学中用力的大小F与力偶臂d的乘积Fd加上正号或负号作为度量力偶对物体转动效应的物理量，该物理量称为力偶矩，并用符号$m(F, F')$或m表示，即

$$m(F, F') = m = \pm Fd \tag{1.2.4}$$

式中正负号的规定是：若力偶的转向是逆时针时，取正号；反之，取负号。

力偶矩的单位和力矩单位相同，也是牛顿米(N·m)或千牛顿米(kN·m)。

(2)力偶的基本性质

①力偶在任一轴上的投影等于零。

设在物体上作用一力偶(F, F')，其中F，F'与任一轴x所夹的角为α，如图1.2.12所示。由图可得

$$\sum F_x = F\cos\alpha - F'\cos\alpha = 0$$

由此可知，力偶在任一轴上的投影等于零。

由于力偶在任一轴上的投影等于零，所以力偶对物体不会产生移动效应，只产生转动效应。

②力偶对其作用面内任一点之矩，恒等于力偶矩，而与矩心的位置无关。

设在物体上作用一力偶(F, F')，其力偶臂为d，如图1.2.13所示。在力偶作用面内任取一点O为矩心，以$m_O(F, F')$表示力偶对O点之矩，则

$$m_O(F, F') = m_O(F) + m_O(F') = F(x + d) - F'x = Fd = m$$

以上结果表明：力偶对其作用面内任一点的矩，恒等于力偶矩，而与矩心的位置无关。

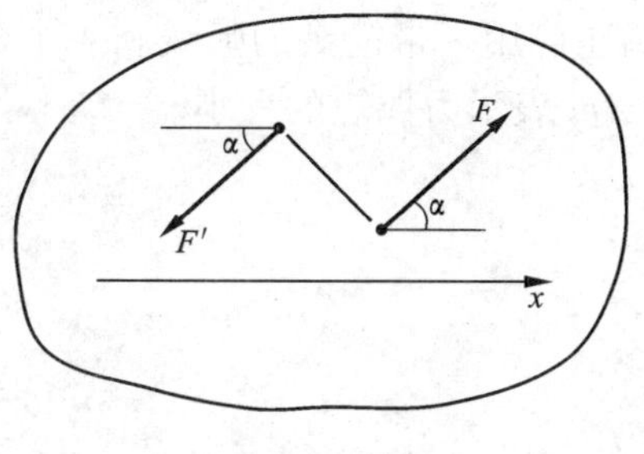

图 1.2.12

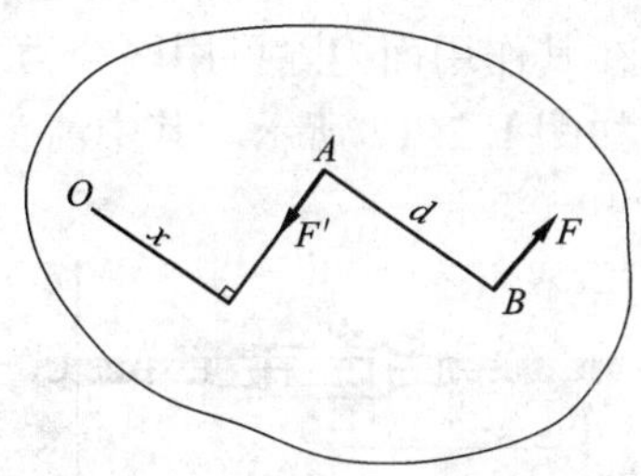

图 1.2.13

③力偶无合力。

力偶是由一对等值、反向、不共线的平行力组成的，它不能与一个力等效。若力偶与一个力等效，则它对物体的作用效应与该力相同。但是，一个力可使物体产生移动[图 1.2.14(a)]或同时产生转动(图 1.2.14(b)]。而力偶只能使物体产生转动[图 1.2.14(c)]。因此力偶不可能与一个力等效，故力偶无合力。

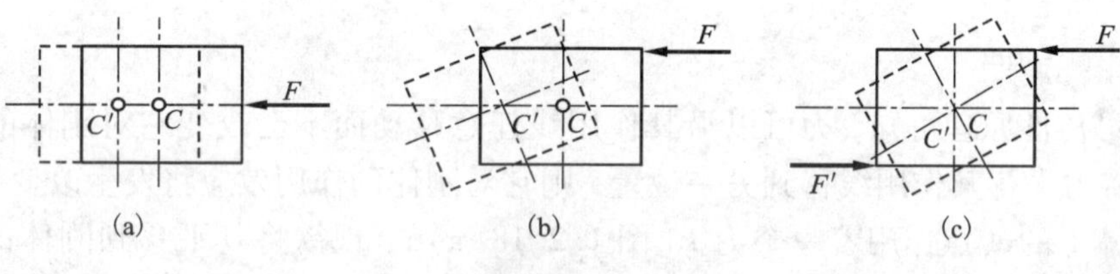

图 1.2.14

既然力偶无合力，因而力偶不能用一个力来平衡，力偶只能和力偶相平衡。

④在同一平面内的两个力偶，如果它们的力偶矩大小相等，力偶的转向相同，则这两个力偶是等效的。这一性质称为力偶的等效性。

力偶的等效性可以直接由经验证实，例如，司机使汽车转弯时用双手转动方向盘(图 1.2.15)，不管施加的力偶是(F_1，F_1')或是(F_2，F_2')，只要力的大小不变，它们的力偶矩就相等，因而转动方向盘的效应就相同。又如攻螺纹时，双手施加在扳手上的力偶不论是如图 1.2.16(a)还是如图 1.2.16(b)，虽然所加力的大小和力偶臂不同，但它们的力偶矩相等，因此，它们对扳手的转动效应相同。

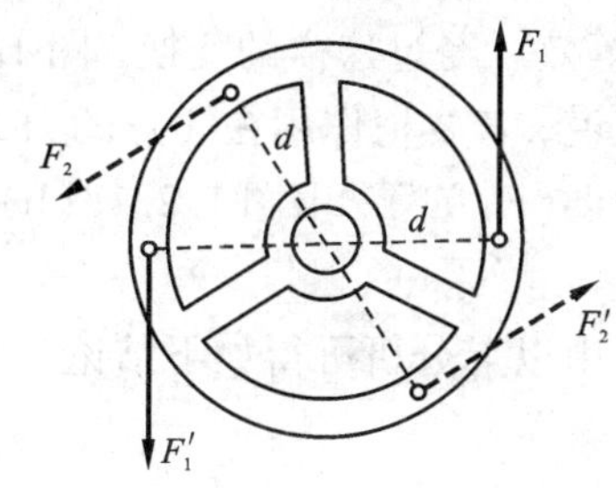

图 1.2.15

根据力偶的等效性，可以得出两个推论：

推论 1 力偶可以在其作用面内任意移转而不改变它对物体的转动效应。

推论 2 只要保持力偶矩不变，可以同时改变力偶中的力和力偶臂的大小，而不改变它对物体的转动效应。

应当指明：力偶的等效性及其推论，只适用刚体而不适用于变形体。

在平面问题中，由于力偶对物体的转动效应完全取决于力偶矩的大小和力偶的转向，所以，力偶在其作用面内除可用两个力表示外，通常力偶还可用一带箭头的弧线和一个数值 m 来表示，如图 1.2.17 所示。其中箭头表示力偶的转向，m 表示力偶矩的大小。

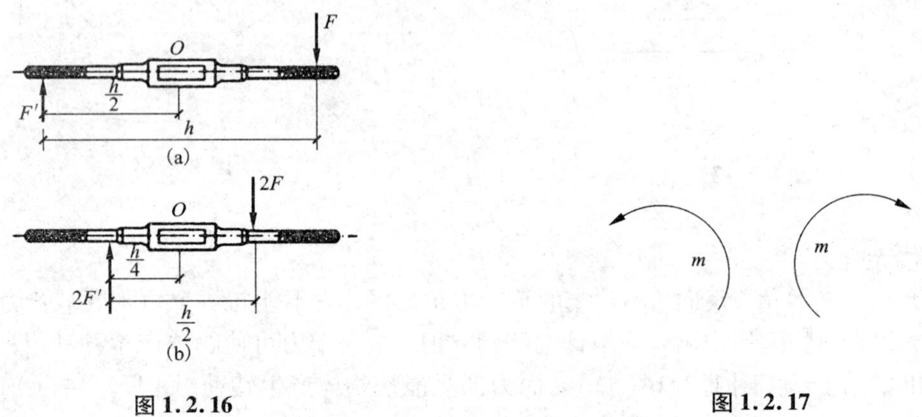

图 1.2.16　　图 1.2.17

4. 力的平移定理

由力的可传性原理可知，力可以沿其作用线任意移动而不会改变它对刚体的作用效应。但是，如果将力平行其作用线移到另一位置，则它对刚体的作用效应将发生改变。

设在刚体上的 A 点作用着一个力 F[图 1.2.18(a)]，现欲将其平移到刚体的任一点 O。为此，在 O 点加上一对平衡力 F' 和 F''，并使其作用线与力 F 平行、大小与力 F 的大小相等，即令 $F'=-F''=F$，如图 1.2.18(b)所示。显然，这样不会改变原力 F 对刚体的作用效应。由于作用在 A 点的力 F 与作用在 O 点的 F'' 是一对等值、反向、作用线平行而不重合的力，它们组成了一个力偶(F, F'')，于是原作用在 A 点的力 F，就与作用在 O 点的力 F' 及力偶(F, F'')等效。经过这样的变换，图 1.2.18(a)所示的情况就变成了图 1.2.18(c)所示的情况，也就是说，若要把作用在 A 点的力 F 平移到 O 点而保持对刚体的作用效应不变，就必须附加一个力偶(F, F'')，由图 1.2.18(b)可见，力偶(F, F'')的力偶矩等于原力 F 对 O 点之矩，即

$$m = Fd = m_O(F) \tag{1.2.5}$$

由以上分析可得如下结论：**作用在刚体上的力 F，可以平移到同一刚体上的任一点 O，**

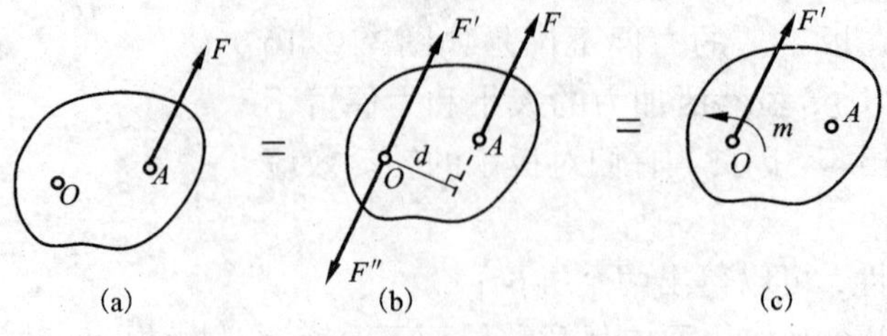

图 1.2.18

但必须同时附加一个力偶，其力偶矩等于原力 F 对新作用点 O 之矩。这就是力的平移定理。

根据力的平移定理，可以将一个力分解为一个力和一个力偶；同样也可以反过来将同平面内的一个力和一个力偶合成为一个力，合成的过程就是图 1.2.18 的逆过程。由此可以看出力和力偶对刚体作用效应之间的联系，即一个力不能与一个力偶等效；但一个力却可以和一个与它平行的力和一个力偶等效。

力的平移定理在理论和实际应用方面都具有重要的意义，它不仅是力系向一点简化的理论依据，同时还可以直接用来分析和解决许多工程实际中的力学问题。例如，在用扳手和丝锥攻螺纹时，必须用两手握扳手，而且用力要相等，一推一拉，尽可能保证扳手上只受力偶作用(图 1.2.16)。为什么不允许用一只手扳动扳手呢[图 1.2.19(a)]？因为作用在扳手 AB 上一端的力 F 与作用在 O 点的一个力 F，和一个力偶矩为 m 的力偶(图 1.2.19(b)]等效。这个力偶使丝锥转动，而这个力 F 却将引起丝锥弯曲，这就很容易将螺纹攻坏；如果用力过大，丝锥就可能折断。因此，这样操作是不允许的。

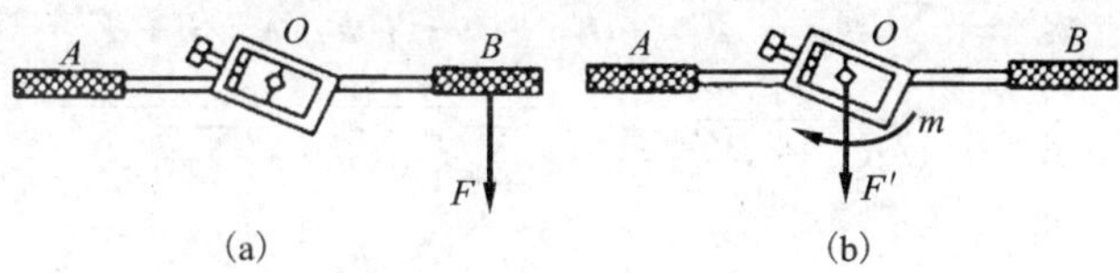

图 1.2.19

【例 1.2.3】　如图 1.2.20(a)所示，在支承吊车梁的牛腿柱子的 A 点受有吊车梁传来的荷载 $P=100$ kN，它的作用线偏离柱子轴线的距离 $e=400$ mm(e 称为偏心距)。因设计时计算的需要，欲将力 P 向柱子轴线上 B 点平移，应如何进行移动？

【解】　根据力的平移定理，将作用于 A 点的力 P 平移到轴线上的 B 点得力 P'，同时还必须附加一个力偶，如图 1.2.20(b)所示，它的力偶矩 m 等于原力 P 对 B 点之矩，即

$$m=m_B(P)=-Pe$$
$$=-100\times0.4=-40\ (\mathrm{kN\cdot m})$$

负号表示附加力偶的转向是顺时针方向。

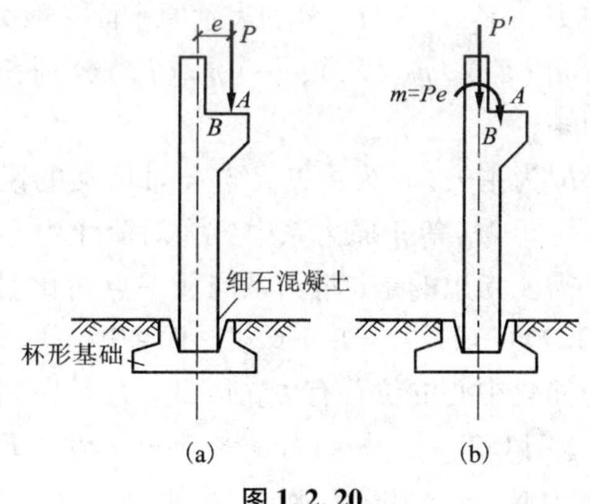

图 1.2.20

1.2.2　平面一般力系

本节主要研究平面一般力系的简化和平衡问题。由于平面一般力系在工程实际中极为常见，而分析和解决平面一般力系问题的方法又具有普遍性，因此本节所研究的内容在静力学中占有很重要的地位。

1. 平面一般力系的合成

平面一般力系向作用面内任一点 O 简化后，可得到一个力 R'和一个力偶矩 M_O。这个力 R'

称为原力系的主矢，这个力偶的力偶矩 M_O 称为原力系对简化中心 O 点的主矩(如图 1.2.21)。

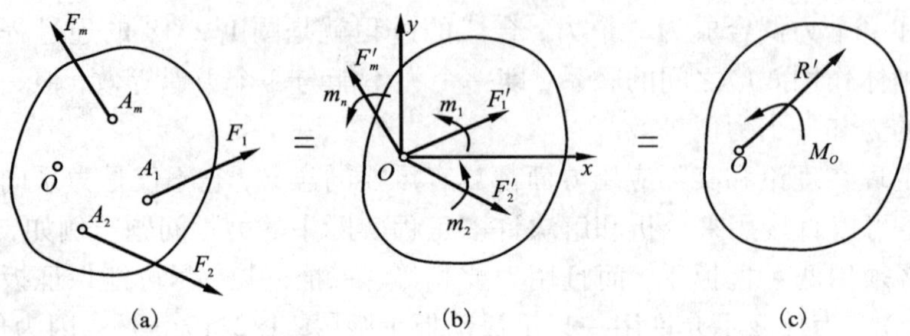

图 1.2.21

$$R'_x = \sum F_{ix} = F_{1x} + F_{2x} + \cdots + F_{ix} + \cdots + F_{nx} \tag{1.2.6}$$

$$R'_y = \sum F_{iy} = F_{1y} + F_{2y} + \cdots + F_{iy} + \cdots + F_{ny} \tag{1.2.7}$$

$$R' = \sqrt{R'^2_x + R'^2_y} = \sqrt{\left(\sum F_{ix}\right)^2 + \left(\sum F_{iy}\right)^2}$$

$$\tan\alpha = \left|\frac{R'_y}{R'_x}\right| = \left|\frac{\sum F_{iy}}{\sum F_{ix}}\right| \tag{1.2.8}$$

$$M_O = m_O(F_1) + m_O(F_2) + \cdots + m_O(F_n) = \sum m_O(F_i) \tag{1.2.9}$$

式中 F_{1x}、F_{2y}、…、F_{ny}分别表示原平面一般力系中各力 F_1、F_2、…、F_n在 x 轴和 y 轴上的投影，

$m_O(F_1)$、$m_O(F_2)$、…、$m_O(F_n)$分别表示原平面一般力系中各力 F_1、F_2、…、F_n对 O 点的力矩，

R'为主矢，α 为主矢 R'与 x 轴所夹的锐角，R'的指向可根据其投影 R'_x和 R'_y的正负号来确定。主矩 M_O 等于原力系中各力对简化中心 O 点之矩的代数和。

需要指出的是，将力系向任一点简化时，如果选取不同的简化中心，由式(1.2.8)和式(1.2.9)可知：主矢并不改变，而主矩一般要改变。所以主矢与简化中心的位置无关，主矩一般与简化中心的位置有关。因此，凡是提到主矩，必须指出是力系对哪一点的主矩。

【例 1.2.4】 一折杆受平面一般力系 F_1、F_2、F_3、F_4的作用，如图 1.2.22(a)所示。已知 $F_1 = 50$ N，$F_2 = 100$ N，$F_3 = 25$ N，$F_4 = 150$ N。若将该力系分别向 A 点和 B 点简化，试求其主矢和主矩。

【解】 (1)以 A 点为简化中心，取直角坐标系如图 1.2.22(a)所示。由式(1.2.6)～(1.2.8)计算主矢 R'在 x、y 轴上的投影为

$$R'_x = \sum F_{ix} = -F_1 + F_4 = -50 + 150 = 100\ (\text{N})$$

$$R'_y = \sum F_{iy} = F_3 - F_2 = 25 - 100 = -75\ (\text{N})$$

故主矢 R' 的大小为

$$R' = \sqrt{R'^2_x + R'^2_y} = \sqrt{(100)^2 + (-75)^2} = 125\ (\text{N})$$

主矢 R' 的方向为

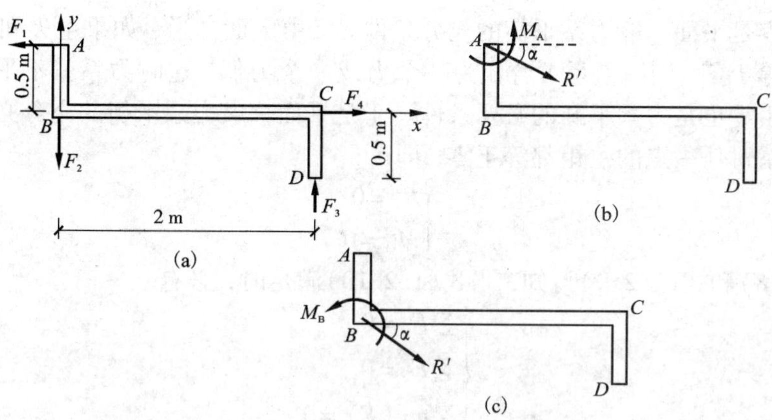

图 1.2.22

$$\tan\alpha = \left|\frac{R'_y}{R'_x}\right| = \frac{75}{100} = 0.75, \quad \alpha = 36.9°$$

因 R'_x 为正，R'_y 为负，故 R' 指向右下方，如图 1.2.22(b) 所示。

再由式(1.2.9) 可求得主矩为

$$M_A = \sum m_A(F_i) = F_3 \times 2 + F_4 \times 0.5 = 25 \times 2 + 150 \times 0.5 = 125 \text{ (N·m)}$$

因 M_A 为正，故主矩为 M_A 的力偶的转向是逆时针的，如图 1.2.22(b) 所示。

(2) 以 B 点为简化中心，仍取如图 1.2.22(a) 所示的直角坐标系。由于

$$R'_x = \sum F_{ix} = -F_1 + F_4 = -50 + 150 = 100 \text{ (N)}$$

$$R'_y = \sum F_{iy} = F_3 - F_2 = 25 - 100 = -75 \text{ (N)}$$

故主矢 R' 的大小为

$$R' = \sqrt{R'^2_x + R'^2_y} = \sqrt{(100)^2 + (-75)^2} = 125 \text{ (N)}$$

主矢 R' 的方向为

$$\tan\alpha = \left|\frac{R'_y}{R'_x}\right| = \frac{75}{100} = 0.75, \alpha = 36.9°$$

R' 指向右下方，如图 1.2.22(c) 所示。

再由式(1.2.9) 可求得主矩为

$$M_B = \sum m_B(F_i) = F_1 \times 0.5 + F_3 \times 2 = 50 \times 0.5 + 25 \times 2 = 75 \text{ (N·m)}$$

主矩为 M_B 的力偶的转向是逆时针的，如图 1.2.22(c) 所示。

由上列的计算可以看出，简化中心位置改变时，主矢的大小和方向都不变，而主矩的大小改变了。

2. 平面一般力系的平衡方程

(1) 平衡方程的基本形式

前面已经指出，如果平面一般力系的主矢 $R=0$，且力系对作用面内任一点 O 的主矩 $M_O=0$，则原力系平衡。这是因为当主矢和主矩都等于零时，则简化后得到的平面汇交力系和

附加力偶系各自平衡，而这两个力系与原力系是等效的，所以原力系一定平衡。因此，主矢和主矩都等于零是平面一般力系平衡的充分条件。又由上面知道，如果主矢和主矩中有一个量或两个量不等于零，则原力系可合成为一个力或一个力偶，这时力系就不平衡。因此，主矢和主矩都等于零也是力系平衡的必要条件。于是平面一般力系平衡的充分必要条件是：力系的主矢和力系对任一点的主矩都等于零，即

$$\begin{cases} R' = 0 \\ M_O = 0 \end{cases} \tag{1.2.10}$$

由式(1.2.8)和式(1.2.9)可知，当式(1.2.10)满足时，必有

$$\begin{cases} \sum F_x = 0 \\ \sum F_y = 0 \\ \sum m_O(F) = 0 \end{cases} \tag{1.2.11}$$

由此可见，平面一般力系平衡的充分必要条件也可叙述为：力系中各力在两个坐标轴上的投影的代数和分别等于零，同时各力对任一点之矩的代数和也等于零。

式(1.2.11)称为平面一般力系的平衡方程，它是平衡方程的基本形式，其中前两个称为投影方程，后一个称为力矩方程。这三个方程是彼此独立的，应用这组平衡方程可以求解三个未知量。在应用投影方程时，投影轴尽可能选取与较多的未知力的作用线垂直；应用力矩方程时，矩心宜选取在两个未知力的交点上。这样，可使方程中的未知量减少，以便于求解。

【例 1.2.5】 梁 AB 上作用一集中力和一均布荷载(均匀连续分布的力)，如图 1.2.23(a)所示。已知 $P=6$ kN，荷载集度(受均布荷载作用的范围内，每单位长度上所受的力的大小)$q=2$ kN/m，梁的自重不计，试求支座 A、B 的反力。

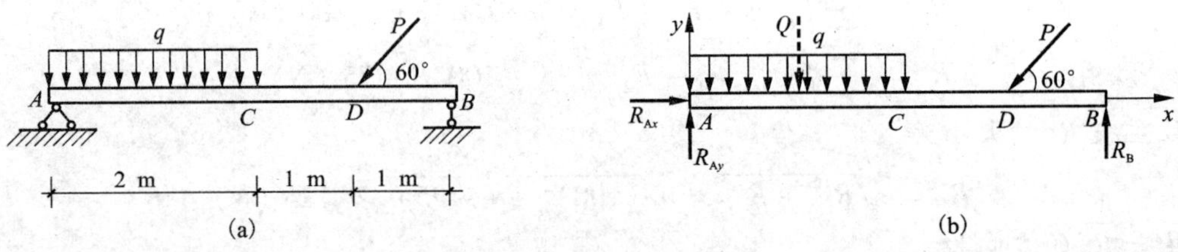

图 1.2.23

【解】 取梁 AB 为研究对象，画其受力图如图 1.2.23(b)所示。梁上作用有主动力 P、q 和支座反力 R_{Ax}、R_{Ay}、R_B，这些力组成了一个平面一般力系。应用平面一般力系的平衡方程可以求解三个未知反力 R_{Ax}、R_{Ay} 和 R_B。在列方程时，梁上 AC 段所受的均布荷载可视为一集中力 Q，Q 的方向与均布荷载的方向相同、作用点在均布荷载的中点(图 1.2.23(b)中虚线所示)、大小等于荷载集度与均布荷载分布长度的乘积，即 $Q=q\times AC$。

取坐标系如图 1.2.23(b)，由

$$\sum F_x = 0,\ R_{Ax} - P\cos60^\circ = 0$$

得

$$R_{Ax} = P\cos 60^\circ = 6\times 0.5 = 3\ (\text{kN})(\rightarrow)$$

由

$$\sum m_A(F) = 0,\ R_B \times 4 - P\sin 60° \times 3 - q \times 2 \times 1 = 0$$

得

$$R_B = \frac{P\sin60° \times 3 + q \times 2 \times 1}{4} = \frac{6 \times 0.866 \times 3 + q \times 2 \times 1}{4} = 4.9\ (\text{kN})(\uparrow)$$

由

$$\sum F_y = 0,\ R_{Ay} - q \times 2 - P\sin60° + R_B = 0$$

得

$$R_{Ay} = q \times 2 + P\sin60° + R_B = 2 \times 2 + 6 \times 0.866 - 4.9 = 4.3\ (\text{kN})(\uparrow)$$

所以　　$R_{Ax} = 3\ \text{kN}(\rightarrow)$　$R_{Ay} = 4.3\ \text{kN}$　$R_B = 4.9\ \text{kN}(\uparrow)$

力系既然平衡，则力系中各力在任一轴上的投影的代数和必然等于零，力系中各力对任一点之矩的代数和也必然等于零。因此，我们可再列出其他的平衡方程，用以校核计算结果有无错误。例如，以 D 点为矩心，有

$$\sum m_D(F) = -R_{Ay} \times 3 + q \times 2 \times 2 + R_B \times 1 = -4.3 \times 3 + 2 \times 2 \times 2 + 4.9 \times 1 = 0$$

可见 R_{Ay} 和 R_B 计算无误。如果上式不能满足(计算误差除外)，说明解答有错误，这时必须对前面的计算加以仔细检查，以求出正确的解答。

【例 1.2.6】　一刚架所受荷载及支承情况如图 1.2.24(a)所示。已知 $P=4$ kN，$F=5$ kN，$m=2$ kN·m，刚架自重不计，试求支座 A、B 的反力。

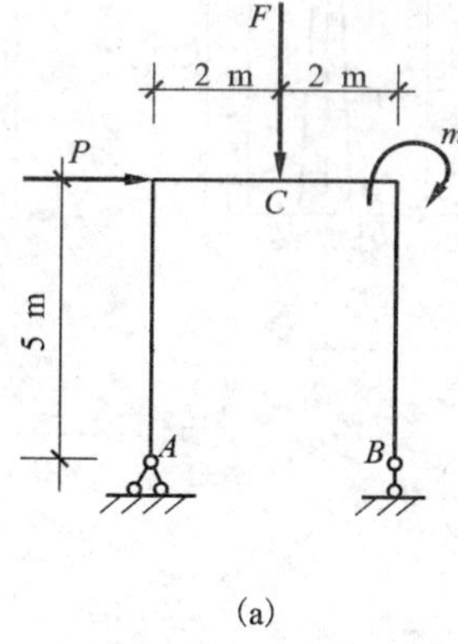

(a)

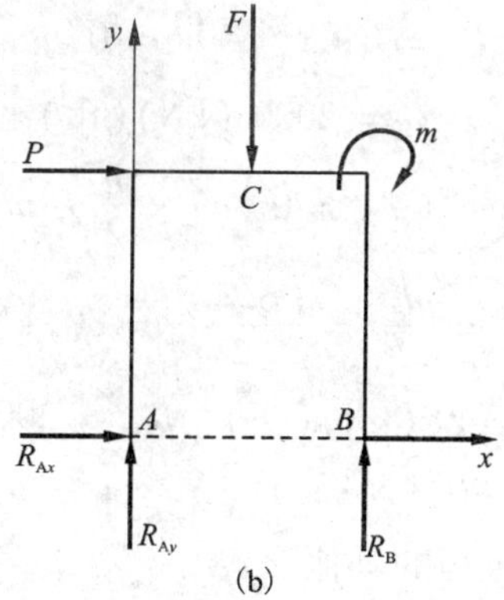

(b)

图 1.2.24

【解】　取刚架为研究对象，画其受力图如图 1.2.24(b)所示。刚架上作用有主动力 P、F 和力偶矩为 m 的力偶，以及支座反力 R_{Ax}、R_{Ay}、R_B，它们组成了一个平面一般力系。

因刚架所受荷载中有一力偶，而力偶在任一轴上的投影都等于零，故在写投影方程时不必考虑力偶；又由于力偶对其作用面内任一点之矩恒等于力偶矩，而与矩心的位置无关，故在写力矩方程时，可直接将力偶矩 m 列入。

取坐标系如图 1.2.24(b)，由

$$\sum F_x = 0,\ P + R_{Ax} = 0$$

得

$$R_{Ax} = -P = -4\text{ kN}(\leftarrow)$$

由

$$\sum m_A(F) = 0,\ R_B \times 4 - P \times 5 - F \times 2 - m = 0$$

得

$$R_B = \frac{P \times 5 + F \times 2 + m}{4} = \frac{4 \times 5 + 5 \times 2 + 2}{4} = 8\ (\text{kN})(\uparrow)$$

由

$$\sum F_y = 0,\ R_{Ay} + R_B - F = 0$$

$$R_{Ay} = F - R_B = 5 - 8 = -3\ (\text{kN})(\downarrow)$$

所以 $R_{Ax} = -4\text{ kN}(\leftarrow)\quad R_{Ay} = -3\text{ kN}(\downarrow)\quad R_B = 8\text{ kN}(\uparrow)$

【例 1.2.7】 一自重 $W = 2000$ kN，高 $h = 40$ m 的烟囱受到水平风荷载 $q = 1$ kN/m 的作用，如图 1.2.25(a)所示。将烟囱的 A 端视为固定端约束，试求其约束反力。

【解】 取烟囱为研究对象，画其受力图如图 1.2.25(b)所示。固定端 A 处的约束反力用两个约束反力 R_{Ax}、R_{Ay} 和一个力偶矩为 m_A 的约束反力偶表示，图中反力的指向和反力偶的转向都是假设的。烟囱所受荷载和反力(包括反力偶)组成了一个平面一般力系。

取坐标系如图 1.2.25(b)，由

$$\sum F_x = 0,\ R_{Ax} - qh = 0$$

得 $R_{Ax} = qh = 1 \times 40 = 40\ (\text{kN})(\rightarrow)$

由 $\sum F_y = 0,\ R_{Ay} - W = 0$

得 $R_{Ay} = G = 2000\ (\text{kN})(\uparrow)$

由 $\sum m_A(F) = 0,\ qh \times \frac{h}{2} - m_A = 0$

得 $m_A = \frac{qh^2}{2} = \frac{1 \times 40^2}{2} = 80(\text{kN}\cdot\text{m})(\curvearrowright)$

所以 $R_{Ax} = 40\ (\text{kN})(\rightarrow)\quad R_{Ay} = 2000(\text{kN})(\uparrow)$

$m_A = 80(\text{kN}\cdot\text{m})(\curvearrowright)$

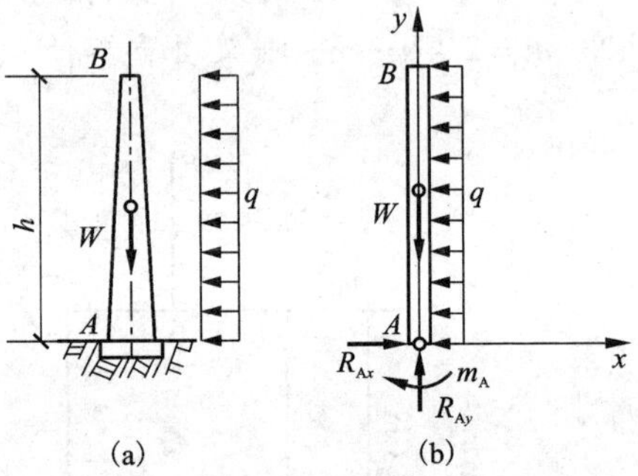

图 1.2.25

(2) 平衡方程的其他形式

前面介绍了平面一般力系平衡方程的基本形式，除了这种形式外，还可将平衡方程表示为其他两种形式，现分别介绍如下：

① 二力矩式的平衡方程

二力矩式的平衡方程是由一个投影方程和两个力矩方程所组成，可写为

$$\begin{cases} \sum F_x = 0 \\ \sum m_A(F) = 0 \\ \sum m_B(F) = 0 \end{cases} \tag{1.2.12}$$

式中：A、B 两点的连线不能与 x 轴垂直。

现证明式(1.2.12)是平面一般力系平衡的充分必要条件。设有一平面一般力系，将该力系向平面内任一点 A 简化，如果 $\sum m_A(F) = 0$ 成立，说明原力系不可能合成为一个力偶，但

可能合成为一个通过 A 点的合力 R 或者平衡。如果 $\sum m_B(F)=0$ 又成立，由合力矩定理可知，$\sum m_B(R)=\sum m_B(F)=0$，这说明原力系或者有一沿着 A、B 两点连线作用的合力 R（图1.2.26），或者平衡。如果 $\sum F_x=0$ 也成立，说明原力系如有合力，则合力必须与 x 轴垂直。但式(1.2.12)的附加条件是 A、B 两点的连线不能与 x 轴垂直。因此不可能存在一个既通过 A、B 两点又与 x 轴垂直的合力。可见当原力系满足式(1.2.12)时，则力系既不能合成为一个力偶，也不能合成为一个力，而只能是平衡的。显然，若原力系平衡，则式(1.2.12)必定成立。于是式(1.2.12)的必要性和充分性得证。

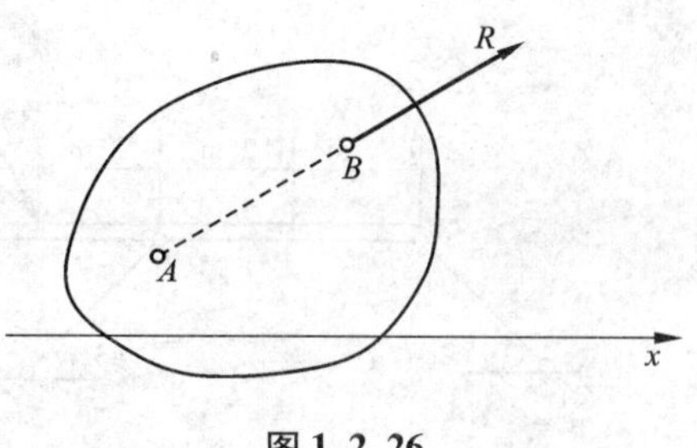

图1.2.26

② 三力矩式的平衡方程

三力矩式的平衡方程是由三个力矩方程所组成，可写为

$$\begin{cases}\sum m_A(F)=0\\\sum m_B(F)=0\\\sum m_C(F)=0\end{cases}\tag{1.2.13}$$

式中 A、B、C 三点不能共线。

同样可以证明式(1.2.13)也是平面一般力系平衡的充分必要条件。设有一平面一般力系，将该力系向平面内任一点 A 简化，如果 $\sum m_A(F)=0$ 和 $\sum m_B(F)=0$ 同时成立，说明原力系不可能合成一个力偶，但可能合成为一个沿着 A、B 两点连线作用的合力 R（图1.2.27）或者平衡。如果 $\sum m_C(F)=0$ 也成立，说明如果原力系有合力则合力必须同时通过 A、B、C 三点。但式(1.2.13)的附加条件是 A、B、C 三点不能共线，因此原力系不可能有合力。可见当原力系满足式(1.2.13)时，则力系既不能合成为一个力偶，也不能合成为一个力，而只能是平衡的。显然，若力系平衡，则式(1.2.13)必定成立。于是式(1.2.13)的必要性和充分性得证。

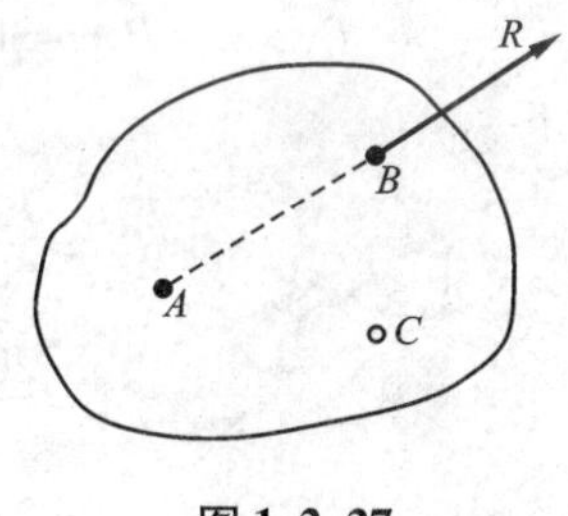

图1.2.27

平面一般力系虽有三种不同形式的平衡方程，但不论采用哪种形式的平衡方程解题，对一个受平面一般力系作用的平衡物体，都只可能写出三个独立的平衡方程，任何第四个方程都不是独立的，它只能用来校核计算的结果。因此，应用平面一般力系的平衡方程，能够并且最多只能求解三个未知量。至于究竟选取哪种形式的平衡方程解题，完全决定于计算是否简便。通常力求在一个平衡方程中只包含一个未知量，以避免解联立方程的麻烦。

【例1.2.8】 梁 AC 用三根链杆支承，其受荷载情况如图1.2.28(a)所示。已知 $P_1=20$ kN，$P_2=40$ kN，梁的自重不计，试求 A、B、C 处的反力。

【解】 取梁 AC 为研究对象，画其受力图如图1.2.28(b)所示。梁受到主动力 P_1、P_2 和三根链杆的约束反力 R_A、R_B、R_C 的作用。R_A、R_B 和 R_C 的作用线分别沿其链杆中心线，它们的指向都是假设的。梁上所受荷载和反力组成一平面一般力系。

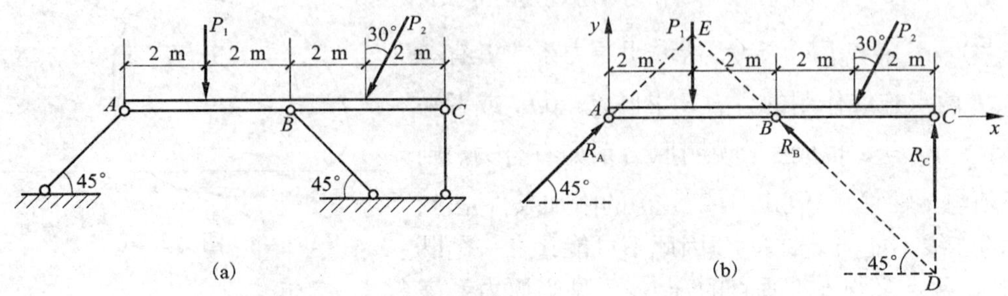

图 1.2.28

从受力图中可以看出，R_B与R_C的作用线交于D点；R_A与R_B的作用线交于E点。因此可先取D点为矩心，由$\sum m_D(F)=0$直接求得R_A；再取E点为矩心，由$\sum m_E(F)=0$，直接求得R_C；最后选不与D、E两点连线垂直的x轴或y轴为投影轴，由$\sum F_x=0$或$\sum F_y=0$即可求得R_B。

根据以上分析，计算如下：

取坐标系如图 1.2.28(b)，由

$$\sum m_D(F)=0$$

$$P_1\times6+P_2\cos30°\times2+P_2\sin30°\times4-R_A\sin45°\times8-R_A\cos45°\times4=0$$

得

$$R_A=\frac{P_1\times6+P_2\cos30°\times2+P_2\sin30°\times4}{8\times\sin45°+4\times\cos45°}$$

$$=\frac{20\times6+40\times0.866\times2+40\times0.5\times4}{8\times0.707+4\times0.707}$$

$$=31.7\ (\text{kN})(\nearrow)$$

由

$$\sum m_E(F)=0,\ R_C\times6-P_2\cos30°\times4-P_2\sin30°\times2=0$$

$$R_C=\frac{P_2\cos30°\times4+P_2\sin30°\times2}{6}$$

$$=\frac{40\times0.866\times4+40\times0.5\times2}{6}$$

$$=29.8\ \text{kN}(\uparrow)$$

由 $$\sum F_x=0,\ R_A\cos45°-R_B\cos45°-P_2\sin30°=0$$

得 $$R_B=\frac{R_A\cos45°-P_2\sin30°}{\cos45°}=\frac{31.7\times0.707-40\times0.5}{0.707}=3.4\ (\text{kN})(\nwarrow)$$

【例 1.2.9】 图 1.2.29(a)所示为一悬臂式起重机，A、C处都是固定铰支座，B处是铰链连接。梁AB自重$G_1=1$ kN，提升重力$G_2=8$ kN，杆BC的自重不计，试求支座A的反力和杆BC所受的力。

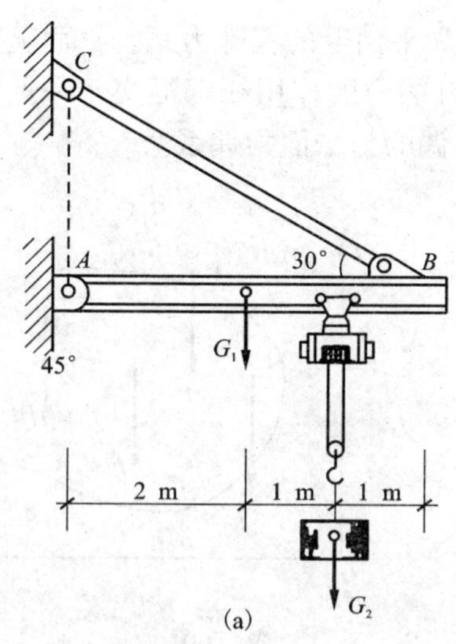

(a)

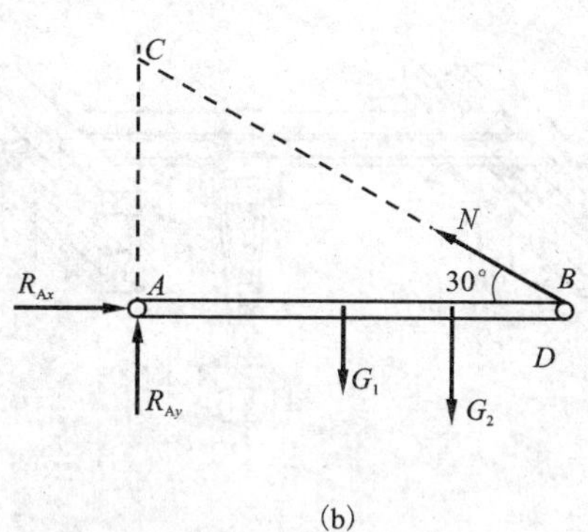

(b)

图 1.2.29

【解】 取梁 AB 为研究对象，画其受力图如图 1.2.29(b)所示，A 处为固定铰支座，其反力用两分力 R_{Ax}、R_{Ay}表示，杆 BC 为二力杆，它对梁的作用力 N 必沿 B、C 两点连线，指向假设如图。梁 AB 所受各力组成一平面一般力系。

由受力图可见，三个未知力 R_{Ax}、R_{Ay}、N 两两相交于 A、B、C 三点。若分别取 A、B、C 三点为矩心，用三力矩形式的平衡方程即可直接求出这三个未知力。

由 $$\sum m_A(F) = 0,\ -G_1 \times 2 - G_2 \times 3 + N\sin30° \times 4 = 0$$

得 $$N = \frac{G_1 \times 2 + G_2 \times 3}{\sin30° \times 4} = \frac{1 \times 2 + 8 \times 3}{0.5 \times 4} = 13\ (\text{kN})(\text{拉})$$

由 $$\sum m_B(F) = 0,\ -R_{Ay} \times 4 + G_1 \times 2 + G_2 \times 1 = 0$$

得 $$R_{Ay} = \frac{G_1 \times 2 + G_2}{4} = \frac{1 \times 2 + 8}{4} = 2.5\ (\text{kN})(\uparrow)$$

由 $$\sum m_C(F) = 0,\ R_{Ax} \times 4\tan30° - G_1 \times 2 - G_2 \times 3 = 0$$

得 $$R_{Ax} = \frac{G_1 \times 2 + G_2 \times 3}{4\tan30°} = \frac{1 \times 2 + 8 \times 3}{4 \times 0.577} = 11.27\ (\text{kN})(\rightarrow)$$

所以 $R_{Ax} = 11.27\ \text{kN}(\rightarrow)$　$R_{Ay} = 2.5\ \text{kN}(\uparrow)$　$N = 13\ \text{kN}(\text{拉})$

由作用与反作用公理可知，杆 BC 所受的力为拉力，大小等于 13 kN。

通过以上各例的分析，现将应用平面一般力系平衡方程解题的步骤总结如下：

(1)确定研究对象。根据题意分析已知量和未知量，选取适当的研究对象。

(2)画受力图。在研究对象上画出它所受到的所有主动力和约束反力。

(3)列方程求解。以解题简捷为标准，选取适当的平衡方程形式、投影轴和矩心，列出平衡方程求解未知量。

(4)校核。列出非独立的平衡方程以检查计算结果是否正确(不必写出)。

3. 平面力系平衡方程的几种特殊情况

在工程实际中，有些结构所受的力系常可以简化为平面上的特殊力系。平面上所有的力都相互平行的力系为平面平行力系(图 1.2.30)。所有的力的作用线都汇交于一点的力系称为平面汇交力系。如果所作用的只是平面上的多个力偶的为平面力偶系。

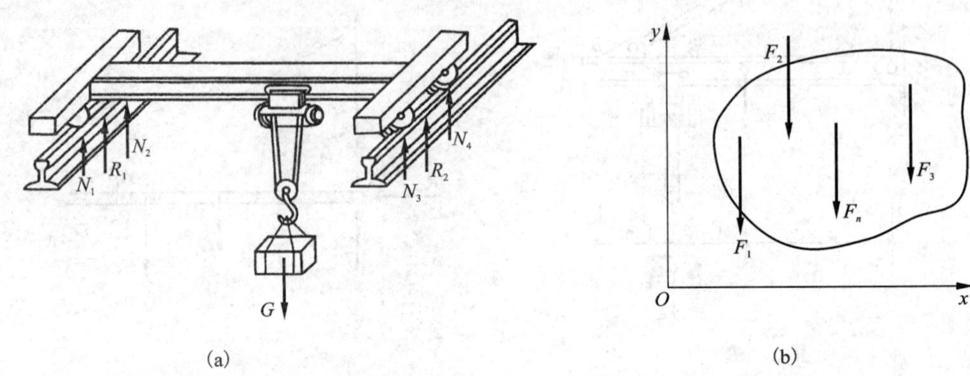

(a)　　(b)

图 1.2.30

(1)平面平行力系

如图 1.2.30 所示的桥式起重机受荷载 G 和反力 N_1、N_2、N_3、N_4的作用，由于结构本身及反力具有共同的对称面，故可将反力 N_1、N_2、N_3、N_4简化为作用在对称面内的两个力 R_1、R_2。因为荷载 G 也作用在此对称面内，并且与 R_1、R_2平行，所以原来由 G、N_1、N_2、N_3、N_4所组成的力系，就简化成由 G、R_1、R_2所组成的平面平行力系。这样，在研究起重机横梁的平衡问题时，就可以按平面平行力系来处理。

平面平行力系是平面一般力系的一种特殊情形，它的平衡方程可以从平面一般力系的平衡方程导出。

设一物体受平面平行力系 F_1、F_2、…、F_n的作用，如图 1.2.30(b)所示。取 x 轴垂直于力系中各力的作用线，y 轴与各力平行。当力系平衡时，它应满足平面一般力系的平衡方程式(1.2.11)，因所选取的 x 轴与力系中的各力垂直，故式(1.2.11)中的第一个方程 $\sum F_x = 0$ 就成为恒等式而可以舍弃，于是平面平行力系的平衡方程可表示为

$$\begin{cases} \sum F_y = 0 \\ \sum m_O(F) = 0 \end{cases} \tag{1.2.14}$$

因为各力与 y 轴平行，所以 $\sum F_y = 0$ 就表明各力的代数和等于零。这样，平面平行力系平衡的充分必要条件是：力系中各力的代数和等于零，同时各力对任一点之矩的代数和也等于零。类似地，由式(1.2.12)或式(1.2.13)可以导出平面平行力系平衡方程的另外一种形式，即

$$\begin{cases} \sum m_A(F) = 0 \\ \sum m_B(F) = 0 \end{cases} \tag{1.2.15}$$

式中 A、B 两点的连线不能与各力的作用线平行。

这组方程表明了平面平行力系如果有合力，则合力必须沿着 A、B 两点的连线作用。但附加条件是 A、B 两点的连线不能与各力的作用线平行，因此这样的合力不可能存在，从而力系只可能是平衡的。

对一个受平面平行力系作用的平衡物体，只有两个独立的平衡方程，只能求解两个未知量。

(2)平面汇交力系

对于平面汇交力系，若取力系的汇交点为力矩的中心点，则不论力系是否平衡，都会得到 $\sum M_O = 0$。因此，平面汇交力系的平衡方程只剩下两个投影方程：

$$\begin{cases} \sum F_x = 0 \\ \sum F_y = 0 \end{cases} \tag{1.2.16}$$

即平面汇交力系只有两个独立的平衡方程，只能求解两个未知量。

(3)平面力偶系

对于平面力偶系，由于构成力偶的两个力在任何坐标轴上的投影都为零，并且力偶对其作用面内任一点之矩都等于力偶矩，而与矩心的位置无关。因此，平面力偶系的平衡方程为

$$\sum M = 0 \tag{1.2.17}$$

即平面力偶系只能求解一个未知量。

4. 静定问题与超静定问题的概念

通过前面的学习我们知道，平面力偶系仅有一个独立的平衡方程，当只有一个未知量时，我们可以通过平面力偶系的平衡方程求得；平面汇交力系和平面平行力系只有两个独立的平衡方程，当未知量数目不多于两个时，我们可以通过其相应的平衡方程式求得；在平面一般力系中，当未知量的数目不多于三个时，我们应用平衡方程式可以求得。这类问题属于静定问题[图 1.2.31(a)]。

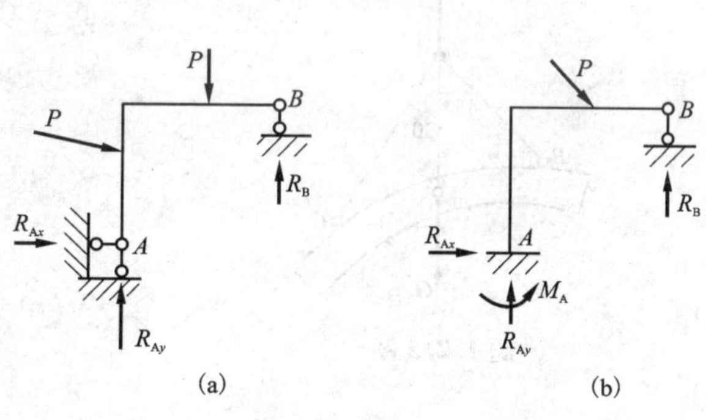

图 1.2.31

当未知量的数目超过其相应力系独立平衡方程数目时，仅仅依据静力学方法则不能完全求解，我们把这类问题称为超静定(或静不定)问题[图 1.2.31(b)]。

习　题

1.2.1　如图已知 $F_1 = 200$ N，$F_2 = 150$ N，$F_3 = 200$ N，$F_4 = 250$ N。各力的方向如图所示。试求图中每个力在 x、y 轴上的投影。

模块一 1.2习题答案

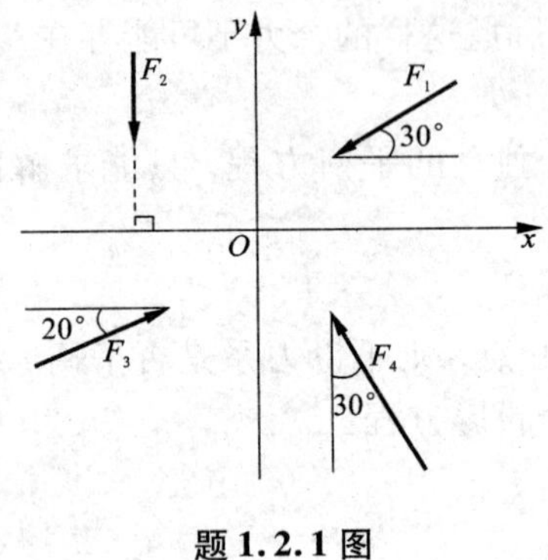

题 1.2.1 图

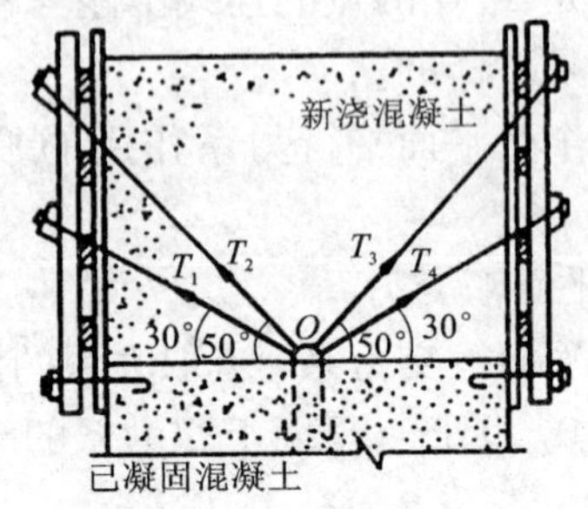

题 1.2.2 图

1.2.2　某混凝土大坝施工时，模板用四根钢筋拉条系在埋设的钢环上(通称鸭脚环)，如图所示。已知四根钢筋拉条受到的拉力分别为：$T_1 = T_4 = 700$ N，$T_2 = T_3 = 600$ N。四根钢筋拉条的位置如图所示。试求出这四个力的合力。

1.2.3　起吊双曲拱桥的拱肋时，在图示位置成平衡，试求钢索 AB 和 AC 的拉力。设 $G = 30$ kN。

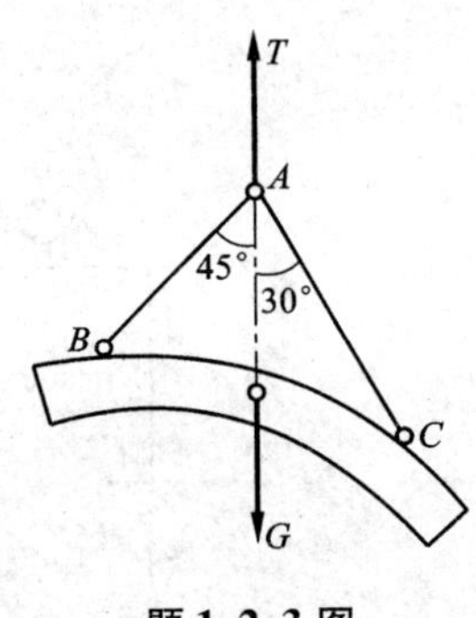

题 1.2.3 图

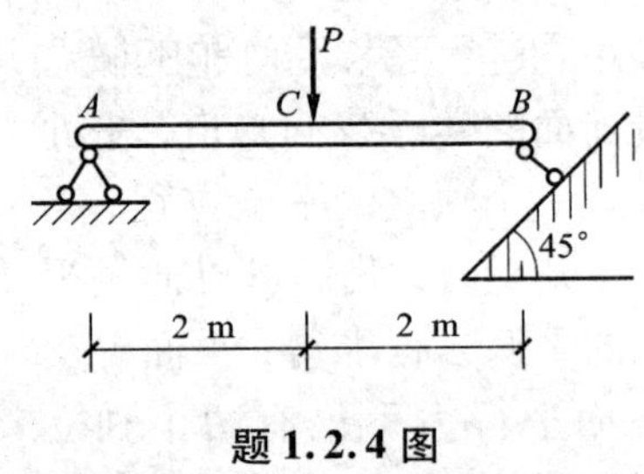

题 1.2.4 图

1.2.4　梁 AB 在 C 点受力 P 作用，如图所示。已知 $P = 20$ kN，梁重不计，试求支座 A、B 的反力。

1.2.5　图示电动机重 $G = 5$ kN，放在水平梁 AC 的中间，A 和 B 为固定铰支座，C 为铰链，各杆的自重不计，试求 A 处的约束反力及杆 BC 所受的力。

1.2.6　一重物 M 悬挂如图，绳 BC 跨过一滑轮，且在其末端 D 施力 $P = 100$ N，使重物 M 在图示位置平衡。不计摩擦，试求重物 M 的重力 G 及绳 AB 的拉力。

1.2.7　一起重架如图所示。杆 AB 与杆 AC 是铰链连接，B、C 两处均为固定铰支座。重 $G = 20$ kN 的重物用钢丝绳挂在支架的滑轮上，绳的另一端缠绕在绞车 D 上。如两杆和滑轮的自重不计，并忽略摩擦和滑轮的大小，试求平衡时杆 AB 和杆 AC 所受到的力。

1.2.8　履带式起重机如图所示，起吊重量 $G = 100$ kN，起重臂 AB 及滑轮的自重不计，并忽略摩擦及滑轮的大小，试求起重臂 AB 和缆绳 AC 所受的力。

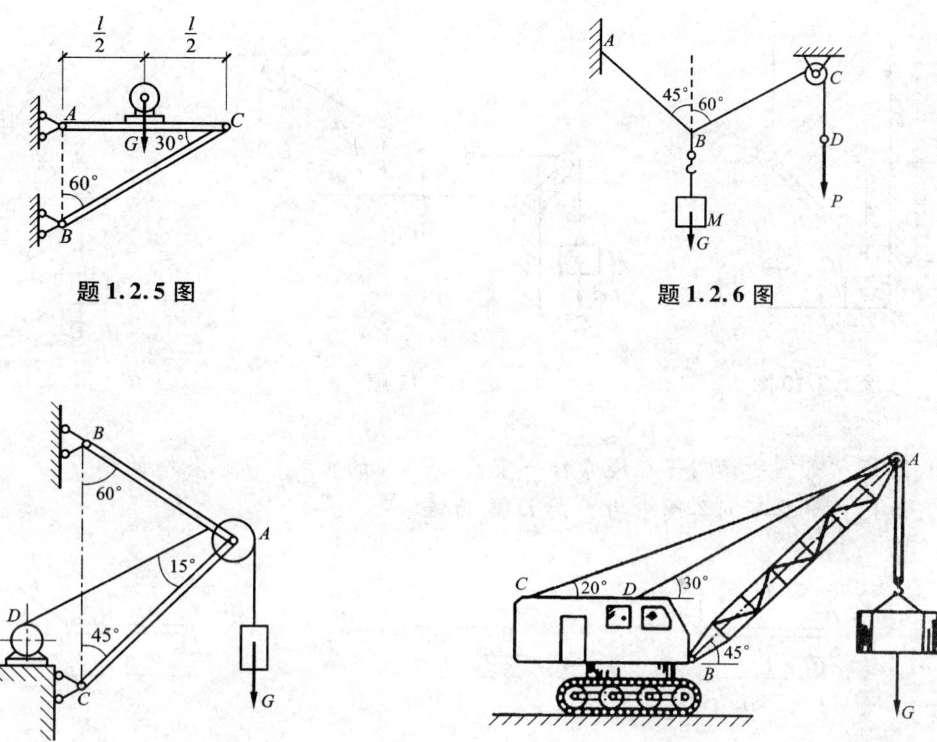

1.2.9　支架由杆 AB、AC 构成，A 处是铰链，B、C 两处都是固定铰支座，在 A 点作用有铅垂力 F，求图示中四种情况下，杆 AB、AC 所受的力，并说明杆件受拉还是受压。杆的自重不计。

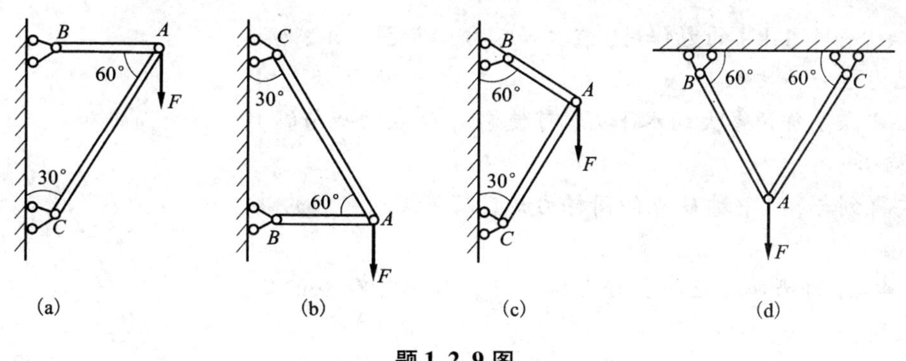

题 1.2.9 图

1.2.10　在图示压榨机构 ABC 中，A、C 两处是铰链，B 处是固定铰支座，作用在铰链 A 处的水平力 F 使压块 C 压紧物体 D，若不计各接触面的摩擦，试求物体 D 所受的压力。

1.2.11　球重 $G_1 = 100$ N，置于光滑水平面上，受力情况如图所示，当球处于平衡时，试求拉力 T 和平面对球的约束反力 N。已知物体 M 重 $G_2 = 150$ N。

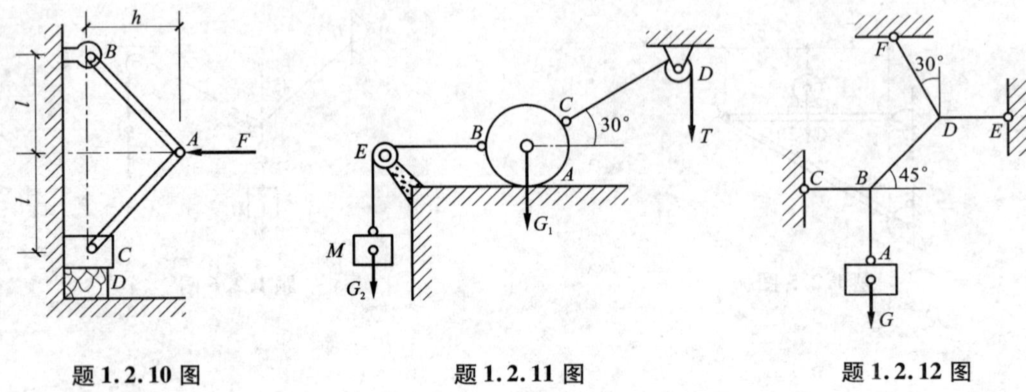

题 1.2.10 图　　题 1.2.11 图　　题 1.2.12 图

1.2.12　如图所示用一组绳索挂一重 $G=1$ kN 的重物，试求各绳的拉力。

1.2.13　计算下列各图中力 P 对 O 点的矩。

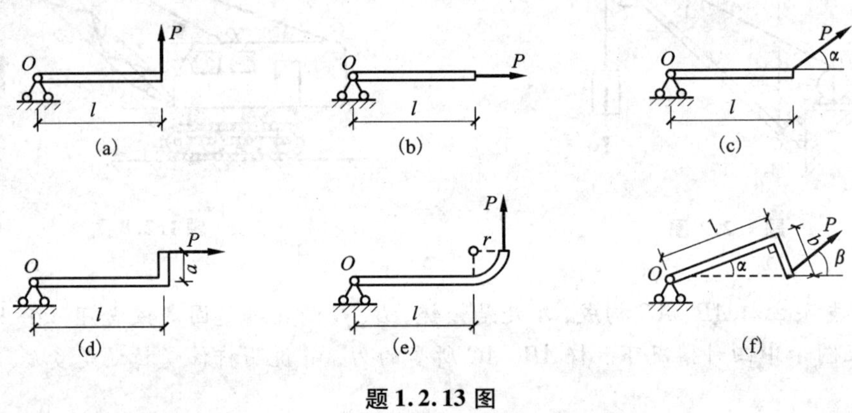

题 1.2.13 图

1.2.14　一个 1 kN 的力作用，在 A 点，方向如图。求：

(1)此力对 O 点之矩；

(2)在 A 点应作用多大的水平力，可使它对 O 点的矩与(1)中的力矩相同；

(3)要得到与(1)中对 O 点的同样力矩，求在 A 点应加的最小力；

(4)2.4 kN 的铅垂力应加在杆上哪一点，则它对 O 点的矩可与(1)相同。

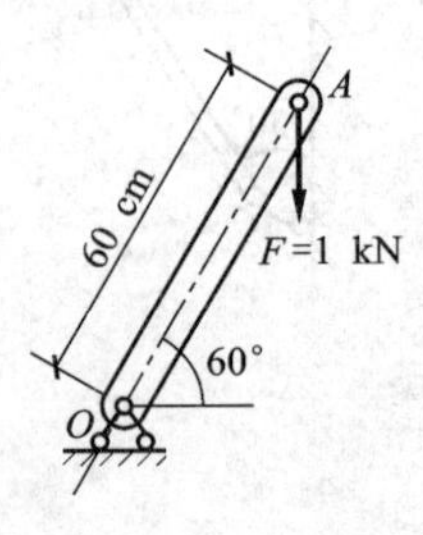

题 1.2.14 图

1.2.15　已知挡土墙重 $G_1=70$ kN，垂直土压力 $G_2=115$ kN，水平土压力 $P=85$ kN，试分别求此三力对前趾 A 点之矩。

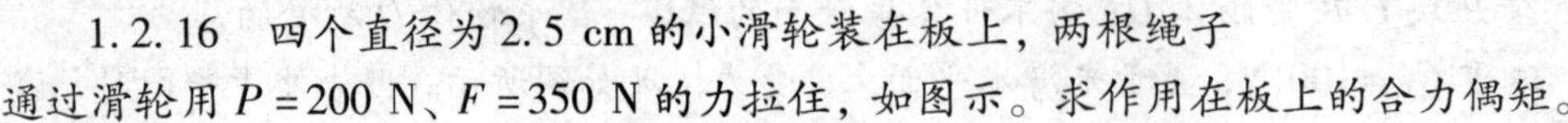

1.2.16　四个直径为 2.5 cm 的小滑轮装在板上，两根绳子通过滑轮用 $P=200$ N、$F=350$ N 的力拉住，如图示。求作用在板上的合力偶矩。

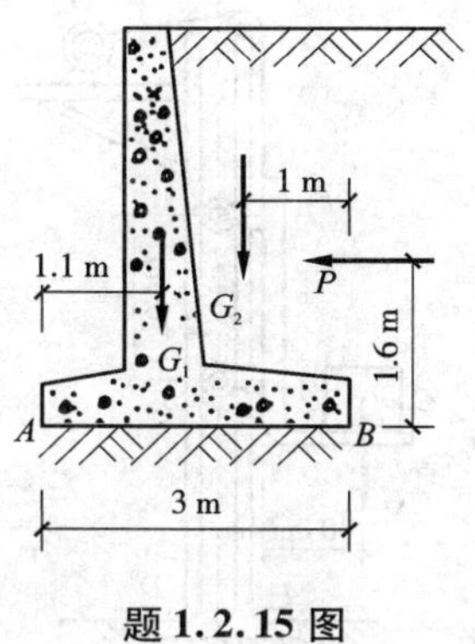

题 1.2.15 图

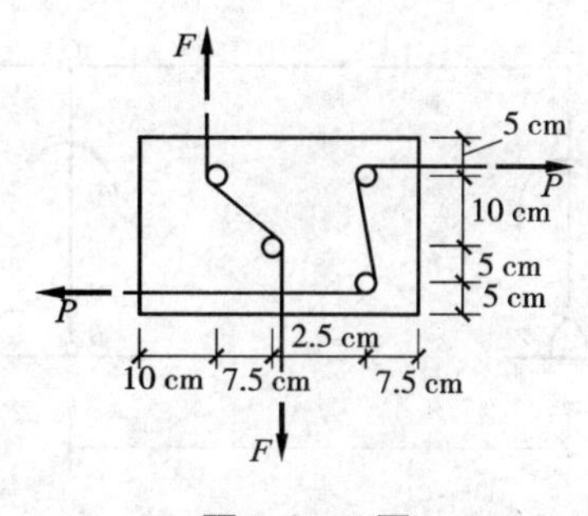

题 1.2.16 图

1.2.17 作用在滑轮系上两个 9.75 kN 的力组成一个力偶如图示。求在下列情况下与之等效的力偶：

(1)作用在 A、C 点的两个铅垂力；

(2)作用在 B、D 点的两个最小力；

(3)作用在这一装置上的两个最小力。

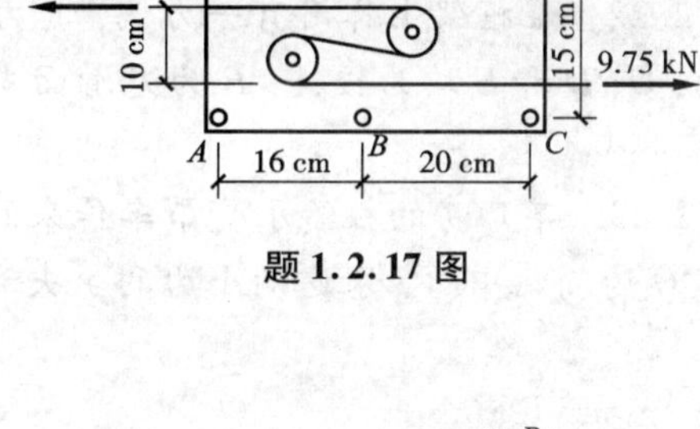

题 1.2.17 图

1.2.18 求图示各梁的支座反力。

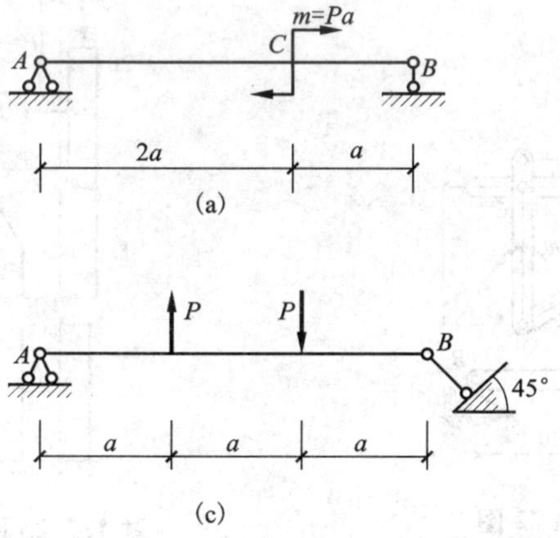

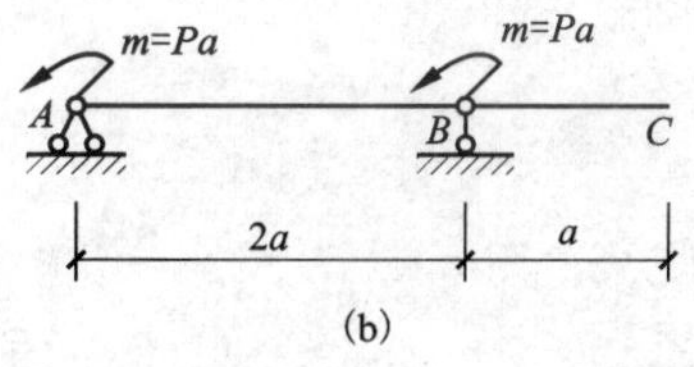

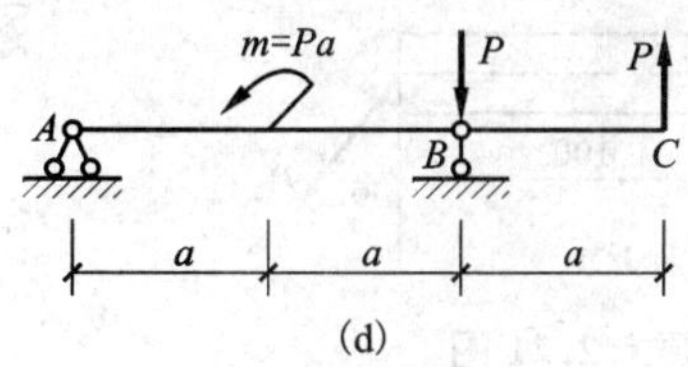

题 1.2.18 图

1.2.19 一刚架受两个力偶作用，如图所示。已知 $m_1=3$ kN · m，$m_2=1$ kN · m，$a=1$ m。试求支座 A、B 两处的约束反力。

1.2.20 卷扬机结构如图所示。重物放在小台车 C 上。小台车装有 A、B 轮，可沿垂直导轨 ED 上下运动。已知重物重 $G=2$ kN，试求导轨对 A、B 两轮的约束反力。摩擦不计。

1.2.21 一构件受力如图所示。已知 $P=50$ kN，试求在 A 点作用多大的力和力偶才能与力 P 的作用效应相同。

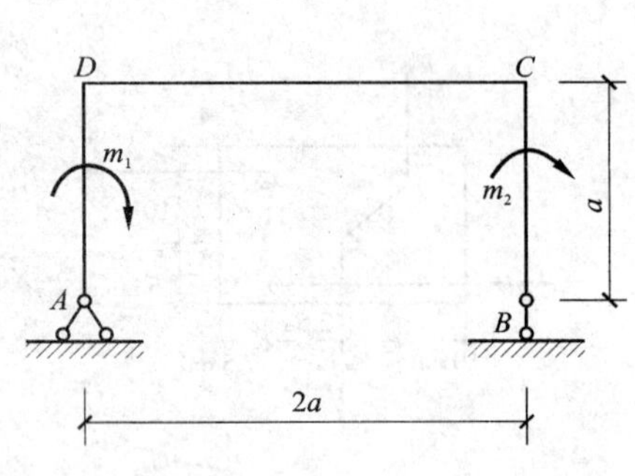

题 1.2.19 图

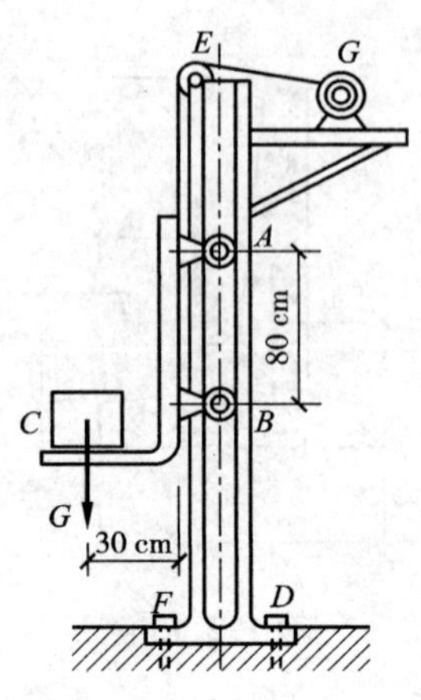

题 1.2.20 图

1.2.22　在框架上作用有一力偶，其力偶矩的大小为40 N·m，转向如图所示，A 为固定铰支座，C、D 和 E 均为铰链，B 为光滑面支承。不计各杆自重，试求 A、B、C、D 和 E 处的约束反力。

1.2.23　某厂房的柱子承受吊车传来的力 $P=250$ kN，屋顶传来的力 $F=30$ kN，试以柱底中心 O 为简化中心，求这两个力的主矢和主矩。图中长度单位是cm。

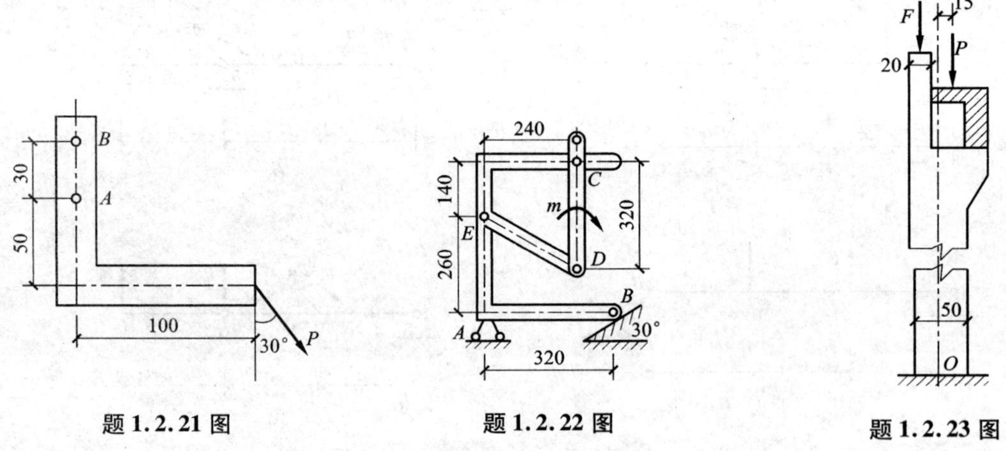

题 1.2.21 图　　题 1.2.22 图　　题 1.2.23 图

1.2.24　求图示各梁的支座反力。

1.2.25　梁 AB 用三根链杆支承，尺寸如图所示，已知 $P_1=20$ kN，$P_2=40$ kN。试求这三根链杆的反力。

1.2.26　求图示刚架支座 A、B 的反力，已知：(a)$m=2.5$ kN·m，$P=5$ kN；(b)$q=1$ kN/m，$P=3$ kN。

1.2.27　某厂房柱高9 m，柱的上段 BC 重 $G_1=8$ kN，下段 CA 重 $G_2=37$ kN。风力 $q=2$ kN/m，柱顶水平力 $P=6$ kN，各力作用位置如图所示，试求固定端 A 处的反力。

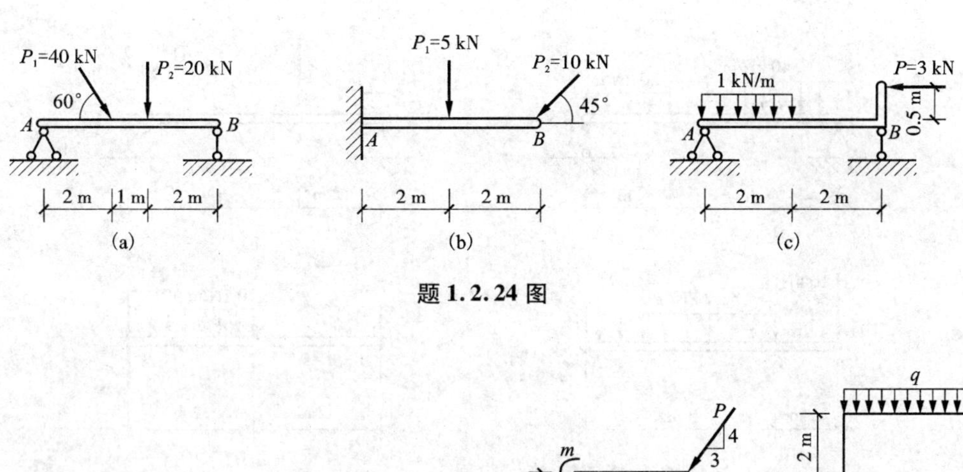

题 1.2.24 图

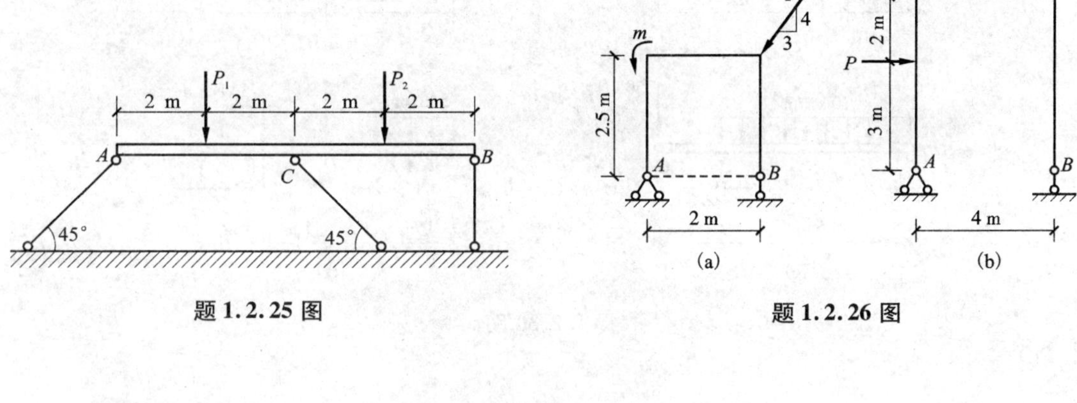

题 1.2.25 图

题 1.2.26 图

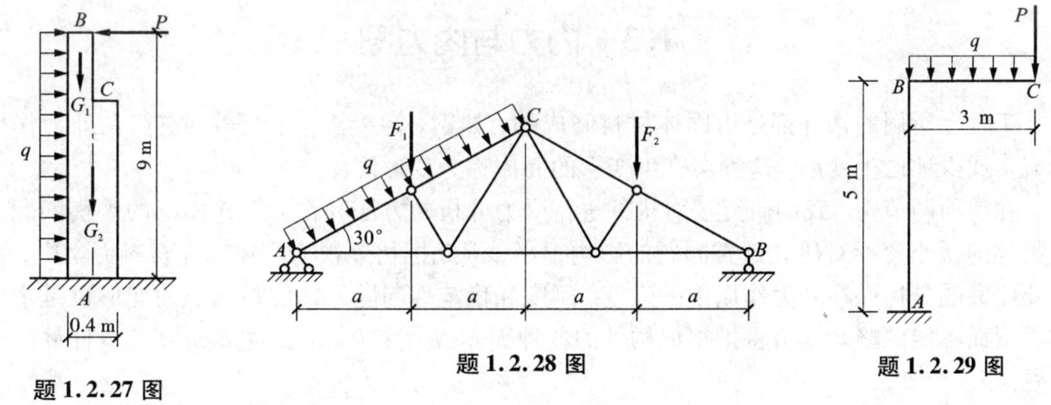

题 1.2.27 图

题 1.2.28 图

题 1.2.29 图

1.2.28　一木屋架如图所示，A、B 两端分别为固定和可动铰支座。已知屋面的荷载 $F_1=F_2=10$ N，$q=1$ kN/m，屋架的跨度为 $4a=6$ m，试求支座 A、B 的反力。

1.2.29　悬臂刚架如图所示，已知 $q=4$ kN/m，$P=5$ kN。试求固定端 A 的反力。

1.2.30　求图示各梁的支座反力。

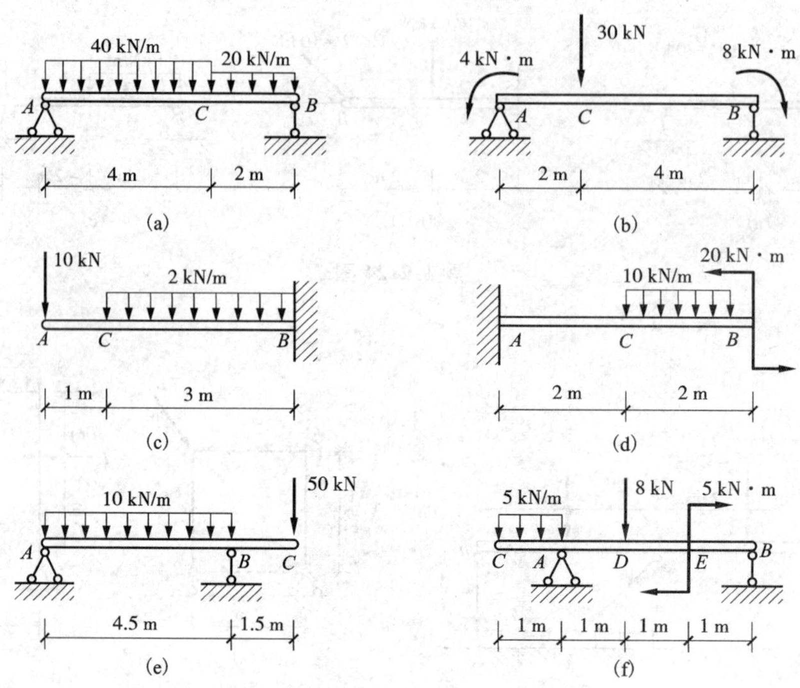

题 1.2.30 图

1.3 内力与内力图

工程上所用的构件都是由固体材料制成的，如钢、混凝土、木材等，它们在外力作用下会或多或少地产生变形，这种会产生变形的固体称为变形固体。

在前面两节中，我们研究了对构件进行受力分析的方法和在力系作用下的平衡问题。由于物体的微小变形对研究这类问题的影响很小，因此把物体视为刚体。在材料力学中，由于主要研究的是构件在外力作用下的强度、刚度和稳定性问题。即使是微小的变形也是主要影响因素而不能忽略。本节将把组成构件的各种固体视为变形固体，主要研究基本杆件的内力问题。

1.3.1 内力的概念

杆件的材料是由质点组成的连续、均匀、各向同性的变形体，在没有外力作用时，杆件内部各质点间就已存在着相互的作用力，正是这种作用力使杆件具有固定的几何形状。当杆件受外力作用而发生变形时，内部各质点的相对位置将发生改变，各质点间原来的相互作用力也随着发生了变化。这种相互作用力由于外力的作用而引起的改变量，称为附加内力，简称内力。内力是由外力引起的，并随着外力的增大而增大。

通常采用截面法来分析杆件的内力，即用一个假想的截面将杆件分开，任取其中一部分为研究对象(或称隔离体)，然后利用平衡条件求解截面内力的方法。如图 1. 3. 1(a)所示杆

件 AB，现研究在外力作用下任意截面 C 上的内力。假想用一平面 m 将杆件在 C 截面处截开，任取其中一部分 AC 为研究对象，如图 1.3.1(b)所示。由于整个杆件处于平衡状态，所以 AC 段也保持平衡，而 CB 段对 AC 段的作用，就在 C 截面上用内力来表示，并且 C 截面上的每一点处都作用有内力，这种在截面上连续分布的内力称为分布内力。

如果取 CB 段为研究对象，如图 1.3.1(c)所示。截面 C 上分布的内力是 AC 段对 CB 段的作用。AC 段 C 截面上的内力与 CB 段 C 截面上的内力互为作用力与反作用力，根据作用与反作用公理可知，图 1.3.1(b)(c)中同一点 k 上的内力 F 与 F' 应大小相等，方向相反，在同一作用线上，只是在两个不同的隔离体上而已。用截面法可求出横截面上分布内力的合力。

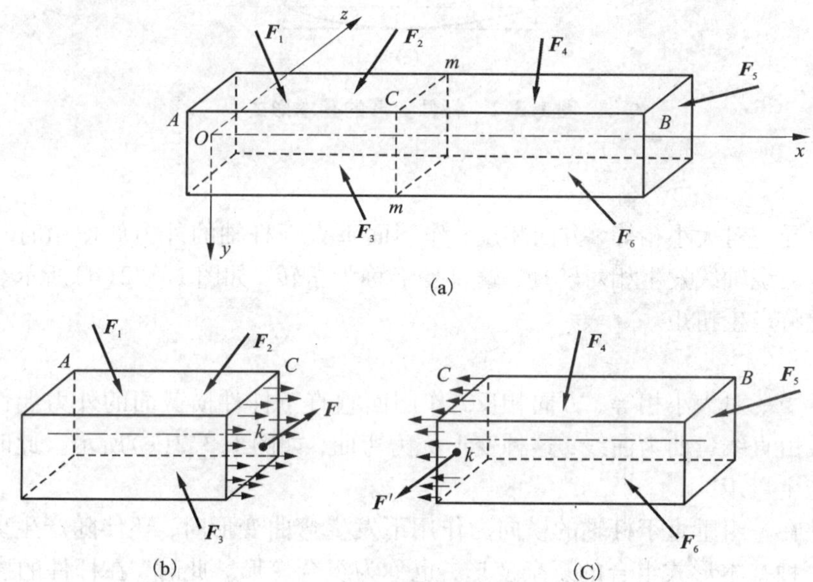

图 1.3.1　内力的概念

1.3.2　杆件变形的基本形式

杆件在外力作用下产生内力，同时还发生变形，不同类型的内力将引起杆件不同的变形。在工程结构中杆件的变形有时是下列基本变形形式之一，或者是几种基本变形形式组合的复杂变形。

1. 轴向拉伸或压缩

当直杆在两端承受一对大小相等、方向相反的轴向拉力(或压力)作用时，杆件的变形是沿杆轴线方向的伸长(或缩短)，这种变形称为轴向拉伸(或轴向压缩)，如图 1.3.2(a)(b)所示。此时，在杆件的横截面上将产生轴力。

2. 剪切

当杆件在两相邻的横截面处承受一对大小相等、方向相反的横向外力作用时，杆件的变形是两相邻截面沿横向力方向发生相对错动，这种变形称为剪切，如图 1.3.2(c)所示。此时，在上述两相邻横截面间将产生剪力。

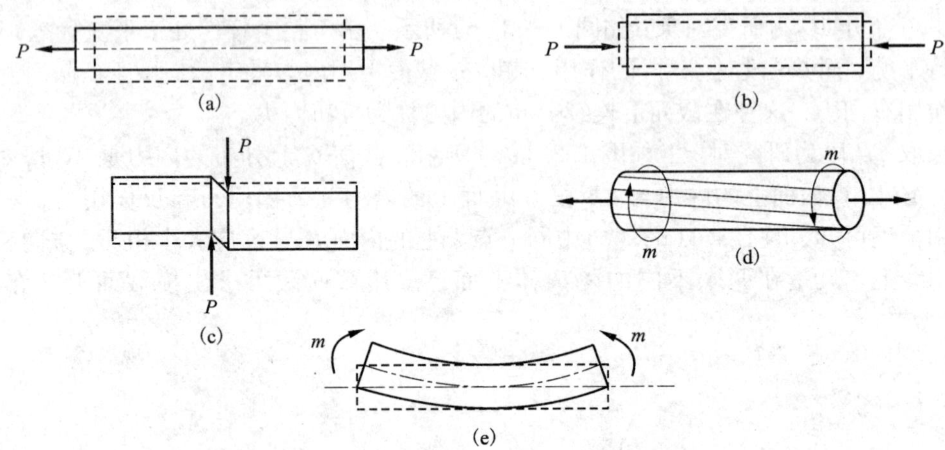

图 1.3.2　杆件变形的基本形式

3. 扭转

当杆件承受一对大小相等，方向相反，作用面垂直于杆轴的外力偶作用时，杆件的变形是任意两横截面绕轴线发生相对转动，这种变形称为扭转，如图 1.3.2(d)所示。此时，在杆件的横截面上将产生扭矩。

4. 弯曲

当杆件承受一对大小相等、方向相反，作用面垂直于杆件横截面的外力偶作用时，杆件的变形是轴线由直线弯曲为曲线，这种变形称为弯曲，如图 1.3.2(e)所示。此时，在杆件的横截面上将产生弯矩。

通常杆件在一组垂直于杆轴的横向力作用下发生弯曲变形时，还伴随产生剪切变形，可看作是上述两种基本形式组合的复杂变形，也称为组合变形。此时，在杆件的横截面上将产生弯矩和剪力。

1.3.3　轴向拉伸和压缩时的内力

现以图 1.3.3(a)所示拉杆为例，运用截面法确定杆件任一横截面 m—m 上的内力。

将杆件沿截面 m—m 截开，取左段为研究对象，如图 1.3.3(b)所示。由于整个杆件处于平衡状态，因此左段也保持平衡，由平衡条件 $\sum F_X=0$ 可知，截面 m—m 上分布内力的合力必是与杆轴重合的一个力，且 $N=F_P$，其指向背离截面。同样，若取右段为研究对象，可得出相同的结果[图 1.3.3(c)]。

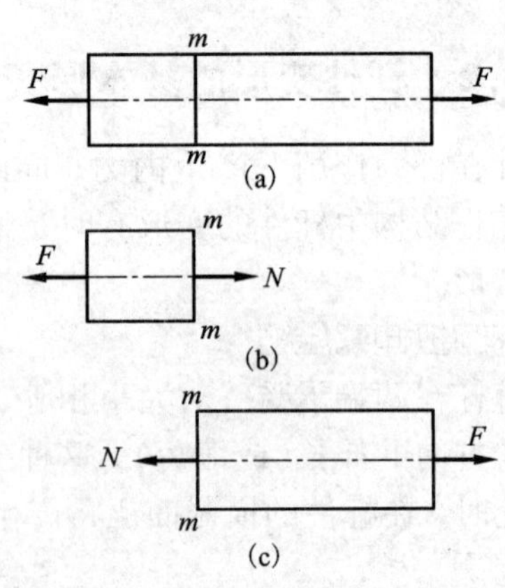

图 1.3.3　轴向拉伸时的内力

对于压杆，运用上述方法同样可求得任一横截面 $m-m$ 上的内力。

作用线与杆件轴线相重合的内力称为轴

力，用符号 N 表示。其方向背离截面的轴力为拉力，指向截面的轴力为压力。通常规定：拉力为正，压力为负。

轴力的单位为“N”或“kN”。

必须指出，在采用截面法计算杆件内力时，不能随意使用力的可传性和力偶的可移性原理，这是因为将外力移动后就改变了杆件的变形性质，并使内力随之改变。如将图 1.3.3(a) 中左端外力移到右端，右端外力移到左端，拉杆则变为压杆，其轴力也将由拉力变为压力。可见，外力使物体产生的内力和变形，不仅与外力的大小有关，而且与外力的作用位置有关。

当杆件受到多个轴向外力作用时，在杆件的不同截面上轴力将不相同。为了能够直观反映轴力沿杆轴线的变化情况，通常采用绘制轴力图的方法来表示。用平行于杆轴线的坐标表示杆件横截面的位置，用垂直于杆轴线的坐标表示轴力的大小，按选定的比例将各横截面的轴力数值标在坐标图上，并连以直线，这种表示轴力沿杆轴线变化情况的图形就称为轴力图。通常将正值（拉力）画在上侧，负值的轴力（压力）画在下侧。

【例 1.3.1】 杆件受力图 1.3.4(a) 所示，已知 $F_1=20$ kN，$F_2=30$ kN，$F_3=10$ kN，试求杆件各段的轴力并画出轴力图。

解 根据问题运算方便情况，可决定是否需要求出支座反力，此时取整根杆件为研究对象，列平衡方程便可求得。本例可不必先求支座反力。

(1) 计算各段杆的轴力

在计算中，为了使计算结果的正负与轴力规定一致，在假设截面轴力指向时，一律假设为拉力。如果计算结果为正，表明轴力的实际指向与假设指向相同，如果计算结果为负则相反。

AB 段：用 1－1 截面将杆件在 AB 段内截开，取左段为研究对象[图 1.3.4(c)]用 N_1 表示截面上的轴力，由平衡方程：

$$\sum F_X=0$$
$$N_1+F_1=0$$
$$N_1=-20\text{ kN}(\text{压力})$$

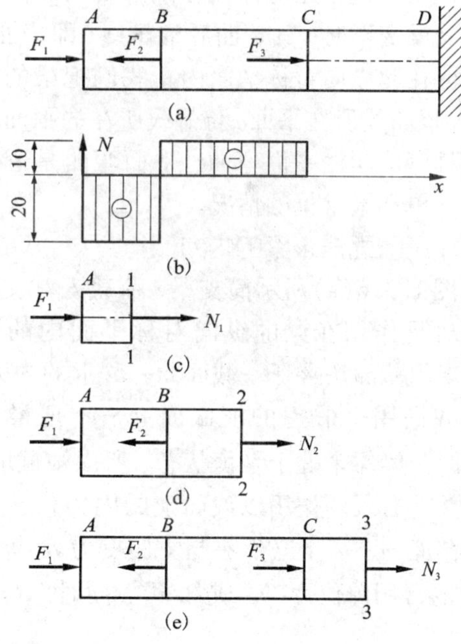

图 1.3.4　例 1.3.1 图

BC 段：用 2－2 截面将杆件在 BC 段内截开，取左段为研究对象[图 1.3.4(d)]，用 N_2 表示截面上的轴力，由平衡方程：

$$\sum F_X=0$$
$$N_2+F_1-F_2=0$$

得

$$N_2=10\text{ kN}(\text{拉力})$$

CD 段：用 3－3 截面将杆件在 CD 段内截开，取左段为研究对象[图 1.3.4(e)]，用 N_3 表示截面上的轴力，由平衡方程：

$$\sum F_X = 0$$

$$N_3 + F_1 - F_2 + F_3 = 0$$

得
$$N_3 = 0$$

(2)画轴力图

以平行于杆轴的 x 轴为横坐标，垂直于杆轴的 N 轴为纵坐标，按一定比例将各段轴力标在坐标图上，可画出轴力图，如图 1.3.4(b)所示。

1.3.4 受弯构件的内力

1. 受弯构件和平面弯曲

受弯构件是工程中最常用的一种构件。如图 1.3.5(a)所示楼盖梁，在楼板均布荷载作用下，梁就会发生如图 1.3.5(b)所示的弯曲变形，它的轴线将弯曲成为曲线，称为挠曲轴。这种以弯曲变形为主要变形的构件就称为受弯构件，梁就是最常见的受弯构件。

工程实际中的梁，其横截面多具有一个竖向的对称轴，如图 1.3.5(c)中的 y 轴，梁上所有外力都作用在包含此对称轴和梁轴线的纵向对称平面内。梁变形时，其弯曲后的轴线(即挠曲线)仍将保留在此纵向对称平面内。我们把梁的弯曲平面(即挠曲线所在平面)与荷载所在的平面相重合的这种弯曲叫做平面弯曲，平面弯曲是弯曲问题中最简单和最常见的情况。

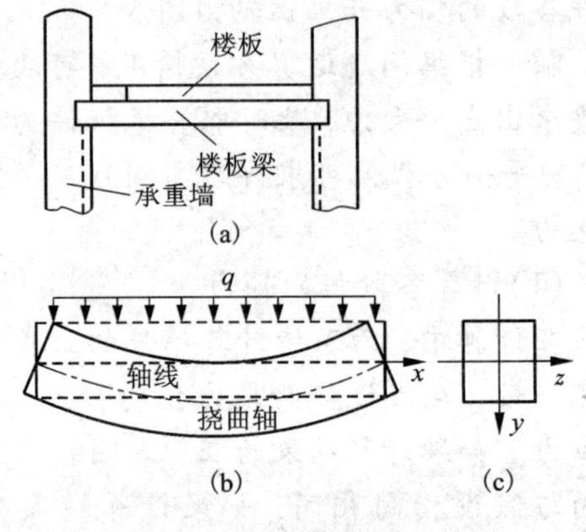

图 1.3.5　梁的弯曲变形

2. 用截面法求梁的内力

图 1.3.6(a)所示简支梁，荷载 F 和支座反力 R_A、R_B 是作用在梁的纵向对称平面内的平衡力系，现用截面法求任一截面 $m—m$ 上的内力。

我们用一假想的横截面 $m—m$ 把梁分成两段，因为梁原来处于平衡状态，所以被截取任一段也应保持平衡状态。现取左段梁为研究对象，并将右段的作用以截面上的内力代替，如图 1.3.6(b)所示。可以看出，要使左段梁平衡，截面 $m—m$ 上必然有与支座反力 R_A 等值、平行且反向的内力 V，这个内力 V 称为剪力，剪力的常用单位为“N”或“kN”。同时，R_A 对截面 $m—m$ 的形心 O 点有一个力矩作用，要使左

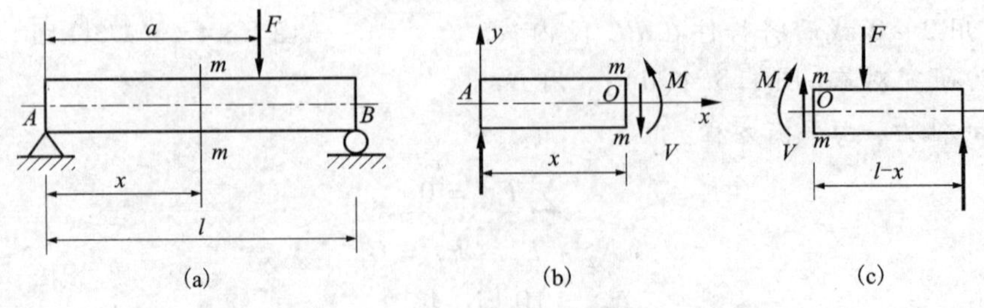

图 1.3.6　截面法求内力

段梁不发生转动，在截面 $m—m$ 上必然有一个与上述力矩大小相等且转向相反的内力偶 M 与之平衡，这个内力偶 M 称为弯矩，弯矩的常用单位为"N · m"或"kN · m"。

剪力和弯矩的大小可由左段梁的静力平衡方程求得，即：

$$\sum F_Y = 0 \quad R_A - V = 0$$

得
$$V = R_A$$

$$\sum M_O = 0 \quad M - Fx = 0$$

得
$$M = R_A x$$

如果取右段梁为研究对象，如图 1.3.6(c)所示，截面 $m—m$ 上的内力 V 和 M，同样可由右段的静力平衡方程求得。根据作用与反作用定理，可知左段梁截面上的内力与右段梁截面上的内力应大小相等，方向相反，分别作用在左、右段梁上。

3. 剪力与弯矩的正负号规定

梁截面内力正负号的规定：

(1)剪力 V。以对所留下部分体内任意一点有顺时针转动趋势为正，反之为负。按此规定，如考虑左部分脱离体时，V 向下为正，向上为负；如考虑右部分脱离体时，V 向上为正，向下为负，如图 1.3.7(a)所示。

(2)弯矩 M。以梁段弯曲向下凸，即梁段中下部纤维受拉为正，反之为负，如图 1.3.7(b)所示。

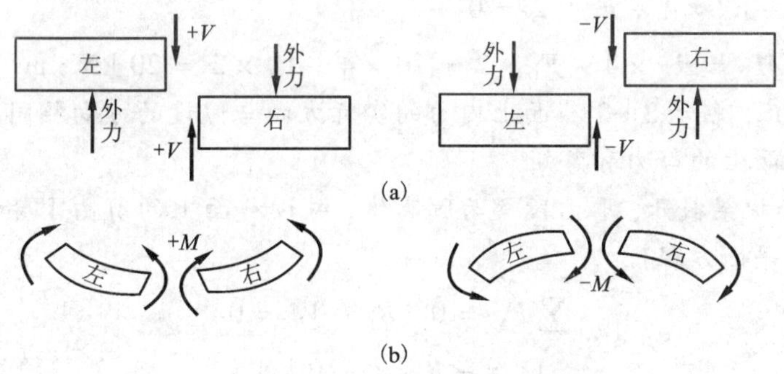

图 1.3.7 剪力、弯矩的正负号规定

【例 1.3.2】 简支梁如图 1.3.8(a)所示，试求 1—1、2—2、3—3 截面上的剪力和弯矩。

解 (1)求支座反力

考虑梁的整体平衡，

由
$$\sum M_B = 0$$

得
$$R_A = 10\ \text{kN}(\uparrow)$$

由
$$\sum M_A = 0$$

得
$$R_B = 10\ \text{kN}(\uparrow)$$

校核
$$\sum F_Y = R_A + R_B - F_1 - F_2 = 10 + 10 - 10 - 10 = 0$$

(1) 求1—1截面上的剪力和弯矩

在1—1截面处把梁截开，取左段梁为脱离体，并设截面上的剪力 V_1 和 M_1 均为正，如图1.3.8(b)所示。列平衡方程：

$$\sum F_Y = 0 \quad R_A - V_1 = 0$$

得 $$V_1 = R_A = 10\ \text{kN}$$

$$\sum M_C = 0 \quad M_1 - R_A \times 1 = 0$$

得 $$M_1 = R_A \times 1 = 10 \times 1 = 10\ \text{kN} \cdot \text{m}$$

计算结果均为正，表示1—1截面上内力的实际方向与假设的方向相同。

(2) 求2—2截面上的剪力和弯矩

在2—2截面处把梁截开，取左段梁为脱离体，并设截面上的剪力 V_1 和 M_1 均为正，如图1.3.8(c)所示。列平衡方程：

$$\sum F_Y = 0 \quad R_A - F_1 - V_2 = 0$$

得 $$V_2 = R_A - F_1 = 10 - 10 = 0$$

$$\sum M_D = 0 \quad M_2 - R_A \times 4 + F_1 \times 2 = 0$$

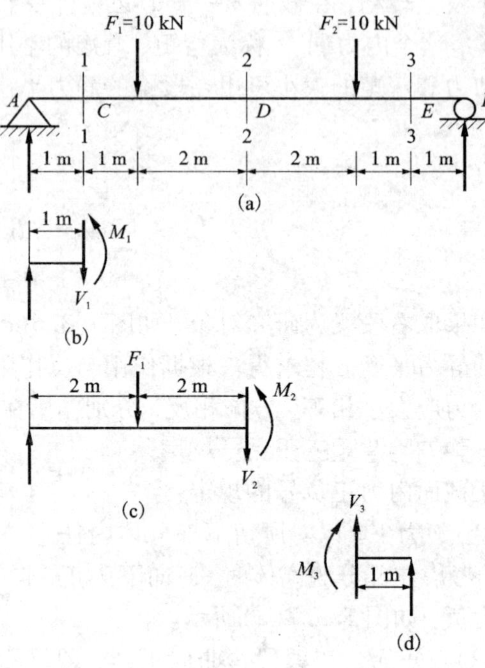

图1.3.8

得 $$M_2 = R_A \times 4 - F_1 \times 2 = 10 \times 4 - 10 \times 2 = 20\ \text{kN} \cdot \text{m}$$

计算结果均为正，表示2—2截面上内力的实际方向与假设的方向相同。

(3) 求3—3截面上的剪力和弯矩

在3—3截面处把梁截开，取右段梁为脱离体，并设截面上的剪力 V_3 和 M_3 均为正，如图1.3.8(d)所示。列平衡方程：

$$\sum F_Y = 0 \quad R_B + V_3 = 0$$

得 $$V_3 = -R_B = -10\ \text{kN}$$

$$\sum M_E = 0 \quad -M_3 + R_B \times 1 = 0$$

得 $$M_3 = R_B \times 1 = 10 \times 1 = 10\ \text{kN} \cdot \text{m}$$

V_3 计算结果均为负，表示它的实际方向与假设的方向相反，剪力为负。

求梁横截面上的剪力和弯矩，既可以取左段梁为脱离体，也可以取右段梁为脱离体，一般做法是取外力较少的部分为脱离体计算比较简单。

4. 剪力图和弯矩图

在一般情况下，梁的不同截面上的内力是不同的。如图1.3.9所示悬臂梁在均布荷载 q 和集中力 F 作用下，各截面上的剪力和弯矩是变化的。我们取梁的左端为坐标原点，距左端为 x 的任意横截面上的剪力和弯矩为：

$$V(x) = -F - qx \quad (0 < x < l)$$

$$M(x) = -Fx - \frac{1}{2}qx^2 \quad (0 \leqslant x \leqslant l)$$

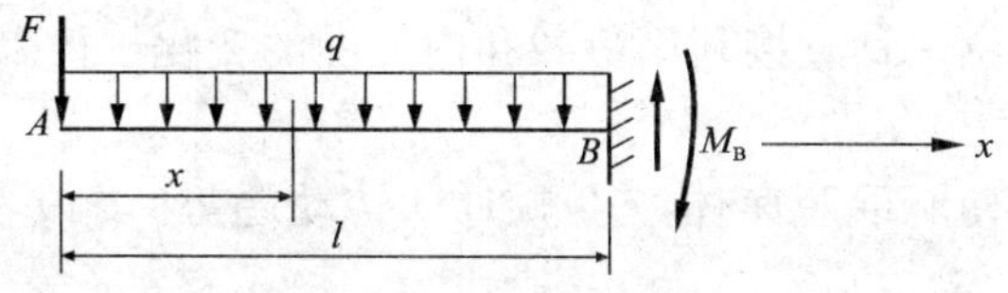

图 1.3.9　剪力方程和弯矩方程

可见，梁横截面上的剪力和弯矩随横截面位置的变化而变化，可以表示为坐标 x 函数，即

$$V = V(x) \quad M = M(x)$$

这两个函数式表示梁内剪力和弯矩沿梁轴线的变化规律，分别称为剪力方程和弯矩方程。

为了形象、直观地表示剪力和弯矩沿梁轴线的变化规律，可以根据剪力方程和弯矩方程分别绘制剪力图和弯矩图。它们都是函数图形，其横坐标 x 表示梁横截面的位置，纵坐标表示相应横截面上的剪力或弯矩。

通常规定：正剪力画在 x 轴的上方，负剪力画在 x 轴的下方；弯矩图则画在梁受拉的一侧，即正弯矩画在 x 轴的下方，负弯矩画在 x 轴的上方。

【例 1.3.3】　简支梁均布荷载作用如图 1.3.10(a)所示，试画出梁的剪力和弯矩图。

解　(1)求支座反力

由梁的平衡方程或对称关系，可求得支座反力为：

$$R_A = R_B = \frac{1}{2}ql(\uparrow)$$

(2)列剪力方程和弯矩方程

$$V(x) = R_A - qx = \frac{1}{2}ql - qx \quad (0 < x < l)$$

$$M(x) = R_A x - \frac{1}{2}qx^2 = \frac{1}{2}qlx - \frac{1}{2}qx^2 \quad (0 \leqslant x \leqslant l)$$

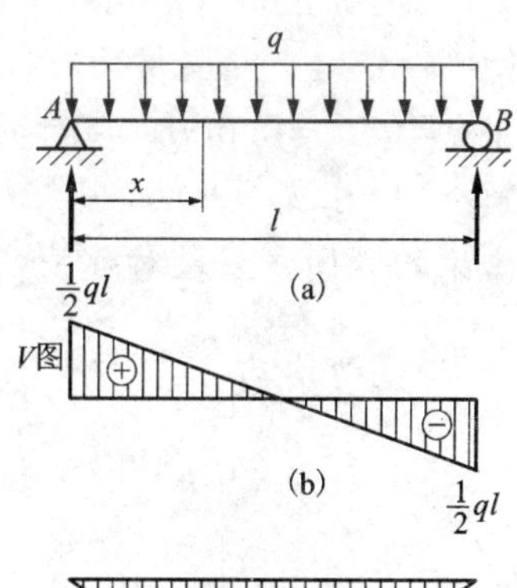

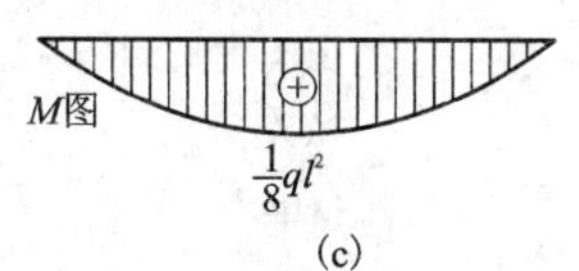

图 1.3.10

(3)作剪力图和弯矩图

由剪力方程可知剪力图为一斜直线。

当 $x=0$ 时，$V_A = \frac{1}{2}ql$

当 $x=l$ 时，$V_B = -\frac{1}{2}ql$

根据这两个截面的剪力值画出剪力图(两点确定一条直线)，如图 1.3.10(b)所示。

由弯矩方程可知弯矩图为一抛物线。

当 $x=0$ 时，$M_A=0$

当 $x=\frac{l}{2}$时，跨中弯矩最大，$M_{max} = \frac{1}{8}ql^2$

根据这三个截面的弯矩值画出弯矩图(三点确定一条曲线)，如图 1.3.10(c)所示。

综上所述，利用内力方程，可以确定内力图的形状和勾画内力图。但当荷载较复杂时，这种做法异常繁锁，现介绍一种直接利用荷载和内力图的变化规律来直接勾画内力的方法。

(1)作剪力图

剪力的正负号规定：使所取脱离体产生顺时针转动趋势时(或者左上右下)为正，反之为负。

剪力图画法规定：以画在杆件上端或左侧为正，要注明正负号；

剪力图变化的规律：

①梁上无荷载作用的区段：剪力图为与杆轴的平行线或零

②梁上有均布荷载作用的区段：剪力图为一条斜直线，若均布荷载指向向上，从左向右看为向上倾斜的直线(/)；若均布荷载指向向下，从左向右看为向下倾斜的直线(\)。

③集中力作用点：剪力图有突变，其突变值等于集中力的大小，其突变方向，从左向右看与集中力作用方向相同。

④集中力偶作用点：剪力图不改变。

指定截面的剪力计算方法：

①截面法：画脱离体的受力图(剪力假定为正方向)，列方程，求解。

②直接书写剪力表达式法：梁的任一截面上的剪力大小，等于该截面以左(或右侧)梁段上的所有竖向外力(包括支座反力)的代数和。

表达式中正负号规定：如果外力对该截面形心做顺时针转动，则引起正剪力；反之引起负剪力(与剪力正负号规定相一致)。

【例 1.3.4】 简支梁均布荷载作用如图 1.3.11 所示，试用直接书写内力表达式的方法写出梁 $x=0$，$x=0.5l$，$x=l$ 时的剪力值。

解 (1)求支座反力

由梁的平衡方程或对称关系，可求得支座反力为：

$$R_A=R_B=\frac{1}{2}ql(\uparrow)$$

$$x=0 \quad V=R_A-q\times 0=R_A=\frac{1}{2}ql$$

$$x=\frac{l}{2} \quad V=R_A-q\times\frac{l}{2}=0$$

$$x=l \quad V=-R_B+q\times 0=-\frac{1}{2}ql$$

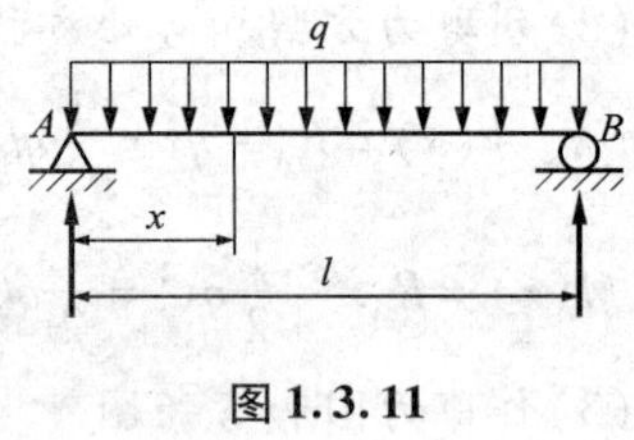

图 1.3.11

从上面的例题可看出，用直接书写剪力表达式的方法比传统的求剪力的方法简单，省去了画受力图和列方程，望大家多加练习，掌握此法，对求构件指定截面的剪力带给很大的便利。

路标法作剪力图：将结构上的荷载看做路标，先求出杆件最左端截面的剪力，以此为入口，从左至右根据荷载的提示(结合荷载与剪力图的变化规律)，勾画出的行走路线即为杆件的剪力图。

荷载路标提示方法：

①无荷载区段走水平线；

②集中荷载作用点从左向右看按集中荷载(包括支座反力)的大小和方向走；

③均布荷载作用段走斜坡，斜坡斜向从左至右看与荷载指向相同，坡度与均布荷载大小相同；

④集中力偶作用对行走路线无影响（好像路上的风景一样，不会改变行程）。

路标法的校核：画完剪力图后，从杆件右端用直接书写内力表达式法求一个截面的剪力，看求出的剪力与路标法作剪力图画出的剪力是否相同，相同则计算无误。

【例 1.3.5】　试用路标法作图 1.3.12(a)所示外伸梁的剪力图。

【解】　(1)计算支座反力，并标注在图上。

$R_{BY}=2.5qa(\uparrow)$　$R_{CY}=0.5qa(\uparrow)$

(2)作图。

按步骤从左到右，分段作出剪力图，如图 1.3.12(f)所示。

第一步，用直接书写内力表达式的方法求剪力 Q_A

$$Q_{A右}=-qa$$

从 A 点向下画到①点[见图 1.3.12(b)]。

第二步，因为 AB 段梁上无荷载作用，所以走出来的路线为水平直线，剪力图从①点水平地画到②点[见图 1.3.12(c)]。

第三步，因为 B 处有支座反力，是集中力，行走路线从②点向上直走 2.5qa，剪力图从②点向上画到③点[见图 1.3.12(d)]。

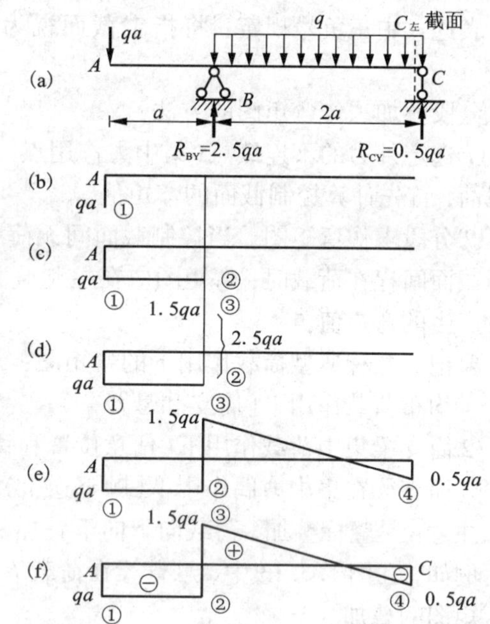

图 1.3.12　剪力图的绘制过程图

第四步，在 BC 段梁上有均布荷载 q，且方向向下，行走路线从③点斜向下走（从左向右走），每向前走 1 m，向下走 q；共走 2a m，终点在梁的右端（(C 截面处)，向下走的总值为 2qa。因此，求 C 截面左部截面的剪力 $Q_{C左}=1.5qa-2qa=-0.5qa$，于是在图上得到④点，图从③点用下斜直线画到④点[见图 1.3.12(e)]。再在图上标上正负号[见图 1.3.12(f)]。

第五步，校核。用直接书写内力表达式法求 $Q_{C左}$：

$$Q_{C左}=-0.5qa$$

计算结果与路标法画出来的剪力图一致，绘图无误。

(2)作弯矩图

弯矩的正负号的规定：弯矩以使脱离体下部受拉为正，反之为负。

弯矩图画法规定：以画在杆件下端为正，不要注明正负号，即弯矩图均画在杆件受拉的一侧。

弯矩图变化的规律：

①梁上无荷载作用的区段：弯矩图为斜直线，为杆轴的平行线或零。

②梁上有均布荷载作用的区段：弯矩图为二次抛物线，若均布荷载指向向上，抛物线向上凸；若均布荷载指向向下，抛物线向下凸。

③集中力作用点：弯矩图有尖点(即有转折点)，其尖点方向与集中力作用方向相同。

④集中力偶作用点：弯矩图有突变，其突变值等于集中力偶的大小，其突变方向，从左向右看为顺下逆上(力偶顺时针转向下突变，逆时针转向上突变)。

指定截面的弯矩计算方法：

①截面法：画脱离体的受力图(弯矩假定为正方向)，列方程，求解。

②直接书写弯矩表达式法：梁的任一截面上的弯矩大小，等于该截面以左(或右侧)梁段上的所有外力(包括支座反力)对所计算截面中心点的力矩代数和。

表达式中正负号规定：将指定截面视为固定端，如果外力使杆件下部受拉为正；反之为负。

分段叠加法作弯矩图的方法：

①选定外力的不连续点(集中力作用点、集中力偶作用点、分布荷载的始点和终点)为控制截面，首先计算控制截面的弯矩值。

②分段求作弯矩图。当控制截面间无荷载时，弯矩图为连接控制截面弯矩值的直线；当控制截面间存在荷载时，弯矩图应在控制截面弯矩值作出的直线上再叠加该段简支梁作用荷载时产生的弯矩值。

要记住几种典型荷载作用下的弯矩图：

①均布荷载作用下(简支和悬臂梁)；

②简支梁集中荷载作用下(任意位置和跨中)；

③简支梁在集中力偶作用下(顺下逆上)。

注意：是竖标叠加，荷载向下向下叠加，荷载向上向上叠加。

例如，在图 1.3.13 中，悬臂梁在荷载 F、q 共同作用下的弯矩图就是荷载 F、q 单独作用下弯矩图的叠加。

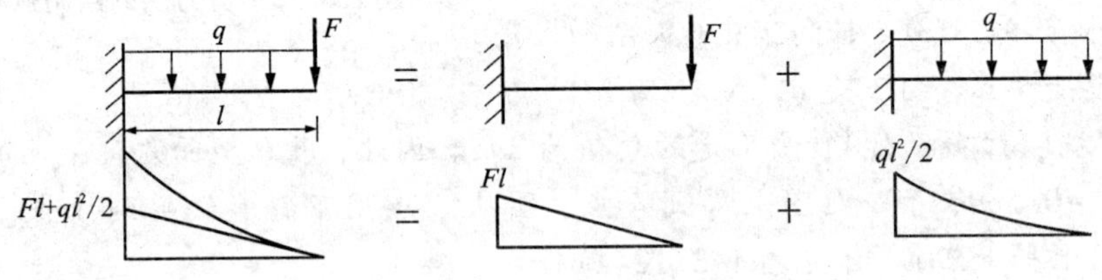

图 1.3.13　叠加原理

【例 1.3.6】 外伸梁受力如图 1.3.14 所示，已知 $F=20$ kN，$M=10$ kN · m，试用叠加法作梁的弯矩图。

【解】 先将梁上荷载分解为两种简单荷载：集中力 F 和集中力偶 M，分别画出 F、M 单独作用下弯矩图，再将两个弯矩图对应点 A、B、C，D 的纵坐标叠加。

图中各点的弯矩值为：

$$M_A=0;$$

$$M_C=Fl/4-10/2=15\ (\text{kN}\cdot\text{m});$$

$$M_B=-10\ \text{kN}\cdot\text{m};$$

$$M_D=-10\ \text{kN}\cdot\text{m}。$$

梁上各段都无均布荷载，弯矩图从左向右各段连直线就得到了最后的结果。

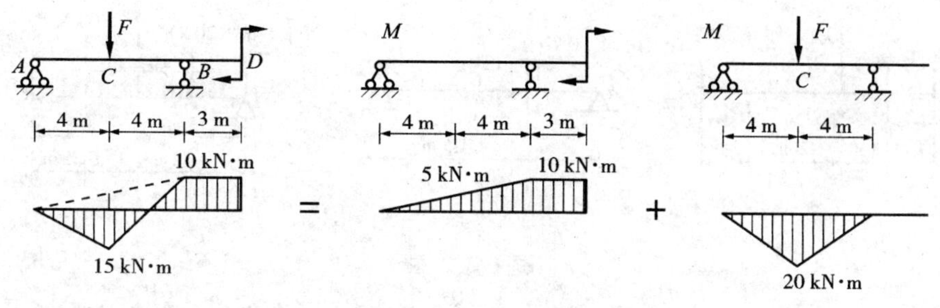

图 1.3.14

【例 1.3.7】 外伸梁受力如图 1.3.15 所示，已知 $F=10$ kN，$q=5$ kN/m，试用叠加法作梁的弯矩图。

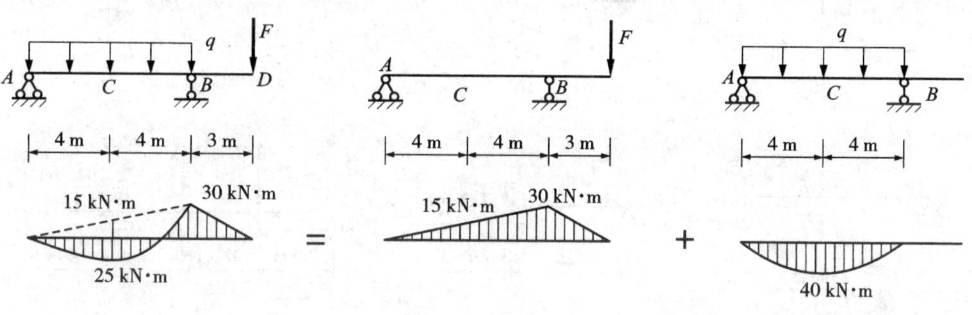

图 1.3.15

【解】 图中各点的弯矩值为：

$$M_A=0;\ M_C=ql^2/8-30/2=25\ (\text{kN}\cdot\text{m});$$

$$M_B=-F\times a=-10\times 3=-30\ (\text{kN}\cdot\text{m});\ M_D=0。$$

连线时应注意 AB 段有均布荷载、方向向下，弯矩图为下凸抛物线；BD 段无均布荷载，弯矩图为直线。

习　题

模块一 1.3习题答案

1.3.1 画出如图所示各杆的轴力图。

1.3.2 试分别用截面法和直接书写内力表达式法求图中所示各梁指定截

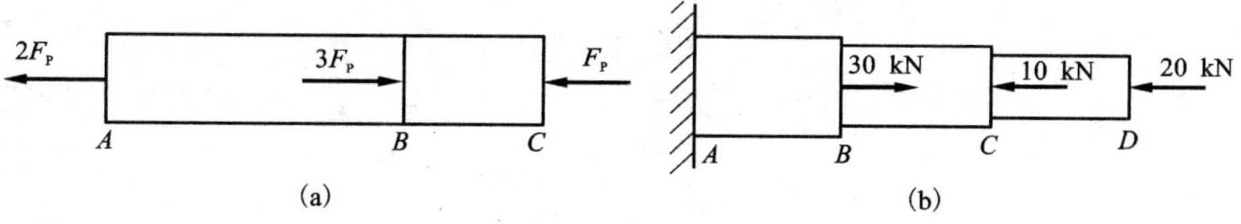

题 1.3.1 图

面上的剪力和弯矩。

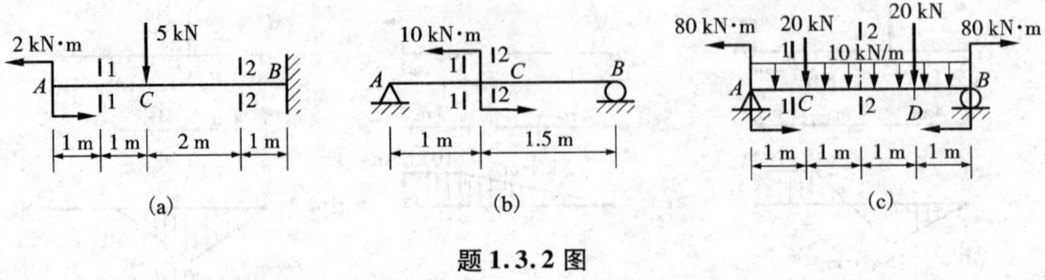

题 1.3.2 图

1.3.3 用路标法和叠加法分别画出图中所示各梁的剪力图和弯矩图。

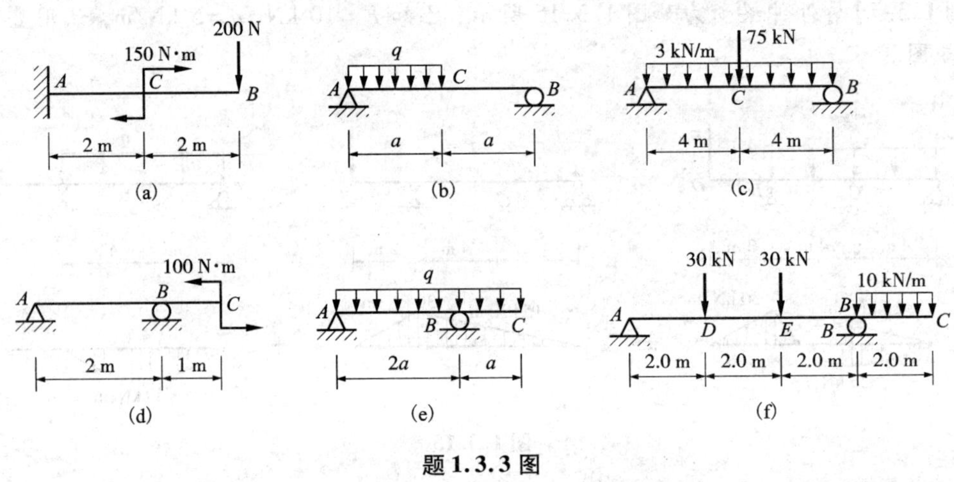

题 1.3.3 图

模块二　混凝土结构构件的识图及钢筋算量

【学习提要】

本模块主要介绍钢筋的构造及各类钢筋混凝土构件的钢筋算量问题，为钢筋混凝土构件的结构识图和预算中的钢筋算量打下基础。

2.1　钢筋的分类

钢筋混凝土结构用的普通钢筋分为热轧钢筋、冷加工钢筋、预应力钢筋三类，如图2.1.1所示。

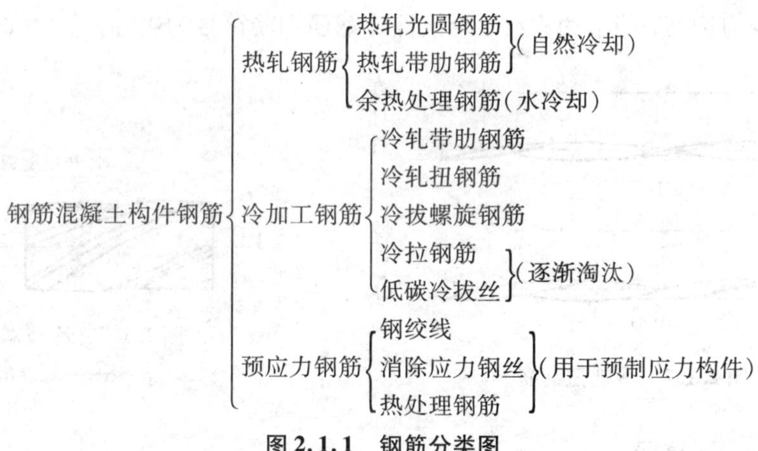

图2.1.1　钢筋分类图

1. 热轧钢筋

热轧钢筋是低碳钢、普通低合金钢在高温状态下轧制而成。随着钢筋强度的提高，其塑性相应降低。

(1)热轧光圆钢筋。热轧光圆钢筋表面形状为光圆形。钢筋的等级为HPB300，公称直径为6～22 mm，屈服点强度为300 MPa，钢筋符号为Φ。

(2)热轧带肋钢筋。热轧带肋钢筋表面形状为月牙形。钢筋的等级包括HRB335、HRB400、HRB500、HRBF335、HRBF400、HRBF500，公称直径为6～50 mm，钢筋符号：HRB335为Φ、HRB400为Φ、HRB500为Φ、HRBF335为$Φ^F$、HRBF400为$Φ^F$、HRBF500为$Φ^F$。

(3)余热处理钢筋。余热处理钢筋是热轧带肋钢筋经热轧后立即穿水，进行表面控制冷却，然后利用芯部余热自身完成回火处理所得到的成品钢筋。

余热处理钢筋表面形状为月牙形。钢筋的等级为RRB400，公称直径为6～50 mm，屈服点强度为400 MPa，钢筋符号为$Φ^R$。

2. 冷加工钢筋

冷加工钢筋包括冷轧带肋钢筋、冷轧扭钢筋、冷拔螺旋钢筋、冷拉钢筋和低碳冷拔丝等，冷拉钢筋和低碳冷拔丝已逐渐淘汰。

(1)冷轧带肋钢筋。冷轧带肋钢筋是热轧圆盘条经冷轧或冷拔减径后在其表面冷轧成三面或两面有肋的钢筋。

冷轧带肋钢筋可分为四个牌号：CRB550、CRB650、CRB800 和 CRB970。其中，CRB550 为普通钢筋混凝土用钢筋，其他牌号为预应力混凝土用钢筋，钢筋符号为Φ^{R}。

(2)冷轧扭钢筋。冷轧扭钢筋是用低碳钢钢筋(含碳量低于 0.25%)经过冷轧扭工艺制作，其表面呈现连续螺旋形。它具有较高的强度且有足够的塑性，与混凝土黏结性能好，代替 HPB235 级钢筋可节约钢材约 30%。冷轧扭钢筋主要用低碳钢扁钢或低碳钢菱形钢经过冷轧扭工艺制作而成，如图 2.1.2 所示。

冷轧扭钢筋一般用于现浇钢筋混凝土楼板，以及预制钢筋混凝土圆孔板、叠合板中的预制薄板等。冷轧扭钢筋的钢筋符号为Φ^{t}。

(2)冷拔螺旋钢筋。冷拔螺旋钢筋是热轧圆盘条经过冷拔后在表面形成连续螺旋槽的钢筋，如图 2.1.3 所示。冷拔螺旋钢筋具有握裹力强、塑性好、成本低等优点，可用于钢筋混凝土构件中的受力钢筋，能节约钢材，冷拔螺旋钢筋钢筋符号为Φ。

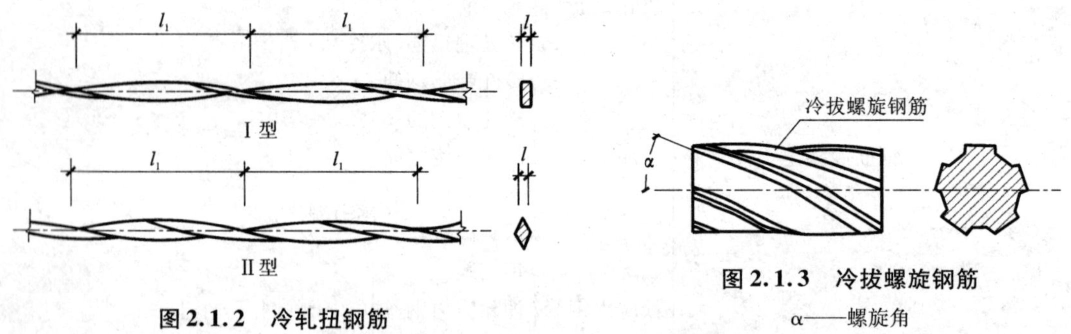

图 2.1.2　冷轧扭钢筋

图 2.1.3　冷拔螺旋钢筋

α——螺旋角

3. 预应力钢绞线及钢丝

(1)预应力钢绞线。预应力钢绞线是由多根冷拉钢丝在绞线机上成螺旋形绞合，并经过消除应力回火处理而成。钢绞线的整根破断力大，柔性好，施工方便。预应力钢绞线有 1×2 钢绞线、1×3 钢绞线、1×7 钢绞线等，如图 2.1.4 所示。

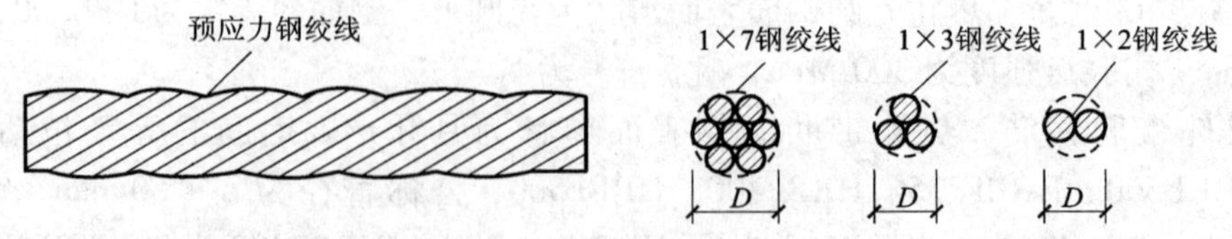

图 2.1.4　预应力钢绞线

符号为Φ^{s}。例如 1×3 Φ^{s}4(或 1-3 Φ^{s}4)表示：由 4 mm 粗的钢丝 3 根绞合而成的钢绞线。图 2.1.4 中 D 为公称直径。

(2)预应力钢丝。预应力钢丝是用优质高碳素钢盘条经过索氏体化处理、酸洗、镀铜或磷化后冷拔而成的钢丝的总称。

①冷拔钢丝。冷拔钢丝是经冷拔后直接用于预应力混凝土的钢丝。这种钢丝一般用于铁路轨枕、压力水管以及电杆等。

②消除应力钢丝(普通松弛钢丝)。消除应力钢丝(普通松弛钢丝)是经冷拔后经高速旋转的矫直滚筒矫直，并经回火(300～500℃)处理的钢丝。

2.2　钢筋通用构造

2.2.1　混凝土结构的环境类别

影响混凝土结构耐久性最重要的因素就是环境，环境分类应根据其对混凝土结构耐久性的影响而确定。混凝土结构环境类别的划分主要适用于混凝土结构正常使用极限状态的验算和耐久性设计，环境类别的划分应符合表 2.2.1 的要求。

表 2.2.1　混凝土结构的环境类别

环境类别	条　件
一	室内干燥环境 无侵蚀性静水浸没环境
二 a	室内潮湿环境 非严寒和非寒冷地区的露天环境 非严寒和非寒冷地区与无侵蚀性的水或土壤直接接触的环境 严寒和寒冷地区的冰冻线以下与无侵蚀性的水或土壤直接接触的环境
二 b	干湿交替环境 水位频繁变动环境 严寒和寒冷地区的露天环境 严寒和寒冷地区冰冻线以上与无侵蚀性的水或土壤直接接触的环境
三 a	严寒和寒冷地区冬季水位变动区环境 受除冰盐影响环境 海风环境
三 b	盐渍土环境 受除冰盐作用环境 海岸环境
四	海水环境
五	受人为或自然的侵蚀性物质影响的环境

注：1. 室内潮湿环境是指构件表面经常处于结露或湿润状态的环境；

2. 严寒和寒冷地区的划分应符合国家现行标准《民用建筑热工设计规范》(GB 50176—1993)的有关规定；

3. 海岸环境和海风环境宜根据当地情况，考虑主导风向及结构所处迎风、背风部位等因素的影响，由调查研究和工程经验确定；

4. 受除冰盐影响环境是指受到除冰盐盐雾影响的环境；受除冰盐作用环境是指被除冰盐溶液溅射的环境以及使用除冰盐地区的洗车房、停车楼等建筑；

5. 暴露的环境是指混凝土结构表面所处的环境。

2.2.2 受力钢筋的混凝土保护层厚度

1. 混凝土保护层的作用

混凝土结构中，钢筋被包裹在混凝土内，最外层钢筋外边缘到混凝土构件表面的最小距离称为保护层厚度。混凝土保护层有如下作用：

(1)保证混凝土与钢筋共同工作，确保结构中混凝土与钢筋共同工作，是保证结构构件承载能力和结构性能的基本条件。混凝土是抗压性能较好的脆性材料，钢筋是抗拉性能较好的延性材料。这两种材料各以其抗压、抗拉性能优势相结合，就构成了具有抗压、抗弯、抗剪和抗扭等结构性能的各种结构形式的建筑物或结构物。混凝土与钢筋共同工作的保证条件，是依靠混凝土与钢筋之间有足够的握裹力。握裹力主要由三种力构成。

①黏结力(黏着力)。它是混凝土与钢筋表面的黏结力。

②摩擦力。当结构处于受力状态时混凝土与钢筋表面产生一种摩擦力。

③机械咬合力。它是由于钢筋表面凸凹不平与混凝土接触面产生的一种咬合力。

由黏结力、摩擦力、咬合力这三种力构成的握裹力，直接关系到钢筋混凝土结构的性能和承载能力。保证混凝土与钢筋之间的握裹力，就要求保护层要有一定的厚度。如果保护层厚度过小，则混凝土与钢筋之间不能发挥握裹力的作用。因此规范规定，混凝土保护层厚度的最小尺寸，不应小于受力钢筋的一个直径。

(2)保护钢筋不锈蚀，确保结构安全和耐久性。影响钢筋混凝土结构耐久性，造成其结构破坏的因素很多，如氯离子侵蚀、冻融破坏，混凝土不密实，裂缝，混凝土炭化，碱一集料反应，在一定环境条件下都能造成钢筋锈蚀引起结构破坏。钢筋锈蚀后，铁锈体积膨胀，体积一般增加到 2 ~ 4 倍，致使混凝土保护层开裂，潮气或水分渗入，加快和加重钢筋继续锈蚀，导致建筑物破坏。混凝土保护层对防止钢筋锈蚀具有保护作用。这种保护作用在无有害物质侵蚀下才能有效。但是，保护层混凝土的炭化，给钢筋锈蚀提供了外部条件。因此，混凝土炭化对钢筋锈蚀有很大影响，关系到结构耐久性和安全性。

(3)保护钢筋不受高温(火灾)影响。高温能使结构急剧丧失承载力，保护层具有一定厚度，可以使建筑物的结构在高温条件下或遇有火灾时，保护钢筋不因受到高温影响，使结构急剧丧失承载力而倒塌。因此，保护层的厚度与建筑物耐火性有关。混凝土和钢筋均属非燃烧体，以砂石为骨料的混凝土一般可耐高温 700℃。钢筋混凝土结构都不能直接接触火源，应避免高温辐射，由于施工原因造成保护层过小，会造成建筑物耐火等级或耐火极限的降低。这些因素在设计时均应考虑，混凝土保护层按建筑物耐火等级要求规定的厚度设计时，遇有火灾可保护结构或延缓结构倒塌时间，可为人员疏散和物资转移提供一定的缓冲时间。如保护层过小，可能会失去这个缓冲时间，造成生命、财产的更大损失。

2. 混凝土保护层最小厚度的规定

11G101 图集规定纵向受力钢筋的混凝土保护层厚度应符合表 2.2.2 的要求。

表 2.2.2　混凝土保护层的最小厚度　　单位：mm

环境类别	板、墙	梁、柱
一类	15	20
二 a 类	20	25
二 b 类	25	35
三 a 类	30	40
三 b 类	40	50

注：1. 表中混凝土保护层厚度指最外层钢筋外边缘至混凝土表面的距离，适用于设计使用年限为 50 年的混凝土结构。

2. 构件中受力钢筋的保护层厚度不应小于钢筋的公称直径。

3. 设计使用年限为 100 年的混凝土结构，一类环境中，最外层钢筋的保护层厚度不应小于表中数值的 1.4 倍；二、三类环境中，应采取专门的有效措施。

4. 混凝土强度等级不大于 C25 时，表中保护层厚度数值应增加 5 mm。

5. 基础地面钢筋的保护层厚度，由混凝土垫层时应从垫层顶面算起，且不应小于 40 mm；无垫层时不应小于 70 mm。

2.2.3　钢筋的锚固

1. 钢筋的锚固形式

受力钢筋的机械锚固形式，如图 2.2.1 所示。

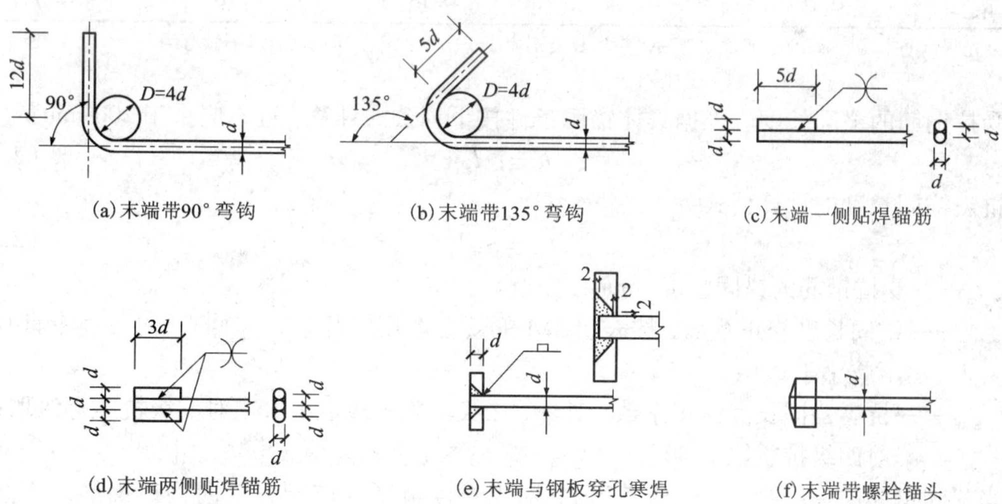

(a) 末端带90° 弯钩　(b) 末端带135° 弯钩　(c) 末端一侧贴焊锚筋

(d) 末端两侧贴焊锚筋　(e) 末端与钢板穿孔塞焊　(f) 末端带螺栓锚头

图 2.2.1　受力钢筋的机械锚固形式

注：1. 当纵向受拉普通钢筋末端采用弯钩或机械锚固措施时，包括弯钩或锚固端头在内的锚固长度（投影长度）可取为基本锚固长度的 60%。

2. 焊缝和螺纹长度应满足承载力的要求，螺栓锚头的规格应符合相关标准的要求。

3. 螺栓锚头和焊接钢板的承压面积不应小于锚固钢筋截面积的 4 倍。

4. 螺栓锚头和焊接锚板的钢筋净距小于 $4d$ 时应考虑群锚效应的不利影响。

5. 截面角部的弯钩和一侧贴焊锚筋的布筋方向宜向截面内侧偏置。

6. 受压钢筋不应采用末端弯钩和一侧贴焊的锚固形式。

2. 受拉钢筋锚固长度的计算

钢筋锚固长度（l_{aE} · l_a）是指钢筋伸入支座内的长度。

当计算中充分利用钢筋的抗拉强度时，受拉钢筋的锚固应符合下列要求。

基本锚固长度应按下列公式计算。

（1）普通钢筋

$$l_{ab}=\alpha\frac{f_y}{f_t}d \tag{2.2.1}$$

（2）预应力筋

$$l_{ab}=\alpha\frac{f_{py}}{f_t}d \tag{2.2.2}$$

上两式中：l_{ab}——受拉钢筋的基本锚固长度，mm；

f_y、f_{py}——普通钢筋、预应力筋的抗拉强度设计值，MPa；

f_t——混凝土轴心抗拉强度设计值，MPa，当混凝土强度等级高于 C60 时，按 C60 取值；

d——锚固钢筋的直径，mm；

α——锚固钢筋的外形系数，按表 2.2.3 取用。

表 2.2.3　锚固钢筋的外形系数 α

钢筋类型	光圆钢筋	带肋钢筋	螺旋肋钢丝	三股钢绞线	七股钢绞线
α	0.16	0.14	0.13	0.16	0.17

注：光圆钢筋末端应做 180。弯钩，弯后平直段长度不应小于 3d，但作受压钢筋时可不做弯钩。

受拉钢筋的锚固长度应根据具体锚固条件按下列公式计算，且不应小于 200 mm：

$$l_a=\zeta_a l_{ab} \tag{2.2.3}$$

抗震锚固长度的计算公式为：

$$l_{aE}=\zeta_{aE} l_a \tag{2.2.4}$$

式中：l_a——受拉钢筋的锚固长度，mm；

ζ_a——锚固长度修正系数，按表 2.2.4 的规定取用，当多于一项时，可按连乘计算，但不应小于 0.6；

ζ_{aE}——抗震锚固长度修正系数，对一、二级抗震等级取 1.15，对三级抗震等级取 1.05，对四级抗震取 1.00。

当锚固钢筋保护层厚度不大于 5d 时，锚固长度范围内应配置横向构造钢筋，其直径不应小于 $d/4$；对梁、柱等杆状构件间距不应大于 5d，对板、墙等平面构件间距不大于 10d，且均不应小于 100 mm，此处 d 为锚固钢筋的直径。

为了方便施工人员查用，G101 图集将混凝土结构中常用的钢筋和各级混凝土强度等级组合，将受拉钢筋锚固长度值计算得钢筋直径的整倍数形式，编制成表格，见表 2.2.5。

表 2.2.4　受拉钢筋锚固长度修正系数 ζ_a

锚固条件		ζ_a
带肋钢筋的公称直径大于 25 mm		1.10
环氧树脂涂层带肋钢筋		1.25
施工过程中易受扰动的钢筋		1.10
锚固区保护层厚度	$3d$	0.80
	$5d$	0.70

注：1. 锚固区保护层厚度中间时按内插值，d 为锚固钢筋直径。

2. 当锚固钢筋的保护层厚度不大于 $5d$ 时，锚固钢筋长度范围内应设置横向构造钢筋，其直径不应小于 $d/4$（d 为锚固钢筋的最大直径）；对梁、柱等构件间距不应小于 $5d$，对板、墙构件间距不应大于 $10d$，且均不应大于 100 mm（d 为锚固钢筋的最小直径）。

表 2.2.5　受拉钢筋基本锚固长度 l_{ab}、l_{abE}

钢筋种类	抗震等级	混凝土强度等级								
		C20	C25	C30	C35	C40	C45	C50	C55	≥C60
HPB300	一、二级（l_{abE}）	$45d$	$39d$	$35d$	$32d$	$29d$	$28d$	$26d$	$25d$	$24d$
	三级 l_{abE}	$41d$	$36d$	$32d$	$29d$	$26d$	$25d$	$24d$	$23d$	$22d$
	四级 l_{abE}、非抗震 l_{ab}	$39d$	$34d$	$30d$	$28d$	$25d$	$24d$	$23d$	$22d$	$21d$
HRB335 HRBF335	一、二级（l_{abE}）	$44d$	$38d$	$33d$	$31d$	$29d$	$26d$	$25d$	$24d$	$24d$
	三级 l_{abE}	$40d$	$35d$	$31d$	$28d$	$26d$	$24d$	$23d$	$22d$	$22d$
	四级 l_{abE}、非抗震 l_{ab}	$38d$	$33d$	$29d$	$27d$	$25d$	$23d$	$22d$	$21d$	$21d$
HRB400 HRBF400 RRB400	一、二级（l_{abE}）	—	$46d$	$40d$	$37d$	$33d$	$32d$	$31d$	$30d$	$29d$
	三级 l_{abE}	—	$42d$	$37d$	$34d$	$30d$	$29d$	$28d$	$27d$	$26d$
	四级 l_{abE}、非抗震 l_{ab}	—	$40d$	$35d$	$32d$	$29d$	$28d$	$27d$	$26d$	$25d$
HRB500 HRBF500	一、二级（l_{abE}）	—	$55d$	$49d$	$45d$	$41d$	$39d$	$37d$	$36d$	$35d$
	三级 l_{abE}	—	$50d$	$45d$	$41d$	$38d$	$36d$	$34d$	$33d$	$32d$
	四级 l_{abE}、非抗震 l_{ab}	—	$48d$	$43d$	$39d$	$36d$	$34d$	$32d$	$31d$	$30d$

注：d 为锚固钢筋的直径。

2.2.4　钢筋的连接

为了便于钢筋的运输、保管以及施工操作，钢筋是按一定长度（定尺长度）生产出厂的，例如 6 m、8 m、12 m 等，所以在实际施工时必须进行连接。

1. 绑扎搭接

纵向钢筋的绑扎搭接是纵向钢筋连接最常见的连接方式之一。搭接连接施工比较方便，但也有其适用范围和限制条件。《混凝土结构设计规范》（GB 50010—2010）中做出如下规定：

轴心受拉及小偏心受拉杆件的纵向受力钢筋不得采用绑扎搭接；其他构件中的钢筋采用绑扎搭接时，受拉钢筋直径不宜大于 25 mm，受压钢筋直径不宜大于 28 mm，工程实际中 $d \geqslant 16$ mm 用焊接连接。

(1)纵向受拉钢筋绑扎搭接接头的搭接长度

纵向受拉钢筋绑扎搭接接头的搭接长度，应根据位于同一连接区段内的钢筋搭接接头面积百分率按下列公式计算，且不应小于 300 mm。

$$l_l = \zeta_l l_{\mathrm{a}} \tag{2.2.5}$$

抗震绑扎搭接长度的计算公式为：

$$l_{\mathrm{lE}} = \zeta_l l_{\mathrm{aE}} \tag{2.2.6}$$

式中：l_l——纵向受拉钢筋的搭接长度，mm；

l_{a}——受拉钢筋的锚固长度，mm；

l_{lE}——纵向抗震受拉钢筋的搭接长度，mm；

l_{aE}——抗震锚固长度，mm；

ζ_l——纵向受拉钢筋搭接长度的修正系数，按表 2.2.6 取用，当纵向搭接钢筋接头面积百分率为表的中间值时，修正系数可按内插取值。

表 2.2.6　纵向受拉钢筋搭接长度修正系数

纵向搭接钢筋接头面积百分率/%	≤25	50	100
ζ_l	1.2	1.4	1.6

(2)同一构件中相邻纵向受力钢筋的绑扎搭接接头宜互相错开

钢筋绑扎搭接接头连接区段的长度为 1.3 倍搭接长度，凡搭接接头中点位于该连接区段长度内的搭接接头均属于同一连接区段(图 2.2.2)。同一连接区段内纵向受力钢筋搭接接头面积百分率为该区段内有搭接接头的纵向受力钢筋与全部纵向受力钢筋截面面积的比值。当直径不同的钢筋搭接时，按直径较小的钢筋计算。

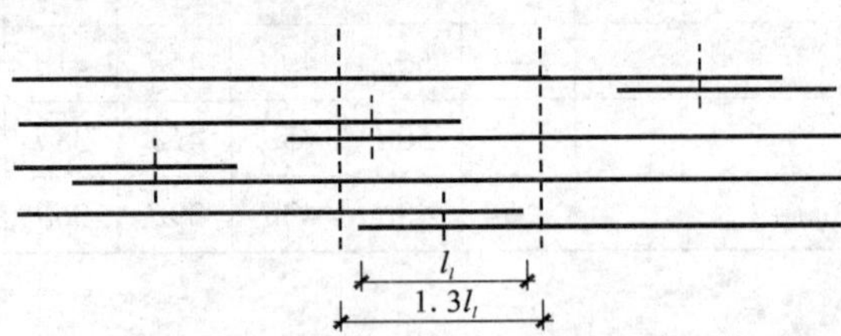

图 2.2.2　同一连接区段内纵向受拉钢筋的绑扎搭接接头

注：图中所示同一连接区段内的搭接接头钢筋为两根，当钢筋直径相同时，钢筋搭接接头面积百分率为 50%。

位于同一连接区段内的受拉钢筋搭接接头面积百分率：对梁类、板类及墙类构件，不宜大于 25%；对柱类构件，不宜大于 50%。当工程中确有必要增大受拉钢筋搭接接头面积百分率时，对梁类构件，不宜大于 50%；对板、墙、柱及预制构件的拼接处，可根据实际情况放宽。

并筋采用绑扎搭接连接时，应按每根单筋错开搭接的方式连接。接头面积百分率应按同一连接区段内所有的单根钢筋计算。并筋中钢筋的搭接长度应按单筋分别计算。

(3)纵向受压钢筋搭接长度

构件中的纵向受压钢筋当采用搭接连接时，其受压搭接长度不应小于纵向受拉钢筋搭接长度的70%，且不应小于200 mm。

(4)纵向受力钢筋搭接长度

纵向受力钢筋搭接长度范围内应配置加密箍筋，在梁、柱类构件的纵向受力钢筋搭接长度范围内的构造钢筋应符合相关规定。当受压钢筋直径大于25 mm时，尚应在搭接接头两个端面外100 mm的范围内各设置两道箍筋。

(5)纵向钢筋的非接触搭接

构造纵向钢筋的非接触搭接连接，其实质是两根钢筋在其搭接范围混凝土内的分别锚固，以混凝土为介质，实现搭接钢筋应力的传递。采用非接触搭接方式，可实现混凝土对钢筋的完全握裹，能使混凝土对钢筋产生足够高的锚固效应，进而实现受拉钢筋的可靠锚固，完成可靠的钢筋搭接连接。

2. 机械连接

钢筋的机械连接是通过连贯于两根钢筋外的套筒来实现传力。套筒与钢筋之间力的过渡是通过机械咬合力。其形式包括：钢筋横肋与套筒的咬合；在钢筋表面加工出螺纹与套筒的螺纹之间的传力；在钢筋与套筒之间贯注高强的胶凝材料，通过中间介质来实现应力传递。机械连接的主要形式有挤压套筒连接，锥螺纹套筒连接，镦粗直螺纹连接，滚轧直螺纹连接等。

纵向受力钢筋的机械连接接头宜相互错开。钢筋机械连接区段的长度为35d，d为连接钢筋的较小直径。凡接头中点位于该连接区段长度内的机械连接接头均属于同一连接区段，如图2.2.3所示。

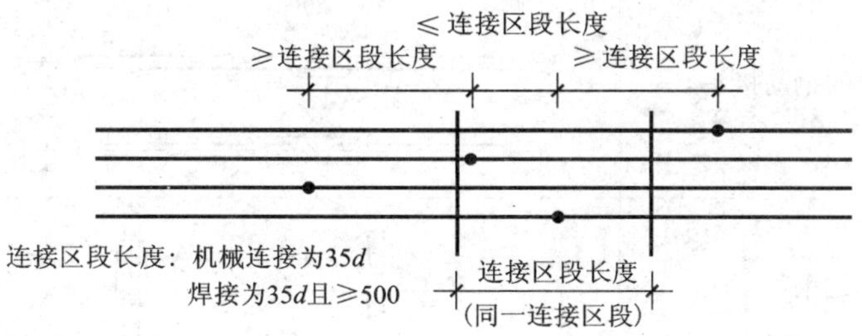

图2.2.3　同一连接区段内纵向受拉钢筋机械连接、焊接接头

位于同一连接区段内的纵向受拉钢筋接头面积百分率不宜大于50%；但对板、墙、柱及预制构件的拼接处，可根据实际情况放宽。纵向受压钢筋的接头百分率可不受限制。

机械连接套筒的保护层厚度宜满足有关钢筋最小保护层厚度的规定。机械连接套筒的横向净间距不宜小于25 mm；套筒处箍筋的间距仍应满足构造要求。

直接承受动力荷载结构构件中的机械连接接头，除应满足设计要求的抗疲劳性能外，位于同一连接区段内的纵向受力钢筋接头面积百分率不应大于50%。

3. 焊接连接

钢筋的焊接接头是利用电阻、电弧或者燃烧的气体加热钢筋端头使之熔化，并采用加压或添加熔融金属焊接材料，使之连成一体的连接方式。

钢筋焊接有多种方法，具体方法分类见表2.2.7。

表2.2.7　钢筋焊接方法

序号	名称	接头形式	标注方法
1	单面焊接的钢筋接头	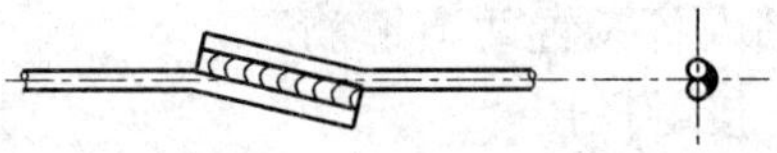	
2	双面焊接的钢筋接头	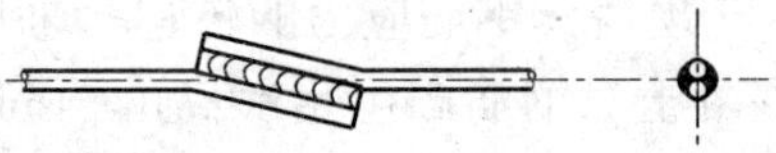	
3	用帮条单面焊接的钢筋接头	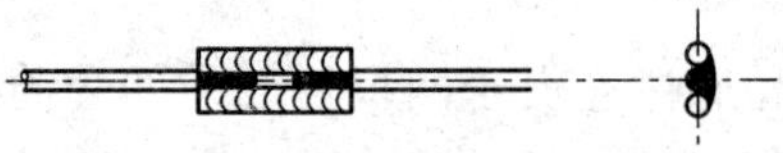	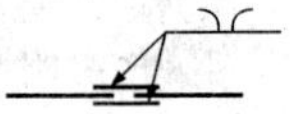
4	用帮条双面焊接的钢筋接头	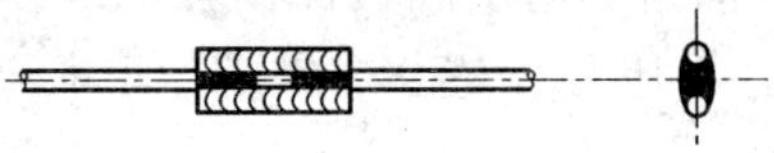	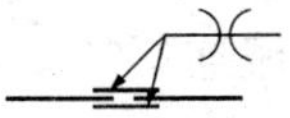
5	接触对焊的钢筋接头（闪光焊、压力焊）	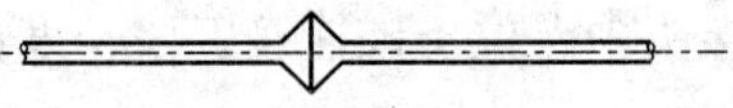	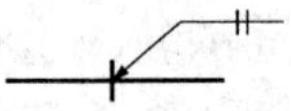
6	坡口平焊的钢筋接头	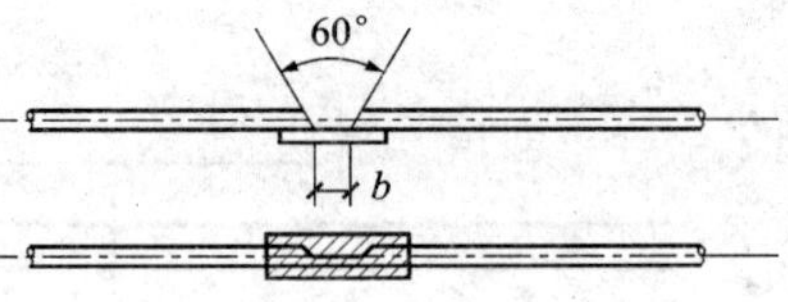 60° b	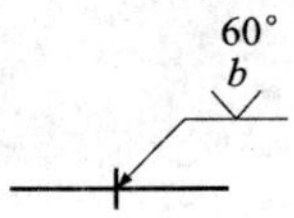 60° b
7	坡口立焊的钢筋接头	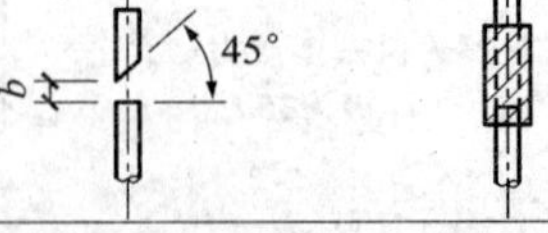 b 45°	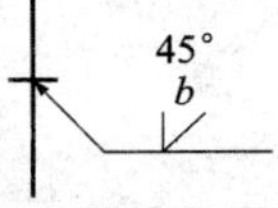 45° b
8	用角钢或扁钢做连接板焊接的钢筋接头	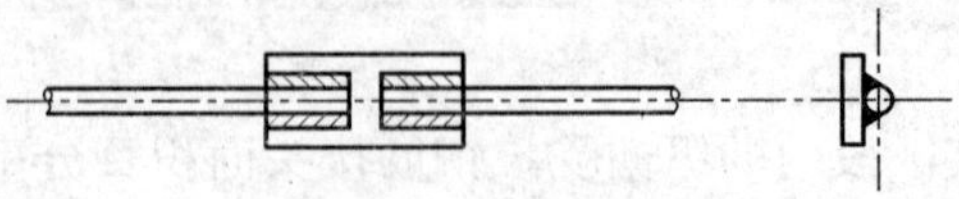	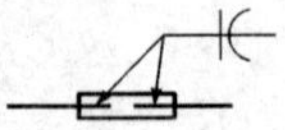
9	钢筋或螺（锚）栓与钢板穿孔塞焊的接头	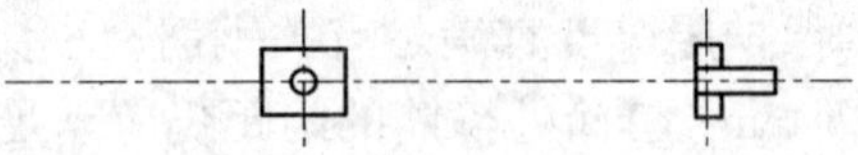	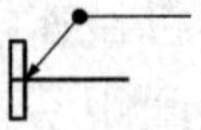

注：*b*为焊缝宽度，mm。

(1)闪光对焊

闪光对焊又称镦粗头，它是将两根相同直径钢筋安放成对接形式，两根钢筋分别接通电流，通电后两根钢筋接触点产生高弧高热，使接触点金属熔化，产生强烈的火花飞溅形成闪光，同时迅速施加顶端力使其熔化的金属熔合为一体，达到对接的目的。

闪光对焊主要适用于直径为14～40 mm的钢筋焊接，常见于预应力构件中的预应力粗钢筋焊接。

(2)电阻点焊

电阻点焊又称点焊。它是将两根钢筋安放成交叉叠接形式，压紧于两电极之间，利用电阻热熔化两钢筋接触点，再施加压力使两钢筋熔化的金属连接为一体，达到焊接的目的。

电阻电焊主要用于直径为4～14 mm的小钢筋焊接，常见于钢筋网片的焊接。

(3)电弧焊

钢筋电弧焊是利用通电后产生电弧热熔化的电焊条，连接两根钢筋的焊接方式。钢筋电弧焊使用于各种钢筋的焊接。钢筋电弧焊包括帮条焊、搭接焊、溶槽帮条焊以及剖口焊等形式。

①帮条焊。帮条焊是在两根被连接钢筋的端部，另加两根短钢筋，将其焊接在被连接的钢筋上，使之达到连接的目的。短钢筋的直径与被连接钢筋直径相同，长度分别为：单面焊为$5d$，双面焊为$10d$。

②搭接焊。搭接焊又称错焊，是先将两根待连接的钢筋预弯，并使两根钢筋的中心线在同一直线上，再用电焊条焊接，使之达到连接的目的。预弯长度分别为：单面焊为$10d$，双面焊为$5d$。

③熔槽帮条焊。熔槽帮条焊，是在焊接时加角钢作垫板模。角钢的边长宜为40～60 mm，长度为80～100 mm。

④剖口焊。剖口焊是先将两根待连接的钢筋端部切口，再在剖口处垫一钢板，焊接剖口使两根钢筋连接。剖口焊包括平焊和立焊，平焊用于梁主筋的焊接，立焊用于柱子主筋的焊接。

(4)电渣压力焊。电渣压力焊又称竖焊。它是将两根钢筋安放成竖向对接形式，利用焊接电流通过两根钢筋端面间隙，在焊剂的作用下形成电弧过程和电渣过程，产生电弧热和电阻热，熔化钢筋，加压使之达到钢筋连接的一种压焊方法。

电渣压力焊主要用于直径为14～40 mm的柱子主筋的焊接，是目前较为常用的方法。

2.3　混凝土结构板

2.3.1　混凝土结构板的分类

混凝土结构板按支承形式可分为悬臂板、简支板和连续板，按施工方式分为预制板和现浇板。

四边支承板按板长短边的比值分为单向板和双向板。长边与短边的比值大于等于2为单向板，长短边比值小于2为双向板。

2.3.2 混凝土结构板的构造要求

1. 板的支承长度

现浇板在砖墙上的支承长度一般不小于 120 mm，且应满足受力钢筋在支座内的锚固长度要求。预制板的支承长度，在外砖墙上不应小于 120 mm，在内砖墙上不应小于 100 mm，在钢筋混凝土梁上不应小于 80 mm。

2. 板的配筋

板中一般布置有两种钢筋，即受力钢筋和分布钢筋，如图 2.3.1 和图 2.3.2 所示。

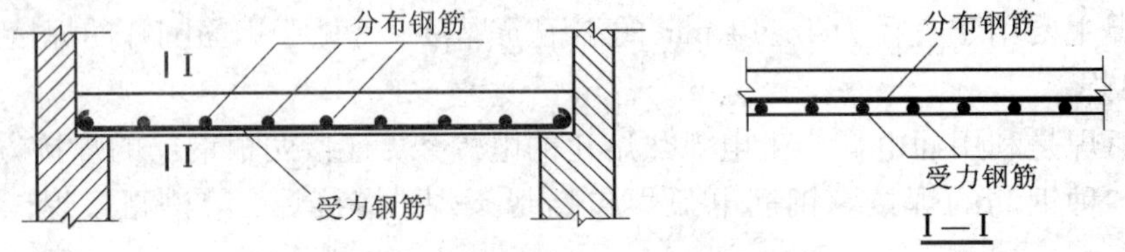

图 2.3.1 简支板内钢筋布置

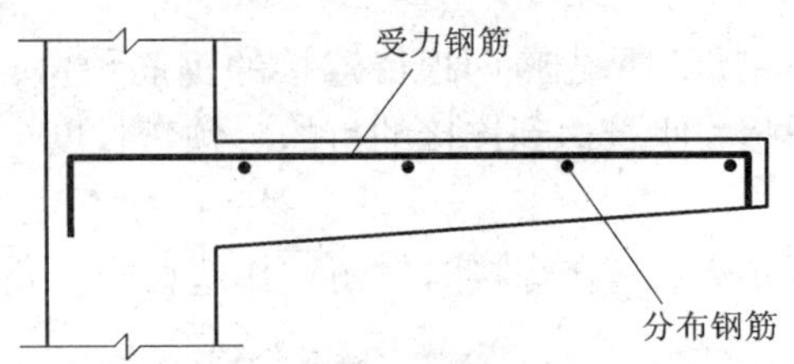

图 2.3.2 悬臂板内钢筋布置

(1)受力钢筋

受力钢筋沿板跨度方向设置在受拉区，承担由弯矩作用而产生的拉应力。

①直径。板中受力钢筋直径通常为 6 ~ 12 mm；当板厚度较大时，直径可为 14 ~ 18 mm。其中现浇板的受力钢筋直径不宜小于 8 mm。

②间距。板中受力钢筋间距一般在 70 ~ 200 mm 之间；当板厚度 >150 mm 时，钢筋间距不宜大于 250 mm，且不宜大于 $1.5h_0$。

(2)分布钢筋

分布钢筋与受力钢筋垂直，放置于受力钢筋的内侧，其作用是将板上荷载均匀地传递给各受力钢筋，在施工中固定受力钢筋的设计位置，同时承担因混凝土收缩及温度变化在垂直受力钢筋方向产生的拉应力。

分布钢筋可按构造配置。《混凝土结构规范》规定：板中单位长度上分布钢筋的配筋面积不小于受力钢筋截面面积的 15%，且配筋率不宜小于 0.15%；其直径不宜小于 6 mm，间距不宜大于250 mm。当有较大的集中荷载作用于板面时，间距不宜大于 200 mm。

2.3.3　楼板钢筋构造

1. 有梁楼盖板的平法标注

有梁楼盖板平法施工图，是在楼面板和屋面板布置图上，采用平面注写的表达方式。板平面注写主要包括板块集中标注和板支座原位标注。

(1)板块集中标注。板块集中标注的内容包括板块编号、板厚、贯通纵筋，以及当板面标高不同时的标高高差。

①板块编号。首先来介绍下板块的定义。板块：对于普通楼盖，两向均以一跨为一板块；对于密肋楼盖，两向主梁(框架梁)均以一跨为一板块(非主梁密肋不计)。板块编号的表达方式见表 2.3.1。

表 2.3.1　板块编号

板类型	代号	序号
楼板	LB	××
屋面板	WB	××
悬挑板	XB	××

所有板块应逐一编号，相同编号的板块可择其一做集中标注，其他仅注写置于圆圈内的板编号，以及当板面标高不同时的标高高差。

②板厚。板厚的注写方式为 h = ×××(为垂直于板面的厚度)；当悬挑板的端部改变截面厚度时，用斜线分隔根部与端部的高度值，注写方式为 h = ×××/×××；当设计已在图注中统一注明板厚时，此项可不注。

③贯通纵筋。板构件的贯通纵筋，按板块的下部和上部分别注写(当板块上部不设贯通纵筋时则不注)，并以 B 代表下部，以 T 代表上部，B&T 代表下部与上部；X 向贯通纵筋以 X 打头，Y 向贯通纵筋以 Y 打头，两向贯通纵筋配置相同时则以 X&Y 打头。当为单向板时，分布筋可不必注写，而在图中统一注明。当在某些板内(例如悬挑板 XB 的下部)配置有构造钢筋时，则 X 向以 X_C，Y 向以 Y_C 打头注写。当 Y 向采用放射配筋时(切向为 X 向，径向为 Y 向)，设计者应注明配筋间距的定位尺寸。

当贯通筋采用两种规格钢筋“隔一布一”方式时，表达为Φ××/∗∗@×××，表示直径为××的钢筋和直径为∗∗的钢筋二者之间间距为×××，直径××的钢筋的间距为×××的 2 倍，直径∗∗的钢筋的间距为×××的 2 倍。

(2)板支座原位标注。板支座原位标注的内容为：板支座上部非贯通纵筋和悬挑板上部受力钢筋。

板支座原位标注的钢筋，应在配置相同跨的第一跨表达(当在梁悬挑部位单独配置时则在原位表达)。在配置相同跨的第一跨(或梁悬挑部位)，垂直于板支座(梁或墙)绘制一段适宜长度的中粗实线(当该筋通长设置在悬挑板或短跨板上部时，实线段应画至对边或贯通短跨)，以该线段代表支座上部非贯通纵筋，并在线段上方注写钢筋编号(如① ②等)、配筋值、横向连续布置的跨数(注写在括号内，且当为一跨时可不注)，以及是否横向布置到梁的悬挑端。板支座上部非贯通筋自支座中线向跨内的伸出长度，注写在线段的下方位置。当中间支座上部非贯通纵筋向支座两侧对称伸出时，可仅在支座一侧线段下方标注伸出长度，另一侧不注，如图 2.3.3 所示。当向支座两侧非对称伸出时，应分别在支座两侧线段下方注写伸出长度，如图 2.3.4 所示。

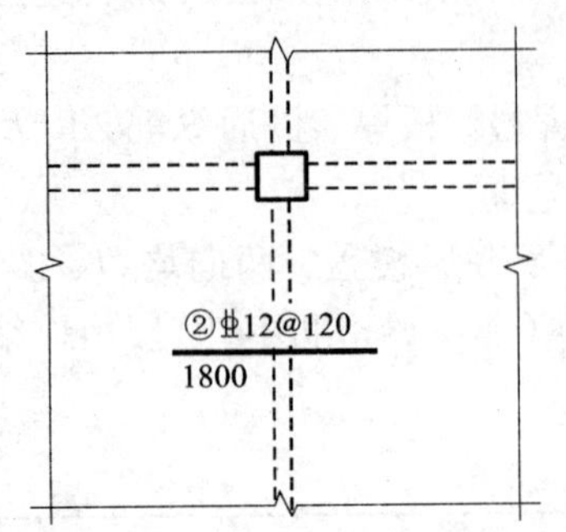

图 2.3.3 板支座上部非贯通筋对称伸出

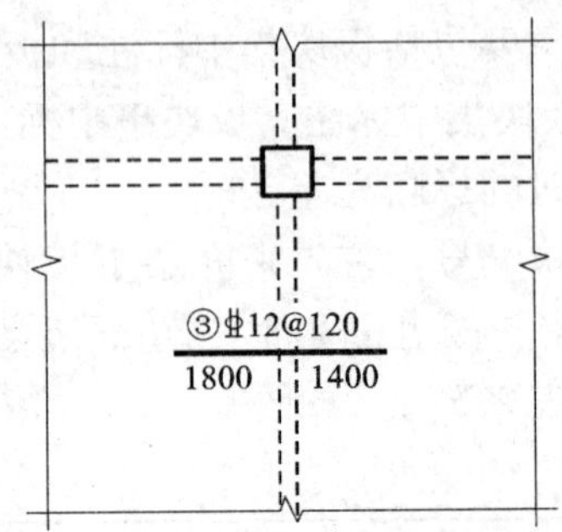

图 2.3.4 板支座上部非贯通筋非对称伸出

对线段画至对边贯通全跨或贯通全悬挑长度的上部通长纵筋，贯通全跨或伸出至全悬挑一侧的长度值不注，只注明非贯通筋另一侧的伸出长度值，如图 2.3.5 所示。

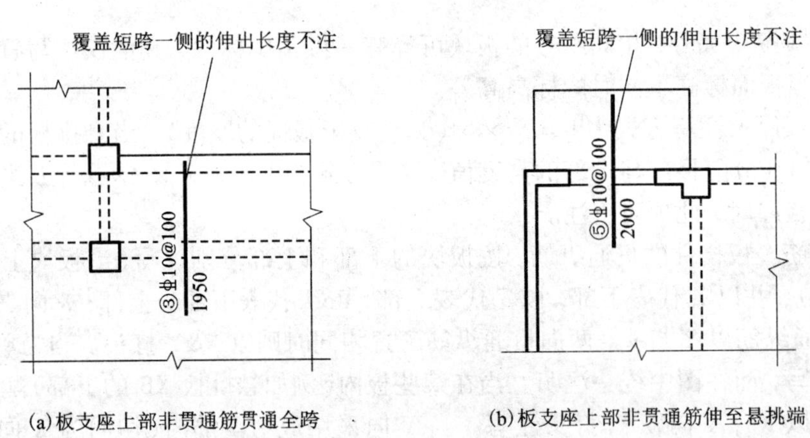

(a) 板支座上部非贯通筋贯通全跨

(b) 板支座上部非贯通筋伸至悬挑端

图 2.3.5 板支座上部非贯通筋贯通全跨或伸至悬挑端

当板支座为弧形，支座上部非贯通纵筋呈放射状分布时，设计者应注明配筋间距的度量位置并加注“放射分布”四字，必要时应补绘平面配筋图，如图 2.3.6 所示。

关于悬挑板的注写方式，如图 2.3.7 所示。当悬挑板端部厚度不小于 150 mm 时，设计者应指定板端部封边构造方式，当采用 U 形钢筋封边时，尚应指定 U 形钢筋的规格、直径。

在板平面布置图中，不同部位的板支座上部非贯通纵筋及悬挑板上部受力钢筋，可仅在一个部位注写，对其他相同者则仅需在代表钢筋的线段上注写编号及按本条规则注写横向连续布置的跨数即可。

此外，与板支座上部非贯通纵筋垂直且绑扎在一起的构造钢筋或分布钢筋，应由设计者在图中注明。

当板的上部已配置有贯通纵筋，但需增配板支座上部非贯通纵筋时，应结合已配置的同

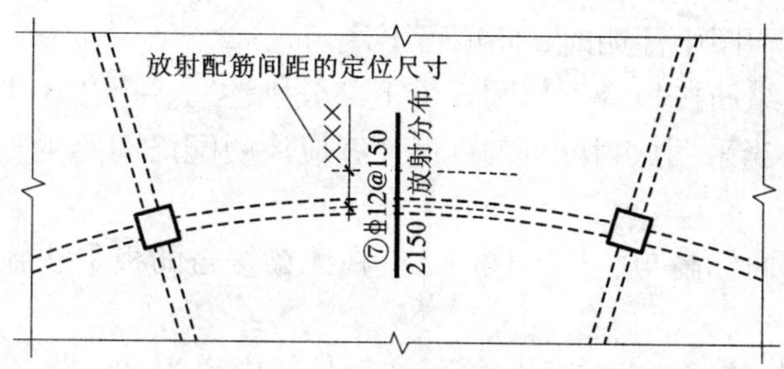

图 2.3.6　弧形支座处放射配筋

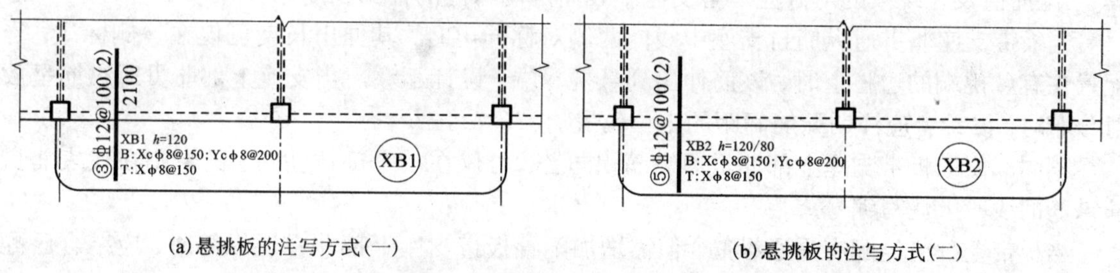

(a)悬挑板的注写方式(一)　　(b)悬挑板的注写方式(二)

图 2.3.7　悬挑板支座非贯通筋

向贯通纵筋的直径与间距采取“隔一布一”方式配置。“隔一布一”方式，为非贯通纵筋的标注间距与贯通纵筋相同，两者组合后的实际间距为各自标注间距的1/2。当设定贯通纵筋为纵筋总截面面积的50%时，两种钢筋应取相同直径；当设定贯通纵筋大于或小于总截面面积的50%时，两种钢筋则取不同直径。

2. 无梁楼盖板的平法标注

无梁楼盖平法施工图，是在楼面板和屋面板布置图上，采用平面注写的表达方式。板平面注写主要有板带集中标注和板带支座原位标注两部分内容。

(1)板带集中标注。集中标注应在板带贯通纵筋配置相同跨的第一跨(X 向为左端跨，Y 向力下端跨)注写。相同编号的板带可择其一做集中标注，其他仅注写板带编号(注在圆圈内)。

板带集中标注的具体内容为：板带编号、板带厚及板带宽和贯通纵筋。

①板带编号。板带编号的表达形式，见表 2.3.2。

表 2.3.2　板带编号

板带类型	代号	序号	跨数及有无悬挑
柱上板带	ZSB	××	(××)、(××A)或(××B)
跨中板带	KZB	××	(××)、(××A)或(××B)

注：1. 跨数按柱网轴线计算(两相邻柱轴线之间为一跨)。

2. (××A)为一端有悬挑，(××B)为两端有悬挑，悬挑不计入跨数。

②板带厚及板带宽。板带厚注写为 h = × × ×，板带宽注写为 b = × × ×。当无梁楼盖整体厚度和板带宽度已在图中注明时，此项可不注。

③贯通纵筋。贯通纵筋按板带下部和板带上部分别注写，并以 B 代表下部，T 代表上部，B&T 代表下部和上部。当采用放射配筋时，设计者应注明配筋间距的度量位置，必要时补绘配筋平面图。

④当局部区域的板面标高与整体不同时，应在无梁楼盖的板平法施工图上注明板面标高高差及分布范围。

(2)板带支座原位标注。板带支座原位标注的具体内容为：板带支座上部非贯通纵筋。

以一段与板带同向的中粗实线段代表板带支座上部非贯通纵筋；对柱上板带，实线段贯穿柱上区域绘制；对跨中板带，实线段横贯柱网轴线绘制。在线段上注写钢筋编号(如① ②等)、配筋值及在线段的下方注写自支座中线向两侧跨内的伸出长度。

当板带支座非贯通纵筋自支座中线向两侧对称伸出时，其伸出长度可仅在一侧标注；当配置在有悬挑端的边柱上时，该筋伸出到悬挑尽端，设计不注。当支座上部非贯通纵筋呈放射分布时，设计者应注明配筋间距的定位位置。

不同部位的板带支座上部非贯通纵筋相同者，可仅在一个部位注写，其余则在代表非贯通纵筋的线段上注写编号。

当板带上部已经配有贯通纵筋，但需增加配置板带支座上部非贯通纵筋时，应结合已配同向贯通纵筋的直径与间距，采取"隔一布一"的方式配置。

3. 楼板相关构造类型及直接引注

(1)楼板相关构造类型与表达方法。楼板相关构造的平法施工图设计，是在板平法施工图上采用直接引注方式表达。楼板相关构造编号，见表 2.3.3。

表 2.3.3　楼板相关构造类型与编号

构造类型	代号	序号	说明
纵筋加强带	JQD	××	以单向加强筋取代原位置配筋
后浇带	HJD	××	有不同的留筋方式
柱帽	ZMx	××	适用于无梁楼盖
局部升降板	SJB	××	板厚及配筋所在板相同；构造升降高度≤300 mm
板加腋	JY	××	腋高与腋宽可选注
板开洞	BD	××	最大边长或直径 <1 m；加强筋长度有全跨贯通和自洞边锚固两种
板翻边	FB	××	翻边高度≤300 mm
角部加强筋	Crs	××	以上部双向非贯通加强钢筋取代原位置的非贯通配筋
悬挑阳角放射筋	Ces	××	板悬挑阳角上部放射筋
抗冲切箍筋	Rh	××	通常用于无柱帽无梁楼盖的柱顶
抗冲切弯起筋	Rb	××	通常用于无柱帽无梁楼盖的柱顶

(2)楼板相关构造直接引注

①纵筋加强带。纵筋加强带的平面形状及定位由平面布置图表达，加强带内配置的加强贯通纵筋等由引注内容表达。

纵筋加强带设单向加强贯通纵筋，取代其所在位置板中原配置的同向贯通纵筋。根据受力需要，加强贯通纵筋可在板下部配置，也可在板下部和上部均设置。纵筋加强带的引注，如图 2.3.8 所示。

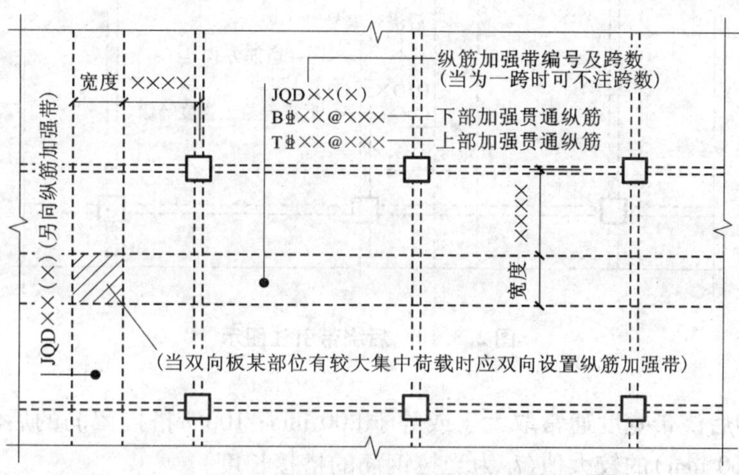

图 2.3.8　纵筋加强带 JQD 引注图示

当板下部和上部均设置加强贯通纵筋，而板带上部横向无配筋时，加强带上部横向配筋应由设计者注明。

当将纵筋加强带设置为暗梁形式时应注写箍筋，其引注，如图 2.3.9 所示。

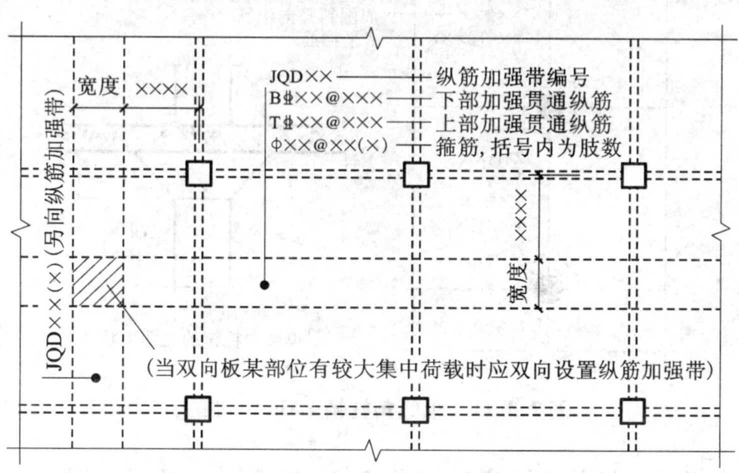

图 2.3.9　纵筋加强带 JQD 引注图示(暗梁形式)

②后浇带。后浇带的平面形状及定位由平面布置图表达，后浇带留筋方式等由引注内容表达，包括以下内容：

a. 后浇带编号及留筋方式代号。后浇带的两种留筋方式，分别为贯通留筋(代号 GT)，100% 搭接留筋(代号 100%)。

b. 后浇混凝土的强度等级 C××。宜采用补偿收缩混凝土，设计应注明相关施工要求。

c. 留筋方式或后浇混凝土强度等级不一致时。设计者应在图中注明与图示不一致的部位及做法。后浇带引注，如图 2.3.10 所示。

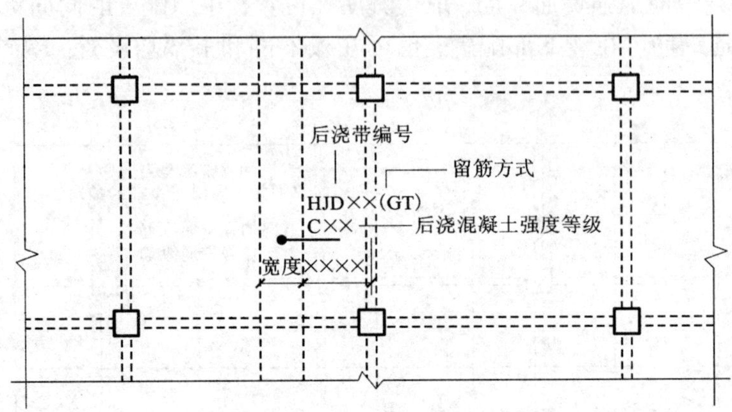

图 2.3.10　后浇带引注图示

贯通留筋的后浇带宽度通常取大于或等于 800 mm；100% 搭接留筋的后浇带宽度通常取 800 mm 与(l_l +60 mm)的较大值(l_l 为受拉钢筋的搭接长度)。

③柱帽。柱帽引注，如图 2.3.11 ~ 图 2.3.14 所示。柱帽的平面形状有矩形、圆形或多边形等，其平面形状由平面布置图表达。

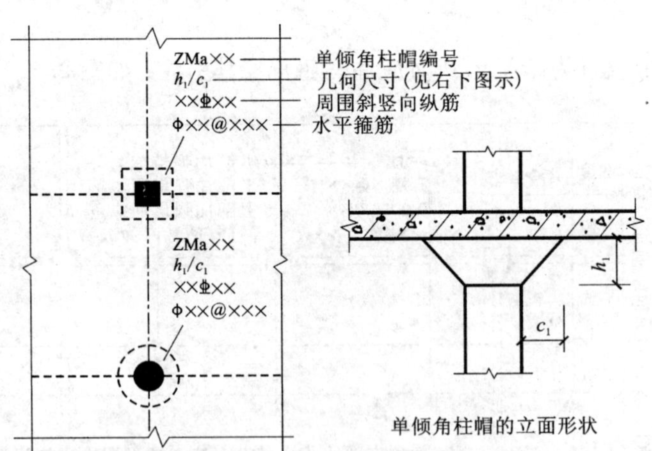

图 2.3.11　单倾角柱帽 ZMa 引注图示

柱帽的立面形状有单倾角柱帽 ZMa(如图 2.3.11 所示)、托板柱帽 ZMb(如图 2.3.12 所示)、变倾角柱帽 ZMc(如图 2.3.13 所示)和倾角托板柱帽 ZMab(如图 2.3.14 所示)等，其立面几何尺寸和配筋由具体的引注内容表达。图中 C_1、C_2 当 X、Y 方向不一致时，应标注(C_1, X, C_1, Y)、(C_2, X, C_2, Y)。

④局部升降板。局部升降板的引注，如图 2.3.15 所示。局部升降板的平面形状及定位由平面布置图表达，其他内容由引注内容表达。

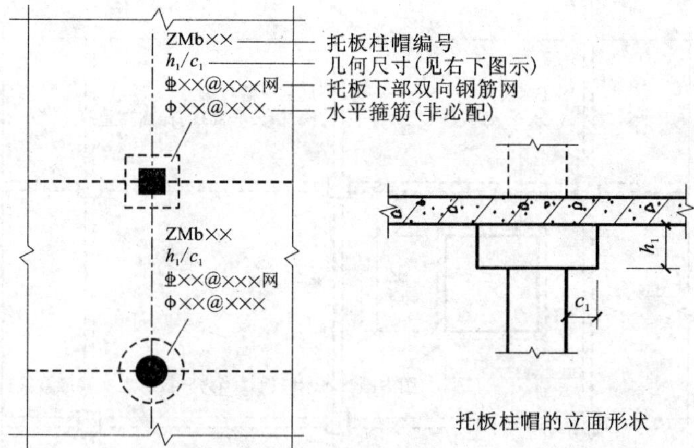

图 2.3.12　托板柱帽 ZMb 引注图示

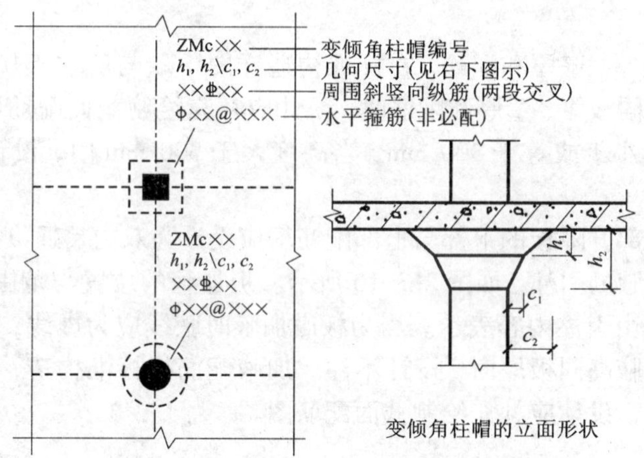

图 2.3.13　变倾角柱帽 ZMc 引注图示

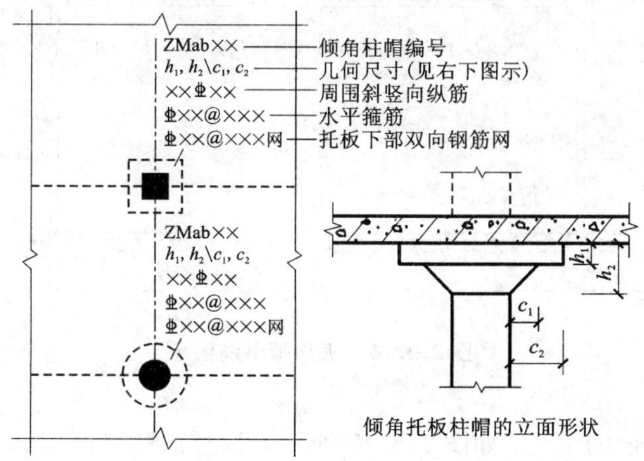

图 2.3.14　倾角托板柱帽 ZMab 引注图示

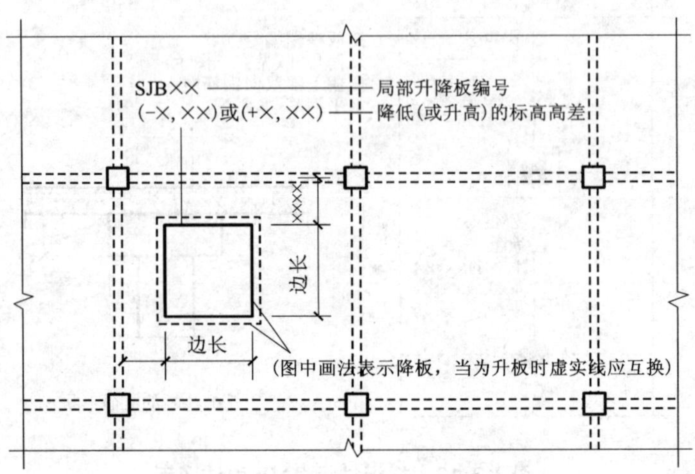

图 2.3.15　局部升降板 SJB 引注图示

局部升降板的板厚、壁厚和配筋，在标准构造详图中取与所在板块的板厚和配筋相同，设计不注；当采用不同板厚、壁厚和配筋时，设计应补充绘制截面配筋图。局部升降板升高与降低的高度限定为小于或等于 300 mm，当高度大于 300 mm 时，设计应补充绘制截面配筋图。

设计应注意：局部升降板的下部与上部配筋均应设计为双向贯通纵筋。

⑤板加腋。板加腋的引注，如图 2.3.16 所示。板加腋的位置与范围由平面布置图表达，腋宽、腋高及配筋等由引注内容表达。当为板底加腋时腋线应为虚线，当为板面加腋时腋线应为实线；当腋宽与腋高同板厚时，设计不注。加腋配筋按标准构造，设计不注；当加腋配筋与标准构造不同时，设计应补充绘制截面配筋图。

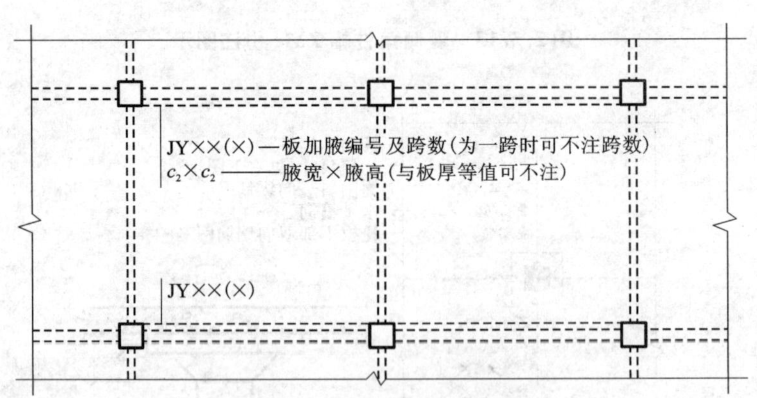

图 2.3.16　板加腋引注图示

⑥板开洞。板开洞的引注，如图 2.3.17 所示。板开洞的平面形状及定位由平面布置图表达，洞的几何尺寸等由引注内容表达。当矩形洞口边长或圆形洞口直径小于或等于 1000 mm，且当洞边无集中荷载作用时，洞边补强钢筋可按标准构造的规定设置，设计不注；

当洞口周边加强钢筋不伸至支座时，应在图中画出所有加强钢筋，并标注不伸至支座的钢筋长度。当具体工程所需要的补强钢筋与标准构造不同时，设计应加以注明。当矩形洞口边长或圆形洞口直径大于 1000 mm，或虽小于或等于 1000 mm 但洞边有集中荷载作用时，设计应根据具体情况采取相应的处理措施。

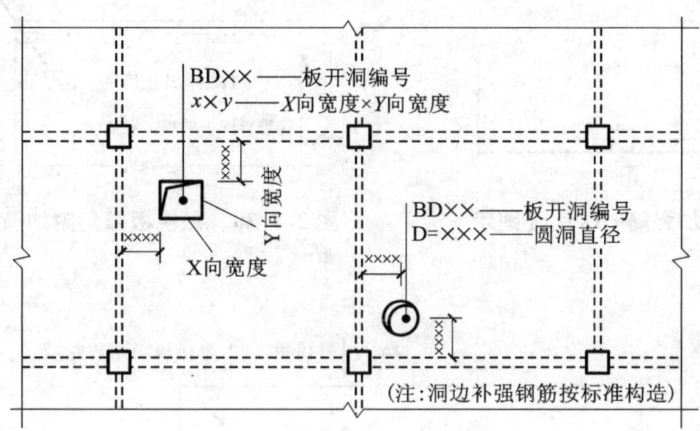

图 2.3.17　板开洞 BD 引注图示

⑦板翻边。板翻边的引注，如图 2.3.18 所示。板翻边可为上翻也可为下翻，翻边尺寸等在引注内容中表达，翻边高度在标准构造详图中为小于或等于 300 mm。当翻边高度大于 300 mm 时，由设计者自行处理。

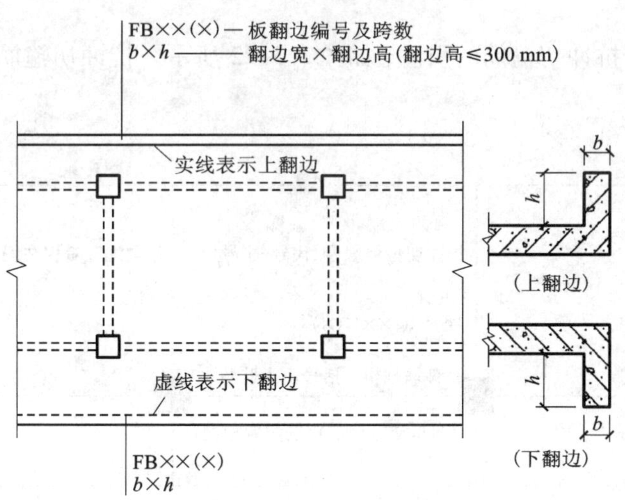

图 2.3.18　板翻边 FB 引注图示

⑧角部加强筋。角部加强筋的引注，如图 2.3.19 所示。角部加强筋通常用于板块角区的上部，根据规范规定的受力要求选择配置。角部加强筋将在其分布范围内取代原配置的板支座上部非贯通纵筋，且当其分布范围内配有板上部贯通纵筋时则间隔布置。

⑨悬挑板阳角附加筋。悬挑板阳角附加筋的引注，如图 2.3.20、图 2.3.21 所示。

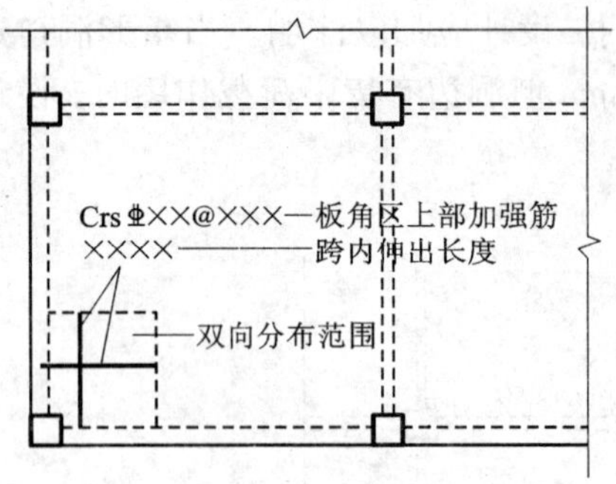

Crs ⌀××@×××—板角区上部加强筋
××××———跨内伸出长度
—双向分布范围

图 2.3.19　角部加强筋 Crs 引注图示

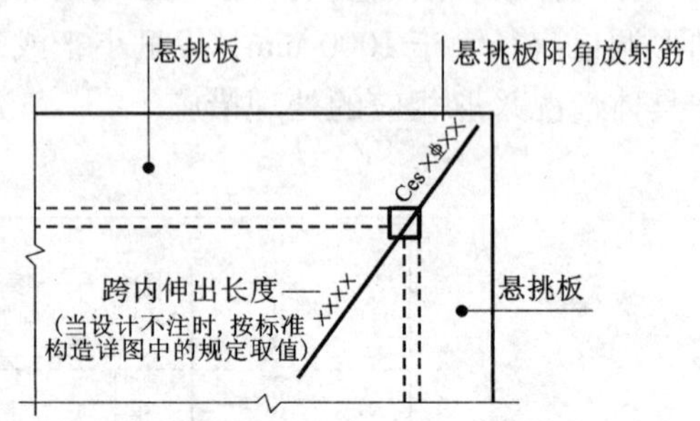

图 2.3.20　悬挑板阳角附加筋 Ces 引注图示（一）

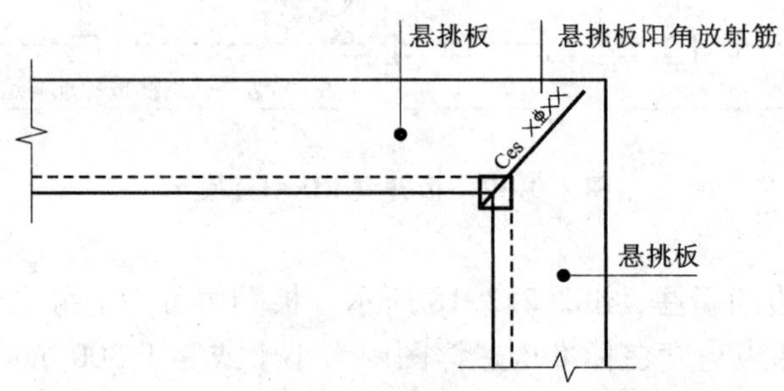

图 2.3.21　悬挑板阳角附加筋 Ces 引注图示（二）

⑩抗冲切箍筋。抗冲切箍筋的引注，如图 2.3.22 所示。抗冲切箍筋通常在无柱帽无梁楼盖的柱顶部位设置。

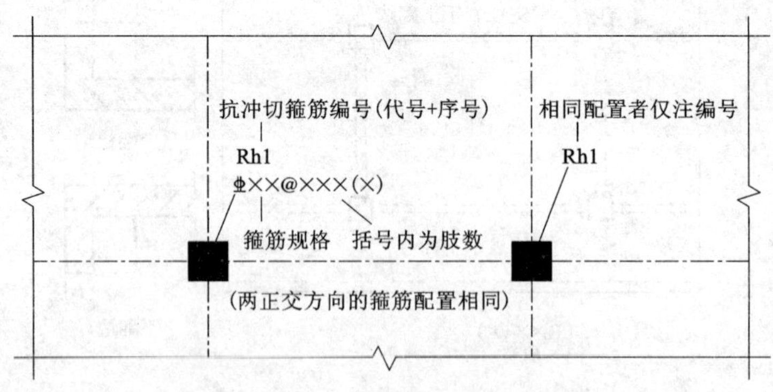

图 2.3.22　抗冲切箍筋 Rh 引注图示

⑪抗冲切弯起筋。抗冲切弯起筋的引注，如图 2.3.23 所示。抗冲切弯起筋通常在无柱帽无梁楼盖的柱顶部位设置。

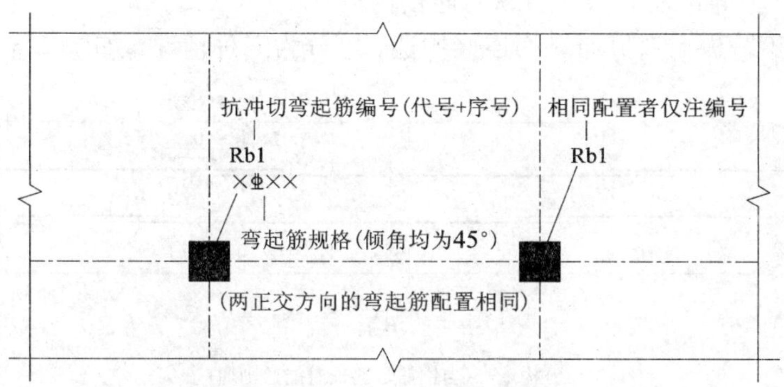

图 2.3.23　抗冲切弯起筋 Rb 引注图示

4. 楼板钢筋的构造

(1)有梁楼(屋)盖面板钢筋构造

有梁楼(屋)盖面板钢筋构造，如图 2.3.24 所示。

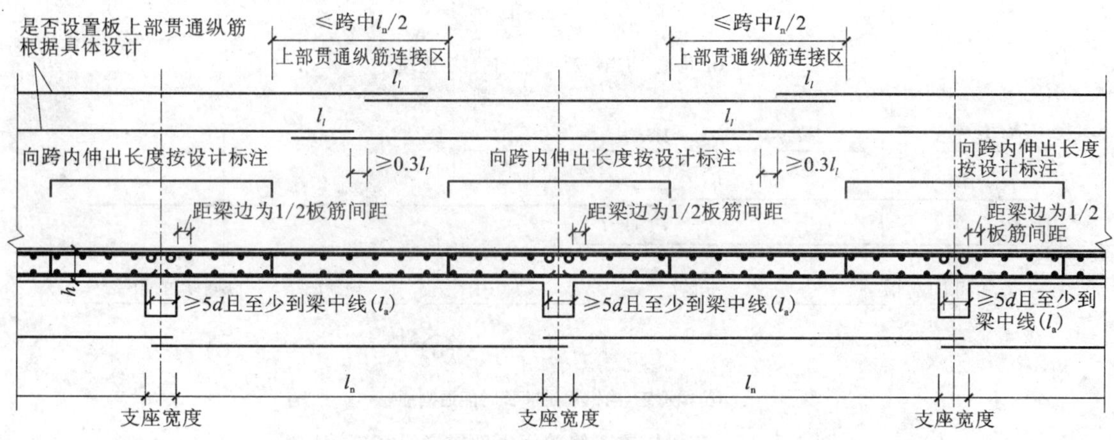

图 2.3.24　有梁楼(屋)盖面板钢筋构造

有梁楼(屋)盖面板钢筋构造要求如下：

①下部纵筋。与支座垂直的贯通纵筋，伸入支座 $5d$ 且至少到梁中线；与支座同向的贯通纵筋：第一根钢筋在距梁角筋 1/2 板筋间距处(或 50 mm 处)开始设置。

②上部纵筋

a. 非贯通纵筋。向跨内伸出长度详见设计标注。

b. 贯通纵筋。

与支座垂直的贯通纵筋：贯通跨越中间支座，上部贯通纵筋连接区在跨中 1/2 跨度范围之内；相邻等跨或不等跨的上部贯通纵筋配置不同时，应将配置较大者越过其标注的跨数终点或起点延伸至相邻跨的跨中连接区域连接。

与支座同向的贯通纵筋：第一根钢筋在距梁角筋为 1/2 板筋间距处(或 50 mm 处)开始设置。

(2)有梁楼盖不等跨板上部贯通纵筋连接构造

有梁楼盖不等跨板上部贯通纵筋连接构造，可分为三种情况，如图 2.3.25 所示。

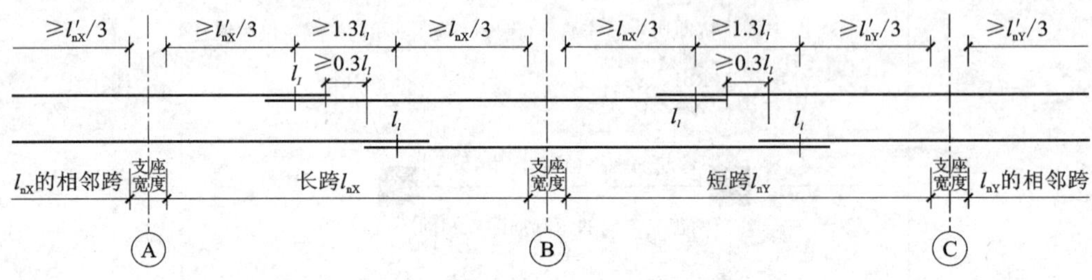

(a)构造一(当钢筋足够长时能通则通)

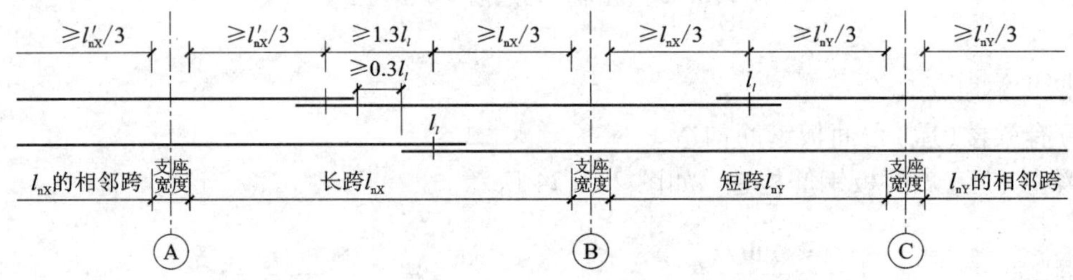

(b)构造二(当钢筋足够长时能通则通)

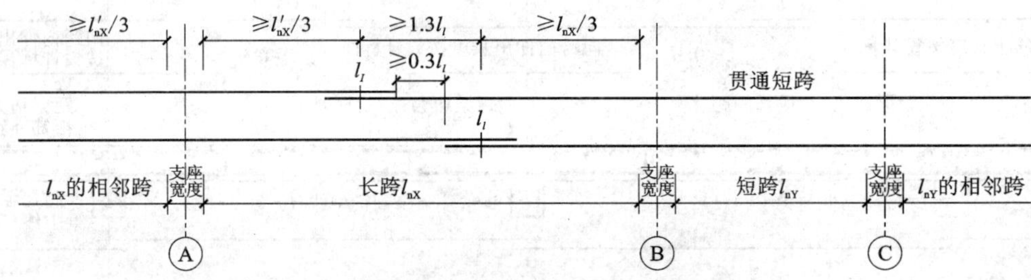

(c)构造三(当钢筋足够长时能通则通)

图 2.3.25　有梁楼盖不等跨板上部贯通纵筋连接构造

(3)无梁楼盖柱上板带纵向钢筋构造

柱上板带纵向钢筋构造，如图 2.3.26 所示。

柱上板带上部贯通纵筋的连接区在跨中区域，上部非贯通纵筋向跨内延伸长度按照设计标注，非贯通纵筋的端点是上部贯通纵筋连接区的起点。

当相邻等跨或不等跨的上部贯通纵筋配置不同时，应把配置较大者越过其标注的跨数终点或起点伸到相邻跨的跨中连接区域连接。

(4)无梁楼盖跨中板带纵向钢筋构造

跨中板带纵向钢筋构造，如图 2.3.27 所示。

跨中板带上部贯通纵筋连接区在跨中区域，下部贯通纵筋连接区的位置就在正交方向柱上板带下方。

(5)板带端支座纵向钢筋构造

板带端支座纵向钢筋构造，如图 2.3.28 所示。

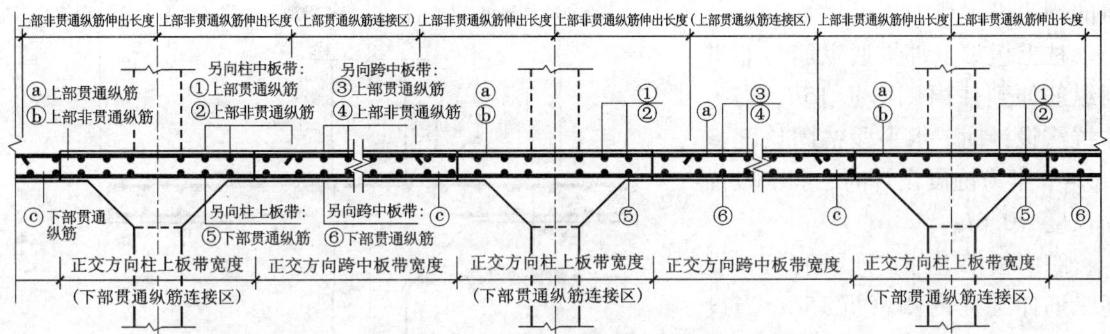

图 2.3.26　柱上板带纵向钢筋构造

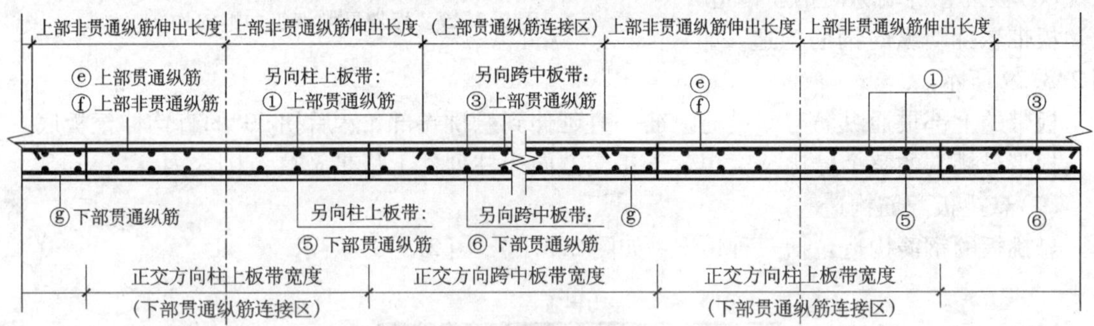

图 2.3.27　跨中板带 KZB 纵向钢筋构造

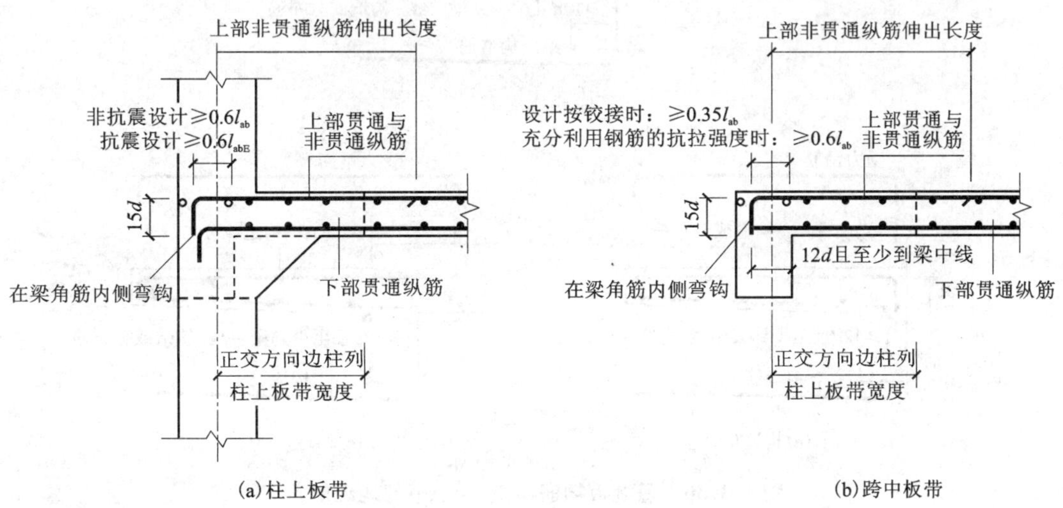

(a)柱上板带　　(b)跨中板带

图 2.3.28　板带端支座纵向钢筋构造

当为抗震设计时，应在无梁楼盖的周边设置梁。

柱上板带上部贯通纵筋与非贯通纵筋伸到柱内侧弯折 $15d$，当为非抗震设计时，水平段锚固长度≥$0.6l_{ab}$；当为抗震设计时，水平段锚固长度≥$0.6l_{abE}$。

跨中板带上部贯通纵筋与非贯通纵筋伸到柱内侧弯折 $15d$，当设计按铰接时，水平段锚固长度≥$0.35l_{ab}$；当设计充分利用钢筋的抗拉强度时，水平段锚固长度≥$0.6l_{ab}$。

(6) 板带悬挑端纵向钢筋构造

板带悬挑端纵向钢筋构造，如图 2.3.29 所示。

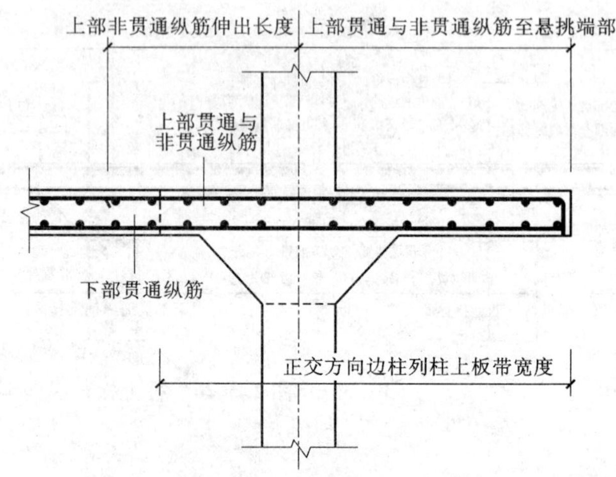

图 2.3.29　板带悬挑端纵向钢筋构造

板带的上部贯通纵筋与非贯通纵筋一直延伸到悬挑端部，然后拐 90°的直钩伸至板底。

板带悬挑端的整个悬挑长度包含于正交方向边柱列柱上板带宽度范围之内。

(7) 悬挑板配筋构造

悬挑板的钢筋构造包括三种情况，如图 2.3.30、图 2.3.31 所示。

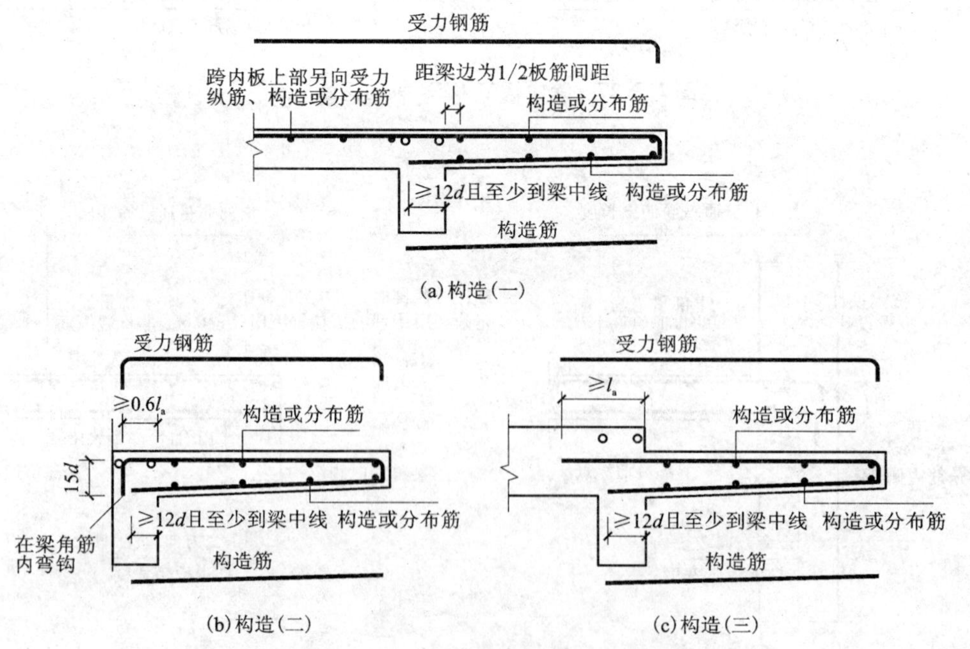

图 2.3.30　悬挑板钢筋构造(上、下部均配筋)

如图 2.3.30(a) 所示，悬挑板的上部纵筋与相邻板同向的顶部贯通纵筋或顶部非贯通纵筋贯通，下部构造筋伸到梁内长度≥$12d$ 且至少到梁中线。如图 2.3.30(b) 所示，悬挑板的

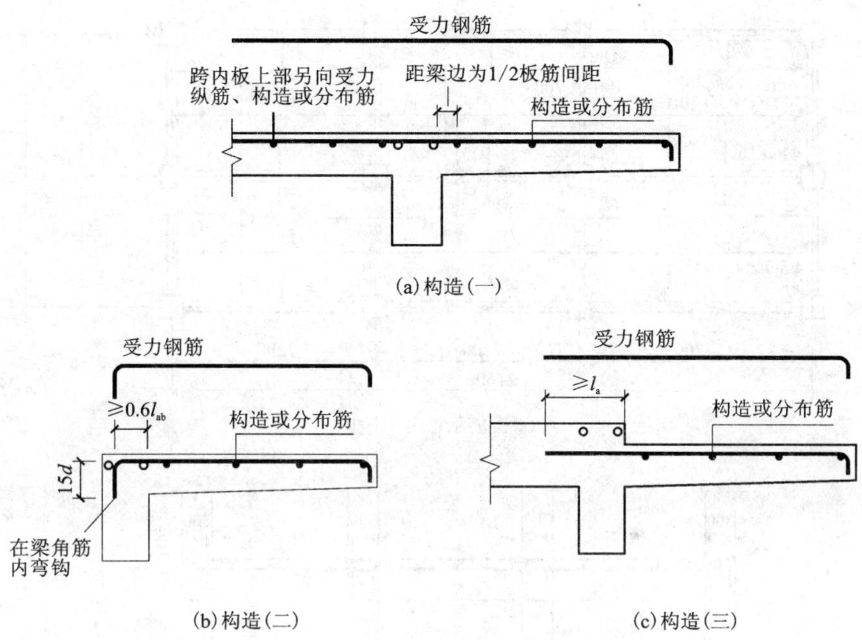

图 2.3.31 悬挑板钢筋构造(仅上部配筋)

上部纵筋伸到梁内，在梁角筋内侧弯直钩，弯折长度为 15d，下部构造筋伸至梁内长度≥12d 且至少到梁中线。如图 2.3.30(c)所示，悬挑板的上部纵筋锚入与其相邻板内，直锚长度≥l_a，下部构造筋伸到梁内长度≥12d 且至少到梁中线。

2.3.4 混凝土结构板的钢筋计算实例

【例 2.3.1】 现浇钢筋混凝土有梁板如图 2.3.32 所示。请计算①号、③号和④号钢筋单根钢筋的长度及根数。

【解】 (1)单根钢筋的长度

该有梁板所用的钢筋为现浇混凝土钢筋。

①号钢筋长度：7200 + 2 × 6.25 × 8 = 7300(mm)

③号钢筋长度：600 + 300 − 15 + 2 × (100 − 30) = 1025(mm)

④号钢筋长度：700 × 2 + 300 + 2 × (100 − 30) = 1840(mm)

(2)单根钢筋的数量

①号钢筋数量：[(4200 − 300 − 2 × 50) ÷ 100 + 1] × 6 = 40 × 6 = 240(根)

③号钢筋数量：[(4200 − 200 − 2 × 50) ÷ 200 + 1] × 4 = 21 × 4 = 84(根)

④号钢筋数量：[(4200 − 200 − 2 × 50) ÷ 180 + 1] × 4 = 23 × 4 = 92(根)

【例 2.3.2】 某建筑物板式楼梯的平台板示意图如图 2.3.33 所示，该平台板一端支撑在墙上，另一端支撑在平台梁上，板厚 80 mm，试计算该现浇钢筋混凝土平台板的每根钢筋的长度及数量。

【解】 所用钢筋为现浇混凝土钢筋，其长度及数量计算如下：

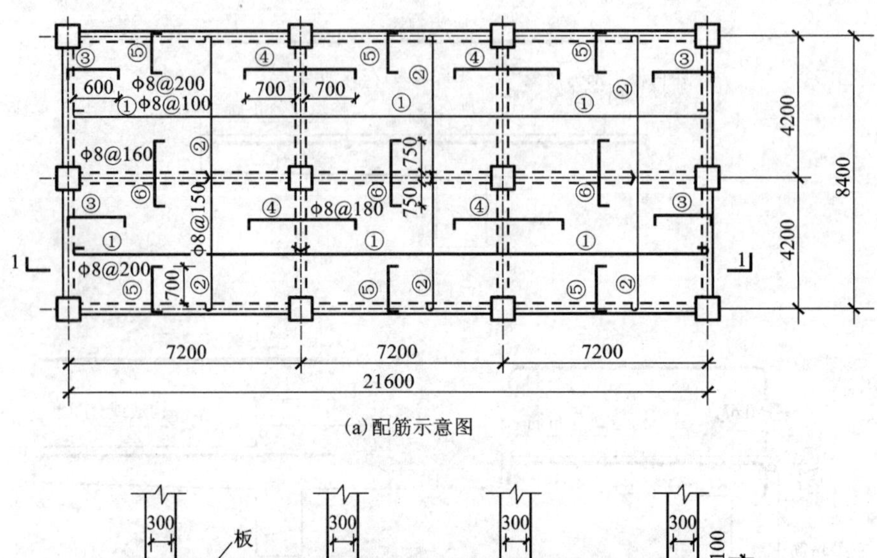

(a)配筋示意图

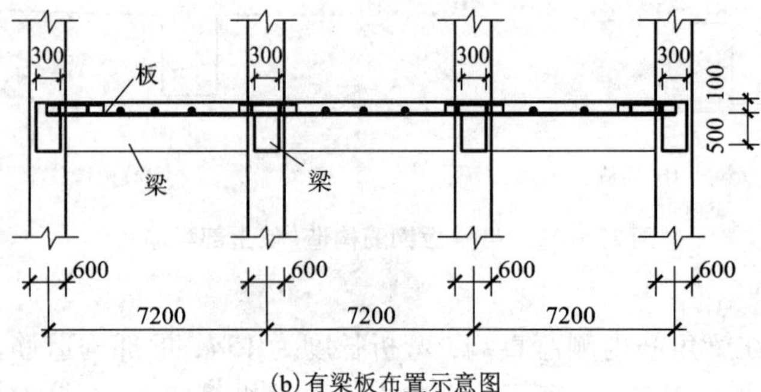

(b)有梁板布置示意图

图 2.3.32　有梁板布置及配筋示意图

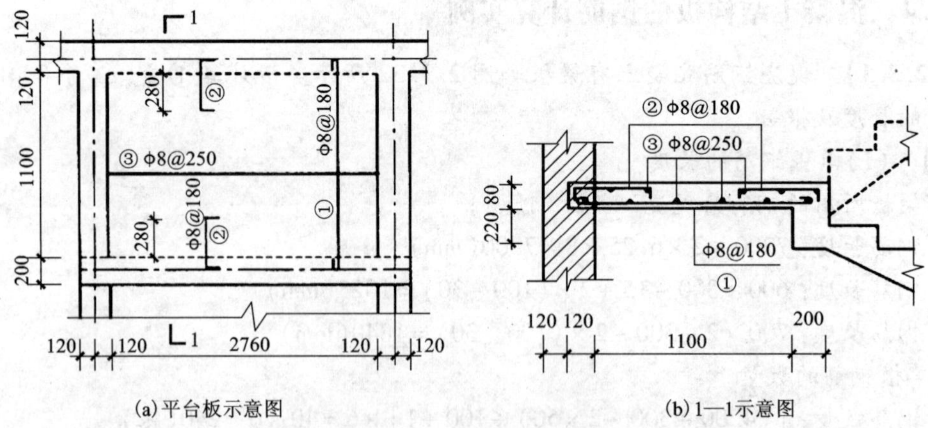

(a)平台板示意图　　(b)1—1示意图

图 2.3.33　楼梯台板示意图

①号钢筋长度：1100 + 120 + 100 + 6.25 × 8 × 2 = 1420(mm)

根数：(2760 − 2 × 50)/180 + 1 = 16(根)

②号钢筋长度：280 + 120 + (80 − 2 × 15) × 2 = 500(mm)

根数：[(2760 − 2 × 50)/180 + 1] × 2 = 32(根)

③号钢筋长度：2760 − 50 = 2710(mm)

根数：(1100 + 120 − 50)/250 + 1 + (280 − 50)/250 + 1 + 500/250 + 1 = 5 + 1 + 1 + 1 + 2 + 1 = 11(根)

板的平法制图规则在《建筑构造与识图》中已介绍过了，在此不再累述，下面以平法表示法的板的配筋图为例，讲解一下板中钢筋的算法。

【例 2.3.3】 现浇钢筋混凝土有梁板如图 2.3.34 所示。ⒸⒹ轴上的梁宽为 300 mm，②③轴上的梁宽为 250 mm，轴线中线均与梁中线对齐。请计算②～③轴和Ⓒ～Ⓓ轴间板块

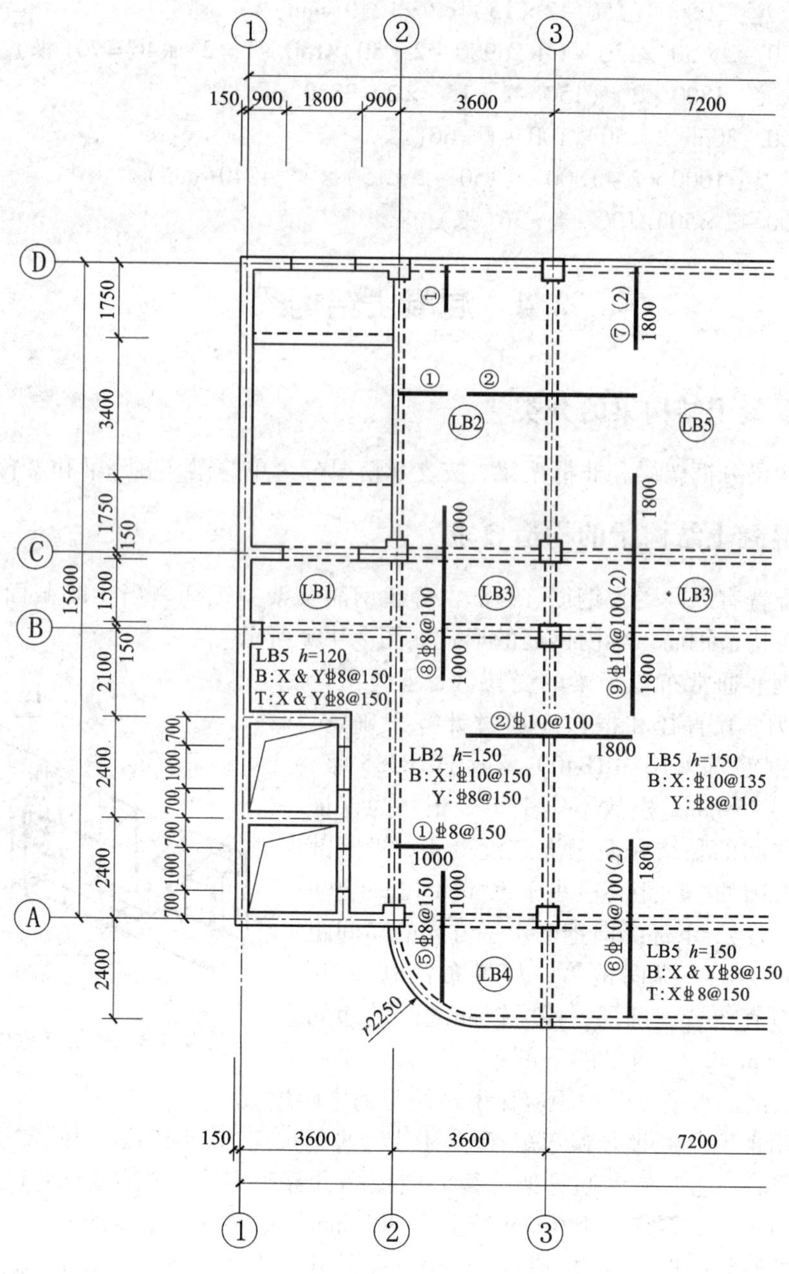

图 2.3.34　板的平法施工图

的钢筋长度和数量。

【解】 板底：

X 方向的钢筋

长度：3600 mm　　数量：(6900 − 300 − 2 × 50)/150 + 1 = 44(根)

Y 方向的钢筋

长度：6900 mm　　数量：(3600 − 250 − 2 × 50)/150 + 1 = 23(根)

板面：

①号钢筋长度：1000 + (150 − 2 × 15) × 2 = 1240(mm)

根数：(3600 − 2 × 50)/150 + 1 + (6900 − 2 × 50)/150 + 1 = 24 + 46 = 70(根)

②号钢筋长度：1800 × 2 + (150 − 2 × 15) × 2 = 3840(mm)

根数：(6900 − 300 − 2 × 50)/100 + 1 = 66(根)

⑧号钢筋长度：1000 × 2 + 1800 + (150 − 2 × 15) × 2 = 4040(mm)

根数：(3600 − 2 × 50)/100 + 1 = 36(根)

2.4 混凝土结构梁

2.4.1 混凝土结构梁的分类

混凝土结构梁分框架梁和非框架梁，按支承情况分为单跨梁、多跨梁和悬臂梁。

2.4.2 混凝土结构梁的构造要求

梁中通常配置有纵向受力钢筋、箍筋、弯起钢筋及架立钢筋。当梁的截面高度较大时，还应在梁侧设置构造钢筋。梁内钢筋的形式如图 2.4.1 所示。

纵向受力钢筋通常布置于梁的受拉区，承受由弯矩产生的拉应力，其直径和根数应通过计算来确定。梁中纵向受力钢筋宜采用 HRB400 级或 HRB335 级，常用直径为 12 ~ 25 mm，根数不应少于 2 根。为保证钢筋与混凝土之间的黏结和便于浇筑混凝土，梁上部纵向钢筋水平方向的净间距不应小于 30 mm 和 1.5d(d 为钢筋的最大直径)，下部纵向钢筋水平方向的净间距不应小于 25 mm 和 d。纵向钢筋应尽量布置成一层，当一层排不下时宜布置成两层，各层钢筋之间的净间距不应小于 25 mm 和 d，当梁的下部钢筋配置多于两层时，两层以上钢筋水平方向中距应比下边两层的中距增大一倍。

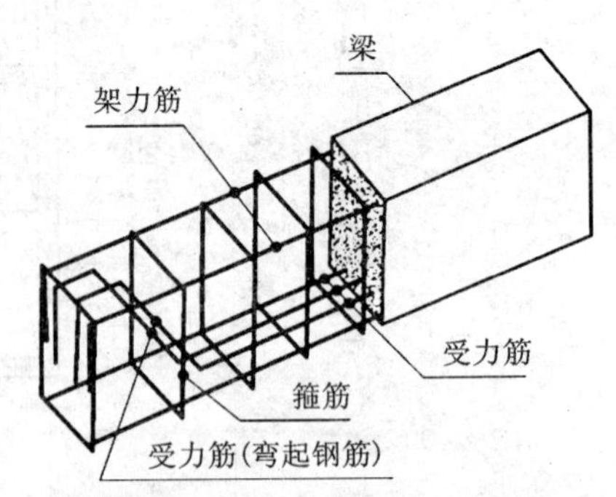

图 2.4.1　钢筋在梁中的名称

箍筋主要用来承受由剪力和弯矩在梁内引起的主拉应力，同时还可固定受力钢筋的位置，并和其他钢筋一起形成钢筋骨架。箍筋应根据计算确定。箍筋的最小直径与梁高 h 有关，当 $h \leqslant 800$ mm 时，不宜小于 6 mm；当 $h > 800$ mm 时，不宜小于 8 mm。

梁支座处的箍筋一般从梁边(或墙边)50 mm 处开始设置。支承在砌体结构上的钢筋混凝土独立梁，在纵向受力钢筋的锚固长度 l_{as} 范围内应设置不少于两道箍筋，当梁与混凝土梁或柱整体连接时，支座内可不设置箍筋。

弯起钢筋是由纵向受力钢筋弯起而成。其作用除在跨中承受由弯矩产生的拉力外，在靠近支座的弯起段用来承受弯矩和剪力共同产生的主拉应力，即作为受剪钢筋的一部分。弯起钢筋的数量、位置由计算确定，钢筋弯起的顺序一般是先内层后外层、先内侧后外侧，弯起角度一般为45°，当梁高 $h>800$ mm 时采用60°。梁底层钢筋中的角部钢筋不应弯起，顶层钢筋中的角部钢筋不应弯下。

架立钢筋主要用于固定箍筋的正确位置，与梁底纵向受力钢筋形成钢筋骨架，并承受由于混凝土收缩及温度变化而产生的拉力。架立钢筋一般需配置两根，设置在梁的受压区外缘两侧，如受压区配有纵向受压钢筋时，可兼作架立钢筋。架立钢筋的直径与梁的跨度 l_0 有关，当 $l_0<4$ m时，不宜小于8 mm；当 $l_0=4\sim6$ m 时，不宜小于10 mm；当 $l_0>6$ m 时，不宜小于 12 mm。

当梁截面腹板高度 $h_w\geqslant450$ mm 时，应在梁的两侧沿高度配置纵向构造钢筋（即腰筋），用于防止在梁的侧面产生垂直于梁轴线的收缩裂缝，同时也可增强钢筋骨架的刚度。每侧纵向构造钢筋（不包括梁上下部受力钢筋及架立钢筋）的截面面积不应小于腹板截面面积 bh_w 的 0.1%，且其间距不宜大于200 mm。梁两侧的纵向构造钢筋宜用拉筋联系，拉筋直径与箍筋直径相同，间距为箍筋的两倍，如图 2.4.2 所示。

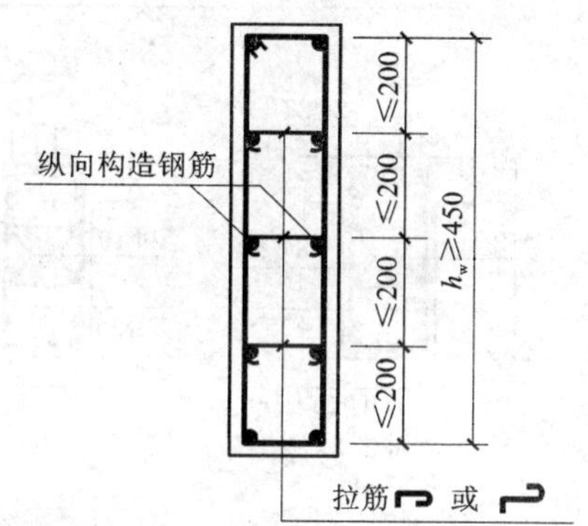

图 2.4.2　腰筋与拉筋

2.4.3　混凝土结构梁平法标注及钢筋的构造

1. 框架梁的平法标注

（1）平面注写方式

梁的平面注写方式，是指在梁平面布置图上，分别在不同编号的梁中各选一根梁，在其上注写截面尺寸及配筋具体数值的方式来表达梁平法施工图，如图 2.4.3 所示。

平面注写包括集中标注与原位标注，集中标注表达梁的通用数值，原位标注表达梁的特殊数值。当集中标注中的某项数值不适用于梁的某部位时，则将该项数值原位标注，施工时，原位标注取值优先。下面分别介绍两种标注形式。

1）集中标注。集中标注内容主要表达通用于梁各跨的设计数值，通常包括五项必注内容和一项选注内容。集中标注从梁中任一跨引出，将其需要集中标注的全部内容注明。

①梁编号。梁编号由梁类型代号、序号、跨数及有无悬挑代号几项组成。梁类型与相应的编号见表 2.4.1。该项为必注值。

当符合下列条件时，两个梁可以编成同一编号：

a. 两个梁的跨数相同，而且对应跨的跨度和支座情况相同；

b. 两个梁在各跨的截面尺寸对应相同；

c. 两个梁的配筋相同（集中标注和原位标注相同）。

相同尺寸和配筋的梁，在平面图上布置的位置（轴线正中或轴线偏中）不同，不影响梁的编号。

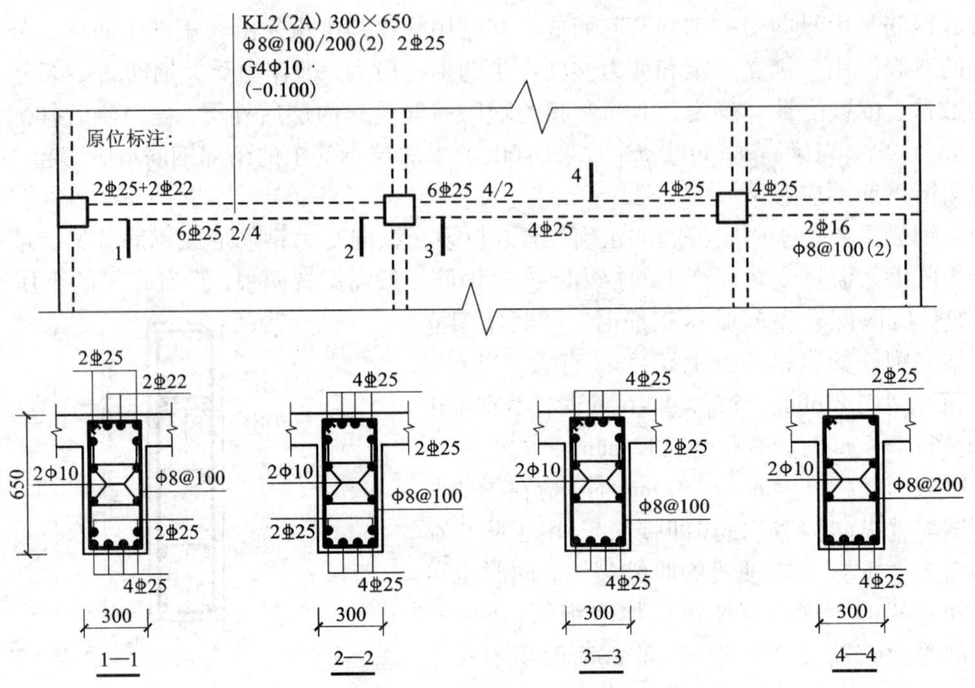

图 2.4.3　平面注号方式示例

表 2.4.1　梁编号

梁类型	代号	序号	跨数及是否带有悬挑
楼层框架梁	KL	××	(××)、(××A)或(××B)
屋面框架梁	WKL	××	(××)、(××A)或(××B)
非框架梁	L	××	(××)、(××A)或(××B)
框支梁	KZL	××	(××)、(××A)或(××B)
悬挑梁	XL	××	
井字梁	JZL	××	(××)、(××A)或(××B)

注:(××A)为一端有悬挑,(××B)为两端有悬挑,悬挑不计入跨数。井字梁的跨数见有关内容。

②梁截面尺寸。截面尺寸的标注方法如下:

当为等截面梁时,用 $b \times h$ 表示。

当为竖向加腋梁时,用 $b \times h$ GY$c_1 \times c_2$表示,其中 c_1表示腋长,c_2表示腋高,如图 2.4.4 所示。

当为水平加腋梁时,用 $b \times h$ PY$c_1 \times c_2$表示,其中 c_1表示腋长,c_2表示腋宽,如图 2.4.5 所示。

当有悬挑梁且根部和端部的高度不同时,用斜线分隔根部与端部的高度值,即为 $b \times h_1/h_2$,其中,h_1为梁根部高度值,h_2为梁端部高度值,如图 2.4.6 所示。

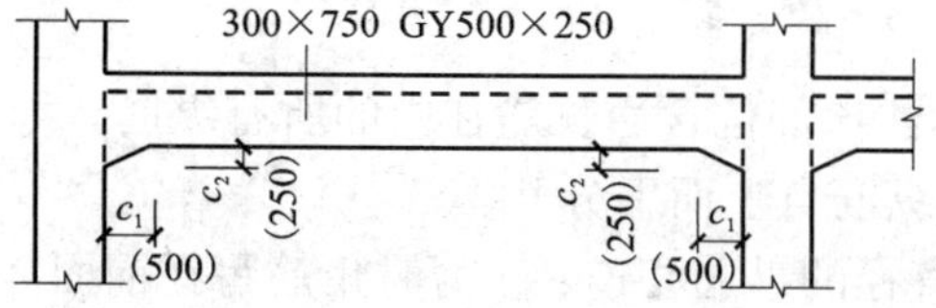

图 2.4.4　竖向加腋梁标注

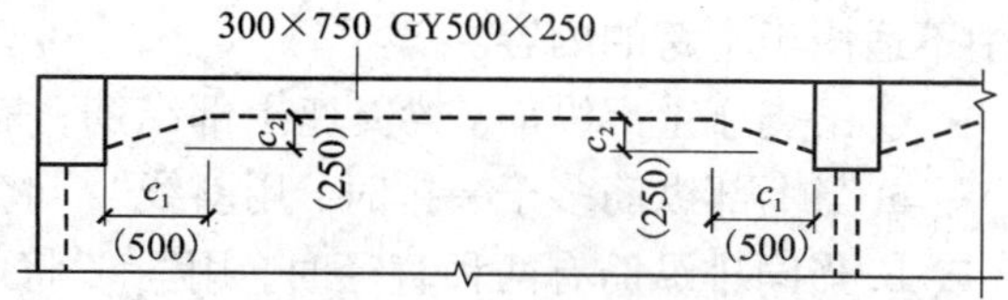

图 2.4.5　水平加腋梁标注

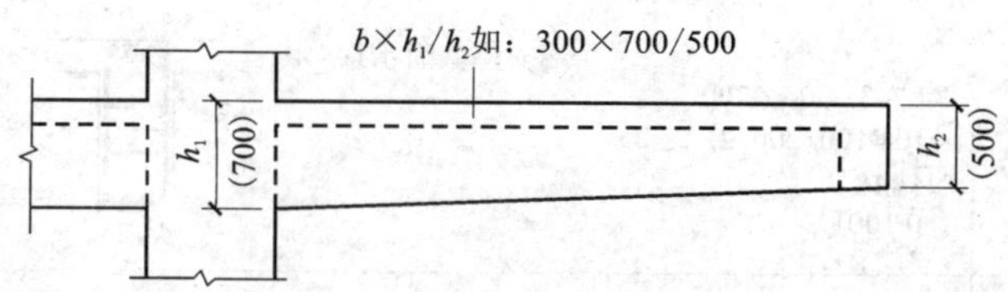

图 2.4.6　悬挑梁不等高截面标注

③梁箍筋。梁箍筋注写包括钢筋级别、直径、加密区与非加密区间距及肢数，该项为必注值。箍筋加密区与非加密区的不同间距及肢数需用斜线“/”分隔；当梁箍筋为同一种间距及肢数时，则不需用斜线；当加密区与非加密区的箍筋肢数相同时，则将肢数注写一次；箍筋肢数应写在括号内。加密区范围见相应抗震等级的标准构造详图。

当抗震设计中的非框架梁、悬挑梁、井字梁，及非抗震设计中的各类梁采用不同的箍筋间距及肢数时，也用斜线“/”将其分隔开来。注写时，先注写梁支座端部的箍筋(包括箍筋的箍数、钢筋级别、直径、间距与肢数)，在斜线后注写梁跨中部分的箍筋间距及肢数。

④梁上部通长筋或架立筋。梁构件的上部通长筋或架立筋配置，所注规格与根数应根据结构受力要求及箍筋肢数等构造要求而定。当同排纵筋中既有通长筋又有架立筋时，应用加号“+”将通长筋和架立筋相连。注写时需将角部纵筋写在加号的前面，架立筋写在加号后面的括号内，以示不同直径及与通长筋的区别。当全部采用架立筋时，则将其写入括号内。

⑤梁侧面纵向构造钢筋或受扭钢筋配置。当梁腹板高度 $h_w \geqslant 450$ mm 时，需配置纵向构造钢筋，所注规格与根数应符合规范规定。此项注写值以大写字母 G 打头，接续注写配置在梁两个侧面的总配筋值，且对称配置。

当梁侧面需配置受扭纵向钢筋时，此项注写值以大写字母 N 打头，接续注写配置在梁两个侧面的总配筋值，且对称配置。受扭纵向钢筋应满足梁侧面纵向构造钢筋的间距要求，且不再重复配置纵向构造钢筋。

注：1. 当为梁侧面构造钢筋时，其搭接与锚固长度可取为 $15d$。

2. 当为梁侧面受扭纵向钢筋时，其搭接长度为 l_l 或 l_{lE}(抗震)，锚固长度为 l_a 或 l_{aE}(抗震)；其锚固方式同框架梁下部纵筋。

⑥梁顶面标高高差。梁顶面标高高差，系指相对于结构层楼面标高的高差值，对位于结构夹层的梁，则指相对于结构夹层楼面标高的高差。有高差时，需将其写入括号内，无高差时不注。

注：当某梁的顶面高于所在结构层的楼面标高时，其标高高差为正值，反之为负值。

2)原位标注。原位标注的内容主要是表达梁本跨内的设计数值以及修正集中标注内容中不适用于本跨的内容。

①梁支座上部纵筋。梁支座上部纵筋，是指标注该部位含通长筋在内的所有纵筋。

a. 当上部纵筋多于一排时，用斜线“/”将各排纵筋自上而下分开。

b. 当同排纵筋有两种直径时，用“+”将两种直径的纵筋相连，注写时角筋写在前面。

c. 当梁中间支座两边的上部纵筋不同时，须在支座两边分别标注；当梁中间支座两边的上部纵筋相同时，可仅在支座的一边标注配筋值，另一边省去不注，如图2.4.7所示。

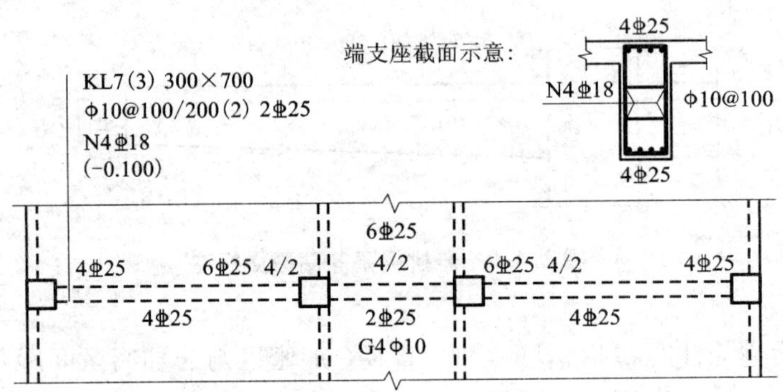

图2.4.7 梁中间支座两边的上部纵筋不同注写方式

②梁下部纵筋

a. 当下部纵筋多于一排时，用斜线“/”将各排纵筋自上而下分开。

b. 当同排纵筋有两种直径时，用加号“+”将两种直径的纵筋相连，注写时角筋写在前面。

c. 当梁下部纵筋不全部伸入支座时，将梁支座下部纵筋减少的数量写在括号内。

d. 当梁的集中标注中已分别注写了梁上部和下部均为通长的纵筋值时，则不需在梁下部重复做原位标注。

e. 当梁设置竖向加腋时，加腋部位下部斜纵筋应在支座下部以Y打头注写在括号内(如图2.4.8所示)，11G101图集中框架梁竖向加腋结构适用于加腋部位参与框架梁计算，其他情况设计者应另行给出构造。当梁设置水平加腋时，水平加腋内上、下部斜纵筋应在加腋支座上部以Y打头注写在括号内，上下部斜纵筋之间用“/”分隔(如图2.4.9所示)。

③修正内容。当在梁上集中标注的内容(即梁截面尺寸、箍筋、上部通长筋或架立筋，梁侧面纵向构造钢筋或受扭纵向钢筋，以及梁顶面标高高差中的某一项或几项数值)不适用于某跨或某悬挑部分时，则将其不同数值原位标注在该跨或该悬挑部位，施工时应按原位标注数值取用。

当在多跨梁的集中标注中已注明加腋，而该梁某跨的根部却不需要加腋时，则应在该跨原位标注等截面的 $b \times h$，以修正集中标注中的加腋信息(如图2.4.8所示)。

④附加箍筋或吊筋。平法标注是将其直接画在平面图中的主梁上，用线引注总配筋值(附加箍筋的肢数注在括号内)(如图2.4.10所示)。当多数附加箍筋或吊筋相同时，可在梁平法施工图上统一注明，少数与统一注明值不同时，再原位引注。

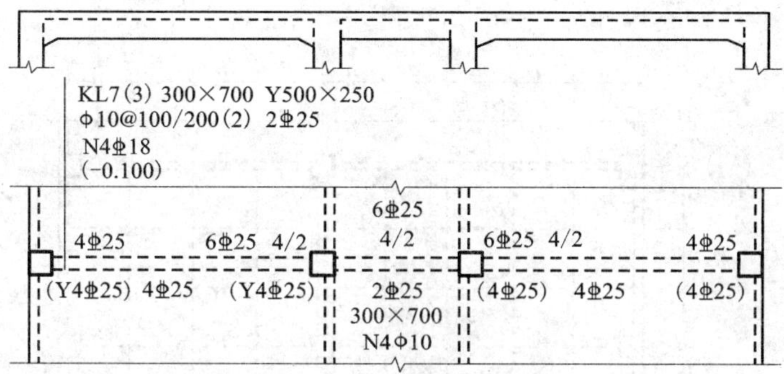

图 2.4.8　梁加腋平面注写方式

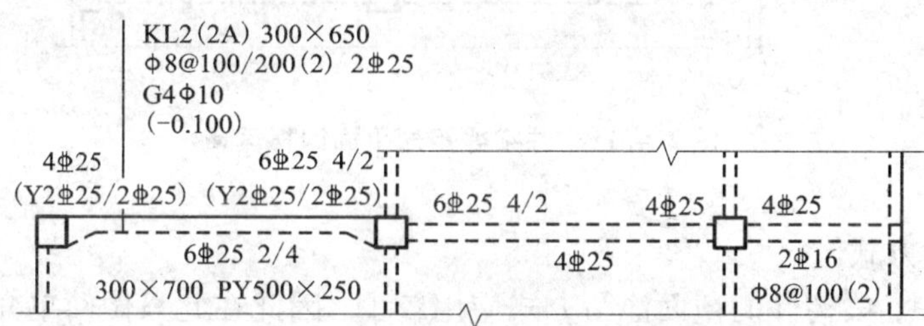

图 2.4.9　梁水平加腋平面注写方式

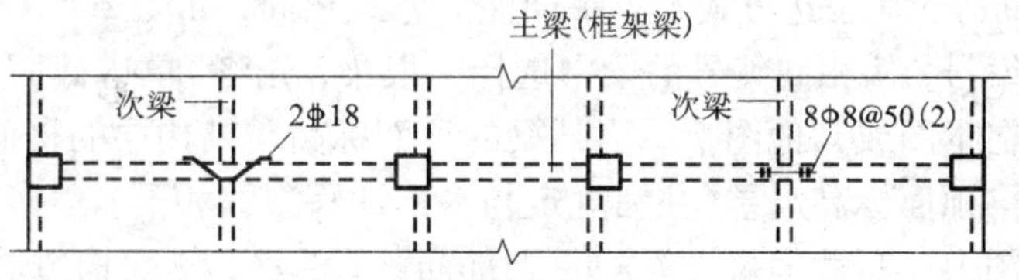

图 2.4.10　附加箍筋和吊筋的画法示例

3)井字梁注写方式

井字梁通常由非框架梁构成，并以框架梁为支座(特殊情况下以专门设置的非框架大梁为支座)。在此情况下，为明确区分井字梁与作为井字梁支座的梁，井字梁用单粗虚线表示(当井字梁顶面高出板面时可用单粗实线表示)，作为井字梁支座的梁用双细虚线表示(当梁顶面高出板面时可用双细实线表示)。

井字梁系指在同一矩形平面内相互正交所组成的结构构件，井字梁所分布范围称为“矩形平面网格区域”(简称“网格区域”)。当在结构平面布置中仅有由四根框架梁框起的一片网格区域时，所有在该区域相互正交的井字梁均为单跨；当有多片网格区域相连时，贯通多片网格区域的井字梁为多跨，且相邻两片网格区域分界处即为该井字梁的中间支座。对某根井字梁编号时，其跨数为其总支座数减 1；在该梁的任意两个支座之间，无论有几根同类梁与其相交，均不作为支座(如图 2.4.11 所示)。

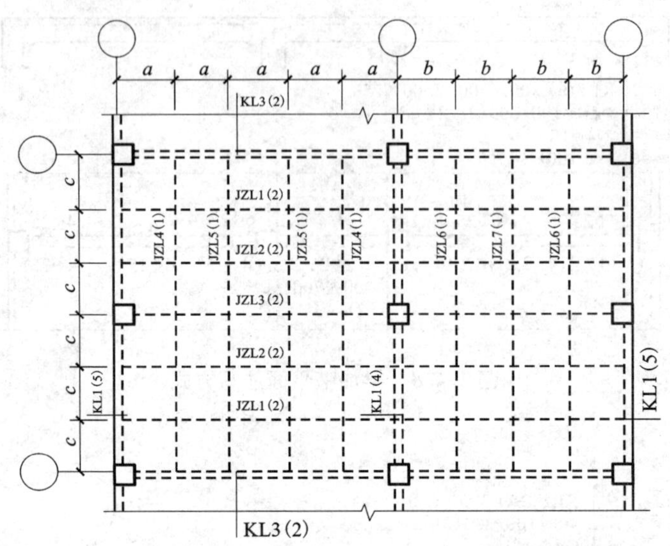

图 2.4.11 井字梁矩形平面网格区域

(2)截面注写方式

在实际工程中，梁构件的截面注写方式应用较少，因此在此只做简单介绍。

截面注写方式是在分标准层绘制的梁平面布置图上，分别在不同编号的梁中各选择一根梁用剖面号引出配筋图，并在其上注写截面尺寸和配筋具体数值的方式来表达梁平法施工图。在截面注写的配筋图中可注写的内容有梁截面尺寸、上部钢筋和下部钢筋、侧面构造钢筋或受扭钢筋、箍筋等，其表达方式与梁平面注写方式相同，如图 2.4.12 所示。

对所有梁进行编号，从相同编号的梁中选择一根梁，先将“单边截面号”画在该梁上，再将截面配筋详图画在本图或其他图上。当某梁的顶面标高与结构层的楼面标高不同时，尚应继其梁编号后注写梁顶面标高高差(注写规定与平面注写方式相同)。

在截面配筋详图上注写截面尺寸 $b \times h$、上部筋、下部筋、侧面构造筋或受扭筋以及箍筋的具体数值时，其表达形式与平面注写方式相同。

一般，截面注写方式既可以单独使用，也可与平面注写方式结合使用。

2. 梁支座上部纵筋的长度的相关规定

①为方便施工，凡框架梁的所有支座和非框架梁(不包括井字梁)的中间支座上部纵筋的伸出长度 a_0 值在标准构造详图中统一取值为：第一排非通长筋及与跨中直径不同的通长筋从柱(梁)边起伸出至 $l_n/3$ 位置，第二排非通长筋伸出至 $l_n/4$ 位置。l_n 的取值规定为：对于端支座，l_n 为本跨的净跨值；对于中间支座，l_n 为支座两边较大一跨的净跨值。

②悬挑梁(包括其他类型梁的悬挑部分)上部第一排纵筋伸出至梁端头并下弯，第二排伸出至 $3l/4$ 位置，l 为自柱(梁)边算起的悬挑净长。当具体工程需要将悬挑梁中的部分上部钢筋从悬挑梁根部开始斜向弯下时，应由设计者另加注明。

③设计者在执行第①②条关于梁支座端上部纵筋伸出长度的统一取值规定时，特别是在大小跨相邻和端跨外为长悬臂的情况下，还应注意按《混凝土结构设计规范》(GB 50010—2010)的相关规定进行校核，若不满足时应根据规范规定进行变更。

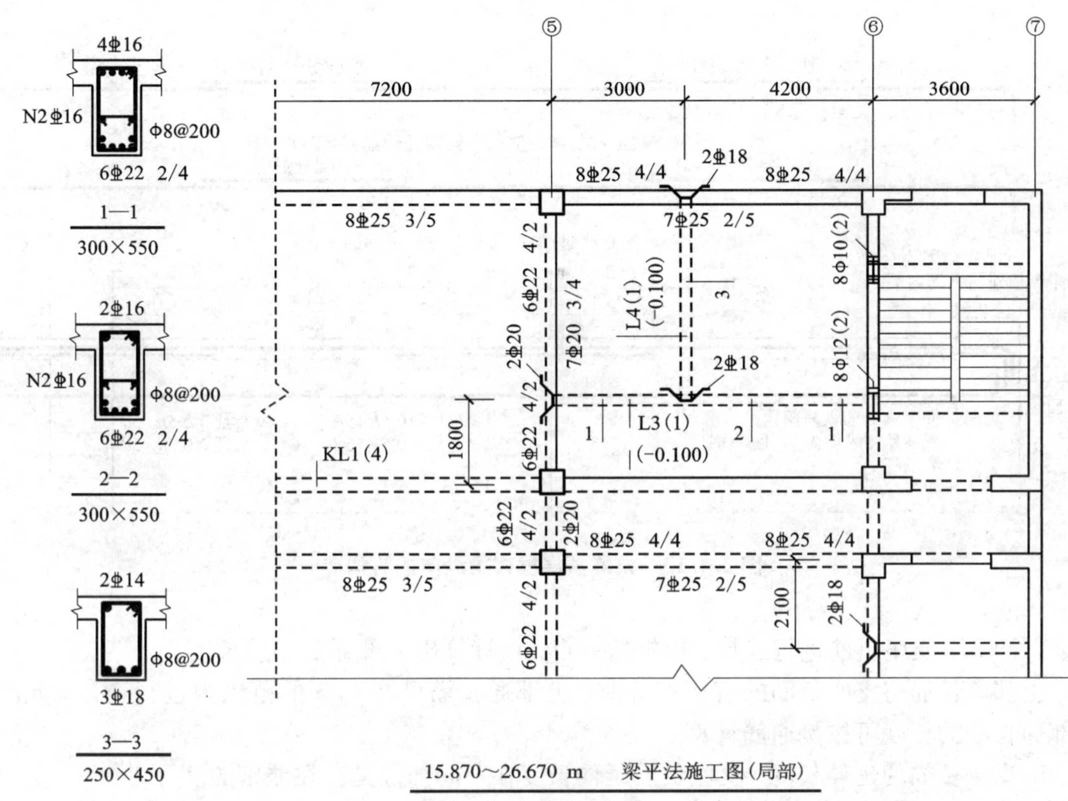

图 2.4.12　梁截面注写方式

注：在梁平法施工图的平面图中，当局部区域的梁布置过密时，除了采用截面注写方式表达外，也可将加密区用虚线框出，适当放大比例后再用平面注写方式表示。当表达异形截面梁的尺寸与配筋时，用截面注写方式相对比较方便。

3. 不伸入支座的梁下部纵筋的长度的相关规定

①当梁(不包括框支梁)下部纵筋不全部伸入支座时，不伸入支座的梁下部纵筋截断点距支座边的距离，在标准构造详图中统一取为 $0.1l_{ni}$(l_{ni}为本跨梁的净跨值)。

②当按第①条规定确定不伸入支座的梁下部纵筋的数量时，应符合《混凝土结构设计规范》(GB 50010—2010)的有关规定。

4. 框架梁钢筋的构造

(1)楼层框架梁纵向钢筋构造

1)抗震楼层框架梁纵向钢筋构造。抗震楼层框架梁纵向钢筋构造，如图 2.4.13 所示。

①框架梁上部纵筋。框架梁上部的纵筋包括：上部通长筋，支座上部纵向钢筋(即支座负筋)和架立筋。这里所介绍的内容同样适用于屋面框架梁。

a. 框架梁上部通长筋。根据《建筑抗震设计规范》(GB 50011—2010)第 6.3.4 条规定：梁端纵向钢筋的配筋率不宜大于 2.5%。沿梁全长顶面、底面的配筋，一、二级不应少于 2Φ14，并且分别不应少于梁顶面、地面两端纵向配筋中较大截面面积的 1/4；三、四级不应少于 2Φ12。11G 101—1 图集第 4.2.3 条指出：通长筋可为相同或不同直径采用搭接连接、机械连接或焊接的钢筋。由此可看出：

上部通长筋的直径可小于支座负筋，此时，处于跨中上部通长筋就在支座负筋的分界处

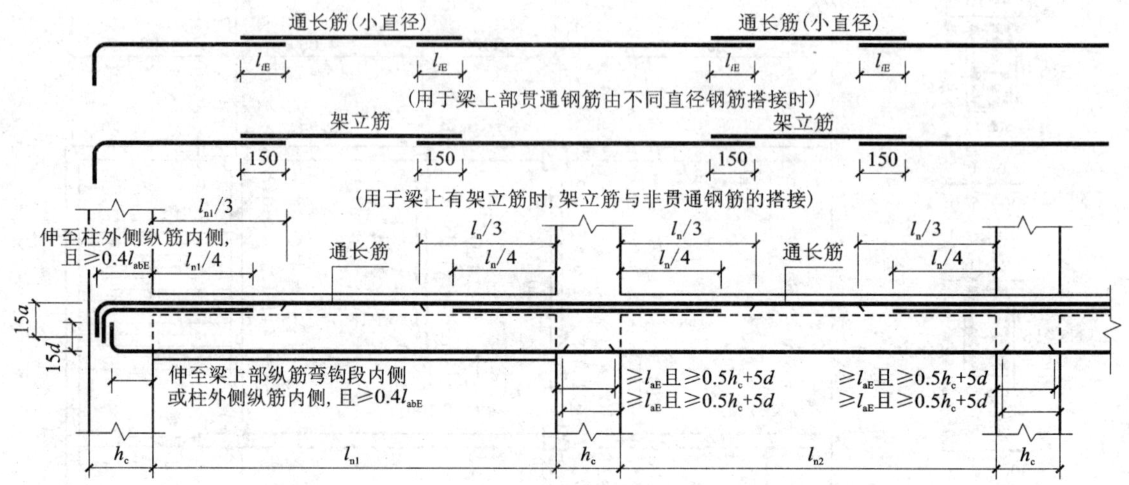

图 2.4.13　抗震楼层框架梁纵向钢筋构造

(l_n/3 处),与支座负筋进行连接,根据这一点,可计算出上部通长筋的长度;

上部通长筋与支座负筋的直径相等时,上部通长筋可在 l_n/3 的范围内进行连接,此时,上部通长筋的长度可按贯通筋计算。

b. 支座负筋的延伸长度。支座负筋延伸长度在不同部位是存在差别的。

在端支座部位,框架梁端支座负筋的延伸长度:第一排支座负筋从柱边开始延伸至 l_{n1}/3 位置;第二排支座负筋从柱边开始延伸至 l_{n1}/4 位置。(l_{n1}是边跨的净跨长度)。

在中间支座部位,框架梁支座负筋的延伸长度:第一排支座负筋从柱边开始延伸至 l_n/3 位置;第二排支座负筋从柱边开始延伸至 l_n/4 位置。(l_n 是支座两边的净跨长度 l_{n1} 和 l_{n2} 的较大值)

c. 框架梁架立筋构造。架立筋是梁的一种纵向构造钢筋。当梁顶面箍筋转角处无纵向受力钢筋时,应设置架立筋。架立筋的作用是形成钢筋骨架和承受温度收缩应力。

如图 2.4.13 所示,当设有架立筋时,架立筋与非贯通钢筋的搭接长度为 150 mm,因此可得出架立筋的长度是逐跨计算的,每跨梁的架立筋长度等于梁的净跨长度 - 两端支座负筋的延伸长度 + 150 × 2。

当梁为等跨梁时,架立筋的长度等于 l_n/3 + 150 × 2。(l_n 是支座两边的净跨长度 l_{n1} 和 l_{n2} 的较大值)。

②框架梁下部纵筋构造。框架梁下部纵筋的配筋基本上是“按跨布置”,即在中间支座锚固。框架梁下部纵筋无法在下部跨中连接,因为下部跨中是正弯矩最大的地方;框架梁下部纵筋不能在支座内连接,同样,在梁柱交叉节点内,也是梁纵筋的非连接区。因此,抗震框架梁下部纵筋在中间支座内,只能进行锚固,而不能进行钢筋连接。

那么,框架梁下部纵筋在什么范围之内能进行连接呢?若为非抗震框架梁,这个问题很好解答,即下部纵筋可在靠近支座 l_n/3 的范围之内进行连接,而对于抗震框架梁,情况就变得复杂多了,通过避开箍筋加密区和弯矩较大区执行,具体的工程施工中,这是很难办到的,只有通过事后对钢筋接头质量的监测进行全过程控制,来保证工程的质量。

③框架梁中间支座纵向钢筋构造。框架梁中间支座纵向钢筋构造共包括三种情况，如图2.4.14所示。

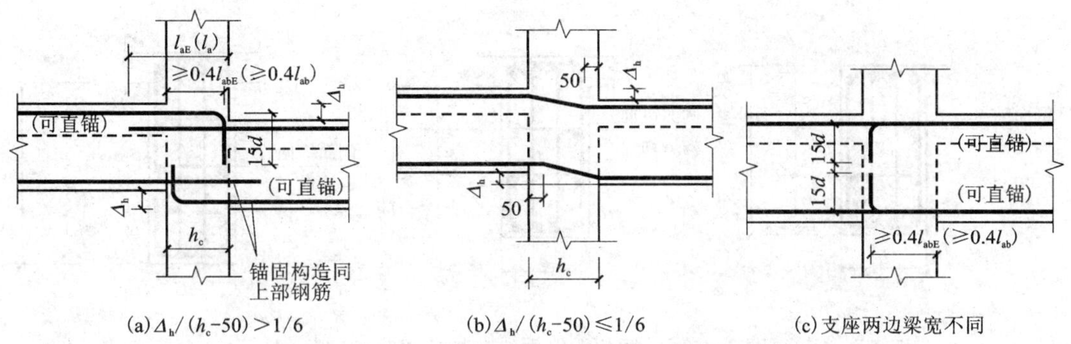

(a) $\Delta_h/(h_c-50)>1/6$　(b) $\Delta_h/(h_c-50)\leqslant 1/6$　(c) 支座两边梁宽不同

图2.4.14　框架梁中间支座纵向钢筋构造

简单介绍一下中间支座纵向钢筋构造的构造要点如下：

a. 如图2.4.14(a)所示，当 $\Delta_h/(h_c-50)>1/6$ 时，上部通长筋断开；

b. 如图2.4.14(b)所示，当 $\Delta_h/(h_c-50)\leqslant 1/6$ 时，上部通长筋斜弯通过；

c. 如图2.4.14(c)所示，当支座两边梁宽不同或错开布置时，将无法直通的纵筋弯锚入柱内；

d. 当支座两边纵筋根数不同时，可将多出的纵筋弯锚入柱内。

④框架梁端支座节点构造。这里所讲的端支座节点构造仅适用于楼层框架梁，至于屋面框架梁端支座节点构造我们将在之后进行讲述。框架梁端支座节点构造，如图2.4.15所示。

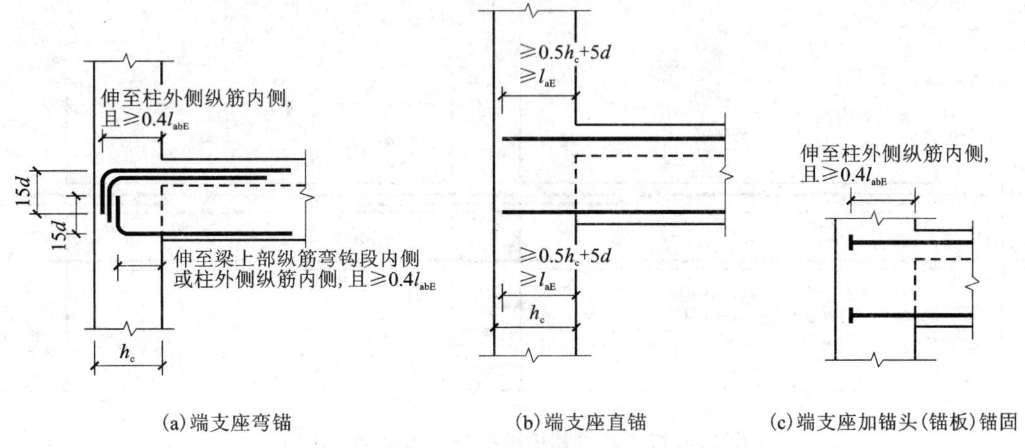

(a) 端支座弯锚　(b) 端支座直锚　(c) 端支座加锚头（锚板）锚固

图2.4.15　框架梁端支座节点构造

如图2.4.15(a)所示，当端支座弯锚时，上部纵筋伸至柱外侧纵筋内侧弯折15d，下部纵筋伸至梁上部纵筋弯钩段的内侧或柱的外侧纵筋内侧弯折15d，且直锚水平段均应 $\geqslant 0.4l_{abE}$。

如图2.4.15(b)所示，当端支座直锚时，上下部纵筋伸入柱内的直锚长度 $\geqslant l_{abE}$ 且 $\geqslant 0.5h_c+5d$。

如图 2.4.15(c)所示，当端支座加锚头(锚板)锚固时，上下部纵筋伸至柱外侧纵筋内侧，且直锚长度≥$0.4l_{abE}$。

⑤框架梁侧面纵筋的构造。框架梁侧面纵向构造钢筋和拉筋构造，如图 2.4.16 所示。

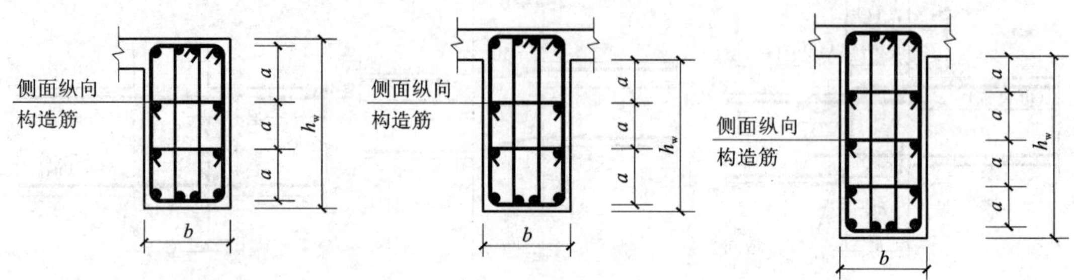

图 2.4.16　框架梁侧面纵向构造钢筋和拉筋

从图中，我们可以获得如下信息：

a. 当 h_w≥450 mm 时，在梁的两个侧面应沿高度配置纵向构造钢筋；纵向构造钢筋间距a≤200 mm。

b. 当梁侧面配有直径不小于构造纵筋的受扭纵筋时，受扭钢筋可代替构造钢筋。

c. 梁侧面构造纵筋的搭接与锚固长度可取 15d。梁侧面受扭纵筋的搭接长度为 l_{lE}或 l_l，其锚固的长度为 l_{aE}或 l_a，锚固方式同框架梁下部纵筋。

d. 当梁宽≤350 mm 时，拉筋的直径为 6 mm；梁宽 > 350 mm 时，拉筋直径为 8 mm。拉筋间距为非加密区箍筋间距的 2 倍。当设有多排拉筋时，上下两排拉筋竖向错开设置。

2)非抗震楼层框架梁纵向钢筋构造。非抗震楼层框架梁纵向钢筋构造，如图 2.4.17 所示。

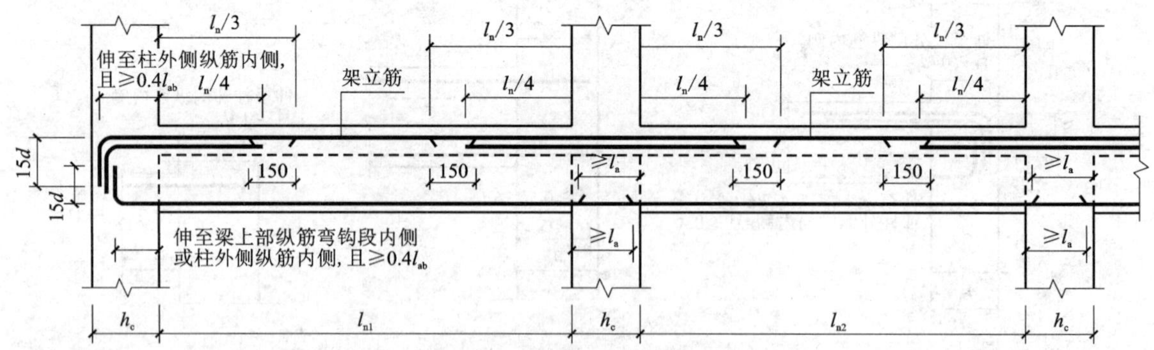

图 2.4.17　非抗震楼层框架梁纵向钢筋构造

①框架梁上下部纵筋。上部纵筋和下部纵筋均要伸至柱外侧纵筋内侧，弯折 15d，锚入柱内的水平段均应≥$0.4l_{ab}$；当柱的宽度较大时，上部纵筋和下部直径伸入柱内的直锚长度≥l_a。

②支座负筋的延伸长度。在端支座部位，框架梁端支座负筋的延伸长度为：第一排支座负筋从柱边开始延伸到 $l_{n1}/3$ 位置，第二排支座负筋从柱边开始延伸到 $l_{n1}/4$ 位置。(l_{n1}是边跨的净跨长度)。

在中间支座部位，框架梁支座负筋的延伸长度为：第一排支座负筋从柱边开始延伸到 $l_n/3$ 位置，第二排支座负筋从柱边开始延伸到 $l_n/4$ 位置。（l_n 是支座两边的净跨长度 l_{n1} 和 l_{n2} 的较大值）。

③框架梁端支座节点构造如图 2.4.18 所示。

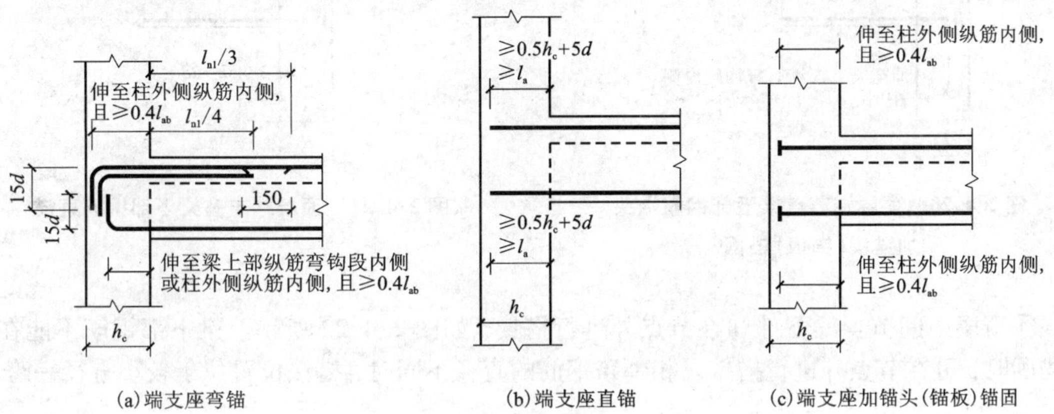

(a)端支座弯锚　(b)端支座直锚　(c)端支座加锚头（锚板）锚固

图 2.4.18　框架梁端支座节点构造

如图 2.4.18(a)所示，当端支座弯锚时，上部纵筋伸至柱外侧纵筋内侧弯折 15d，下部纵筋伸到梁上部纵筋弯钩段内侧或柱外侧纵筋内侧弯折 15d，且直锚水平段均应≥0.4l_{ab}。

如图 2.4.18(b)所示，当端支座直锚时，上下部纵筋伸入柱内的直锚长度≥l_a 且≥0.5h_c+5d。

如图 2.4.18(c)所示，当端支座加锚头（锚板）锚固时，上下部纵筋伸到柱外侧纵筋内侧，且直锚长度≥0.4l_{ab}。

(2)屋面框架梁纵向钢筋构造

1)抗震屋面框架梁纵向钢筋构造

①抗震屋面框架梁 WKL 纵向钢筋构造，如图 2.4.19 所示。

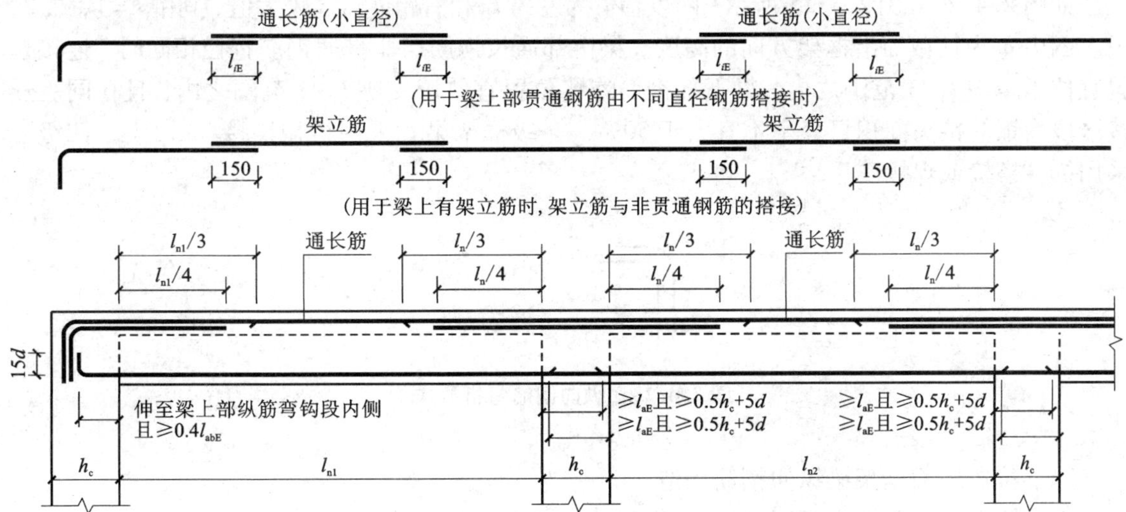

图 2.4.19　抗震屋面框架梁 WKL 纵向钢筋构造

②顶层端节点梁下部钢筋端头加锚头(锚板)锚固，如图 2.4.20 所示。

③顶层端支座梁下部钢筋直锚，如图 2.4.21 所示。

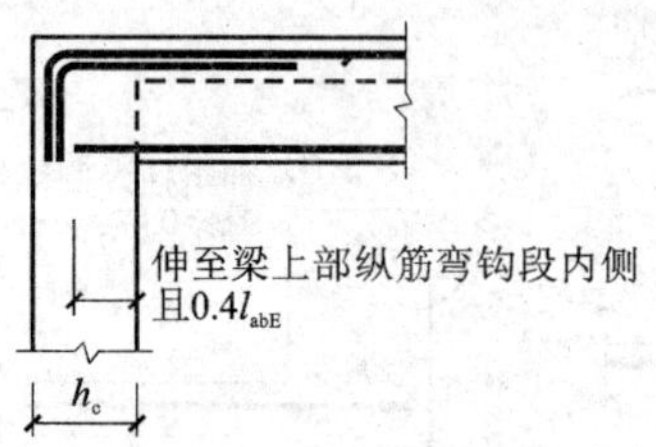

图 2.4.20　顶层端节点梁下部钢筋端头加锚头(锚板)锚固

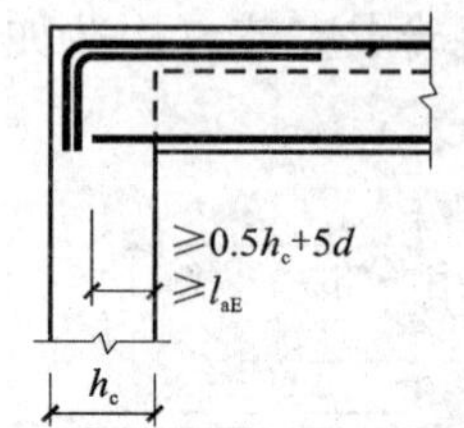

图 2.4.21　顶层端支座梁下部钢筋直锚

④顶层中间节点梁下部筋在节点外进行搭接，如图 2.4.22 所示。梁下部钢筋不能在柱内锚固时，可在节点外进行搭接。相邻跨钢筋的直径不同时，搭接位置位于较小直径一跨。

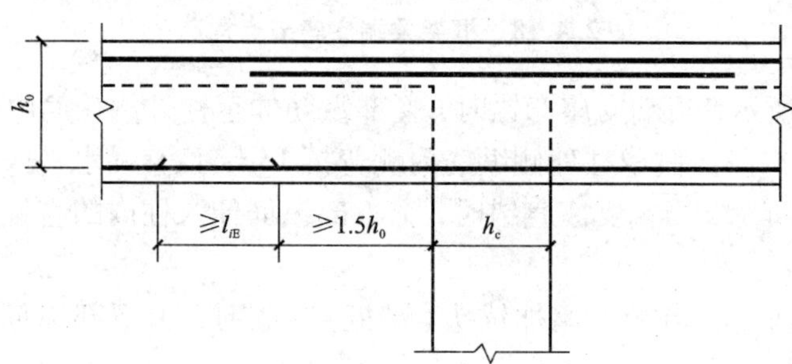

图 2.4.22　顶层中间节点梁下部筋在节点外搭接

⑤纵向钢筋弯折要求，如图 2.4.23 所示。

如图 2.4.20 ~ 图 2.4.25 所示，跨度值 l_n 为左跨 l_{ni} 和右跨 l_{ni+l} 之较大值，其中 $i=1, 2, 3, \cdots$。图中 h_c 为柱截面沿框架方向的高度。梁上部通长钢筋与非贯通钢筋直径相同时，连接位置宜位于跨中 $l_{ni}/3$ 范围之内，梁下部钢筋连接位置宜位于支座 $l_{ni}/3$ 范围之内，且在同一连接区段内钢筋接头面积百分率不宜大于 50%。一级框架梁宜采用机械连接，二、三、四级可采用绑扎搭接或焊接。

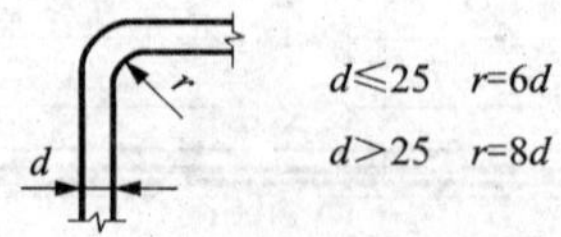

图 2.4.23　纵向钢筋弯折要求

2) 非抗震屋面框架梁纵向钢筋构造

①非抗震屋面框架梁 WKL 纵向钢筋构造，如图 2.4.24 所示。

②顶层端节点梁下部钢筋端头加锚头(锚板)锚固，如图 2.4.25 所示。

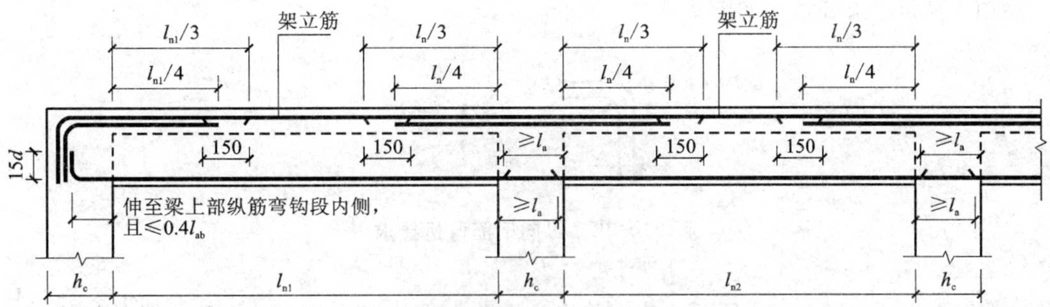

图 2.4.24　非抗震屋面框架梁 WKL 纵向钢筋构造

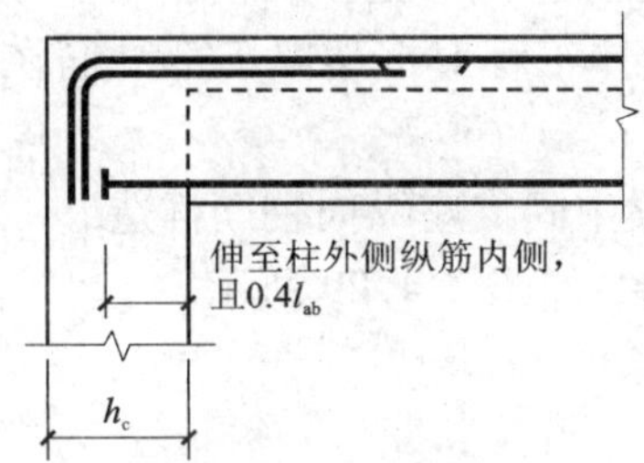

图 2.4.25　顶层端节点梁下部钢筋端头加锚头(锚板)锚固

③顶层端支座梁下部钢筋直锚，如图 2.4.26 所示。

④顶层中间节点梁下部筋在节点外搭接，如图 2.4.27 所示。梁下部钢筋无法在柱内锚固时，可在节点外进行搭接。相邻跨钢筋直径不同时，搭接位置位于较小直径一跨。

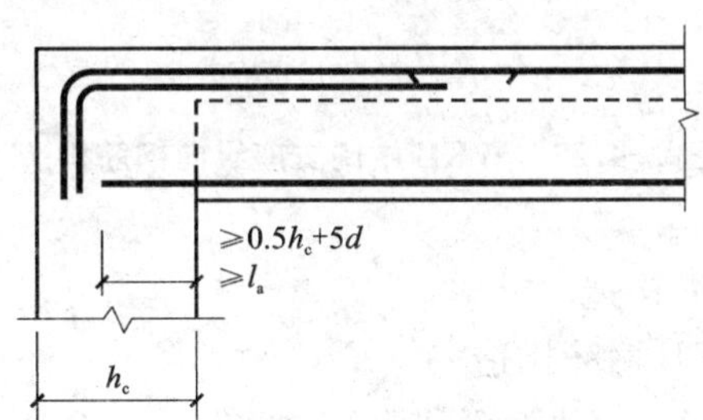

图 2.4.26　顶层端支座梁下部钢筋直锚

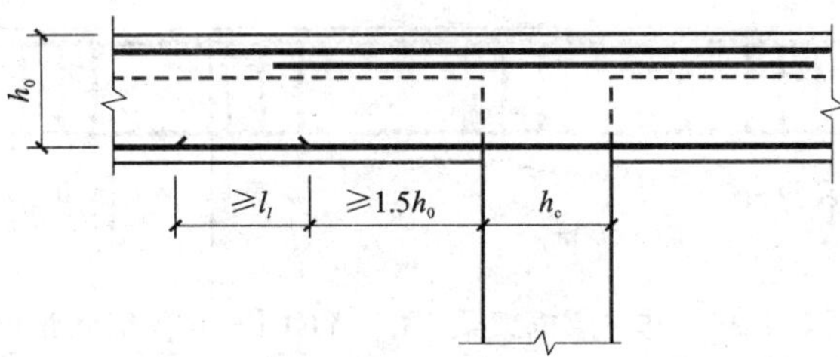

图 2.4.27　顶层中间节点梁下部筋在节点外搭接

⑤纵向钢筋弯折要求，如图 2.4.28 所示。

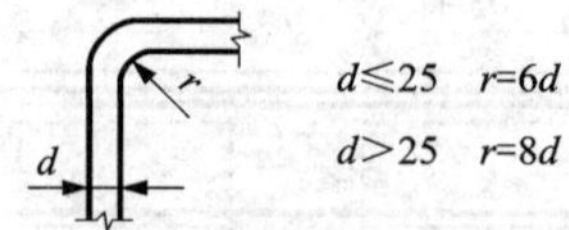

图 2.4.28 纵向钢筋弯折要求

如图 2.4.26 ~ 图 2.4.30 所示，跨度值 l_n 为左跨 l_{ni} 和右跨 l_{ni+l} 之较大值，其中 $i=1, 2, 3$, …。图中 h_c 为柱截面沿框架方向的高度。当梁的上部有通长钢筋时，连接位置宜位于跨中 $l_{ni}/3$ 范围内，梁下部钢筋连接位置宜位于支座 $l_{ni}/3$ 范围内，并且在同一连接区段内钢筋接头面积百分率不宜大于 50%。当具体工程对框架梁下部纵筋在中间支座或边支座的锚固长度要求不同时，应由设计者指定。

(3) 楼层框架梁、屋面框架梁中间支座纵向钢筋构造

WKL 中间支座纵向钢筋构造，如图 2.4.29 所示。

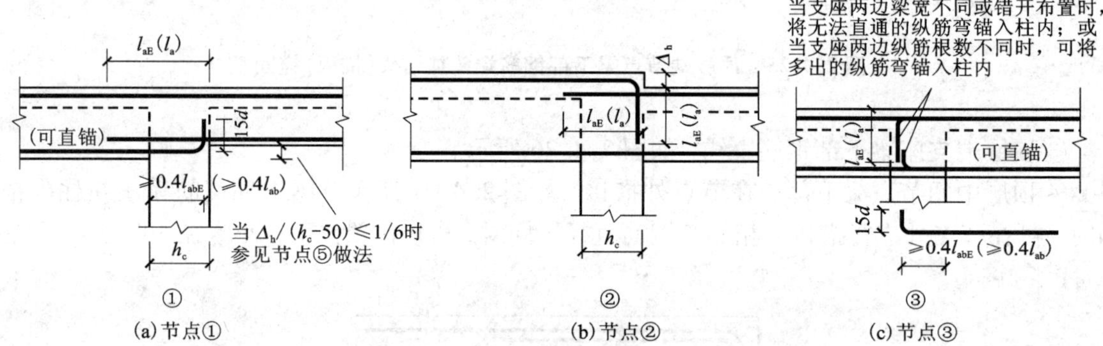

图 2.4.29 WKL 中间支座纵向钢筋构造

(4) 框架梁 KL、WKL 箍筋构造

1) 非抗震框架梁 KL、WKL 箍筋构造

①非抗震框架梁 KL、WKL(一种箍筋间距)，如图 2.4.30 所示。

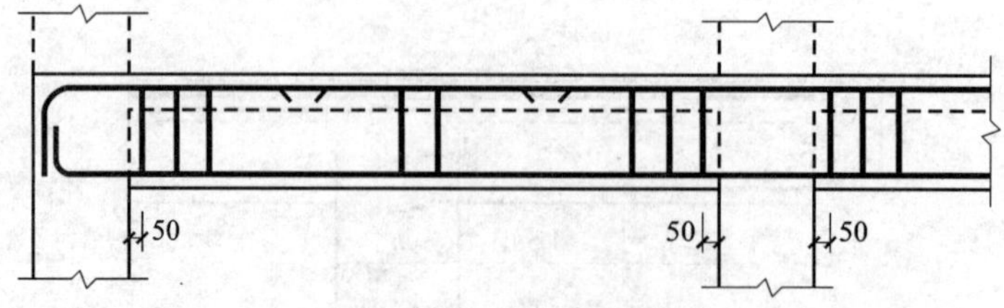

图 2.4.30 非抗震框架梁 KL、WKL(一种箍筋间距)

(弧形梁沿梁中心线展开，箍筋间距沿凸面线量度)

②非抗震框架梁 KL、WKL(两种箍筋间距)，如图 2.4.31 所示。

由图 2.4.30 和图 2.4.31，我们可以得出如下结论：

a. 图中没有作为抗震构造要求的箍筋加密区。

b. 第一个箍筋在距支座边缘 50 mm 处开始进行设置。

③弧形梁沿中心线展开，箍筋间距沿凸面线度量。

④当箍筋为多肢复合箍时，应当采用大箍套小箍的形式。

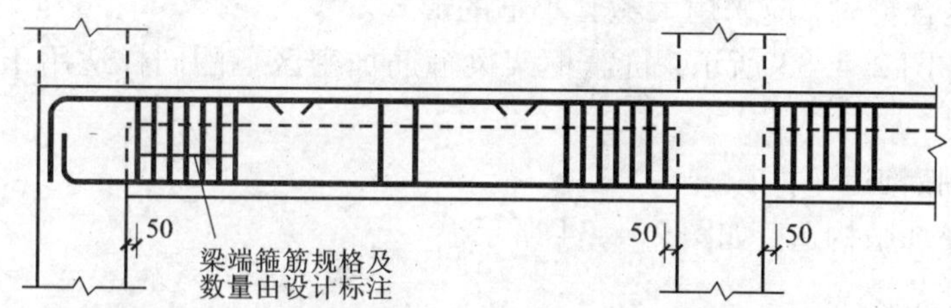

图 2.4.31　非抗震框架梁 KL、WKL(两种箍筋间距)

(弧形梁沿梁中心线展开，箍筋间距沿凸面线量度)

2)抗震框架梁 KL、WKL 箍筋加密区范围

抗震框架梁 KL、WKL 箍筋加密区范围，如图 2.4.32 所示；抗震框架梁 KL、WKL(尽端为梁)箍筋加密区范围，如图 2.4.33 所示。

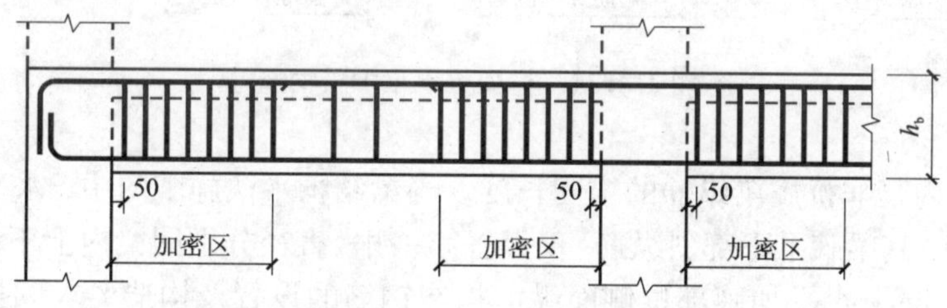

加密区：抗震等级为一级，≥2.0h_b且≥500
抗震等级为二~四级，≥1.5h_b且≥500

图 2.4.32　抗震框架梁 KL、WKL 箍筋加密区范围

(弧形梁沿梁中心线展开，箍筋间距沿凸面线量度)

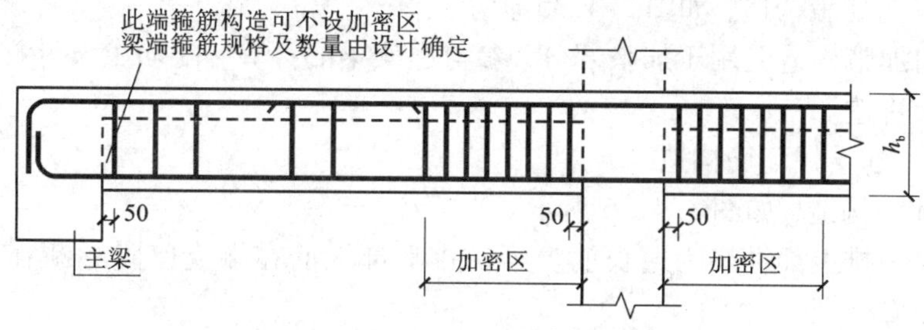

加密区：抗震等级为一级，≥2.0h_b且≥500
抗震等级为二~四级，≥1.5h_b且≥500

图 2.4.33　抗震框架梁 KL、WKL(尽端为梁)箍筋加密区范围

(弧形梁沿梁中心线展开，箍筋间距沿凸面线量度)

由图 2.4.32 和图 2.4.33，我们可以得出如下结论：

①梁支座附近的箍筋加密区，当框架梁抗震等级为一级时，加密区长度≥$2.0h_b$且≥500 mm；当框架梁抗震等级为二～四级时，加密区长度≥$1.5h_b$且≥500 mm(h_b为梁截面高度)。但尽端主梁附近箍筋可不设加密区，其规格、数量由设计进行确定。

②第一个箍筋在距支座边缘 50 mm 处开始设置。

③弧形梁沿中心线展开，箍筋间距沿凸面线量度。

④当箍筋为复合箍时，应采用大箍套小箍的形式。

如图 2.4.32、图 2.4.33 所示，抗震框架梁箍筋加密区范围同样适用于框架梁与剪力墙平面内连接的情况。

(5)框架梁加腋构造

1)框架梁水平加腋构造，如图 2.4.34 所示。

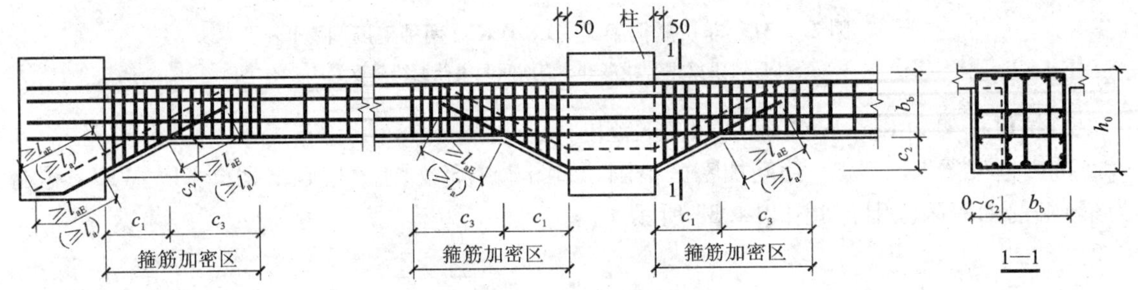

图 2.4.34　框架梁水平加腋构造

图中的括号内是非抗震梁纵筋的锚固长度。当梁结构平法施工图中，水平加腋部位的配筋设计未给出时，其梁腋上下部斜纵筋(仅设置第一排)直径分别同梁内上下纵筋，水平的间距不宜大于 200 mm；水平加腋部位侧面纵向构造钢筋的设置及构造要求同抗震楼层框架梁的要求。

图中 c_3按照下列规定进行取值：

①抗震等级为一级，≥$2.0\ h_b$且≥500 mm。

②抗震等级为二～四级，≥$1.5h_b$，且≥500 mm。

2)框架梁竖向加腋构造，如图 2.4.35 所示。

框架梁竖向加腋构造适用于加腋部分，参与框架梁的计算，配筋由设计标注。图中 c_3的取值同水平加腋构造。

(6)框支梁、框支柱配筋构造

1)框支梁配筋构造，如图 2.4.36 所示。

①框支梁第一排上部纵筋为通长筋。第二排上部纵筋在端支座附近断在 $l_{n1}/3$ 处，在中间支座附近断在 $l_n/3$ 处。

②框支梁上部纵筋伸入支座对边之后向下弯锚，通过梁底线后再下插 l_{aE}(l_a)，其直锚水平段≥$0.4l_{abE}$(≥$0.4l_{ab}$)。

③框支梁下部纵筋在梁端部直锚长度≥$0.4l_{abE}$(≥$0.4l_{ab}$)，且向上弯折 $15d$。

④当框支梁的下部纵筋与侧面纵筋直锚长度≥l_{aE}(l_a)且≥$0.5h_c+5d$ 时，可不必向上或

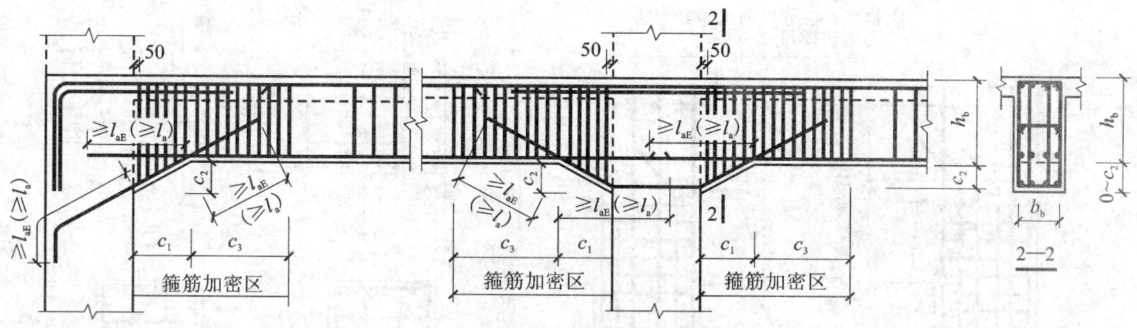

图 2.4.35　框架梁竖向加腋构造

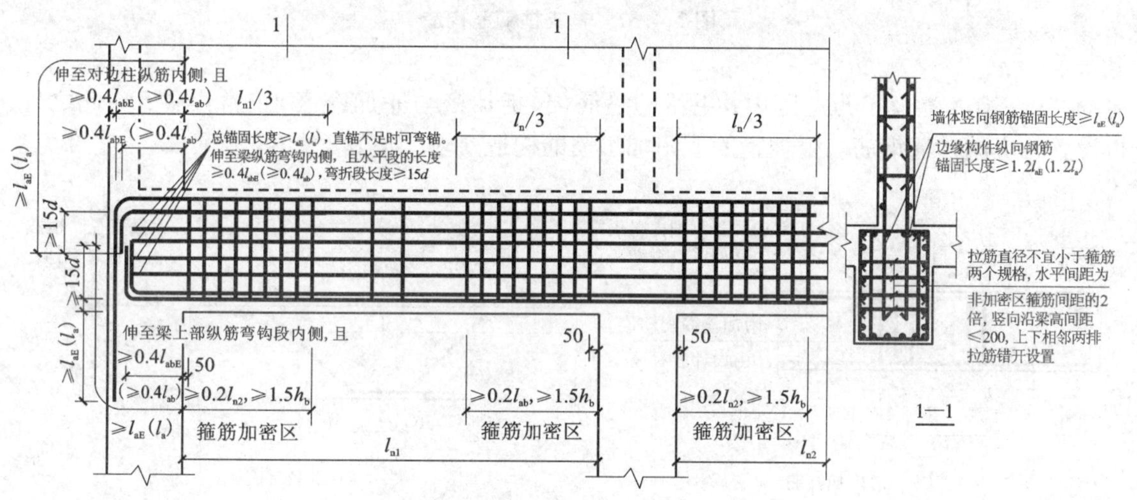

图 2.4.36　框支架钢筋构造

l_{n1} 为本跨的跨度值，l_n 为相邻两跨的较大跨度值，h_b 为梁截面高

是水平弯锚。

⑤框支梁箍筋加密区长度为≥$0.2l_{n1}$且≥$1.5h_c$。

⑥框支梁侧面纵筋是全梁贯通，在梁端部直锚长度≥$0.4l_{abE}$(≥$0.4l_{ab}$)，弯折长度 $15d$。

⑦框支梁拉筋的直径不宜小于箍筋，水平间距为非加密区箍筋间距的 2 倍，竖向沿梁高间距≤200，上下相邻两排拉筋错开设置。

⑧梁纵向钢筋的连接宜采用机械连接接头。

2）框支柱配筋构造，如图 2.4.37 所示。

①框支柱的柱底纵筋的连接构造同抗震框架柱。

②柱纵筋的连接宜采用机械连接接头。

③框支柱部分纵筋延伸至上层剪力墙楼板顶，原则为：能通则通。

（7）附加箍筋、附加吊筋构造

当次梁作用在主梁上时，由于次梁集中荷载的作用，使主梁容易产生裂缝。为了防止裂

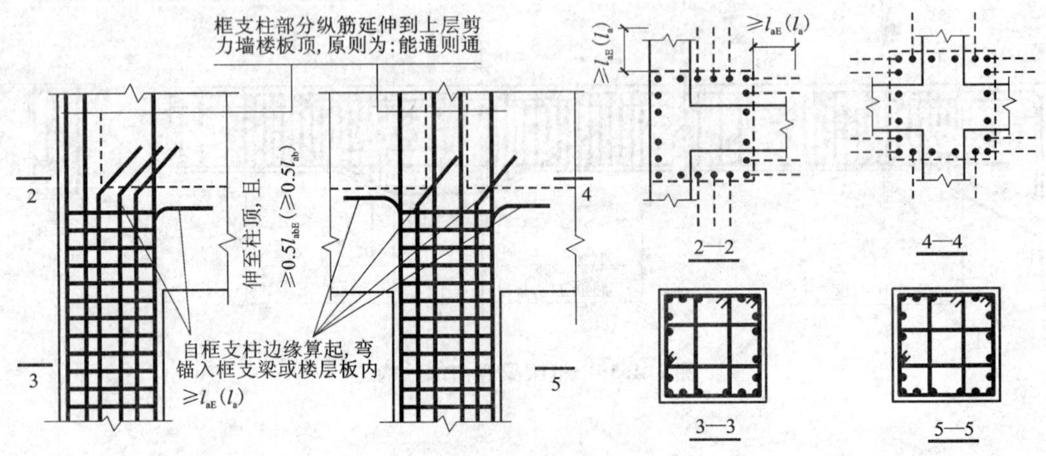

图 2.4.37　框支柱钢筋构造

缝的产生，在主次梁节点范围内，主梁的箍筋(包括加密与非加密区)正常设置，除此之外，再设置相应的构造钢筋。附加箍筋或附加吊筋的构造要求，如图 2.4.38 所示。

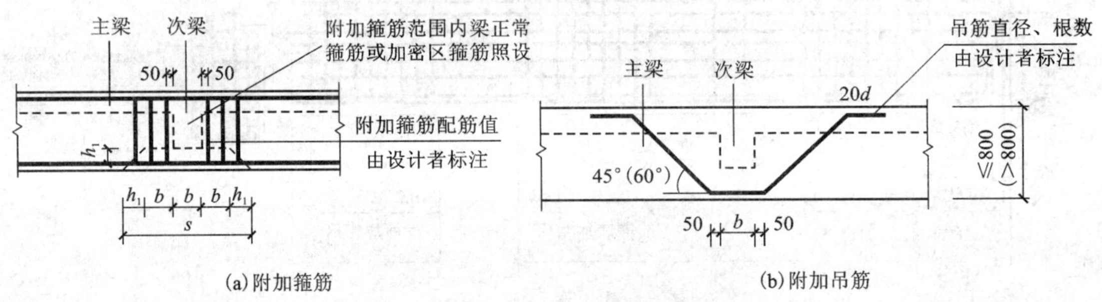

图 2.4.38　附加箍筋、吊筋的构造

b 为次梁宽，h 为主次梁高度，s 为附加箍筋的布置范围，d 为吊筋直径

1)附加箍筋第一根附加箍筋与次梁边缘的距离为 50 mm，布置范围为 $s=3b+2h_1$。

2)附加吊筋。梁高≤800 mm 时，吊筋弯折的角度为45°；梁高 >800 mm 时，吊筋弯折的角度为60°；吊筋在次梁底部的宽度为 $b+2\times50$，在次梁两边的水平段长度为 $20d$。

2.4.4　混凝土结构梁的钢筋计算实例

梁的平法制图规则前节中已介绍过了，在此不再赘述，下面给出一些梁的平法表示法的梁的配筋图(图 2.4.39、图 2.4.40)让同学们重温一下，然后再以一根梁为例讲解一下梁中钢筋的算法，计算过程中须参考前节的构造图或《11G101—1》中梁的相关构造要求。

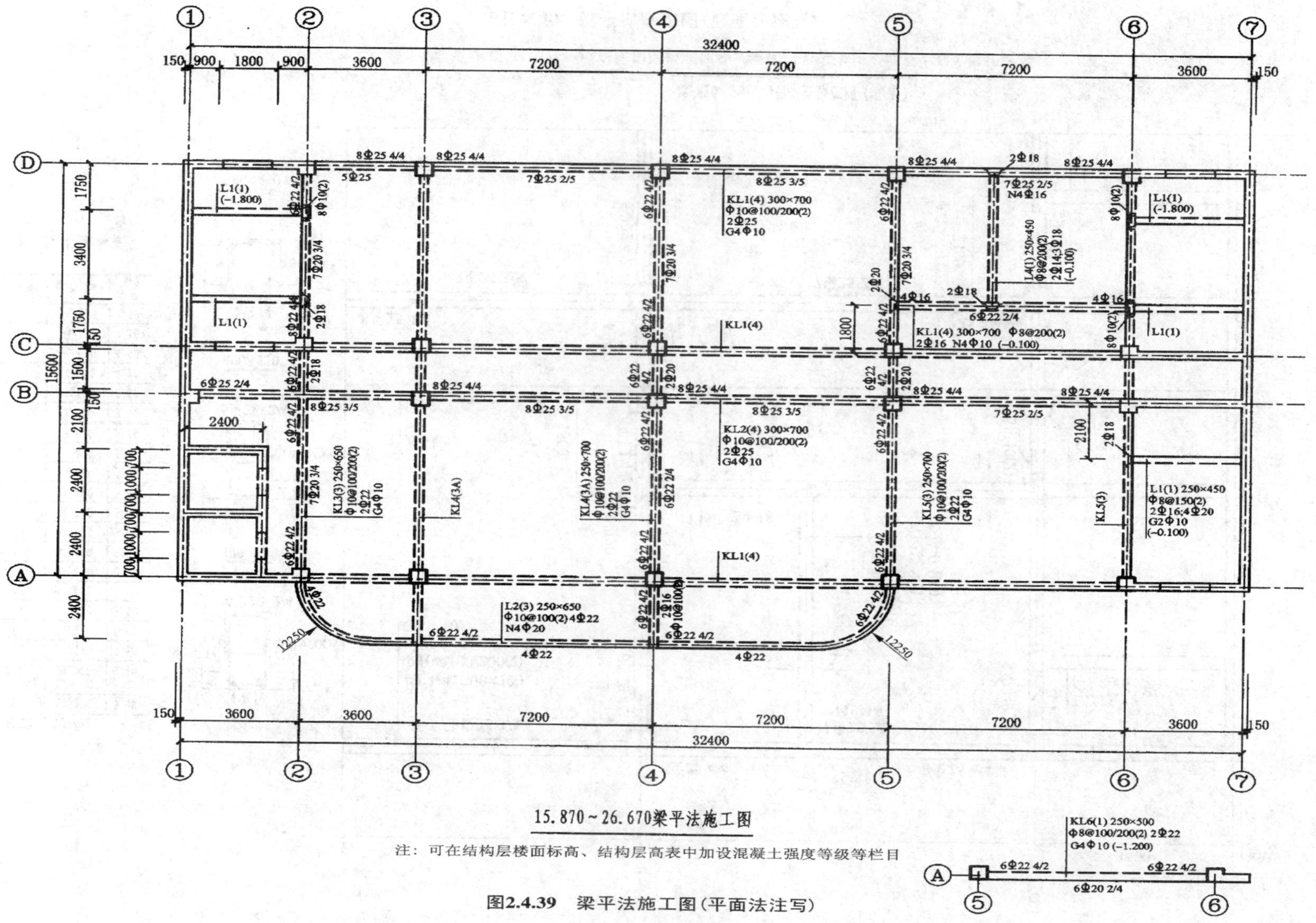

图2.4.39　梁平法施工图(平面法注写)

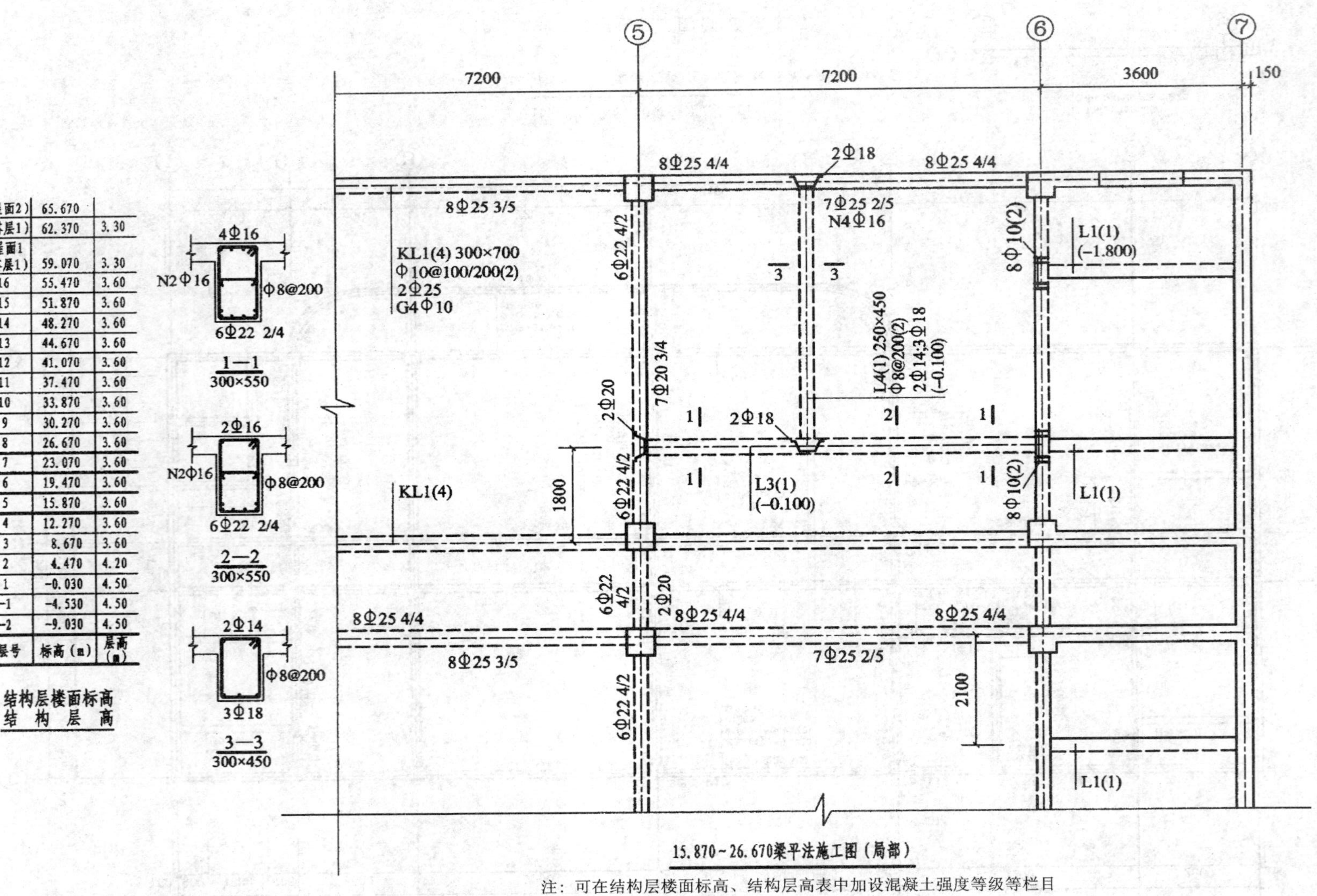

层号	标高（m）	层高（m）
（屋面2）	65.670	
（塔层1）	62.370	3.30
屋面1（塔层1）	59.070	3.30
16	55.470	3.60
15	51.870	3.60
14	48.270	3.60
13	44.670	3.60
12	41.070	3.60
11	37.470	3.60
10	33.870	3.60
9	30.270	3.60
8	26.670	3.60
7	23.070	3.60
6	19.470	3.60
5	15.870	3.60
4	12.270	3.60
3	8.670	3.60
2	4.470	4.20
1	-0.030	4.50
-1	-4.530	4.50
-2	-9.030	4.50

结构层楼面标高
结构层高

注：可在结构层楼面标高、结构层高表中加设混凝土强度等级等栏目

图2.4.40　梁平法施工图(截面法注写)

【例 2.4】 试识读并计算图 2.4.3 中的 KL2 中所有钢筋的长度和数量。已知第一、二跨的跨度为 7.2 m，悬挑端长 2.4 m(至边梁外边缘)，垂直 KL2 梁的框架梁宽均为 250 mm，柱的截面尺寸为 500 mm × 500 mm，环境类别为二 a，为非抗震框架，框架梁、柱混凝土均为 C30。

【解】 1. 识图

(1)KL2(2A)，表示第 2 号框架梁，2 跨，一端悬挑(如果标 B 表示两端悬挑，无 A、B 则无悬挑)；

(2)300 ×650，表示梁的断面尺寸为 300 mm 宽、650 mm 高；

(3)Φ8@ 100/200(2)，表示箍筋为 HPB300 钢筋，直径 8 mm，加密区间距 100 mm，非加密区间距为 200 mm，均为两肢箍(如果是 4 表示四肢箍)；

(4)2 ⌀25，表示梁的上部配置 2 根直径为 25 mm 的通长钢筋 HRB400；

(5)G4 Φ10，表示梁的两个侧面共配置 4 Φ10 的纵向构造钢筋，每侧各配置 2 Φ10；

(6) −0.01，表示该梁顶面标高相对于某结构楼层的楼面标高低 0.01 m；

(7)2 ⌀25 +2 ⌀22，表示梁支座上部有四根纵向钢筋，2 ⌀25 放在角部，2 ⌀22 放在中部；

(8)梁支座上部纵筋注写为 6 ⌀25 4/2，表示上一排纵筋为 4 ⌀25，下一排纵筋为 2 ⌀25；

(9)梁下部纵筋注写为 6 ⌀25 2/4，表示上一排纵筋为 2 ⌀25，下一排纵筋为 4 ⌀25，全部伸入支座。

2. 钢筋计算

$l_{ab}=35d$，$d=16$ mm，$l_{ab}=560$ mm；$d=22$ mm，$l_{ab}=770$ mm；$d=25$ mm，$l_{ab}=875$ mm

梁顶钢筋：

2 ⌀25 的通筋：长度 $=2\times7200+2400+120-2\times25+15\times25+12\times25=17545$(mm)；

第一跨左支座：2 ⌀22　长度 $=(7200-380-250)/3+500-25+15\times22=2995$(mm)；

第二支座处第一层负筋：2 ⌀25　长度 $=(7200-380-250)/3\times2+500=4880$(mm)；

第二支座处第二层负筋：2 ⌀25　长度 $=(7200-380-250)/4\times2+500=3785$(mm)；

第三支座处负筋：2 ⌀25 (悬挑端有 45°下弯)

长度 $=(7200-380-250)/3+380+2400-25+0.4\times(650-2\times25)=5185$(mm)；

因 $d\leqslant25$ mm，　$l_a=\zeta_a l_{ab}=l_{ab}=35d$　同前；

第一、二跨底部最外排 4 ⌀25：单根长度 $=7200\times2+875-380+120-25+15\times25=15365$(mm)；

第一跨底部最二排 2 ⌀25：单根长度 $=7200+875-250+120-25+15\times25=8295$(mm)；

悬臂段下部钢筋 2 ⌀16：单根长度 $=2400-120+15\times16-25=2495$(mm)；

梁中部腰筋 8 Φ10：单根长度 $=7200-380-250+2\times15\times10=6870$(mm)；

梁中箍筋：

一般结构：单根长度 =(梁宽 b − 保护层 ×2) ×2 +(梁高 h − 保护层 ×2) ×2 +6.9d ×2；

抗震结构：单根长度 =(梁宽 b − 保护层 ×2) ×2 +(梁高 h − 保护层 ×2) ×2 +11.9d ×2；

单根长度 $=(300-25\times2)\times2+(650-25\times2)\times2+6.9\times8\times2=1810$(mm)

箍筋数量 =[(左加密区长度 −50)/加密间距 +1] +(非加密区长度/非加密间距 −1)
+[(右加密区长度 −50)/加密间距 +1]

箍筋数量 $=\{[(1.5\times650-50)/100+1]\times2+(7200-380-250-2\times975)/200-1\}\times2$

+(2400－120－50－250－50)/100＝104.5≈105（个）

拉筋数量＝105个(拉筋的间距为箍筋的两倍)

单根拉筋长度＝300－25×2＋6.9×8×2＝360(mm)。

2.5 混凝土结构柱

2.5.1 混凝土结构柱的分类

以承受轴向压力为主的构件属于受压构件。例如，单层厂房柱、拱、屋架上的弦杆，多层和高层建筑中的框架柱、剪力墙、筒体，烟囱的筒壁，桥梁结构中的桥墩、桩等均属于受压构件。

受压构件按其受力情况可分为轴心受压构件、单向偏心受压构件、双向偏心受压构件。

2.5.2 混凝土结构柱的构造要求

1. 柱中纵向钢筋的配置

轴心受压构件的纵向受力钢筋应沿截面的四周均匀放置不少于4根钢筋，见图2.5.1(a)，纵向受力钢筋直径不宜小于12 mm，通常选用16～32 mm；为了减少钢筋在施工时可能产生的纵向弯曲，宜选用较粗的钢筋，从经济、施工等方面来考虑，全部纵筋配筋率不宜大于5%，柱中纵向钢筋的净间距不应小于50 mm，且不宜大于300 mm。

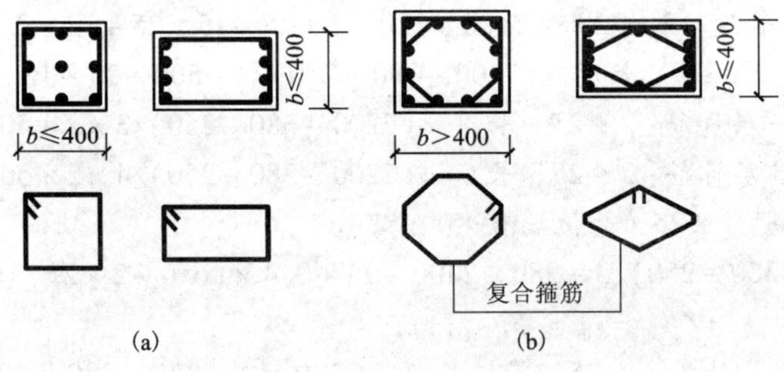

图2.5.1 轴心受压与偏心受压

偏心受压柱的截面高度不小于600 mm时，在柱的侧面上应设置直径不小于10 mm的纵向构造钢筋，并相应设置复合箍筋或拉筋，见图2.5.1(b)。在偏心受压柱中，垂直于弯矩作用平面的侧面上的纵向受力钢筋以及轴心受压柱中各边的纵向受力钢筋，其中距不宜大于300 mm。

圆柱中纵向钢筋不宜多于8根，不应少于6根，且宜沿周边均匀布置。

混凝土结构中的纵向受压钢筋，当计算中充分利用钢筋的抗压强度时，受压钢筋的锚固长度应不小于相应受拉锚固长度的0.7倍。受压钢筋不应采用末端弯钩和一侧贴焊锚筋的锚固措施。

2. 柱中箍筋的设置

箍筋直径不应小于 $d/4$，且不应小于 6 mm，d 为纵向钢筋的最大直径；箍筋间距不应大于 400 mm 及构件截面的短边尺寸，且不应大于 $15d$，d 为纵向钢筋的最小直径；柱及其他受压构件中的周边箍筋应做成封闭式；对圆柱中的箍筋，搭接长度不应小于锚固长度，且末端应做成 135°弯钩，弯钩末端平直段长度不应小于 $5d$，d 为箍筋直径；当柱截面短边尺寸大于 400 mm 且各边纵向钢筋多于 3 根时，或当柱截面短边尺寸不大于 400 mm 但各边纵向钢筋多于 4 根时，应设置复合箍筋；柱中全部纵向受力钢筋的配筋率大于 3% 时，箍筋直径不应小于 8 mm，间距不应大于 $10d$，且不应大于 200 mm，箍筋末端应做成 135°弯钩，且弯钩末端平直段长度不应小于 $10d$，d 为纵向受力钢筋的最小直径。

在纵筋搭接长度范围内，箍筋的直径不宜小于搭接钢筋直径的 0.25 倍；箍筋间距应加密，当搭接受压钢筋直径大于 25 mm 时，应在搭接接头两个端面外 100 mm 范围内各设置两根箍筋。

对于截面形状复杂的构件，不可采用具有内折角的箍筋，以避免产生向外的拉力，致使折角处的混凝土受拉后有拉直趋势，使混凝土崩裂，见图 2.5.2。

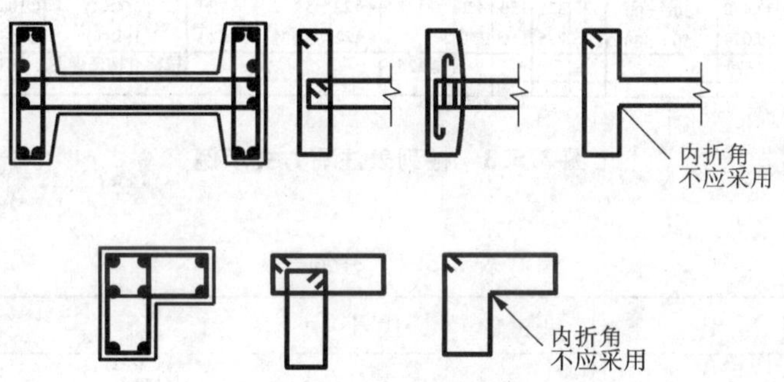

图 2.5.2　复杂截面的箍筋形式

2.5.3　框架柱钢筋及平法标注

1. 框架柱的平法标注

根据《11G101》图集，柱构件的平法表达方式分为列表注写方式和截面注写方式。

(1)列表注写方式

列表注写方式，是指在柱平面布置图上(一般只需采用适当比例绘制一张柱平面布置图，包括框架柱、框支柱、梁上柱和剪力墙上柱)，分别在同一编号的柱中选择一个(有时需要选择几个)截面标注几何参数代号；在柱表中注写柱编号、柱段起止标高、几何尺寸(含柱截面对轴线的偏心情况)与配筋的具体数值，并配以各种柱截面形状及其箍筋类型图的方式，来表达柱平法施工图(如图 2.5.3 所示)。

1)柱编号。柱编号由类型代号和序号组成，应符合表 2.5.1 的规定。

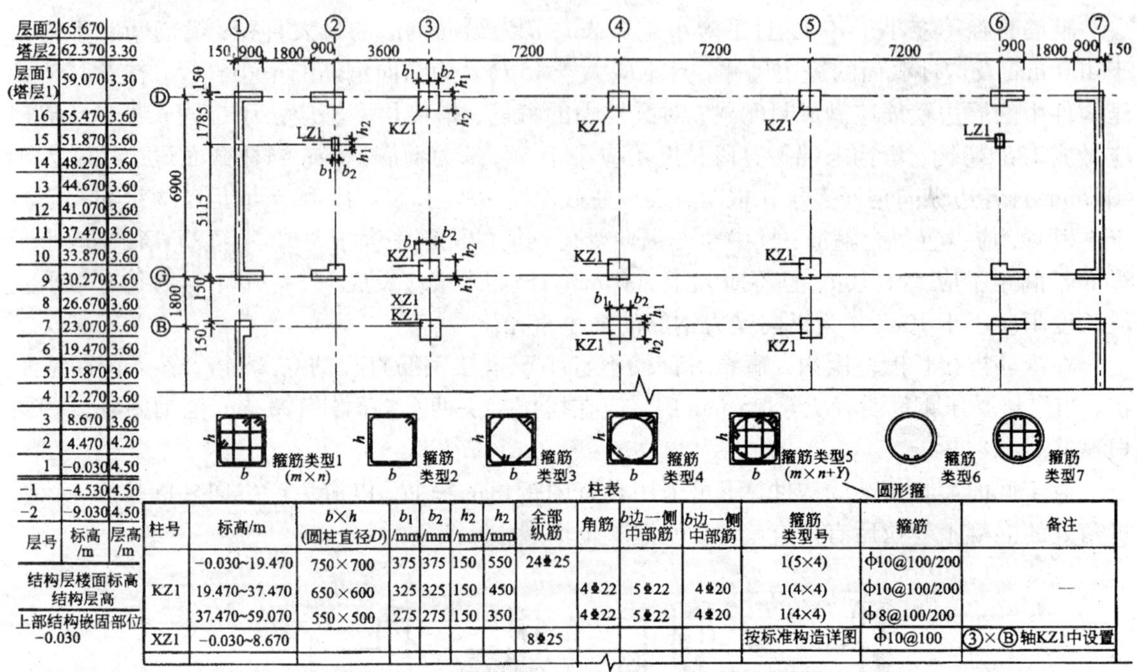

柱号	标高/m	b×h (圆柱直径D)	b_1/mm	b_2/mm	h_2/mm	h_2/mm	全部纵筋	角筋	b边一侧中部筋	b边一侧中部筋	箍筋类型号	箍筋	备注
KZ1	−0.030~19.470	750×700	375	375	150	550	24⌀25				1(5×4)	Φ10@100/200	—
	19.470~37.470	650×600	325	325	150	450		4⌀22	5⌀22	4⌀20	1(4×4)	Φ10@100/200	
	37.470~59.070	550×500	275	275	150	350		4⌀22	5⌀22	4⌀20	1(4×4)	Φ8@100/200	
XZ1	−0.030~8.670						8⌀25				按标准构造详图	Φ10@100	③×Ⓑ轴KZ1中设置

图 2.5.3 柱列表注写方式示例

表 2.5.1 柱编号

柱类型	代号	序号
框架柱	KZ	××
芯柱	XZ	××
梁上柱	LZ	××
剪力墙上柱	QZ	××
框支柱	KZZ	××

2)柱段起止标高。自柱根部往上以变截面位置或截面未变但配筋改变处为界分段注写。

框架柱和框支柱的根部标高系指基础顶面标高，芯柱的根部标高系指根据结构实际需要而定的起始位置标高，梁上柱的根部标高系指梁顶面标高，剪力墙上柱的根部标高为墙顶面标高。

3)几何尺寸

①矩形柱。对于矩形柱，注写柱截面尺寸 $b \times h$ 及与轴线关系的几何参数代号 b_1、b_2 和 h_1、h_2 的具体数值，需对应于各段柱分别注写。其中 $b = b_1 + b_2$，$h = h_1 + h_2$。当截面的某一边收缩变化至与轴线重合或偏到轴线的另一侧时，b_1、b_2、h_1、h_2 中的某项为零或为负值。

②圆柱。对于圆柱，表中 $b \times h$ 一栏改用在圆柱直径数字前加 d 表示。为表达简单，圆柱截面与轴线的关系也用 b_1、b_2 和 h_1、h_2 表示，并使 $d = b_1 + b_2 = h_1 + h_2$。

③芯柱。对于芯柱，根据结构需要，可以在某些框架柱的一定高度范围内，在其内部的中心位置设置(分别引注其柱编号)。芯柱截面尺寸按构造确定，并按本图架标准构造详图施工，设计不需注写；当设计者采用与本构造详图不同的做法时，应另行注明。芯柱定位随框架柱，不需要注写其与轴线的几何关系。

4)柱纵筋。当柱纵筋直径相同，各边根数也相同时(包括矩形柱、圆柱和芯柱)，将纵筋注写在“全部纵筋”一栏中；除此之外，柱纵筋分角筋、截面 b 边中部筋和 h 边中部筋三项分别注写(对于采用对称配筋的矩形截面柱，可仅注写一侧中部筋，对称边省略不注)。

5)箍筋。在箍筋类型栏内注写箍筋的类型号与肢数。

具体工程所设计的各种箍筋类型图以及箍筋复合的具体方式，需画在表的上部或图中的适当位置，并在其上标注与表中相对应的 b、h 和类型号。

注：当为抗震设计时，确定箍筋肢数时要满足对柱纵筋“隔一拉一”以及箍筋肢距的要求。

常见箍筋类型号所对应的箍筋形状，如图 2.5.4 所示。

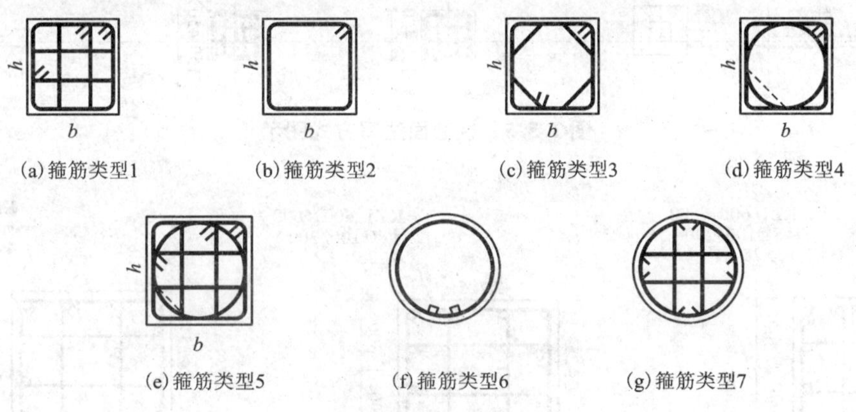

图 2.5.4 箍筋类型号所对应的箍筋形状

6)柱箍筋。注写柱箍筋，包括箍筋级别、直径与间距。

当为抗震设计时，用斜线“/”区分柱端箍筋加密区与柱身非加密区长度范围内箍筋的不同间距。施工人员需根据标准构造详图的规定，在规定的几种长度值中取其最大者作为加密区长度。当框架节点核芯区内箍筋与柱端箍筋设置不同时，应在括号中注明核芯区箍筋直径及间距。当箍筋沿柱全高为一种间距时，则不使用“/”线。当圆柱采用螺旋箍筋时，需在箍筋前加“L”。

(2)柱截面注写方式

截面注写方式，系在柱平面布置图的柱截面上，分别在同一编号的柱中选择一个截面，以直接注写截面尺寸和配筋具体数值的方式来表达柱平法施工图，如图 2.5.5 所示。

1)配筋信息

①如果纵筋直径相同，可以注写纵筋总数，如图 2.5.6 所示。

②如果纵筋直径不同，先引出注写角筋，然后各边再注写其纵筋，如果是对称配筋，则在对称的两边中只注写其中一边即可，如图 2.5.7 所示。

③如果是非对称配筋，则每边注写实际的纵筋，如图 2.5.8 所示。

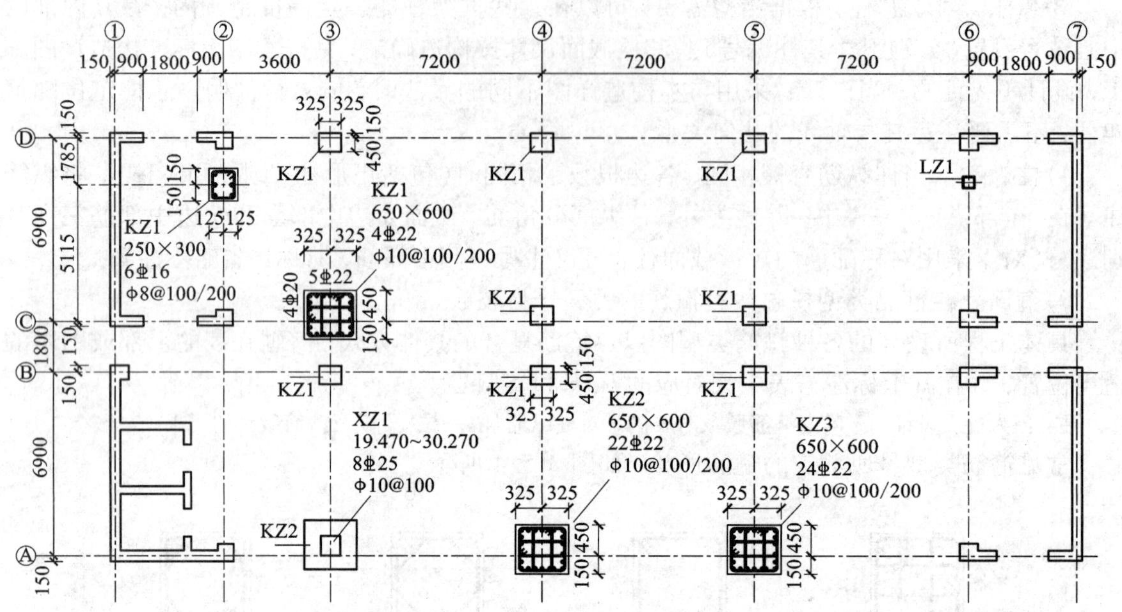

图 2.5.5　柱截面注写方式图示

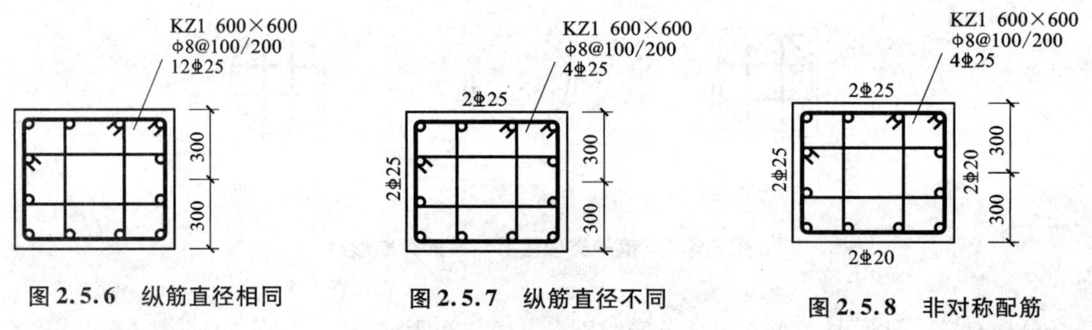

图 2.5.6　纵筋直径相同　　**图 2.5.7　纵筋直径不同**　　**图 2.5.8　非对称配筋**

2）芯柱截面注写方式。若某柱带有芯柱，则直接注写在截面中，注写芯柱编号和起止标高，如图 2.5.9 所示。芯柱的构造尺寸按《11G101－1》第 67 页的说明。对除芯柱之外的所有柱截面进行编号，从相同编号的柱中选择一个截面，按另一种比例原位放大绘制柱截面配筋图，并在各配筋图上继其编号后再注写截面尺寸 $b \times h$、角筋或全部纵筋（当纵筋采用一种直径且能够图示清楚时）、箍筋的具体数值，以及在柱截面配筋图上标注柱截面与轴线关系 b_1、b_2、h_1、h_2 的具体数值。

当纵筋采用两种直径时，需再注写截面各边中部筋的具体数值（对于采用对称配筋的矩形截面柱，可仅在一侧注写中部筋，对称边省略不注）。

当在某些框架柱的一定高度范围内，在其内部的中心位设置芯柱时，首先按照表 2.5.1 的规定进行编号，继其编号之后注写芯柱的起止标高、全部纵筋及箍筋的具体数值，芯柱截面尺寸按构造确定，并按标准构造详图施工，设计不注；当设计者采用与本构造详图不同的做法时，应另行注明。芯柱定位随框架柱，不需要注写其与轴线的几何关系。

在截面注写方式中，如柱的分段截面尺寸和配筋均相同，仅截面与轴线的关系不同时，

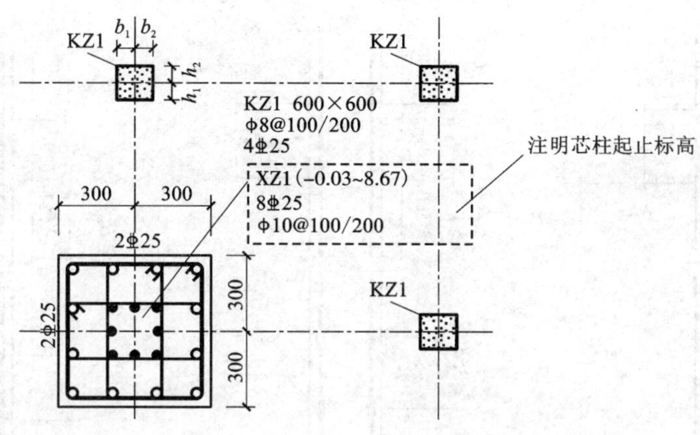

图 2.5.9　截面柱写方式的芯柱表达

可将其编为同一柱号。但此时应在未画配筋的柱截面上注写该柱截面与轴线关系的具体尺寸。

采用截面注写方式绘制柱平法施工图，可按单根柱标准层分别绘制，也可将多个标准层合并绘制。当单根柱标准层分别绘制时，柱平法施工图的图纸数量和标准层的数量相等；当将多个标准层合并绘制时，柱平法施工图的图纸数量更少，也更便于施工人员对结构形成整体概念。

2. 框架柱钢筋的构造

框架柱钢筋主要分为纵筋和箍筋。框架柱中的钢筋按楼层位置不同可以分为顶层钢筋、中层钢筋和底层钢筋。框架柱按所处的位置不同分为中柱、边柱和角柱三种，如图 2.5.10 所示。

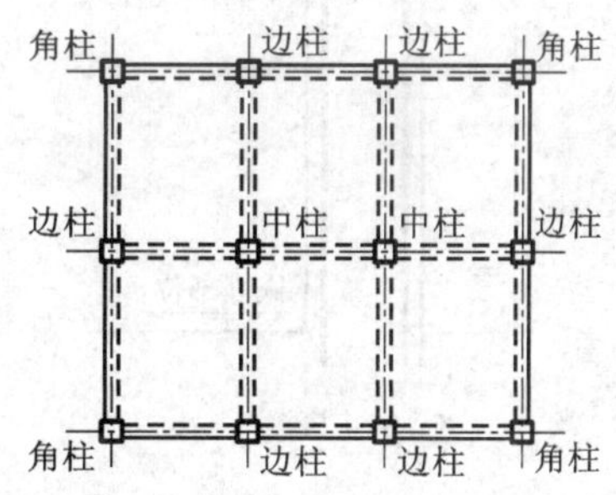

图 2.5.10　框架柱示意图

柱纵筋连接方式包括绑扎搭接、机械连接和焊接。

柱箍筋要注写钢筋级别、直径、间距，用斜线“/”区分箍筋加密区与非加密区箍筋不同间距。若柱全高为一种间距时则不用“/”；圆柱采用螺旋箍筋时需在箍筋前加“L”。

（1）抗震框架柱纵向钢筋连接构造

抗震框架柱纵向钢筋连接构造包括绑扎搭接、机械连接、焊接三种连接方式，如图 2.5.11所示。绑扎搭接在实际的工程应用中不常见，因此我们着重介绍柱纵筋的机械连接和焊接。

1）柱纵筋的非连接区。所谓非连接区，就是柱纵筋不允许在这个区域内进行连接。

①嵌固部位以上有一个非连接区。其长度为 $H_n/3$（H_n 即从嵌固部位到顶板梁底的柱的净高）。

②楼层梁上下部围的范围形成一个非连接区。其长度包括三部分：梁底以下部分、梁中部分和梁顶以上部分。

a. 梁底以下部分的非连接区长度 $\geqslant \max(H_n/6, h_c, 500)$（$H_n$ 即所在楼层的柱净高，h_c 为柱截面长边尺寸或圆柱的截面直径）。

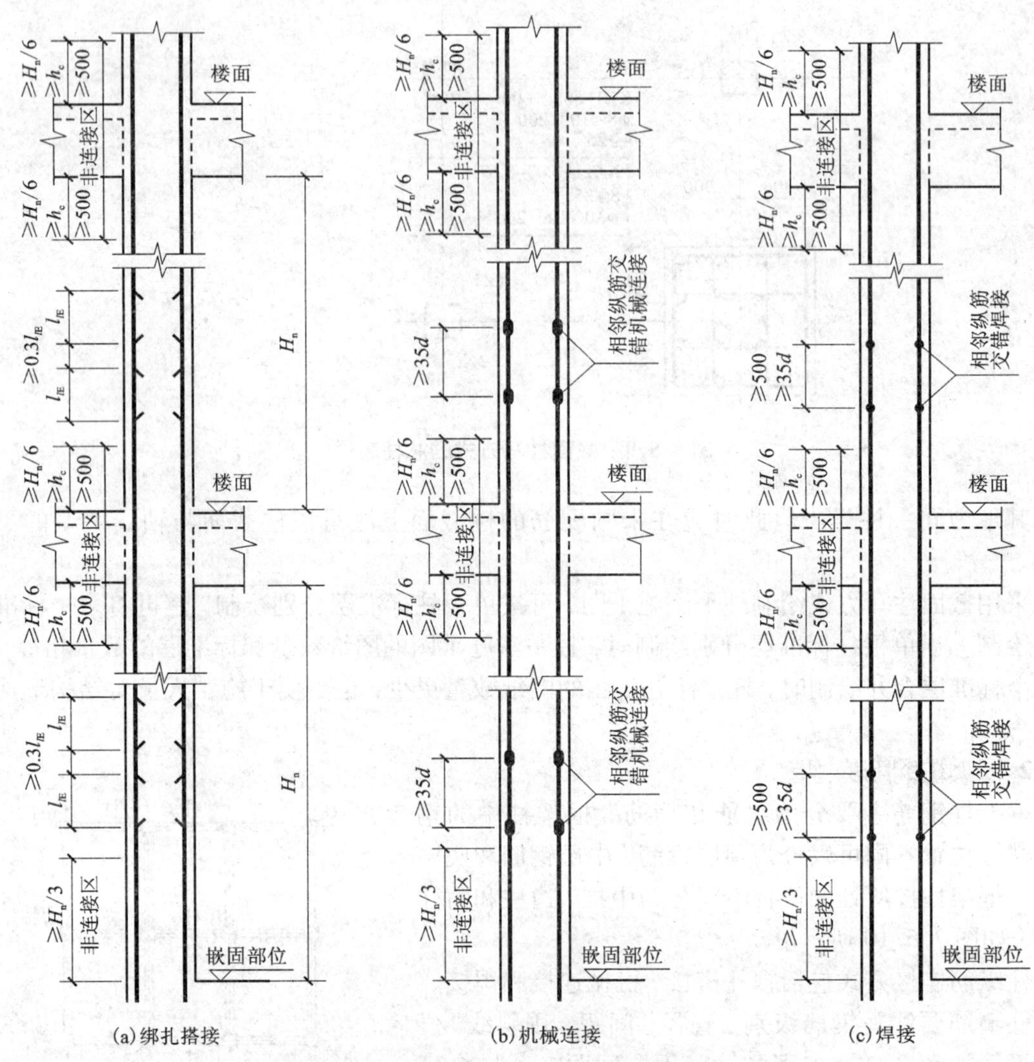

(a) 绑扎搭接　(b) 机械连接　(c) 焊接

图 2.5.11　抗震框架柱纵向钢筋连接构造

b. 梁中部分的非连接区长度 = 梁的截面高度。

c. 梁顶以上部分的非连接区长度 ≥ max(H_n/6，h_c，500)(H_n 即上一楼层的柱净高，h_c 为柱截面长边尺寸或圆柱的截面直径)。

2) 柱相邻纵向钢筋连接接头应相互错开。柱相邻纵向钢筋连接接头相互错开，在同一截面内钢筋接头面积百分率不应大于 50%。

柱纵向钢筋连接接头相互错开的距离：

①机械连接接头错开距离 ≥35d。

②焊接接头错开距离 ≥35d 且 ≥500 mm。

③绑扎搭接的搭接长度 l_{lE}(l_{lE} 即抗震的绑扎搭接长度)，接头错开距离 ≥0.3l_{lE}。

(2) 地下室抗震框架柱纵向钢筋构造

地下室抗震框架柱纵向钢筋连接构造包括绑扎搭接、机械连接、焊接三种连接方式，如图 2.5.12 所示。

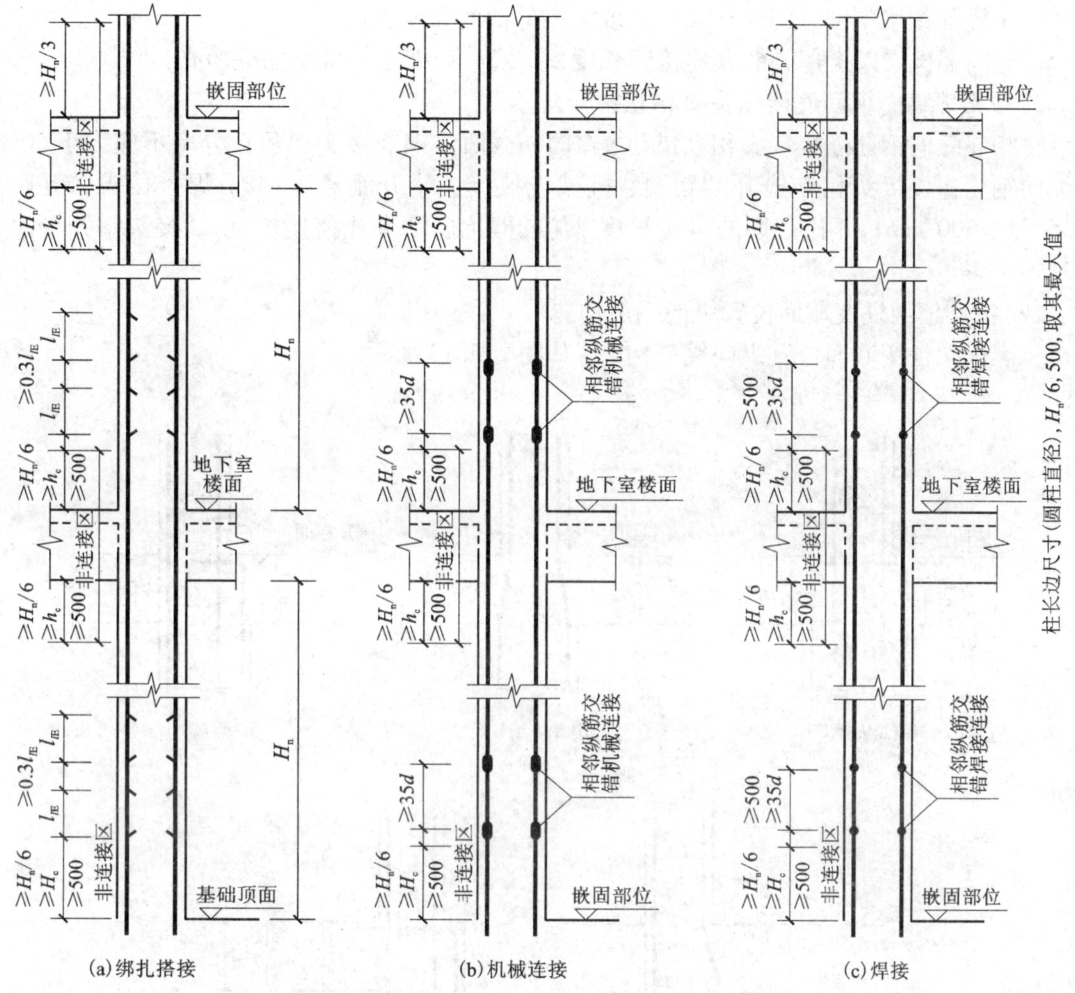

图 2.5.12　地下室抗震 KZ 纵向钢筋连接构造

1）柱纵筋的非连接区

①基础顶面以上有一个非连接区，其长度≥max（$H_n/6$，h_c，500）（H_n 即从基础顶面到顶板梁底的柱的净高，h_c为柱截面长边尺寸或圆柱的截面直径）。

②地下室楼层梁上下部围的范围形成一个非连接区，其长度包括三个部分：梁底以下部分、梁中部分和梁顶以上部分。

a. 梁底以下部分的非连接区长度≥max（$H_n/6$，h_c，500）（H_n 即所在楼层的柱净高，h_c为柱截面长边尺寸或圆柱的截面直径）。

b. 梁中部分的非连接区长度 = 梁的截面高度。

c. 梁顶以上部分的非连接区长度≥max（$H_n/6$，h_c，500）（H_n 即上一楼层的柱净高，h_c为柱截面长边尺寸或圆柱的截面直径）。

③嵌固部位上下部范围内形成一个非连接区，其长度包括三部分：梁底以下部分、梁中部分和梁顶以上部分。

a. 嵌固部位梁以下部分的非连接区长度≥max（$H_n/6$，h_c，500）（H_n 即所在楼层的柱净高，h_c为柱截面长边尺寸，圆柱为截面直径）。

b. 嵌固部位梁中部分的非连接区长度=梁的截面高度。

c. 嵌固部位梁以上部分的非连接区长度≥H_n/3(H_n 即上一楼层的柱净高)。

2)柱相邻纵向钢筋连接接头要相互错开

柱相邻纵向钢筋连接接头相互错开，在同一截面内钢筋接头面积百分率不应大于50%。柱纵向钢筋连接接头相互错开的距离：机械连接接头错开距离≥35d，焊接接头错开距离≥35d且≥500 mm；绑扎搭接的搭接长度 l_{lE}(l_{lE}即抗震的绑扎搭接长度)，接头错开距离≥0.3l_{lE}。

(3)抗震框架柱变截面位置纵向钢筋构造

抗震框架柱变截面位置纵向钢筋构造，如图2.5.13所示。

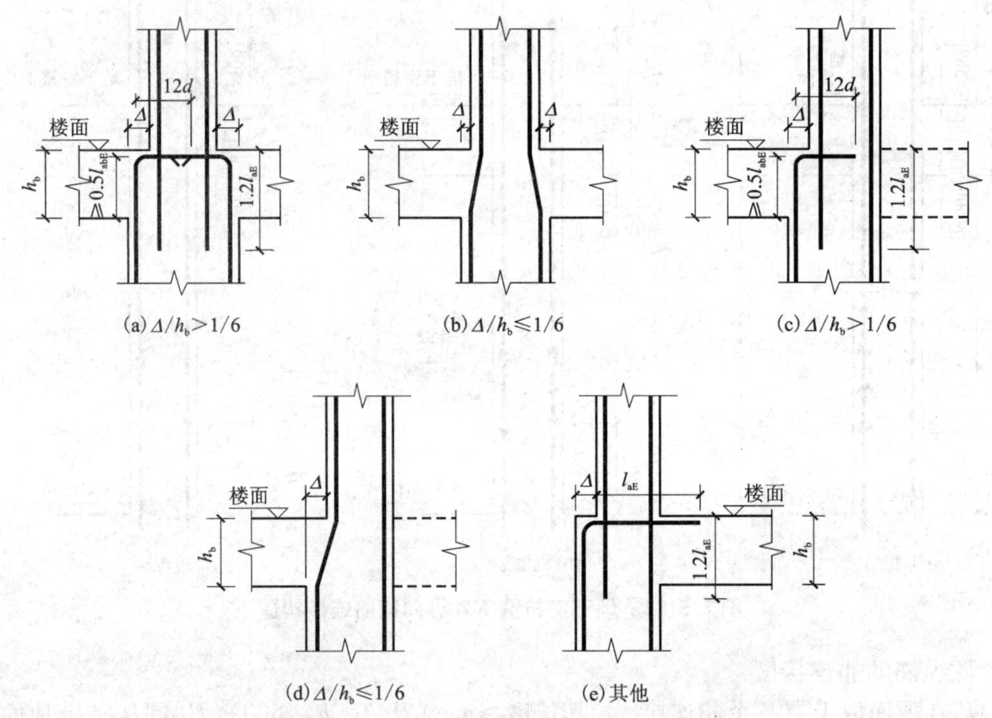

图2.5.13　抗震KZ柱变截面位置纵向钢筋构造

从图2.5.13中我们可以发现，楼面以上部分是描述上层柱纵筋与下柱纵筋的连接，与变截面构造的关系不大，而变截面的主要变化在于楼面以下部分。由此我们可以得出五个图的构造要点，这里的Δ是上下柱同向侧面错开的宽度，h_b为框架梁的截面高度。

①如图2.5.13(a)所示，下层柱纵筋断开，上层柱纵筋伸入下层，下层柱纵筋伸至该层顶12d，上层柱纵筋伸入下层1.2l_{aE}(l_a)。

②如图2.5.13(b)所示，下层柱纵筋斜弯连续伸入上层，不断开。

③如图2.5.13(c)所示，下层柱纵筋断开，上层柱纵筋伸入下层，下层柱纵筋伸至该层顶12d，上层柱纵筋伸入下层1.2l_{aE}(l_a)。

④如图2.5.13(d)所示，下层柱纵筋斜弯连续伸入上层，不断开。

⑤如图2.5.13(e)所示，下层柱纵筋断开，上层柱纵筋伸入下层，下层柱纵筋伸至该层

顶 l_{aE}，上层柱纵筋伸入下层 $1.2l_{aE}(l_a)$。

(4)抗震框架柱、剪力墙上柱、梁上柱的箍筋加密区范围

抗震框架柱、剪力墙上柱、梁上柱的箍筋加密区范围，如图 2.5.14 所示。

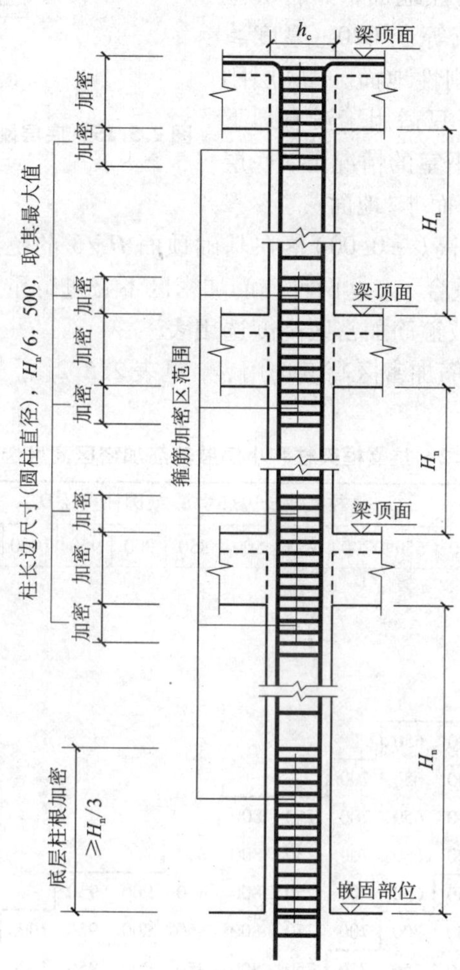

图 2.5.14　抗震框架柱、剪力墙上柱、梁上柱的箍筋加密区范围

①底层柱根加密区 $\geqslant H_n/3$（H_n 是从基础顶面到顶板梁底的柱的净高）。

②楼板梁上下部位的箍筋加密区长度由三部分组成。

a. 梁底以下部分：$\geqslant \max(H_n/6,\ h_c,\ 500)$（$H_n$ 即当前楼层的柱净高，h_c 为柱截面长边尺寸或圆柱的截面直径）；

b. 楼板顶面以上部分：$\geqslant \max(H_n/6,\ h_c,\ 500)$（$H_n$ 即上一层的柱净高，h_c 为柱截面长边尺寸或圆柱的截面直径）；

c. 再加上一个梁截面高度。

③箍筋加密区直到柱顶。

另外，关于底层刚性地面上下的箍筋加密区构造，如图 2.5.15 所示。

《11G101—1》图集中给出这样一句话：“底层刚性地面上下各加密 500 mm。”要理解这句话，先要认识何为刚性地面。横向压缩变形小，竖向比较坚硬的地面属于刚性地面，如岩板地面。混凝土强度等级大于或等于 C20，厚度≥200 mm 的混凝土地面也是刚性地面。“底层刚性地面上下各加密 500 mm”只适用于没有地下室或是架空层的建筑，有地下室的情况下，底层（即一层）只能称之为“楼面”而非“地面”。

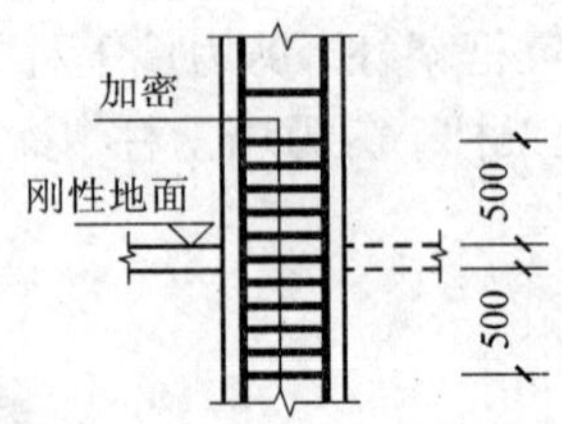

图 2.5.15　底层刚性地面上下的箍筋加密构造

其次，如果“地面”的标高（±0.00）落在基础顶面 $H_n/3$ 的范围内，则这个上下 500 mm 的加密区就与 $H_n/3$ 加密区重合了，这两种箍筋加密区不必进行重复设置。

（5）抗震框架柱和小墙肢箍筋加密区高度选用表

抗震框架柱和小墙肢箍筋加密区高度选用表，见表 2.5.2。

表 2.5.2　抗震框架柱和小墙肢箍筋加密区高度选用表　　单位：mm

柱净高	柱截面长边尺寸 h_c 或圆柱直径 D																		
H_n	400	450	500	550	600	650	700	750	800	850	900	950	1000	1050	1100	1150	1200	1250	1300
1500																			
1800	500																		
2100	500	500	500																
2400	500	500	500	550															
2700	500	500	500	550	600	650													
3000	500	500	500	550	600	650	700												
3300	550	550	550	550	600	650	700	750	800										
3600	600	600	600	600	600	650	700	750	800	850									
3900	650	650	650	650	650	650	700	750	800	850	900	950							
4200	700	700	700	700	700	700	700	750	800	850	900	950	1000						
4500	750	750	750	750	750	750	750	750	800	850	900	950	1000	1050	1100				
4800	800	800	800	800	800	800	800	800	800	850	900	950	1000	1050	1100	1150			
5100	850	850	850	850	850	850	850	850	850	850	900	950	1000	1050	1100	1150	1200	1250	
5400	900	900	900	900	900	900	900	900	900	900	900	950	1000	1050	1100	1150	1200	1250	1300
5700	950	950	950	950	950	950	950	950	950	950	950	950	1000	1050	1100	1150	1200	1250	1300
6000	1000	1000	1000	1000	1000	1000	1000	1000	1000	1000	1000	1000	1000	1050	1100	1150	1200	1250	1300
6300	1050	1050	1050	1050	1050	1050	1050	1050	1050	1050	1050	1050	1050	1050	1100	1150	1200	1250	1300
6600	1100	1100	1100	1100	1100	1100	1100	1100	1100	1100	1100	1100	1100	1100	1100	1150	1200	1250	1300
6900	1150	1150	1150	1150	1150	1150	1150	1150	1150	1150	1150	1150	1150	1150	1150	1150	1200	1250	1300
7200	1200	1200	1200	1200	1200	1200	1200	1200	1200	1200	1200	1200	1200	1200	1200	1200	1200	1250	1300

注：1. 表内数值未包括框架嵌固部位柱根箍筋加密区范围。

2. 柱净高（包括因嵌砌填充墙等形成的柱净高）与柱截面长边尺寸（圆柱为截面直径）的比值 $H_n/h_c \leqslant 4$ 时，箍筋沿柱全高加密。

3. 小墙肢即墙肢长度不大于墙厚 4 倍的剪力墙。矩形小墙肢的厚度不大于 300 mm 时，箍筋全高加密。

首先，我们先看表2.5.2注2的内容，当“$H_n/h_c \leqslant 4$”成立时，该框架柱为短柱，其箍筋沿柱全高加密。在实际工程施工中，“短柱”常出现在地下室。当地下室的层高较小时，容易出现“$H_n/h_c \leqslant 4$”的情况。其次，我们可以看出，表格中用阶梯状的粗黑线将表格划分为四个区域，联系前面的“箍筋加密区”知识，我们可以得到以下四个区域：

①右上角的空白区域，即箍筋全高加密区——为短柱区（$H_n/h_c \leqslant 4$）。

②对角线上半区域，即箍筋加密区高度均为500 mm的区域——箍筋加密区长度 = max（$H_n/6$，h_c，500）= 500 mm。

③对角线下半区域，即箍筋. 加密区高度均为 h_c 的区域——箍筋加密区长度 = max（$H_n/6$，h_c，500）= h_c。

④左下角区域，即箍筋加密区高度均为 $H_n/6$ 的区域——箍筋加密区长度 = max（$H_n/6$，h_c，500）= $H_n/6$。

（6）抗震剪力墙上柱、梁上柱纵向钢筋构造

1）剪力墙上柱纵向钢筋构造

首先，我们必须先认识一下剪力墙上柱的性质，它是一种结构转换层，即其上层为柱，其下层为剪力墙，它与下层剪力墙有两种锚固构造，如图2.5.16所示。

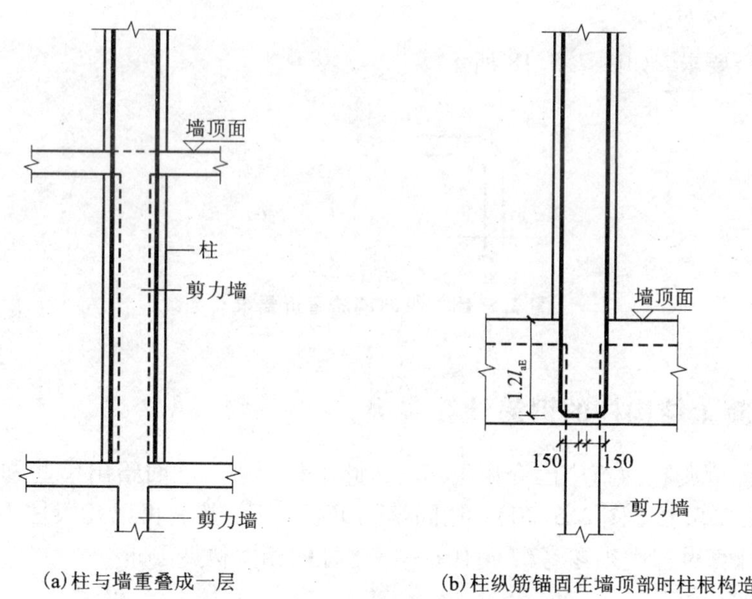

(a)柱与墙重叠成一层　　(b)柱纵筋锚固在墙顶部时柱根构造

图2.5.16　抗震剪力墙上柱纵筋构造

①第一种锚固方法，如图2.5.16(a)所示，是将上层框架柱的全部纵筋向下伸至下层剪力墙的楼面上，也就是与下层剪力墙重叠成一个楼层。

②第二种锚固方法，如图2.5.16(b)所示，是指在下层剪力墙的上端进行锚固。其做法为：锚入下层剪力墙上部，其直锚长度为 $1.2l_{aE}$，弯直钩150 mm。在墙顶面标高以下锚固范围内的柱箍筋按照上柱非加密区箍筋要求设置。

2)梁上柱纵向钢筋构造

梁上柱，顾名思义，是以梁作为柱的“基础”，它在梁上的锚固构造如图 2.5.17 所示，其构造要点为：梁上柱纵筋伸至梁底并弯直钩 12d，要求直锚长度≥0.5l_{abE}；柱插筋在梁内的部分只需设置两道柱箍筋(其作用为固定柱箍筋)。

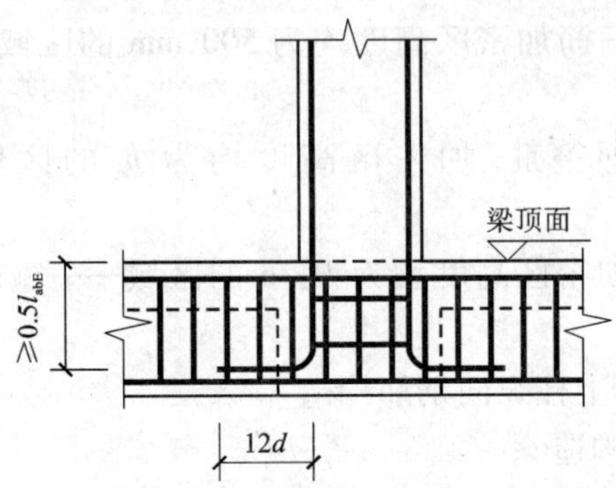

图 2.5.17　梁上柱 LZ 纵筋构造

3)纵向钢筋弯折要求

纵向钢筋弯折要求，如图 2.5.18 所示。

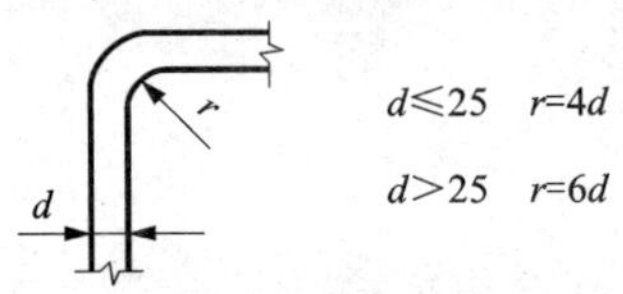

图 2.5.18　纵向钢筋弯折要求

2.5.4　混凝土结构柱的钢筋计算实例

柱的平法制图规则在前节中已介绍过了，在此不再累述，下面给出一些柱的平法表示法的柱的配筋图(图 2.5.19、图 2.5.20)，让同学们重温一下，然后再以几根柱为例讲解一下柱中钢筋的算法，计算过程中须参考《11G101—1》中柱的相关构造要求。

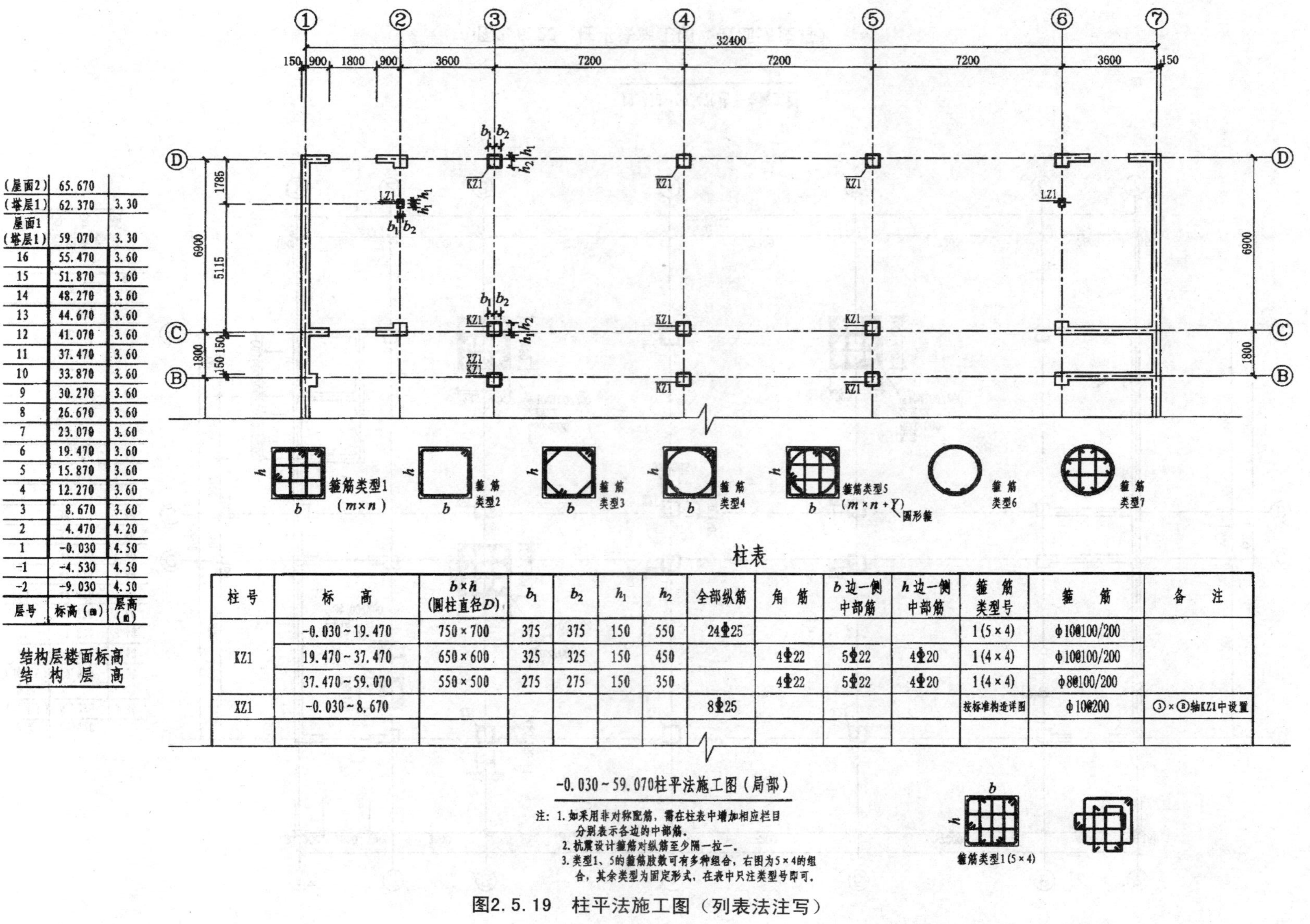

层号	标高(m)	层高(m)
(屋面2)	65.670	
(塔层1)	62.370	3.30
屋面1 (塔层1)	59.070	3.30
16	55.470	3.60
15	51.870	3.60
14	48.270	3.60
13	44.670	3.60
12	41.070	3.60
11	37.470	3.60
10	33.870	3.60
9	30.270	3.60
8	26.670	3.60
7	23.070	3.60
6	19.470	3.60
5	15.870	3.60
4	12.270	3.60
3	8.670	3.60
2	4.470	4.20
1	-0.030	4.50
-1	-4.530	4.50
-2	-9.030	4.50

结构层楼面标高
结　构　层　高

柱表

柱号	标　高	$b \times h$ (圆柱直径D)	b_1	b_2	h_1	h_2	全部纵筋	角筋	b边一侧中部筋	h边一侧中部筋	箍筋类型号	箍筋	备注
KZ1	-0.030~19.470	750×700	375	375	150	550	24Φ25				1(5×4)	Φ10@100/200	
	19.470~37.470	650×600	325	325	150	450		4Φ22	5Φ22	4Φ20	1(4×4)	Φ10@100/200	
	37.470~59.070	550×500	275	275	150	350		4Φ22	5Φ22	4Φ20	1(4×4)	Φ8@100/200	
XZ1	-0.030~8.670						8Φ25				按标准构造详图	Φ10@200	③×Ⓑ轴KZ1中设置

-0.030~59.070柱平法施工图（局部）

注：1. 如采用非对称配筋，需在柱表中增加相应栏目分别表示各边的中部筋。
2. 抗震设计箍筋对纵筋至少隔一拉一。
3. 类型1、5的箍筋肢数可有多种组合，右图为5×4的组合，其余类型为固定形式，在表中只注类型号即可。

图2.5.19　柱平法施工图（列表法注写）

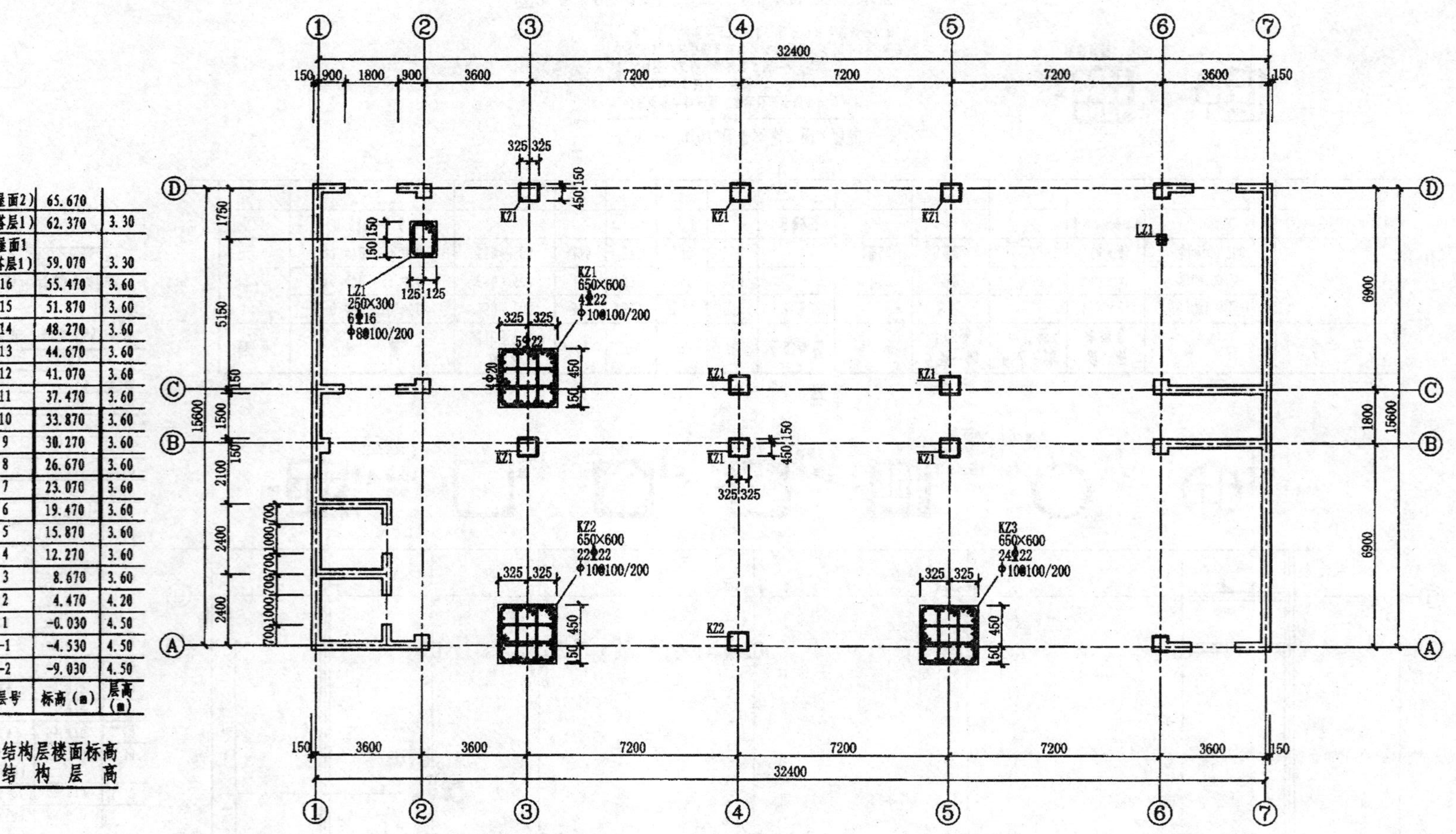

(屋面2)	65.670	
(塔层1)	62.370	3.30
屋面1 (塔层1)	59.070	3.30
16	55.470	3.60
15	51.870	3.60
14	48.270	3.60
13	44.670	3.60
12	41.070	3.60
11	37.470	3.60
10	33.870	3.60
9	30.270	3.60
8	26.670	3.60
7	23.070	3.60
6	19.470	3.60
5	15.870	3.60
4	12.270	3.60
3	8.670	3.60
2	4.470	4.20
1	-0.030	4.50
-1	-4.530	4.50
-2	-9.030	4.50
层号	标高(m)	层高(m)

结构层楼面标高
结构层高

图2.5.20　柱平法施工图（截面法注写）

【例2.5.1】 某住宅楼的框架柱独立基础和基础层编号如图2.5.21、图2.5.22所示，要求手工计算工程的角柱KZ8的框架柱受力钢筋和箍筋的长度及数量。

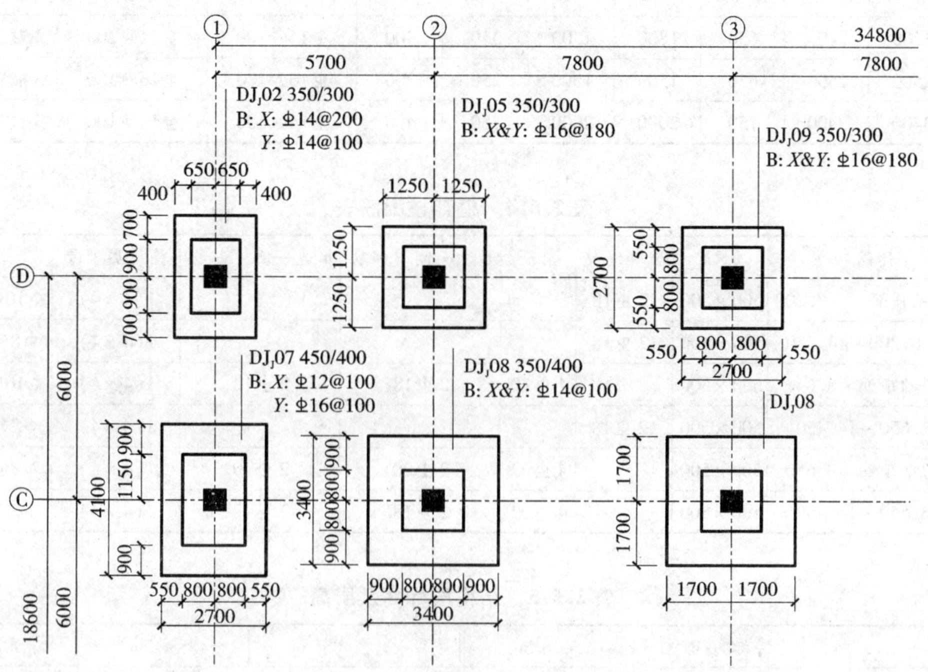

图2.5.21　框架柱独立基础示意图

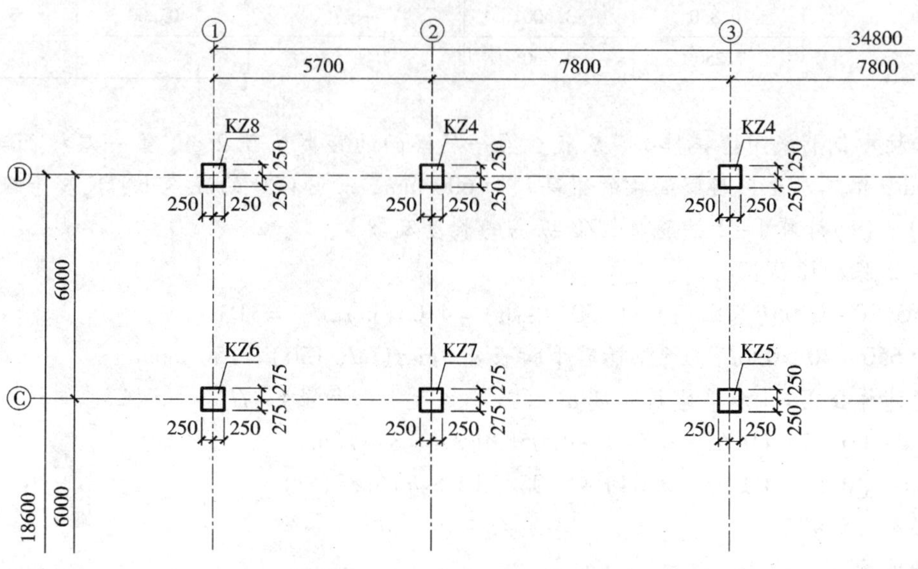

图2.5.22　框架柱基础层编号示意图

计算柱钢筋工程量前，先查阅基础编号、尺寸及配筋等信息。对于框架，查阅施工图中框架柱对应的独立基础及柱配筋表，见表2.5.3～表2.5.5。

表 2.5.3 柱基础配筋表

基础编号	基础尺寸							配筋		
	A/mm	B/mm	H/mm	A_1/mm	B_1/mm	h_1/mm	h_2/mm	①	②	③
J-2	3200	2100	650	1800	1300	350	300	⏀14@100	⏀14@200	3肢同柱箍筋
J-5	2500	2500	650	1500	1500	350	300	⏀16@180	⏀16@180	3肢同柱箍筋
J-8	3400	3400	750	2000	2000	350	400	⏀14@100	⏀14@100	3肢同柱箍筋

表 2.5.4 框架柱配筋表

柱号	标高/m	$b\times h$	全部纵筋	角筋	b边一侧中部筋	h边一侧中部筋	箍筋类型号	箍筋
KZ4	基础顶面~-0.200	500×500	12⏀18				1(4×4)	ϕ10@100/200
	-0.200~14.450	500×500	12⏀18				1(4×4)	ϕ8@100/200
KZ5	基础顶面~3.650	500×500		4⏀20	2⏀18	2⏀18	1(4×4)	ϕ10@100/200
	3.650~14.450	500×500	12⏀18				1(4×4)	ϕ8@100/200
KZ8	基础顶面~3.650	500×500		4⏀22	2⏀20	2⏀20	1(4×4)	ϕ8@100/200
	3.650~14.450	500×500		4⏀22	2⏀18	2⏀18	1(4×4)	ϕ8@100/200

表 2.5.5 结构层标高及层高

	标高/m	层高/m		标高/m	层高/m
楼梯间屋面层	17.450		楼梯间屋面层	17.450	
屋面层	14.450	3.000	二层	3.650	3.600
四层	10.850	3.600	一层	-0.200	3.850
三层	7.250	3.600			

已知柱中钢筋采用焊接接头，基底至第一层楼面的距离为5.2 m，第一层楼面梁的梁高为500 mm，第二层至顶层楼面梁的梁高均为600 mm，采用C30的混凝土，抗震等级为三级。

【解】 (1)计算J-2插筋及KZ8纵筋的长度及数量。

①J-2基础插筋长度

$H_n=5.20-0.65$(基础高)-0.50(梁高)$=4.05$(m)，$l_{aE}=31$ d

由于$650-40\geqslant 0.6l_{aE}$，所以插筋平脚长$a=\max(6d,150)=150$ mm。

长度计算公式=[水平弯折长度a+(基础高度-保护层)+$H_n/3$]×根数

4⏀22：$[0.15+(0.65-0.04)+4.05/3]\times 4=8.44$(m)

8⏀20：$[0.15+(0.65-0.04)+4.05/3]\times 8=16.88$(m)

②KZ8的柱纵筋

基础顶面——第一层楼面

二层：$H_n/6=(3.6-0.6)/6=0.5$(m)

中部纵筋长度=(基础层+一层高-基础层非连接区$H_n/3$+二层非连接区$H_n/6$)×根数

8⏀20：$[(5.2-3.85-0.65)+3.85-4.05/3+0.50]\times 8=29.6$(m)

第二层——屋面

中部纵筋长度 1 =（二层～顶层层高 − 二层非连接区 $H_n/6$ − 顶层梁高 + $1.5l_{abE}$）× 根数

中部纵筋长度 2 =（二层～顶层层高 − 二层非连接区 $H_n/6$ − 保护层 + $12d$）× 根数

二层：$H_n/6 = 0.5$ m，顶层梁高 $H = 600$ mm

2⌀18：(14.45 − 3.65 − 0.50 − 0.60 + 1.5 × 31 × 0.018) × 2 = 21.074(m)

6⌀18：(14.45 − 3.65 − 0.50 − 0.03 + 12 × 0.018) × 6 = 62.916(m)

基础顶面——屋面(角筋)

2⌀22：(14.45 + 5.20 − 0.65 − 4.05/3 − 0.60 + 1.5 × 31 × 0.022) × 2 = 35.946(m)

2⌀22：(14.45 + 5.20 − 0.65 − 4.05/3 − 0.03 + 12 × 0.022) × 2 = 35.568(m)

(2) KZ8 箍筋φ8 的长度及数量

基础顶面～14.45 m，箍筋长度

抗震结构：单根长度 =（梁宽 b + 梁高 h）× 2 − 保护层 × 8 + $11.9d$ × 2

外箍筋：0.50 × 4 − 0.03 × 8 + 11.9 × 0.008 × 2 = 1.9504(m)

内箍筋：[(h − 保护层 × 2)/3] × 2 + (b − 保护层 × 2) × 2 + $11.9d$ × 2

= [(0.50 − 0.03 × 2)/3] × 2 + (0.5 − 0.06) × 2 + 11.9 × 0.008 × 2 = 1.365(m)

合计：(外箍筋 + 内箍筋 × 2) 长度 = 1.9504 + 1.365 × 2 = 4.6804(m)

箍筋根数：

基础内箍筋 2 根非复合箍

φ8 箍筋数量

第一层：$H_n = 5.2 - 0.65 - 0.50 = 4.05$(m)

下部加密区：4.05/6 ÷ 0.10 + 1 = 8(根)

上部加密区：(4.05/6 + 0.5) ÷ 0.10 + 1 = 13(根)

中部非加密区：(4.05 − 4.05/6 × 2) ÷ 0.20 − 1 = 12.5 ≈ 13(根)

第二层和第三层：$H_n = 3.60 - 0.60 = 3$(m)

下部加密区：3.00/6 ÷ 0.10 + 1 = 6(根)

上部加密区：(3.00/6 + 0.6) ÷ 0.10 + 1 = 12(根)

中部非加密区：(3.00 − 3.00/6 × 2) ÷ 0.20 − 1 = 9(根)

第四层：$H_n = 3.00 - 0.60 = 2.400$(m)

下部加密区：max(H_n/6, 500, H_c) ÷ 0.10 + 1 = 6(根)

上部加密区：[max(H_n/6, 500, H_c) + 0.60] ÷ 0.10 + 1 = 12(根)

中部非加密区：(2.40 − 0.50 × 2) ÷ 0.20 − 1 = 6(根)

箍筋总数 = 8 + 13 + 13 + 2(6 + 12 + 9) + 6 + 12 + 6 = 112(根)

箍筋总长度 = 112 × 4.6804 + 2 × 1.9504 = 528.1(m)。

2.6　混凝土结构剪力墙

2.6.1　混凝土剪力墙结构的分类

一般剪力墙的墙肢截面高度和厚度之比大于 8，短肢剪力墙的墙肢高度与厚度之比为 5～8。

一般剪力墙根据墙面开洞大小情况，分为整截面墙、整体小开口墙、联肢墙和壁式框架。它们的受力特点如下：

(1)整截面剪力墙。当剪力墙不开门窗洞口或虽开有洞口，但洞口很小时(洞口面积不大于剪力墙总面积的15%、且洞口净距及洞口至墙边的净距都大于洞口长边的尺寸)，把其看作整截面墙[如图2.6.1(a)所示]。此时，它们的受力性能犹如一悬臂杆，截面上的正应力仍符合平截面假定，在墙肢的高度上，弯矩图既不发生突变也不出现反弯点，变形曲线以弯曲型为主。

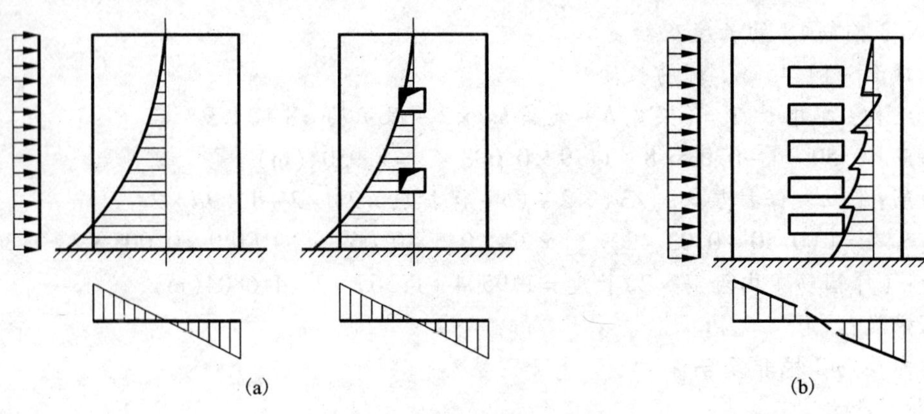

图2.6.1 剪力墙的分类

(2)整体小开口墙。当剪力墙上的门窗洞口沿竖向成列布置，洞口的总面积虽超过了墙总面积的15%，但总的说来洞口仍很小时，称其为整体小开口墙[如图2.6.1(b)所示]。它在荷载作用下，在连梁处的墙肢弯矩图有突变，但在整个墙肢的高度上，没有或仅在个别楼层中才出现反弯点，整个剪力墙的变形曲线仍以弯曲型为主。

(3)双肢剪力墙和多肢剪力墙。此类剪力墙上的门窗洞口尺寸较大(如图2.6.2(a)所示)，则整个剪力墙截面上的正应力已不再成直线分布，其变形曲线与整体小开口墙相近，仍以弯曲变形为主。

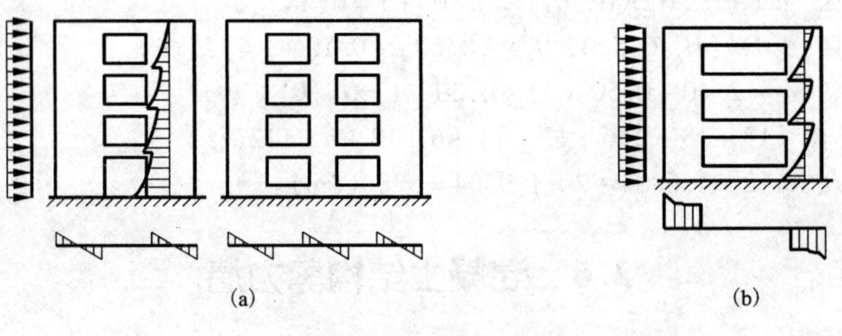

图2.6.2 剪力墙的分类

(4)壁式框架。当剪力墙具有多列洞口，且洞口尺寸较大，特别是当洞口上连梁的线刚度大于或接近于洞口侧边墙肢的线刚度时，则剪力墙的受力性能已接近于框架，宜按带刚域的“壁式框架”进行设计[如图2.6.2(b)所示]。此时，在水平荷载作用下其柱的弯矩图不仅在楼层处有突变，而且在大多数的楼层中都出现反弯点，整个框架的变形以剪切型为主。

剪力墙的墙肢截面高度与厚度之比小于5时，称为小墙肢。其中，当剪力墙的墙肢截面高度与厚度之比≤3时，宜按框架柱进行截面设计。

2.6.2 混凝土结构剪力墙的构造要求

1. 剪力墙的厚度

剪力墙的截面厚度：一级、二级抗震等级时底部加强部位不应小于200 mm，其他部位不应小于160 mm，无端柱或翼墙的一字形独立剪力墙不宜小于层高的1/12。三级、四级抗震等级剪力墙的截面厚度不应小于140 mm。

2. 剪力墙的加强部位

通常剪力墙的底部截面弯矩最大，可能出现塑性铰，底部截面钢筋屈服以后，由于钢筋和混凝土的黏结力破坏，钢筋屈服的范围扩大而形成塑性铰区。同时，塑性铰区也是剪力最大的部位，斜裂缝常常在这个部位出现，且分布在一定的范围，反复荷载作用就形成交叉裂缝，可能出现剪切破坏。在塑性铰区要采取加强措施，称为剪力墙的加强部位。

抗震设计时，为保证剪力墙出现塑性铰后具有足够的延性，该范围应当加强构造措施，提高其抗剪能力。《高层建筑混凝土建筑结构技术规程》规定，抗震设计时，剪力墙底部加强部位的高度可取底部两层或墙体总高度的1/10二者的较大值，带转换层的高层建筑结构，其剪力墙底部加强部位的高度应从地下室顶板算起，宜取至转换层以上两层且不宜小于房屋高度的1/10。当结构计算嵌固端位于地下一层底板或以下时，底部加强部位宜延伸到计算嵌固端。

3. 剪力墙的边缘构件

剪力墙两端和洞口两侧应设置边缘构件，一、二、三级剪力墙底层墙肢底截面的轴压比大于表2.6.1的规定值时，以及部分框支剪力墙结构的剪力墙，应在底部加强部位及相邻的上一层设置约束边缘构件。除此之外，应按规定设置构造边缘构件。约束边缘构件的截面尺寸及配筋都比构造边缘构件要求高，其长度及箍筋配置量都需要通过计算确定。

表2.6.1 剪力墙设置构造边缘构件的最大轴压比

抗震等级(设防烈度)	一级(9度设防)	一级(6、7、8度设防)	二、三级
轴压比(N/f_cA_w)	0.1	0.2	0.3

(1)约束边缘构件的主要措施是加大边缘构件的长度 l_c 及其体积配箍率 ρ_v，体积配箍率 ρ_v 由配箍特征值 λ_v 计算。约束边缘构件沿墙肢的长度 l_c 和配箍特征值 λ_v 应符合表2.6.2的要求，且约束边缘构件内箍筋或拉筋沿竖向的间距，一级不宜大于100 mm，二级、三级不宜大于150 mm。箍筋、拉筋沿水平方向的肢距不宜大于300 mm，不应大于竖向钢筋间距的2倍。一级、二级抗震设计时箍筋直径均不应小于8 mm。箍筋的配筋范围如图2.6.3中的阴影部分所示，其体积配箍率 ρ_v 须满足式2.6.1的要求，即

$$\rho_v \geqslant \lambda_v f_c / f_{yv} \tag{2.6.1}$$

式中：ρ_v——箍筋体积配箍率，可计入箍筋、拉筋以及符合构造要求的水平分布钢筋，计入的水平分布钢筋的体积配箍率不应大于总体积配箍率的30%；

λ_v——约束边缘构件配箍特征值；

f_c——混凝土轴心抗压强度设计值，混凝土强度等级低于C35时，应取C35的混凝土轴心抗压强度设计值；

f_{yv}——箍筋、拉筋或水平分布筋的抗拉强度设计值。

约束边缘构件纵向钢筋的配筋范围不应小于图2.6.3中的阴影面积，剪力墙约束边缘构件阴影部分的竖向钢筋除应满足正截面受压（受拉）承载力计算要求外，其配筋率一、二、三级时分别不应小于1.2%、1.0%和1.0%，并分别不应小于8Φ16、6Φ16和6Φ14的钢筋。

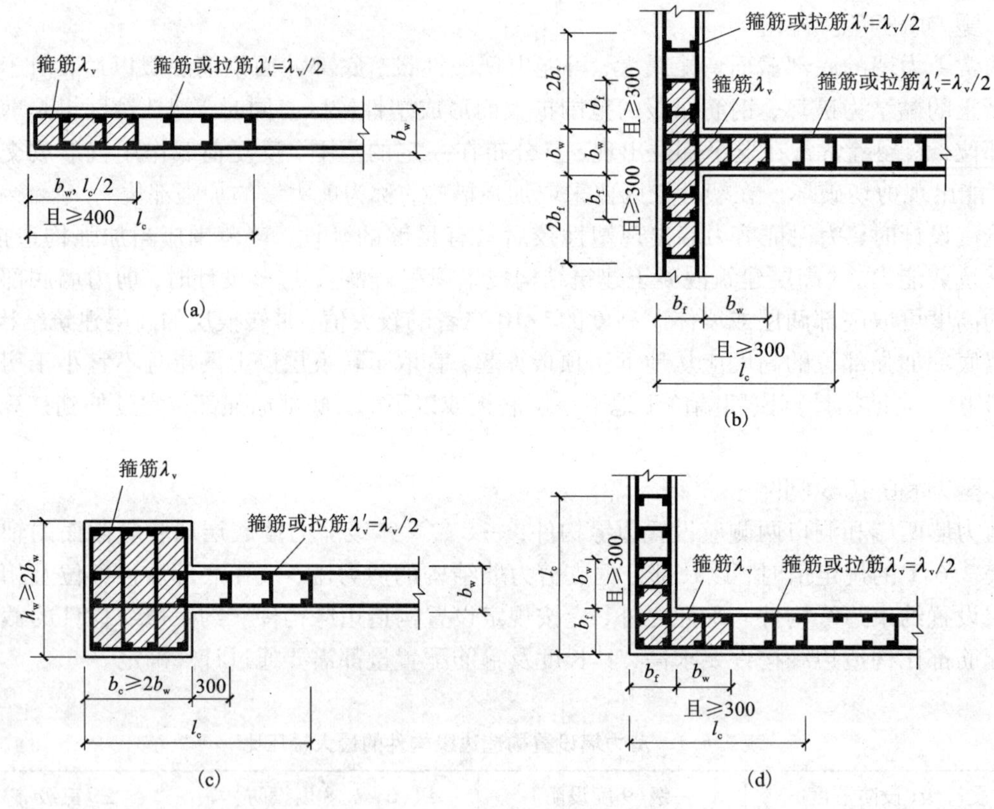

图2.6.3　剪力墙的约束边缘构件

约束边缘构件沿墙肢的长度及配箍特征值按表2.6.3采用；当墙肢轴压比较小时，约束边缘构件的配箍特征值可适当降低。

表 2.6.2　约束边缘构件范围 l_c 及其配箍特征值 λ_v

抗震等级(设防烈度)	一级(9 度设防)		一级(6、7、8 度设防)		二级、三级	
轴压比	≤0.2	>0.2	≤0.3	>0.3	≤0.4	>0.4
λ_v	0.12	0.20	0.12	0.20	0.12	0.20
l_c(暗柱)	$0.20h_w$	$0.25h_w$	$0.15h_w$	$0.20h_w$	$0.15h_w$	$0.20h_w$
l_c(端柱、翼墙或转角墙)	$0.15h_w$	$0.20h_w$	$0.10h_w$	$0.15h_w$	$0.10h_w$	$0.15h_w$

注：1. h_w 为墙肢的长度。

2. 剪力墙的翼墙长度小于其 3 倍厚度或端柱截面边长小于 2 倍墙厚时，视为无翼墙、无端柱。

3. l_c 为约束边缘构件沿墙肢的长度。对暗柱不应小于墙厚和 400 mm 的较大值；有翼墙或端柱时，不应小于翼墙厚度或端柱沿墙肢方向截面高度加 300 mm。

表 2.6.3　剪力墙构造边缘构件的配筋要求

抗震等级	底部加强区			其他部位		
	纵向钢筋最小量(取较大值)	箍筋		纵向钢筋最小量(取较大值)	拉筋	
		最小直径/mm	最大间距/mm		最小直径/mm	沿竖向最大间距/mm
一	$0.01A_c$，6 Φ16	8	100	$0.008A_c$，6 Φ14	8	150
二	$0.008A_c$，6 Φ14	8	150	$0.006A_c$，6 Φ12	8	200
三	$0.006A_c$，6 Φ12	6	150	$0.005A_c$，4 Φ12	6	200
四	$0.005A_c$，4 Φ12	6	200	$0.004A_c$，4 Φ12	6	250

注：1. A_c 为计算边缘构件纵向构造钢筋的暗柱或端柱面积。

2. 其他部位的转角处宜采用箍筋。

对于十字形截面剪力墙，可按两片墙分别沿墙端部设置约束边缘构件，交叉部位只按构造要求配置暗柱。

约束边缘构件中的纵向钢筋宜采用 HRB335 或 HRB400 级钢筋。

(2)构造边缘构件的范围宜按图 2.6.4 中阴影部分采用，其最小配筋应满足表 2.6.3 的规定，并应符合下列要求：

①竖向配筋应满足正截面受压(受拉)承载力的要求。

②当柱端承受集中荷载时，其竖向钢筋、箍筋直径和间距应满足框架柱的相应要求。

③箍筋、拉筋沿水平方向的肢距不宜大于 300 mm，不应大于竖向钢筋间距的 2 倍。

④抗震设计时，对于连体结构、错层结构及 B 级高度高层建筑结构中的剪力墙，其构造边缘构件的最小配筋应符合下列要求：竖向钢筋最小量应将表 2.6.3 中的数值提高 $0.001A_c$；箍筋的配筋范围宜取图 2.6.4 中的阴影部分，其箍筋特征值 λ_v 不宜小于 0.1。非抗震设计的剪力墙，墙肢端部应配置不少于 4 Φ12 的纵向钢筋，箍筋直径不应小于 6 mm、间距不宜大于 250 mm。

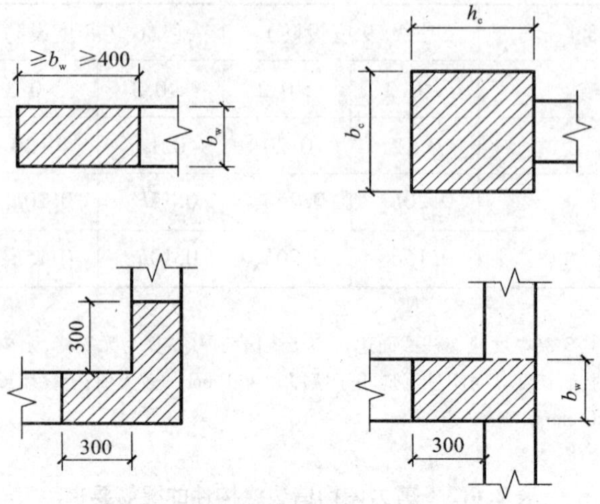

图 2.6.4　剪力墙构造边缘构件(mm)

4. 剪力墙截面的构造要求

(1)剪力墙分布钢筋的配筋

剪力墙分布钢筋的配筋方式有单排及多排配筋。剪力墙厚度大于 140 mm 时，其竖向和水平向分布钢筋不应少于双排布置，当剪力墙厚度超过 400 mm 时，若仅采用双排配筋，会形成中间大面积的素混凝土，使剪力墙截面应力分布不均匀，故剪力墙分布钢筋配筋方式宜按表 2.6.4 采用。各排分布钢筋之间应采用拉筋连接，拉筋应与外皮钢筋钩牢。拉结钢筋间距不应大于 600 mm，直径应小于 6 mm。在底部加强部位，约束边缘构件以外的拉筋应适当加密。

表 2.6.4　分布钢筋的配筋方式

截面厚度	$b_w \leqslant 400$ mm	400 mm $< b_w \leqslant 700$ mm	$b_w > 700$ mm
配筋方式	2 排配筋	3 排配筋	4 排配筋

(2)分布钢筋的连接和锚固

剪力墙水平分布钢筋应伸至墙端，并向内弯折 $10d$ 后截断[图 2.6.5(a)(b)]，其中 d 为水平分布钢筋直径；当墙厚度较小时，也可采用在墙端附近搭接的做法[图 2.6.5(d)]；当剪力墙端部有翼墙或转角墙时，内墙两侧的水平分布钢筋和外墙内侧的水平分布钢筋应伸至翼墙或转角墙外边，并分别向两侧水平弯折不小于 $15d$ 后截断[图 2.6.5(c)]。

剪力墙竖向及水平钢筋的搭接连接如图 2.6.6 所示，一、二级抗震等级剪力墙的底部加强部位，接头位置应错开，每次连接的钢筋数量不宜超过总数量的 50%，错开的净距不宜小于 500 mm；其他情况剪力墙的钢筋可在同一部位连接。非抗震设计时，分布钢筋的搭接长度不应小于 $1.2l_a$；抗震设计时，不应小于 $1.2l_{aE}$。暗柱及端柱内纵向钢筋连接和锚固要求与框架柱相同。

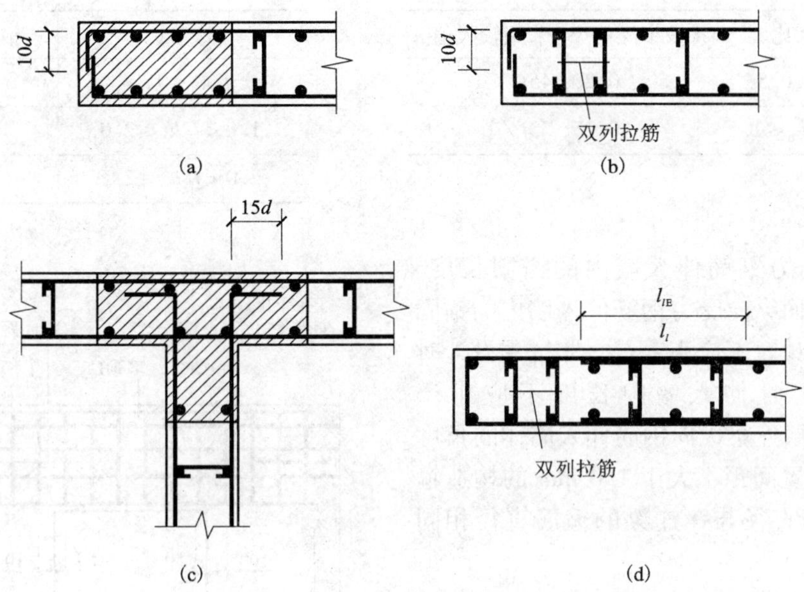

图 2.6.5 剪力墙端部水平分布钢筋构造

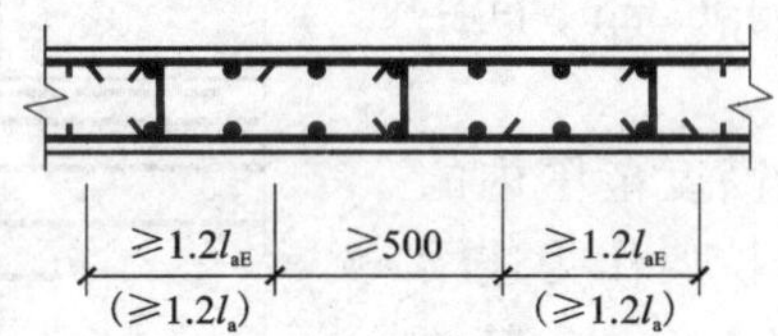

图 2.6.6 墙内分布钢筋的连接

一、二级抗震等级剪力墙非底部加强部位或三、四级抗震等级或非抗震设计的剪力墙竖向分布钢筋可在同一截面搭接，搭接长度不应小于 $1.2l_{aE}$ 或 $1.2l_a$，且不应小于 300 mm。当分布钢筋直径大于 28 mm 时，不宜采用搭接接头。

(3) 连梁的配筋构造

连梁是一个受到反弯矩作用的梁，并且通常跨高比较小，因而容易出现剪切斜裂缝，为防止斜裂缝出现后的脆性破坏，《高层建筑混凝土结构技术规程》规定了连梁在构造上的一些特殊要求。

①跨高比 (l/h_b) 不大于 1.5 的连梁，非抗震设计时，其纵向钢筋的最小配筋率应为 0.2%；抗震设计时，其纵向钢筋的最小配筋率宜符合表 2.6.5 的要求；跨高比大于 1.5 的连梁，其纵向钢筋的最小配筋率可按框架梁的要求采用。

②剪力墙结构连梁。非抗震设计时，顶面及底面单侧纵向钢筋的最大配筋率不宜大于 2.5%；抗震设计时，顶面及底面单侧纵向钢筋的最大配筋率宜符合表 2.6.6 的要求。如不满足，则应按实配钢筋进行连梁强剪弱弯的验算。

表 2.6.5　跨高比不大于 1.5 的连梁纵向钢筋的最小配筋率

跨高比	最小配筋率(采用较大值)
$l/h_b \leqslant 0.5$	0.20, $45f_t/f_y$
$0.5 < l/h_b \leqslant 1.5$	0.25, $55f_t/f_y$

表 2.6.6　连梁纵向钢筋的最大配筋率

跨高比	最大配筋率
$l/h_b \leqslant 1.0$	0.6
$1.0 < l/h_b \leqslant 2.0$	1.2
$2.0 < l/h_b \leqslant 2.5$	1.5

③纵向受力钢筋伸入墙内的锚固长度。连梁顶面、底面纵向受力钢筋伸入墙内的锚固长度，抗震设计时不应小于 l_{aE}，非抗震设计时不应小于 l_a，且伸入墙内长度不应小于 600 mm。在顶层连梁纵向钢筋伸入墙体的长度范围内，应配置间距不大于 150 mm 的构造箍筋，构造箍筋直径与该连梁的箍筋直径相同(图 2.6.7)。

④连梁全长箍筋的构造要求。抗震设计时，沿连梁全长箍筋的构造应符合框架梁梁端箍筋加密区的箍筋构造要求；非抗震设计时，沿连梁全长的箍筋直径不应小于 6 mm，间距不应大于 150 mm。

⑤连梁的腰筋配筋。连梁高度范围内的墙肢水平分布钢筋应在连梁内拉通作为连梁的腰筋。连梁截面高度大于 700 mm 时，其两侧面腰筋的直径不应小于 8 mm，间距不应大于 200 mm；跨高比不大于 2.5 的连梁，其两侧腰筋的总面积配筋率不应小于 0.3%。

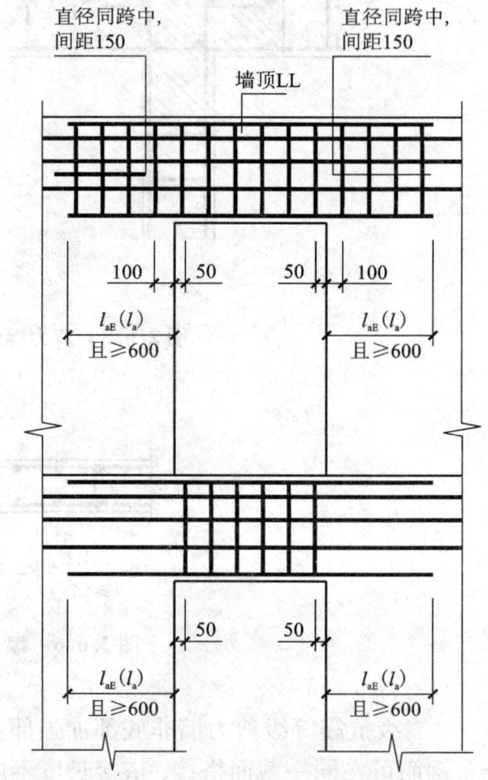

图 2.6.7　连梁配筋构造

⑥剪力墙墙面和连梁开洞口时的构造要求。当剪力墙墙面所开洞口较小时，除了将切断的分布钢筋集中在洞口边缘补足外，还要有所加强，以抵抗洞口应力集中。连梁是剪力墙中薄弱部位，应重视连梁中开洞口后的加强措施。

2.6.3　剪力墙钢筋构造及平法标注

1. 剪力墙的平法标注

(1)列表注写方式

列表注写方式，是指分别在剪力墙柱表、剪力墙身表和剪力墙梁表中，对应于剪力墙平面布置图上的编号，用绘制截面配筋图并注写几何尺寸及配筋具体数值的方式，来表达剪力墙平法施工图。

1)墙柱表。剪力墙柱表，如图 2.6.8 所示。

截面	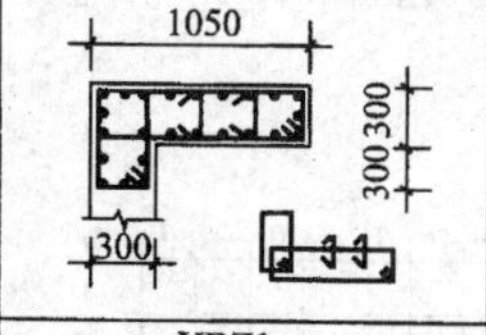 1050, 300, 300, 300	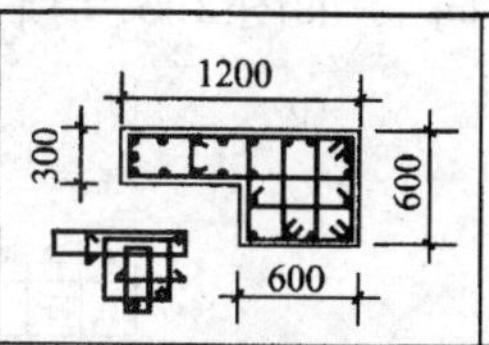 1200, 300, 600, 600	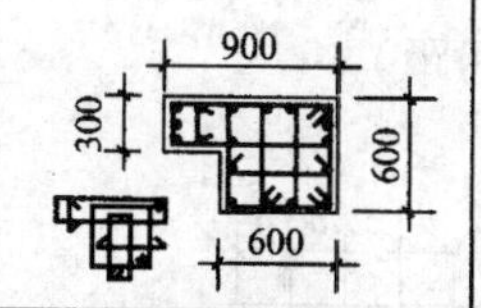 900, 300, 600, 600	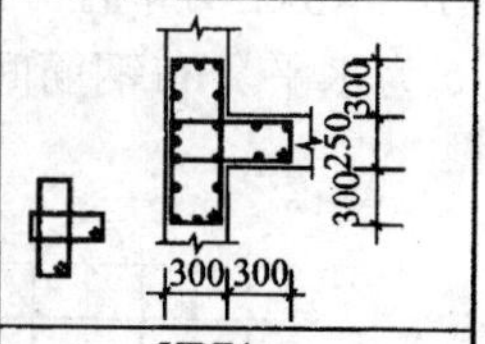 300, 250, 300, 300, 300
编号	YBZ1	YBZ2	YBZ3	YBZ4
标高/m	−0.030~12.270	−0.030~12.270	−0.030~12.270	−0.030~12.270
纵筋	24⌀20	22⌀20	18⌀20	20⌀20
箍筋	ϕ10@100	ϕ10@100	ϕ10@100	ϕ10@100
截面	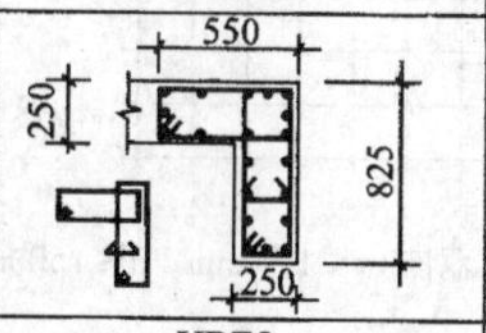 550, 250, 825, 250	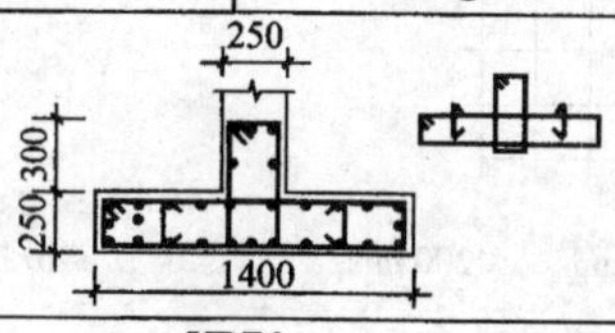 250, 300, 250, 1400		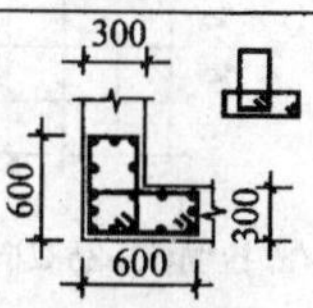 300, 600, 300, 600
编号	YBZ5	YBZ6		YBZ7
标高/m	−0.030~12.270	−0.030~12.270		−0.030~12.270
纵筋	20⌀20	23⌀20		16⌀20
箍筋	ϕ10@100	ϕ10@100		ϕ10@100

−0.030~12.270m剪力墙平法施工图(部分剪力墙柱表)

图 2.6.8　剪力墙柱表

墙柱表中表达的内容如下：

①墙柱编号：绘制该墙柱的截面配筋图，标注墙柱几何尺寸。

a. 约束边缘构件：需注明阴影部分尺寸。

b. 构造边缘构件：需注明阴影部分尺寸。

c. 扶壁柱及非边缘暗柱：需标注几何尺寸。

②各段墙柱的起止标高。注写各段墙柱的起止标高，自墙柱根部往上以变截面位置或截面未变但配筋改变处为界分段注写。墙柱根部标高系指基础顶面标高(部分框支剪力墙结构则为框支梁顶面标高)。

③各段墙柱的纵向钢筋和箍筋。注写各段墙柱的纵向钢筋和箍筋，注写值应与在表中绘制的截面配筋图对应一致，纵向钢筋注总配筋值；墙柱箍筋的注写方式与柱箍筋相同，约束边缘构件除注写阴影部位的箍筋外，尚需在剪力墙平面布置图中注写非阴影区内布置的拉筋(或箍筋)。

2)墙身表剪力墙身表包括以下内容：

①墙身编号。

②各段墙身起止标高。注写各段墙身起止标高，自墙身根部往上以变截面位置或截面未变但配筋改变处为界分段注写。墙身根部标高系指基础顶面标高(部分框支剪力墙结构则为框支梁顶面标高)。

③配筋。注写水平分布钢筋、竖向分布钢筋和拉筋的具体数值。注写数值为一排水平分布钢筋和竖向分布钢筋的规格与间距，具体设置几排已经在墙身编号后面表达。

拉筋应注明布置方式“双向”或“梅花双向”，如图 2.6.9 所示（图中 a 为竖向分布钢筋间距，b 为水平分布钢筋间距）。

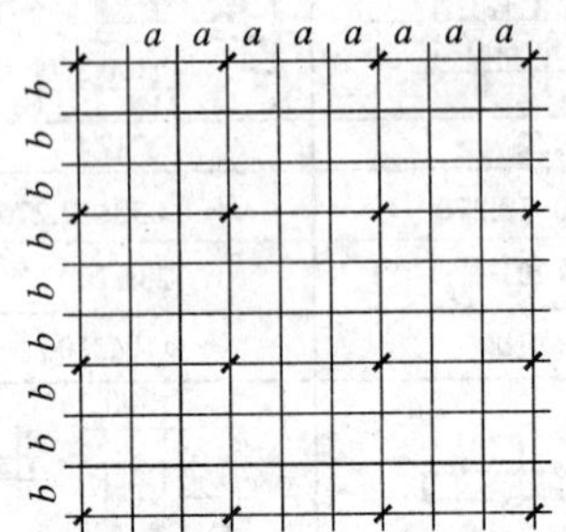

(a) 拉筋@3a3b双向（$a \leq 200$ mm、$b \leq 200$ mm）

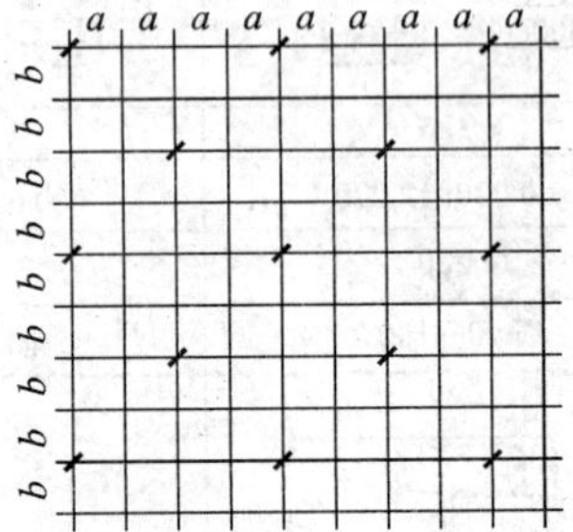

(b) 拉筋@4a4b梅花双向（$a \leq 150$ mm、$b \leq 150$ mm）

图 2.6.9　双向拉筋与梅花双向拉筋示意图

3）墙身梁包括以下内容：

①墙梁编号。

②墙梁所在楼层号。

③墙梁顶面标高高差。墙梁顶面标高高差，系指相对于墙梁所在结构层楼面标高的高差值，高于者为正值，低于者为负值，当无高差时不注。

④截面尺寸：墙梁截面尺寸 $b \times h$，上部纵筋、下部纵筋和箍筋的具体数值。

⑤当连梁设有对角暗撑时［代号为 LL（JC）× ×］，注写暗撑的截面尺寸（箍筋外皮尺寸）；注写一根暗撑的全部纵筋，并标注 ×2 表明有两根暗撑相互交叉；注写暗撑箍筋的具体数值。

⑥当连梁设有交叉斜筋时［代号为 LL（JX）× ×］，注写连梁一侧对角斜筋的配筋值，并标注 ×2 表明对称设置；注写对角斜筋在连梁端部设置的拉筋根数、规格及直径，并标注 ×4 表示四个角都设置；注写连梁一侧折线筋配筋值，并标注 ×2 表明对称设置。

⑦当连梁设有集中对角斜筋时［代号为 LL（DX）× ×］，注写一条对角线上的对角斜筋，并标注 ×2 表明对称设置。

墙梁侧面纵筋的配置，当墙身水平分布钢筋满足连梁、暗梁及边框梁的梁侧面纵向构造钢筋的要求时，该筋配置同墙身水平分布钢筋，表中不注，施工按标准构造详图的要求即可；当不满足时，应在表中补充注明梁侧面纵筋的具体数值（其在支座内的锚固要求同连梁中受力钢筋）。

（2）截面注写方式

截面注写方式，是指在分标准层绘制的剪力墙平面布置图上，以直接在墙柱、墙梁、墙身上注写截面尺寸和配筋具体数值的方式来表达剪力墙平法施工图。

选用适当比例原位放大绘制剪力墙平面布置图，其中对墙柱绘制配筋截面图；对所有墙柱、墙身、墙梁进行编号，并分别在相同编号的墙柱、墙身、墙梁中选择一根墙柱、一道墙身、一根墙梁进行注写，其注写方式如下：

①从相同编号的墙柱中选择一个截面，注明几何尺寸，标注全部纵筋及箍筋的具体数值。

注：约束边缘构件除需注明阴影部分具体尺寸外，尚需注明约束边缘构件沿墙肢长度 l_c，约束边缘翼墙中沿墙肢长度尺寸为 $2b_f$ 时可不注。除注写阴影部位的箍筋外尚需注写非阴影区内布置的拉筋(或箍筋)。当仅 l_c 不同时，可编为同一构件，但应单独注明 l_c 的具体尺寸并标注非阴影区内布置的拉筋(或箍筋)。

②从相同编号的墙身中选择一道墙身，按顺序引注的内容为：墙身编号(应包括注写在括号内墙身所配置的水平与竖向分布钢筋的排数)、墙厚尺寸，水平分布钢筋、竖向分布钢筋和拉筋的具体数值。

③从相同编号的墙梁中选择一根墙梁，按顺序引注的内容如下：

a. 注写墙梁编号、墙梁截面尺寸 $b \times h$、墙梁箍筋、上部纵筋、下部纵筋和墙梁顶面标高高差的具体数值。

b. 当连梁设有对角暗撑时[代号为 LL(JC)××]，注写暗撑的截面尺寸(箍筋外皮尺寸)；注写一根暗撑的全部纵筋，并标注 ×2 表明有两根暗撑相互交叉；注写暗撑箍筋的具体数值。

c. 当连梁设有交叉斜筋时[代号为 LL(JX)××]，注写连梁一侧对角斜筋的配筋值，并标注 ×2 表明对称设置；注写对角斜筋在连梁端部设置的拉筋根数、规格及直径，并标注 ×4 表示四个角都设置；注写连梁一侧折线筋配筋值，并标注 ×2 表明对称设置。

d. 当连梁设有集中对角斜筋时[代号为 LL(DX)××]，注写一条对角线上的对角斜筋，并标注 ×2 表明对称设置。

当墙身水平分布钢筋不能满足连梁、暗梁及边框梁的梁侧面纵向构造钢筋的要求时，应补充注明梁侧面纵筋的具体数值；注写时，以大写字母 N 打头，接续注写直径与间距。其在支座内的锚固要求同连梁中受力钢筋。

(3)剪力墙编号

将剪力墙按剪力墙柱、剪力墙身、剪力墙梁(墙柱、墙身、墙梁)三类构件分别编号。

1)墙柱编号墙柱编号　由墙柱类型代号和序号组成，表达形式见表 2.6.7。

表 2.6.7　墙柱编号

墙柱类型	编号	序号	墙柱类型	编号	序号
约束边缘构件	YBZ	××	非边缘暗柱	AZ	××
构造边缘构件	GBZ	××	扶壁柱	FBZ	××

注：1. 约束边缘构件包括约束边缘暗柱、约束边缘端柱、约束边缘翼墙、约束边缘转角墙四种(如图 2.6.10 所示)。

2. 构造边缘构件包括构造边缘暗柱、构造边缘端柱、构造边缘翼墙、构造边缘转角墙四种(如图 2.6.11 所示)。

2)墙身编号　由墙身代号、序号以及墙身所配置的水平与竖向分布钢筋的排数组成，其中，排数注写在括号内。表达形式为：

Q××(×排)

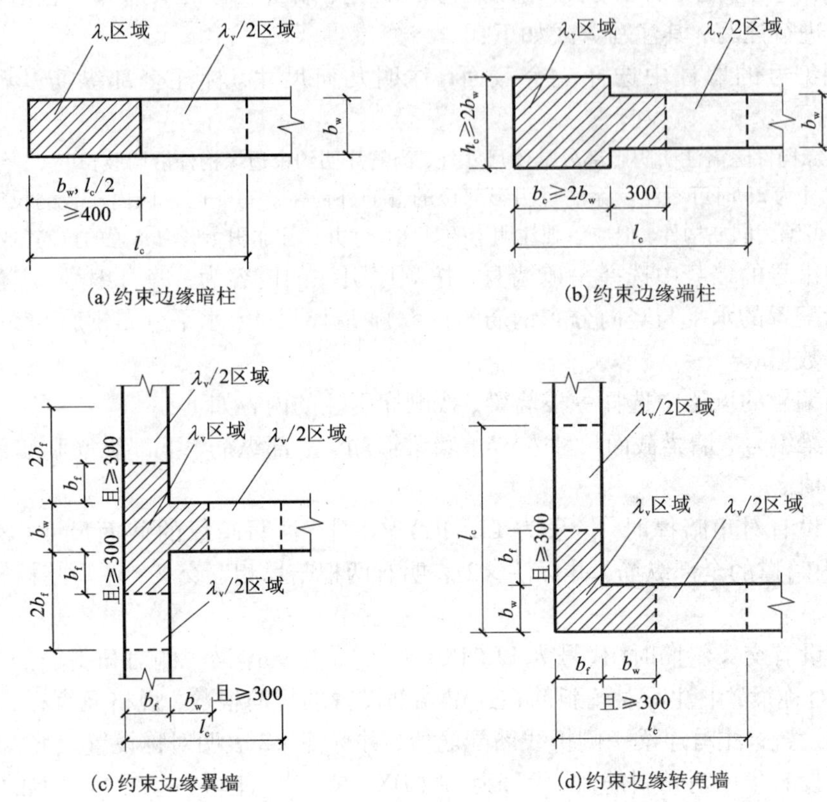

图 2.6.10　约束边缘构件

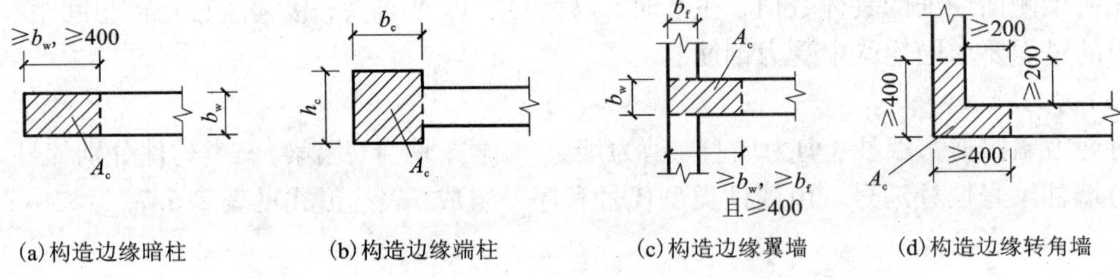

图 2.6.11　构造边缘构件

注：1. 在编号中，如若干墙柱的截面尺寸与配筋均相同，仅截面与轴线的关系不同时，可将其编为同一墙柱号；又如若干墙身的厚度尺寸和配筋均相同，仅墙厚与轴线的关系不同或墙身长度不同时，也可将其编为同一墙身号，但应在图中注明与轴线的几何关系。

2. 当墙身所设置的水平与竖向分布钢筋的排数为 2 时可不注。

3. 对于分布钢筋网的排数规定：非抗震，当剪力墙厚度大于 160 mm 时，应配置双排；当其厚度不大于 160 mm 时，宜配置双排。抗震，当剪力墙厚度不大于 400 mm 时，应配置双排；当剪力墙厚度大于 400 mm，但不大于 700 mm 时，宜配置三排；当剪力墙厚度大于 700 mm 时，宜配置四排。各排水平分布钢筋和竖向分布钢筋的直径与间距宜保持一致；当剪力墙配置的分布钢筋多于两排时，剪力墙拉筋两端应同时钩住外排水平纵筋和竖向纵筋，还应与剪力墙内排水平纵筋和竖向纵筋绑扎在一起。

3）墙梁编号　由墙梁类型代号和序号组成，表达形式见表2.6.8。

表2.6.8　墙梁编号

墙梁类型	代号	序号	墙梁类型	代号	序号
连梁	LL	××	连梁（集中对角斜筋配筋）	LL(DX)	××
连梁（对角暗撑配筋）	LL(JC)	××	暗梁	AL	××
连梁（交叉斜筋配筋）	LL(JX)	××	边框梁	BKL	××

（4）剪力墙洞口的表示方法

无论采用列表注写方式还是截面注写方式，剪力墙上的洞口均可在剪力墙平面布置图上原位表达。洞口的具体表示方法如下：

1）在剪力墙平面布置图上绘制。在剪力墙平面布置图上绘制洞口示意，并标注洞口中心的平面定位尺寸。

2）在洞口中心位置引注

①洞口编号。矩形洞口为JD××（××为序号），圆形洞口为YD××（××为序号）。

②洞口几何尺寸。矩形洞口为洞宽×洞高（$b \times h$），圆形洞口为洞口直径d。

③洞口中心相对标高。洞口中心相对标高，系相对于结构层楼（地）面标高的洞口中心高度。当其高于结构层楼面时为正值，低于结构层楼面时为负值。

④洞口每边补强钢筋。

a. 当矩形洞口的洞宽、洞高均不大于800 mm时，此项注写为洞口每边补强钢筋的具体数值（如果按标准构造详图设置补强钢筋时可不注）。当洞宽、洞高方向补强钢筋不一致时，分别注写洞宽方向、洞高方向补强钢筋，以“/”分隔。

b. 当矩形或圆形洞口的洞宽或直径大于800 mm时，在洞口的上、下需设置补强暗梁，此项注写为洞口上、下每边暗梁的纵筋与箍筋的具体数值（在标准构造详图中，补强暗梁梁高一律定为400 mm，施工时按标准构造详图取值，设计不注。当设计者采用与该构造详图不同的做法时，应另行注明），圆形洞口时尚需注明环向加强钢筋的具体数值；当洞口上、下边为剪力墙连梁时，此项免注；洞口竖向两侧设置边缘构件时，亦不在此项表达（当洞口两侧不设置边缘构件时，设计者应给出具体做法）。

c. 当圆形洞口设置在连梁中部1/3范围（且圆洞直径不应大于1/3梁高）时，需注写在圆洞上下水平设置的每边补强纵筋与箍筋。

d. 当圆形洞口设置在墙身或暗梁、边框梁位置，且洞口直径不大于300 mm时，此项注写为洞口上下左右每边布置的补强纵筋的具体数值。

e. 当圆形洞口直径大于300 mm，但不大于800 mm时，其加强钢筋按照圆外切正六边形的边长方向布置，设计仅需注写六边形中一边补强钢筋的具体数值。

（5）地下室外墙的表示方法

地下室外墙仅适用于起挡土作用的地下室外围护墙。地下室外墙中墙柱、连梁及洞口等的表示方法同地上剪力墙。

地下室外墙编号，由墙身代号序号组成。表达为：DWQ××

地下室外墙平法注写方式，包括集中标注墙体编号、厚度、贯通筋、拉筋等和原位标注附加非贯通筋等两部分内容。当仅设置贯通筋，未设置附加非贯通筋时，则仅做集中标注。

1)集中标注。集中标注的包括如下内容：

①地下室外墙编号，包括代号、序号、墙身长度(注为××~××轴)。

②地下室外墙厚度 b = ×××。

③地下室外墙的外侧、内侧贯通筋和拉筋。

a. 以 OS 代表外墙外侧贯通筋。其中，外侧水平贯通筋以 H 打头注写，外侧竖向贯通筋以 V 打头注写。

b. 以 IS 代表外墙内侧贯通筋。其中，内侧水平贯通筋以 H 打头注写，内侧竖向贯通筋以 V 打头注写。

c. 以 tb 打头注写拉筋直径、强度等级及间距，并注明“双向”或“梅花双向”。

2)原位标注。地下室外墙的原位标注，主要表示在外墙外侧配置的水平非贯通筋或竖向非贯通筋。当配置水平非贯通筋时，在地下室墙体平面图上原位标注。在地下室外墙外侧绘制粗实线段代表水平非贯通筋，在其上注写钢筋编号并以 H 打头注写钢筋强度等级、直径、分布间距，以及自支座中线向两边跨内的伸出长度值。当自支座中线向两侧对称伸出时，可仅在单侧标注跨内伸出长度，另一侧不注，此种情况下非贯通筋总长度为标注长度的 2 倍。边支座处非贯通钢筋的伸出长度值从支座外边缘算起。

地下室外墙外侧非贯通筋通常采用“隔一布一”方式与集中标注的贯通筋间隔布置，其标注间距应与贯通筋相同，两者组合后的实际分布间距为各自标注间距的 1/2。

当在地下室外墙外侧底部、顶部、中层楼板位置配置竖向非贯通筋时，应补充绘制地下室外墙竖向截面轮廓图并在其上原位标注。表示方法为在地下室外墙竖向截面轮廓图外侧绘制粗实线段代表竖向非贯通筋，在其上注写钢筋编号并以 V 打头注写钢筋强度等级、直径、分布间距，以及向上(下)层的伸出长度值，并在外墙竖向截面图名下注明分布范围(××~××轴)。

地下室外墙外侧水平、竖向非贯通筋配置相同者，可仅选择一处注写，其他可仅注写编号。当在地下室外墙顶部设置通长加强钢筋时应注明。

2. 剪力墙钢筋的构造

(1)剪力墙身基本构造

1)剪力墙身水平钢筋构造

2)剪力墙身竖向钢筋构造

①竖向分布筋在剪力墙中构造。在剪力墙中，竖向分布筋布置包括双排、三排、四排配筋三种情况，如图 2.6.12 所示。

当 b_w(墙厚度)≤400 mm 时，剪力墙设置双排配筋；当 400 mm < b_w(墙厚度)≤700 mm 时，剪力墙设置三排配筋；当 b_w(墙厚度)>700 mm 时，剪力墙设置四排配筋。

在暗柱内部(指暗柱配箍区)不设置剪力墙竖向分布钢筋。第一根竖向分布钢筋距暗柱主筋中心 1/2 竖向分布钢筋间距的位置进行绑扎。

②剪力墙竖向钢筋顶部构造。剪力墙竖向钢筋顶部构造，如图 2.6.13 所示。

剪力墙竖向钢筋弯锚入屋面板或楼板内 $12d$，伸入边框梁内的长度为 l_{aE}(l_a)。

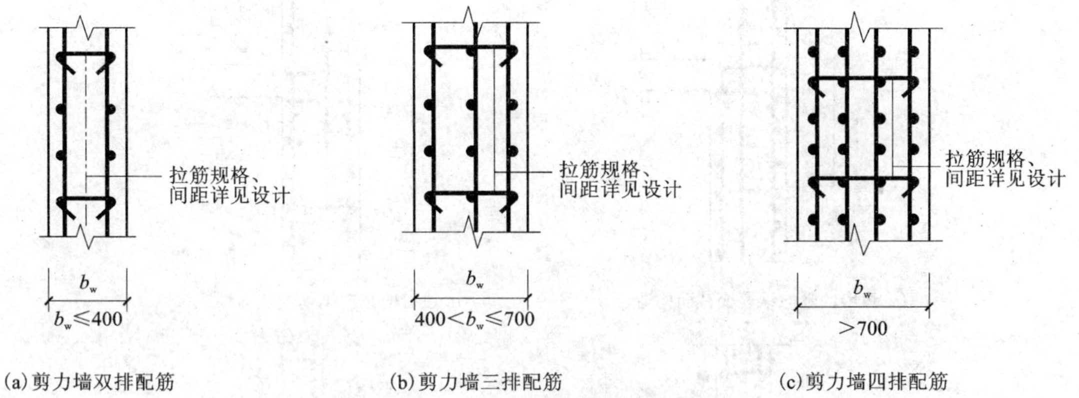

图 2.6.12　竖向分布筋在剪力墙中构造

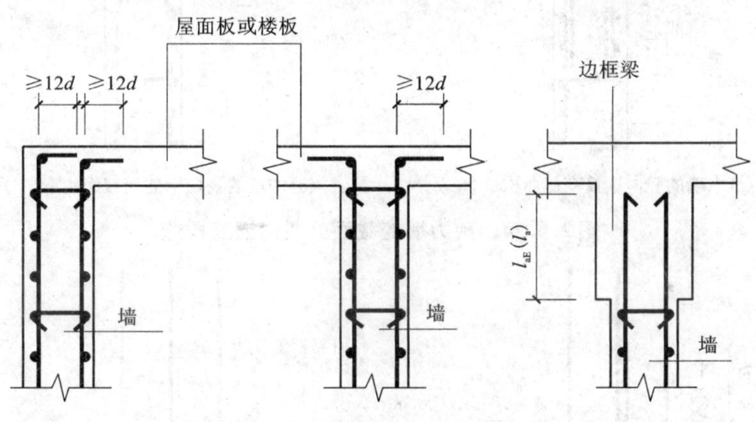

图 2.6.13　剪力墙竖向钢筋顶部构造

③剪力墙变截面处竖向钢筋构造。剪力墙变截面处竖向钢筋构造，如图 2.6.14 所示。

图 2.6.14(a)、(b)所示为边墙的竖向钢筋变截面构造。边墙内侧的竖向钢筋伸到楼板顶部一下然后弯折到对边切断，上一层的墙柱和墙身竖向钢筋插入当前楼层 $1.2l_{aE}(1.2l_a)$。

如图 2.6.14(c)(d)所示为中墙的竖向钢筋变截面构造。图 2.6.14(c)中，当前楼层的墙柱和墙身的竖向钢筋伸至楼板顶部以下然后弯折到对边切断，上一层的墙柱和墙身竖向钢筋插入当前楼层 $1.2l_{aE}(1.2l_a)$；图 2.6.14(d)中，当前楼层的墙柱和墙身的竖向钢筋不切断，而是以 1/6 钢筋斜率的方式弯曲伸至上一楼层。

④剪力墙竖向分布钢筋连接构造。剪力墙竖向分布钢筋连接构造共包括四种情况，如图 2.6.15所示。

如图 2.6.15(a)所示，当剪力墙的抗震等级为一、二级时，剪力墙竖向分布钢筋的搭接长度为 $1.2l_{aE}(1.2l_a)$，相邻搭接点的错开净距离为 500 mm。

如图 2.6.15(b)所示，当各级抗震等级或非抗震剪力墙竖向分布钢筋采用机械连接时，第一个连接点距楼板顶面或基础顶面≥500 mm，相邻钢筋交错连接，错开的距离为 $35d$。

如图 2.6.15(c)所示，当各级抗震等级或非抗震剪力墙竖向分布钢筋采用焊接时，第一

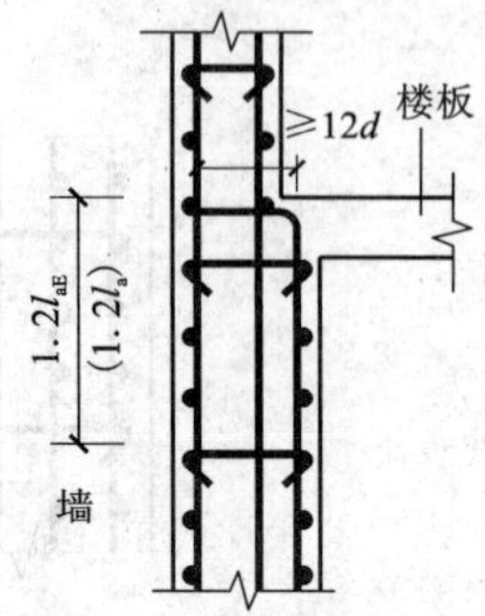

(a)边墙的竖向钢筋变截面构造(一)

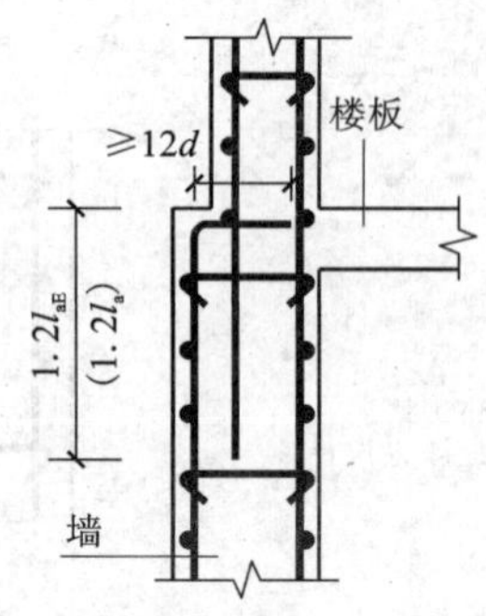

(b)边墙的竖向钢筋变截面构造(二)

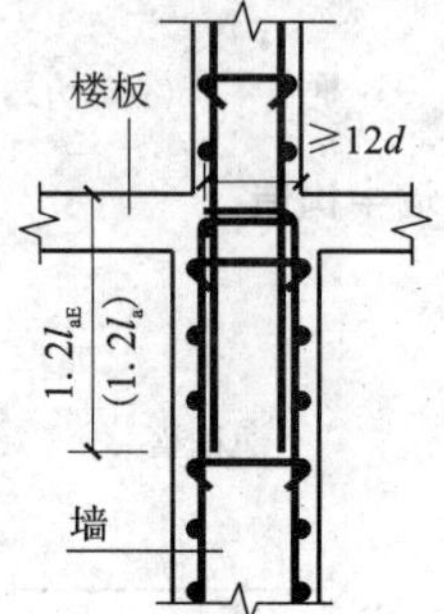

(c)中墙的竖向钢筋变截面构造(一)

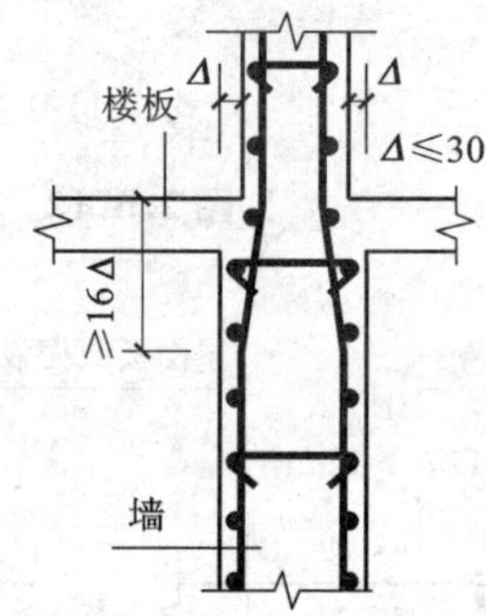

(d)中墙的竖向钢筋变截面构造(二)

图 2.6.14　剪力墙变截面处竖向钢筋构造

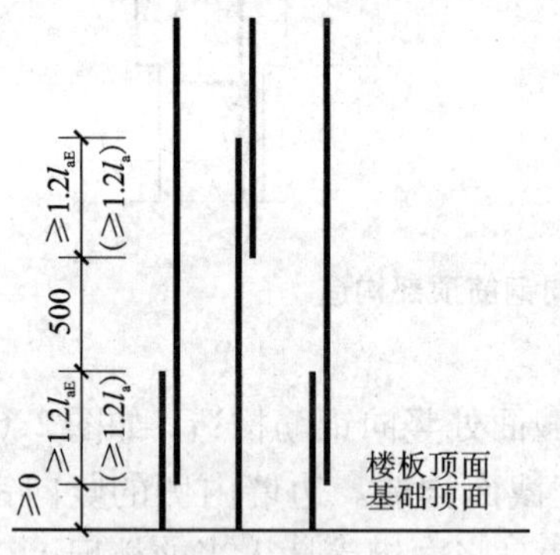

(a)剪力墙竖向分布钢筋搭接构造

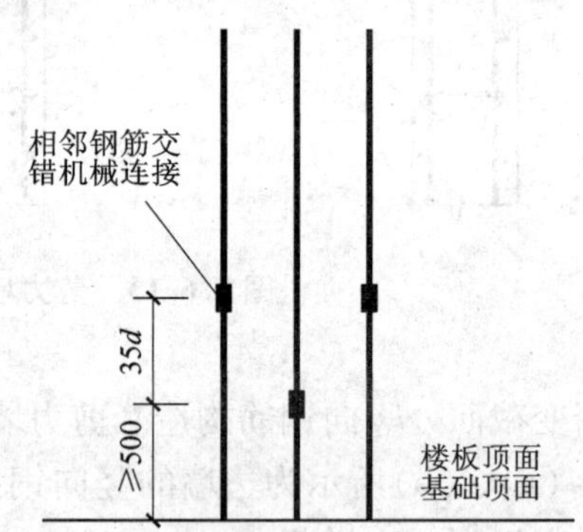

(b)剪力墙竖向分布钢筋机械连接构造

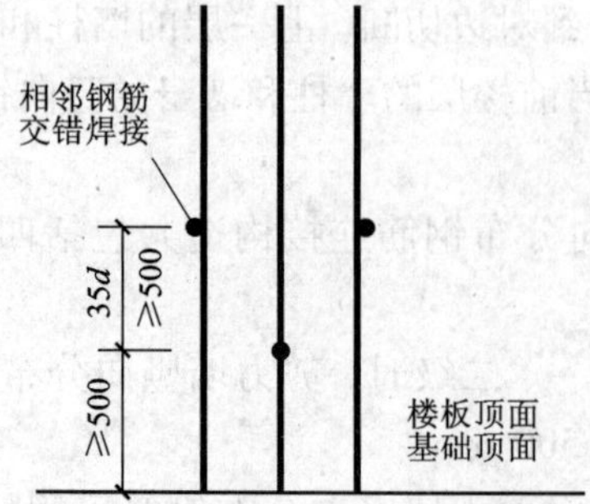

(c)剪力墙竖向分布钢筋焊接构造

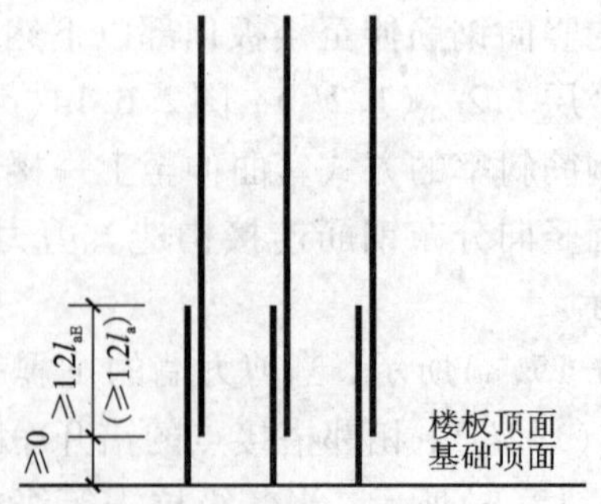

(b)剪力墙竖向分布钢筋在同一部位搭接

图 2.6.15　剪力墙竖向分布钢筋连接构造

个连接点距楼板顶面或基础顶面≥500 mm，相邻钢筋交错连接，错开的距离为 max(500, $35d$)。

如图 2.6.15(d)所示，一、二级抗震等级剪力墙非底部加强部位或三、四级抗震等级或非抗震剪力墙竖向分布钢筋采用搭接构造时，在同一部位搭接，搭接长度为 $1.2l_{aE}$($1.2l_a$)。

(2)剪力墙柱柱身钢筋构造

①剪力墙边缘构件纵向钢筋连接构造，如图 2.6.16 所示。

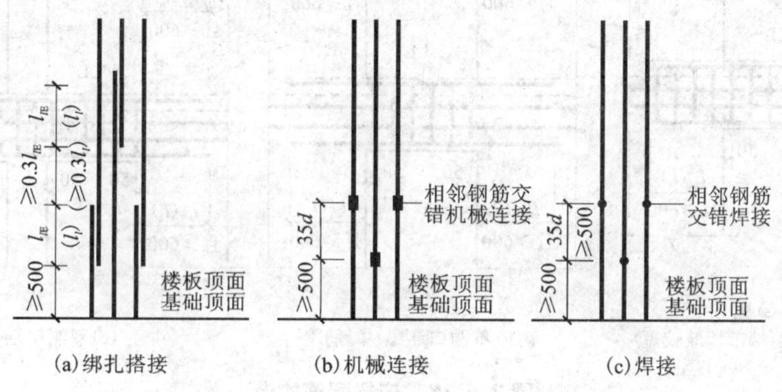

图 2.6.16　剪力墙边缘构件纵向钢筋连接构造

如图 2.6.16(a)所示，绑扎搭接——第一个连接点距楼板顶面或基础顶面≥500 mm，相邻钢筋交错搭接，搭接的长度≥l_{lE}(l_l)，错开距离≥$0.3l_{lE}$($0.3l_l$)；

如图 2.6.16(b)所示，机械连接——第一个连接点距楼板顶面或基础顶面≥500 mm，相邻钢筋交错连接，错开的距离≥$35d$；

如图 2.6.16(c)所示，焊接——第一个连接点距楼板顶面或基础顶面≥500 mm，相邻钢筋交错连接，错开的距离≥max($35d$, 500)。

②剪力墙上起约束边缘构件纵筋构造，如图 2.6.17 所示。约束边缘构件纵筋以楼板顶部伸入剪力墙的长度为 $1.2l_{aE}$。

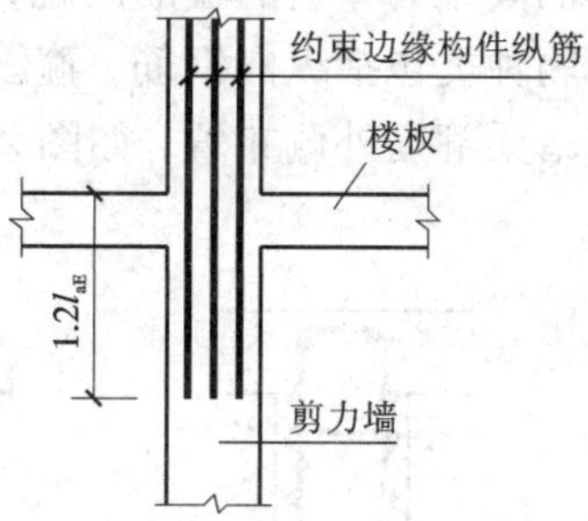

图 2.6.17　剪力墙上起约束边缘构件纵筋构造

(3)剪力墙梁配筋构造

1)剪力墙连梁配筋构造。剪力墙连梁配筋构造，如图 2.6.18 所示。连梁以暗柱或端柱作为支座，连梁主筋锚固起点应从暗柱或端柱的边缘算起。

①连梁纵筋锚入暗柱或端柱的锚固方式和锚固长度

a. 洞口连梁(端部墙肢较短)

当端部洞口连梁的纵向钢筋在端支座(暗柱或端柱)的直锚长度≥l_{aE}(l_a)时，可不必向上(下)弯锚，连梁纵筋在中间支座的直锚长度为 l_{aE}(l_a)且≥600 mm；

当暗柱或端柱的长度小于钢筋的锚固长度时，连梁纵筋伸至暗柱或端柱外侧纵筋的内侧弯钩 $15d$。

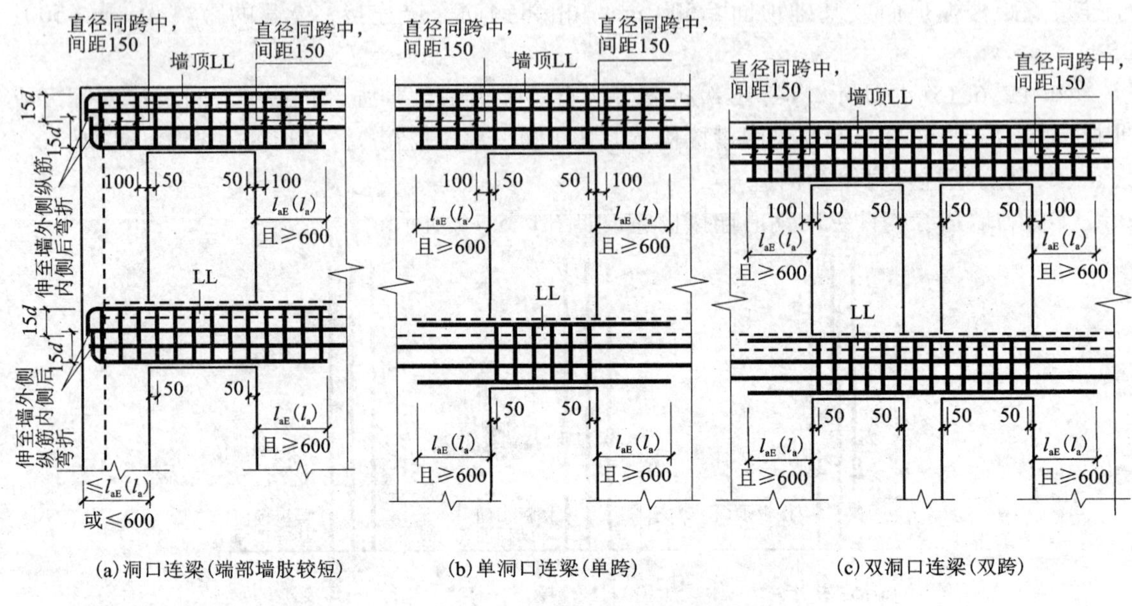

(a)洞口连梁(端部墙肢较短)　(b)单洞口连梁(单跨)　(c)双洞口连梁(双跨)

图 2.6.18　连梁配筋构造

b. 单洞口连梁(单跨)：连梁纵筋在洞口两端支座的直锚长度为 $l_{aE}(l_a)$ 且≥600 mm。

c. 双洞口连梁(双跨)：连梁纵筋在双洞口两端支座的直锚长度为 $l_{aE}(l_a)$ 且≥600 mm，洞口之间连梁通长设置。

②连梁箍筋的设置

a. 楼层连梁的箍筋紧贴洞口范围内布置。第一个箍筋在距支座边缘 50 mm 处设置。

b. 墙顶连梁的箍筋在全梁范围内布置。洞口范围内的第一个箍筋在距支座边缘 50 mm 处设置，支座范围内的第一个箍筋在距支座边缘 100 mm 处设置。

③连梁的拉筋。当梁宽≤350 mm 时，拉筋直径取 6 mm，梁宽 >350 mm 时，拉筋直径取 8 mm，拉筋的间距为 2 倍的箍筋间距，竖向沿侧面水平筋隔一拉一，如图 2.6.19 所示。剪力墙暗梁的钢筋种类包括纵向钢筋、箍筋、拉筋、暗梁侧面的水平分布筋。墙身水平分布筋按照其间距在暗梁箍筋外侧布置，如图 2.6.20 所示。

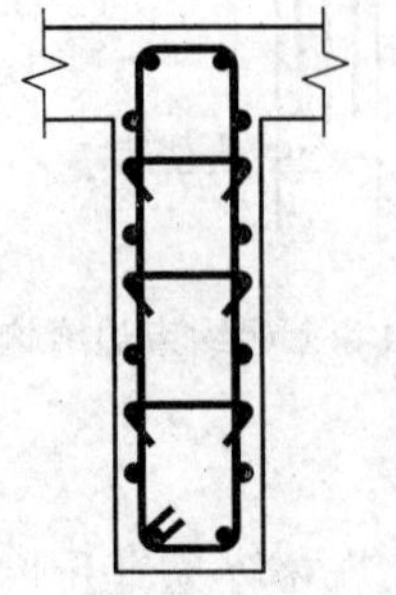

图 2.6.19　连梁侧面纵筋和拉筋构造

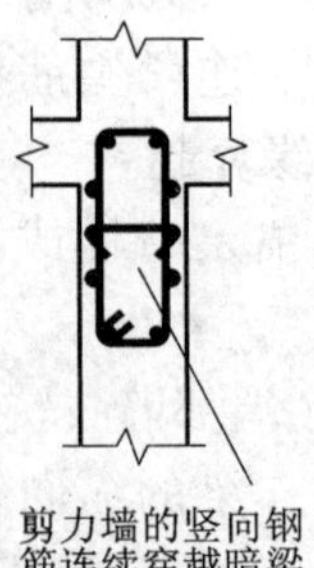

图 2.6.20　暗梁侧面纵筋和拉筋构造

当设计未进行注写时，侧面构造纵筋同剪力墙水平分布筋。当梁宽≤350 mm 时，拉筋直径为 6 mm，当梁宽 >350 mm 时，拉筋直径为 8 mm，拉筋的间距为 2 倍箍筋间距，竖向侧面水平筋隔一拉一。

2) 剪力墙边框梁钢筋构造。剪力墙边框梁的钢筋种类包括纵向钢筋、箍筋、拉筋、边框梁侧面的水平分布筋。剪力墙的边框梁不是剪力墙身的支座，边框梁本身也为剪力墙的加强带。因此，当剪力墙顶部有设置边框梁时，剪力墙竖向钢筋不能锚入边框梁；如果当前层为中间层，则剪力墙竖向钢筋穿越边框梁直伸入上一层；如果当前层是顶层，则剪力墙竖向钢筋应该穿越边框梁锚入现浇板内，如图 2.6.21 所示。

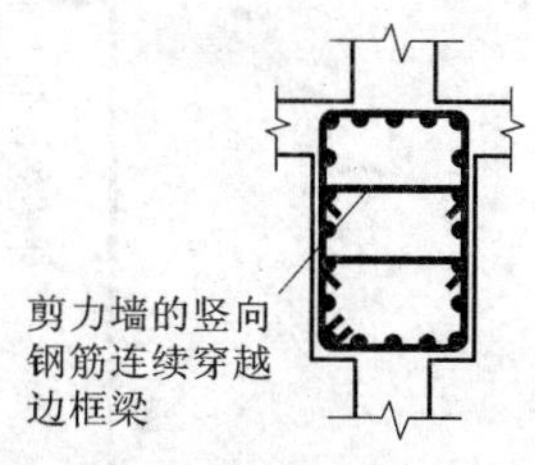

图 2.6.21　边框梁侧面

(4) 地下室外墙 DWQ 钢筋构造

地下室外墙水平钢筋构造，如图 2.6.22 所示。

地下室外墙竖向钢筋构造，如图 2.6.23 所示。

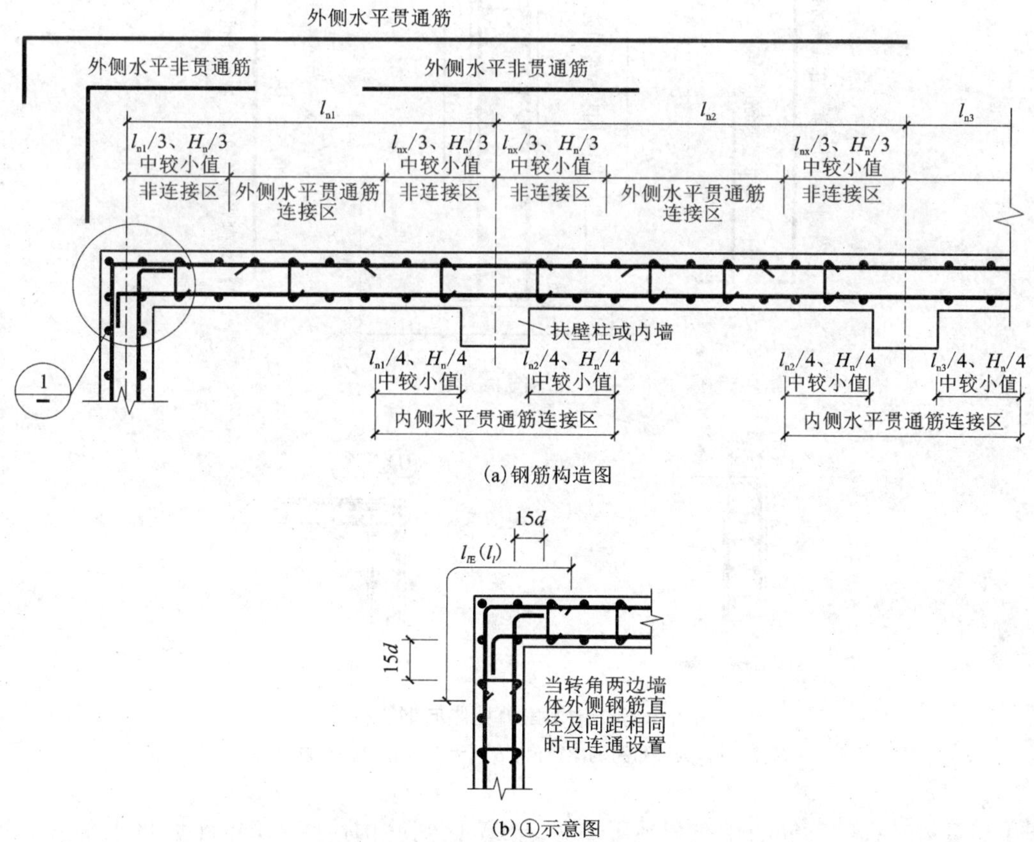

图 2.6.22　地下室外墙水平钢筋构造

l_{nx} 为相邻水平跨的较大净跨值，H_n 为本层层高

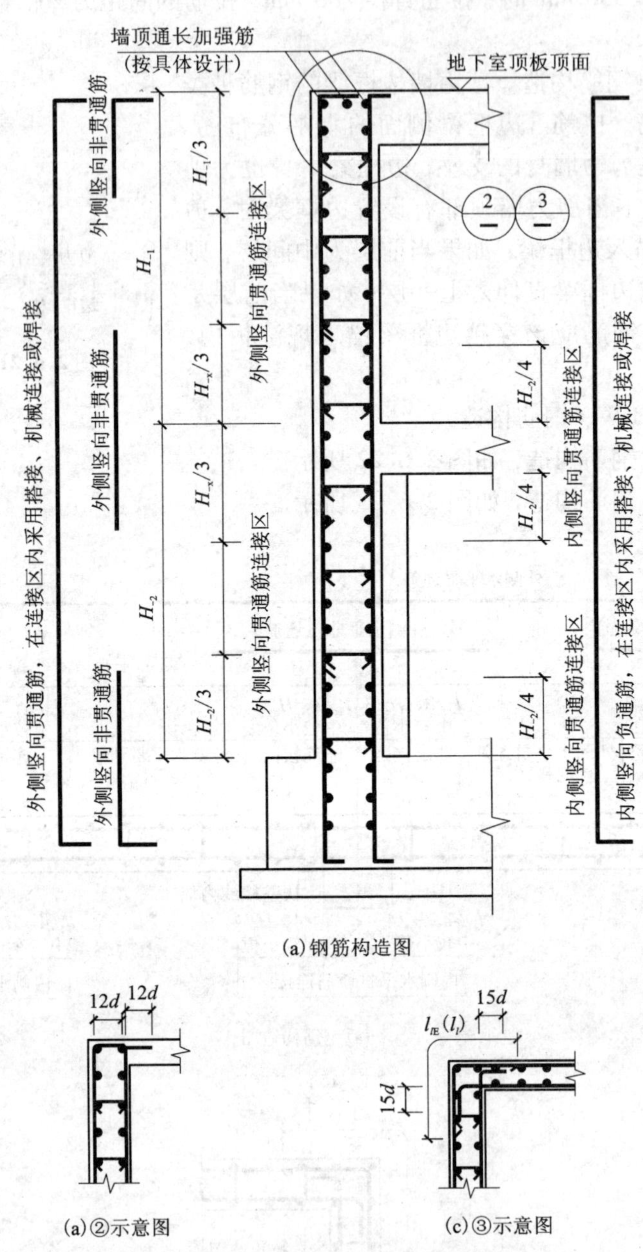

图 2.6.23　地下室外墙竖向钢筋构造

H_{-1}、H_{-2}为竖直跨的净跨值，H_{-x}为H_{-1}和H_{-2}的较大值

①当具体工程的钢筋的排布与地下室外墙 DWQ 钢筋构造图不同时(如将水平筋设置在外层)，应当按照设计要求进行施工。

②扶壁柱、内墙是否作为地下室外墙的平面外支承应当由设计人员根据工程具体情况确定，并在设计文件中明确。

③是否设置水平非贯通筋由设计人员根据计算进行确定，非贯通筋的直径、间距及长度由设计人员在设计图纸中进行标注。

④当扶壁柱、内墙不作为地下室外墙的平面外支承时，水平贯通筋的连接区域不受限制。

⑤外墙和顶板的连接节点做法②③的选用由设计人员在图纸中注明。

(5)剪力墙洞口补强构造

1)补强钢筋构造

连梁中部圆形洞口补强钢筋构造，如图 2.6.24 所示。连梁圆形洞口直径不得大于 300 mm，且不得大于连梁高度的 1/3，连梁圆形洞口必须开在连梁的中部位置，洞口到连梁上下边缘的净距离不得小于 200 mm 和不能小于 1/3 的梁高。

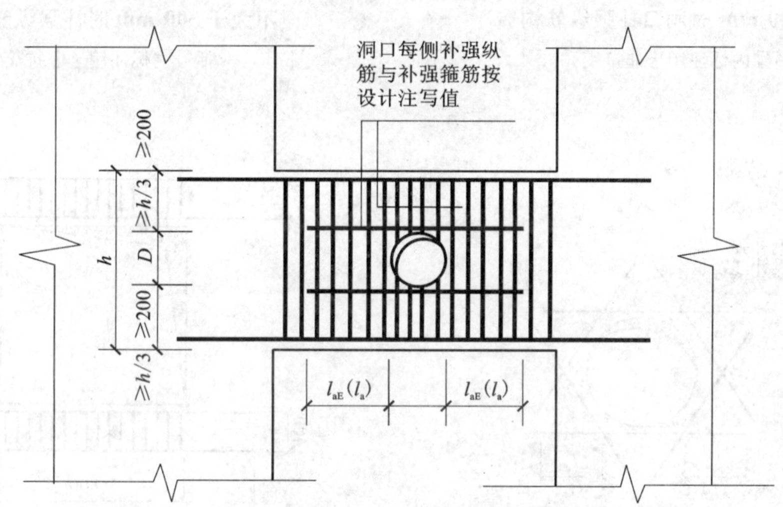

图 2.6.24　连梁中部圆形洞口补强钢筋构造

（圆形洞口预埋钢套管，括号内标注用于抗震）

2)补强纵筋构造

①矩形洞口

矩形洞宽及洞高均不大于 800 mm 时，洞口补强纵筋的构造如图 2.6.25 所示。

当设计注写补强纵筋时，按照注写值补强；当设计未注写时，按照每边配置两根直径不小于 12 mm 且不小于同向被切断纵向钢筋总面积的 50% 进行补强。补强钢筋种类与被切断钢筋相同。

②圆形洞口

剪力墙圆形洞口直径不大于 300 mm 时，补强纵筋的构造如图 2.6.26 所示。

剪力墙圆形洞口直径大于 300 mm 且小于等于 800 mm 时，补强纵筋的构造如图 2.6.27 所示。

3)补强暗梁纵向钢筋构造

剪力墙矩形洞口洞宽和洞高均大于 800 mm 时，补强暗梁构造如图 2.6.28 所示。

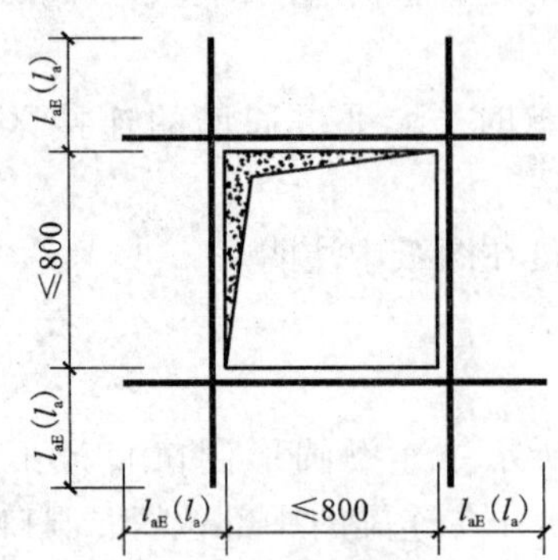

图 2.6.25　矩形洞宽和洞高均不大于 800 mm 时洞口补强纵筋构造

（括号内标注用于非抗震）

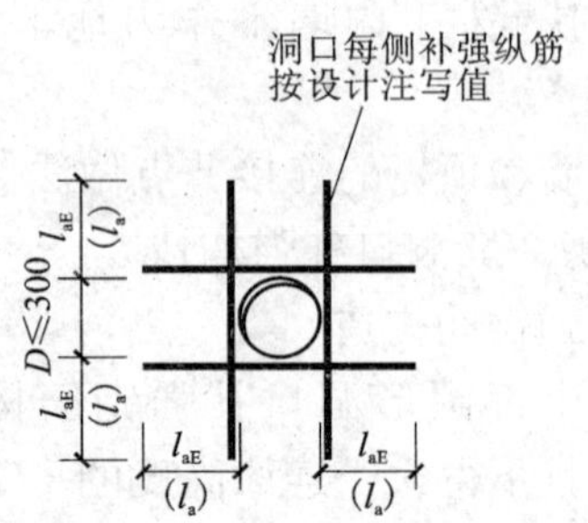

图 2.6.26　剪力墙圆形洞口直径不大于 300 mm 时补强纵筋构造

（括号内标注用于非抗震）

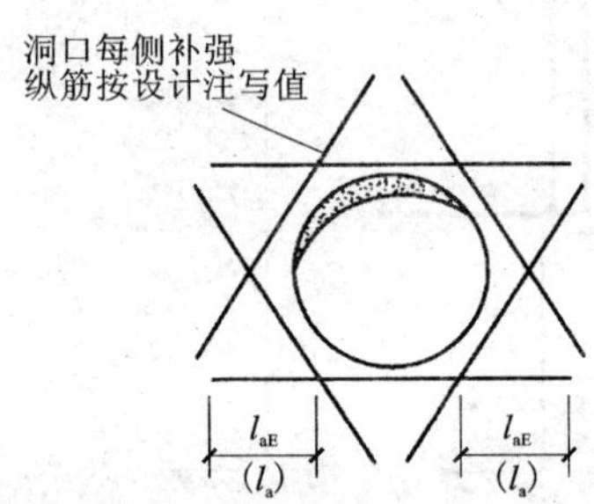

图 2.6.27　剪力墙圆形洞口直径大于 300 mm 且小于等于 800 mm 时补强纵筋构造

（括号内标注用于非抗震）

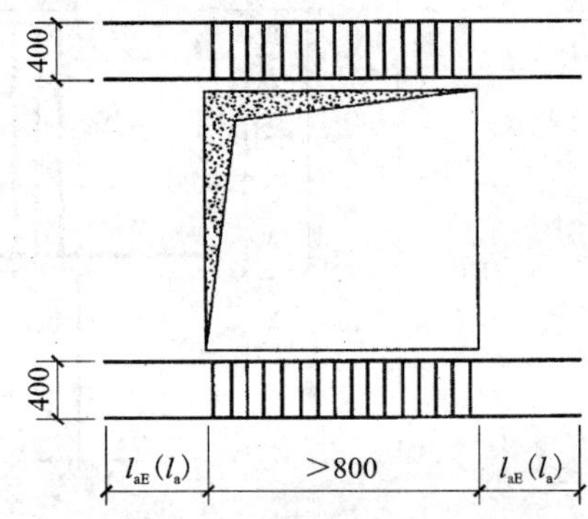

图 2.6.28　剪力墙矩形洞宽和洞高均大于 800 mm 时补强暗梁构造

（括号内标注用于非抗震）

剪力墙圆形洞口直径大于 800 mm 时，补强暗梁的构造如图 2.6.29 所示。

墙体分布钢筋延伸至洞口边弯折。洞口上下补强暗梁配筋按照设计标注。当洞口上边或下边为剪力墙连梁时，不再重复设置补强暗梁。

2.6.4　混凝土结构剪力墙平法施工图的识读及钢筋计算实例

剪力墙平法施工图是在剪力墙平面布置图上采用列表注写方式或截面注写方式表达。上节简单介绍了列表注写式的表达内容。

列表注写式是在剪力墙柱表、剪力墙身表和剪力墙梁表中，对应于剪力墙平面布置图上的编号，用绘制截面配筋图并注写几何尺寸与配筋具体数值的方式来表达剪力墙平法施工图，如图 2.6.30 及表 2.6.9 ~ 表 2.6.11。

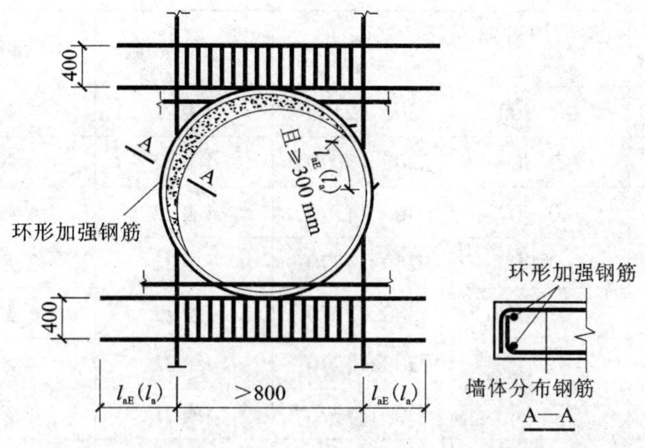

图 2.6.29　剪力墙圆形洞口直径大于 800 mm 时补强暗梁构造

（括号内标注用于非抗震）

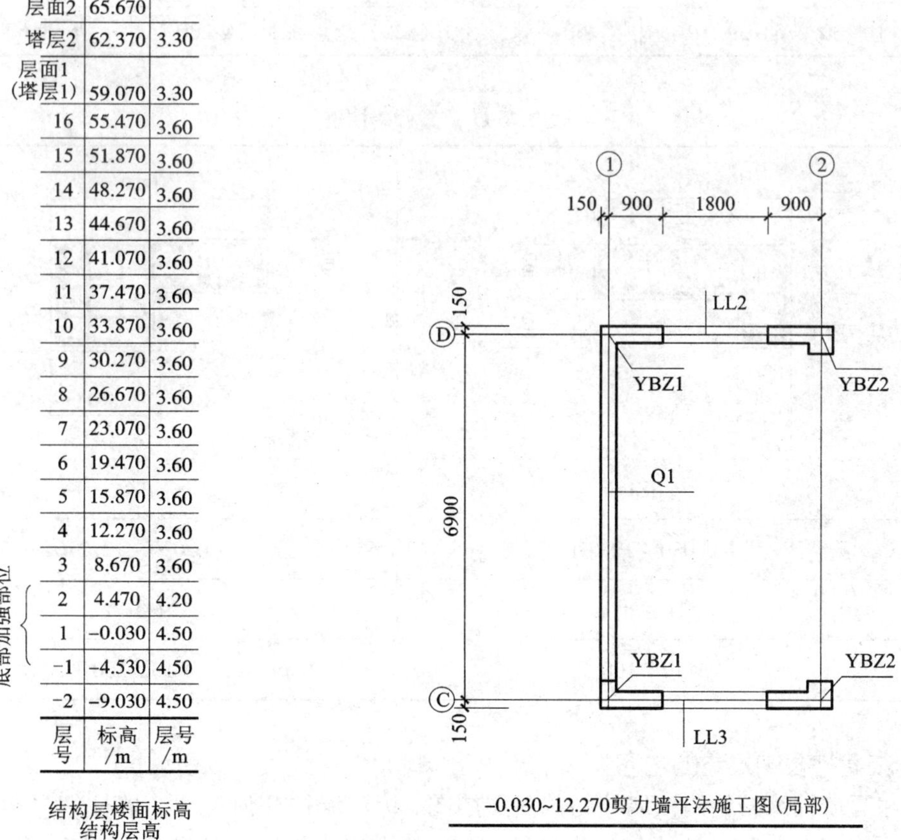

层号	标高/m	层号/m
层面2	65.670	
塔层2	62.370	3.30
层面1（塔层1）	59.070	3.30
16	55.470	3.60
15	51.870	3.60
14	48.270	3.60
13	44.670	3.60
12	41.070	3.60
11	37.470	3.60
10	33.870	3.60
9	30.270	3.60
8	26.670	3.60
7	23.070	3.60
6	19.470	3.60
5	15.870	3.60
4	12.270	3.60
3	8.670	3.60
2	4.470	4.20
1	−0.030	4.50
−1	−4.530	4.50
−2	−9.030	4.50

底部加强部位（2、1、−1层）

结构层楼面标高
结构层高

−0.030~12.270剪力墙平法施工图(局部)

图 2.6.30　剪力墙平法施工图列表注写方式

表 2.6.9　剪力墙梁表

编号	所在 楼层号	梁顶相对标 高高差	梁截面 $b \times h$	上部纵筋	下部纵筋	箍筋
LL2	3	-1.200	300×2520	4Φ22	4Φ22	ϕ10@150(2)
	4	-0.900	300×2070	4Φ22	4Φ22	ϕ10@150(2)
	5~9	-0.900	300×1770	4Φ22	4Φ22	ϕ10@150(2)
	10~屋面1	-0.900	250×1770	3Φ22	3Φ22	ϕ10@150(2)
LL3	2		300×2070	4Φ22	4Φ22	ϕ10@100(2)
	3		300×1770	4Φ22	4Φ22	ϕ10@100(2)
	4~9		300×1770	4Φ22	4Φ22	ϕ10@100(2)
	10~屋面1		250×1770	3Φ22	3Φ22	ϕ10@100(2)

表 2.6.10　剪力墙墙身表

编号	标　高	墙厚	水平分布筋	垂直分布筋	拉筋
Q1(2排)	-0.030-30.270	300	Φ12@200	Φ12@200	ϕ6@600@600
	30.270-59.070	250	Φ10@200	Φ10@200	ϕ6@600@600

表 2.6.11　剪力墙柱表

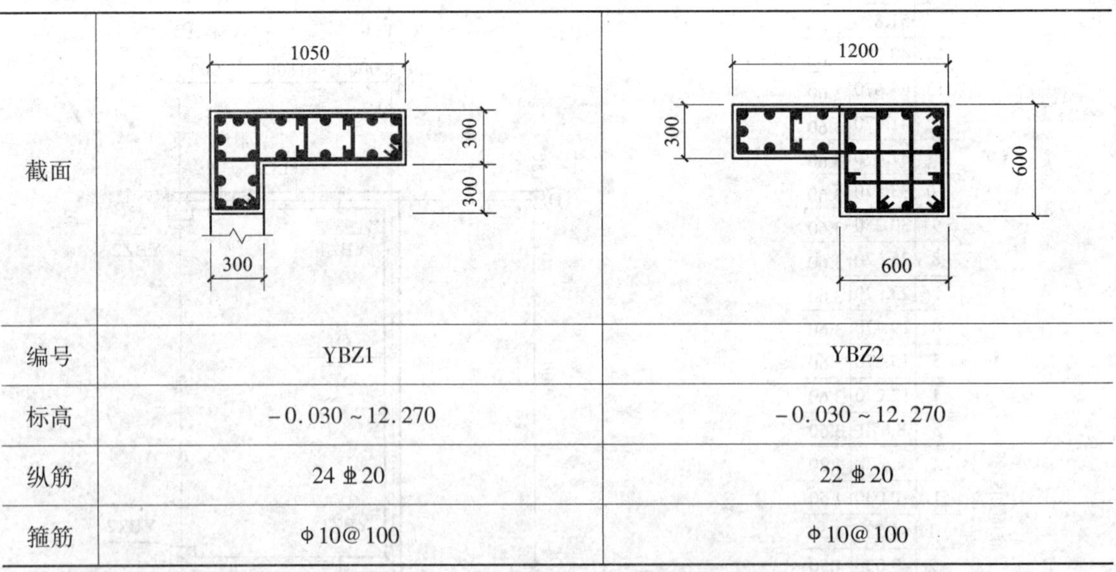

截面	（见上图）	
编号	YBZ1	YBZ2
标高	-0.030~12.270	-0.030~12.270
纵筋	24Φ20	22Φ20
箍筋	ϕ10@100	ϕ10@100

1.剪力墙柱表中表达的内容

(1)注写墙柱编号绘制该墙柱的截面配筋图，标注墙柱几何尺寸。墙柱编号由墙柱类型代号和序号组成，如约束边缘构件为YBZ××，构造边缘构件为GBZ××，暗柱为AZ××。

(2)注写各段墙柱的起止标高，自墙柱根部往上以变截面位置或截面未变但配筋改变处为界分段注写。墙柱根部标高一般指基础顶面标高。

(3)注写各段墙柱的纵向钢筋和箍筋，注写值应与在表中绘制的截面配筋图对应一致。纵向钢筋注总配筋值；墙柱箍筋的注写方式与柱箍筋相同。

2. 剪力墙身表中表达的内容

(1)注写墙身编号，墙身编号由墙身代号、序号以及墙身所配置的水平与竖向分布钢筋的排数组成，表达形式为 Q××(×排)。

(2)注写各段墙身起止标高，自墙身根部往上以变截面位置或截面未变但配筋改变处为界分段注写。墙身根部标高一般指基础顶面标高。

(3)注写水平分布筋、竖向分布筋及拉筋的具体数值。

3. 剪力墙梁表中表达的内容

(1)注写墙梁编号，墙梁编号由墙梁类型代号与序号组成，连梁为 LL××，暗梁为 AL××，边框梁为 BKL××。

(2)注写墙梁所在楼层号。

(3)注写墙梁顶面标高高差，是指相对于墙梁所在结构层楼面标高的高差值。高于者为正值，低于者为负值，当无高差时不注。

(4)注写墙梁截面尺寸 $b \times h$，上部纵筋，下部纵筋和箍筋的具体数值。

剪力墙还有很多的其他具体构造，同学们可参考《11G101》，现在以一具体的剪力墙为例讲解一下其钢筋的计算。

【例2.6.1】 某住宅楼电梯井采用剪力墙结构，抗震等级为二级，混凝土等级为C35，剪力墙保护层为15 mm，钢筋接头采用直径不大于18 mm为绑扎，直径大于18 mm为焊接形式。基础顶面至标高 -0.030 m，层高为3600 mm，基础顶面至标高 -0.030 m，剪力墙墙身、柱平面布置，如图2.6.31所示。剪力墙墙身配筋表，见表2.6.12。剪力墙柱配筋表，见表2.6.13、表2.6.14。基础顶面至标高 -0.030 m 剪力墙梁平面布置，如图2.6.32所示。剪力墙连梁配筋表，见表2.6.15。试计算剪力墙钢筋工程量。

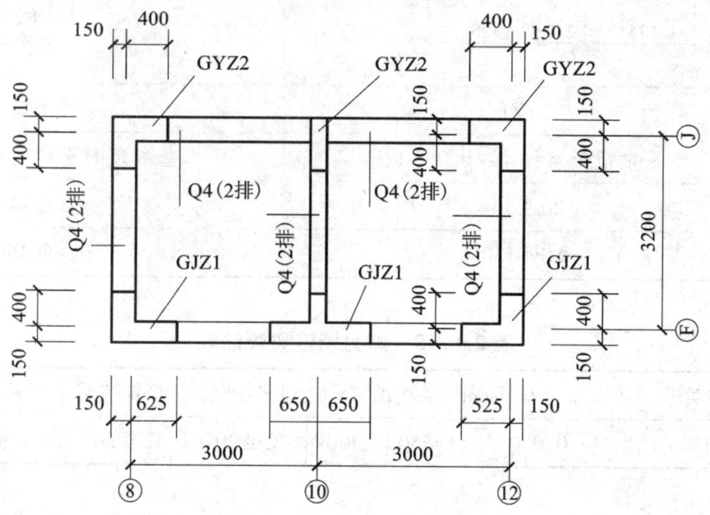

图2.6.31　基础顶面至标高 -0.030 m 剪力墙墙身、柱平面布置图

表 2.6.12　剪力墙墙身配筋表

墙号	墙厚	排数	水平分布筋	竖向分布筋	拉　筋
Q4(2 排)	250	2	Φ^{R}10@200	Φ^{R}10@200	Φ^{R}6@400/400(竖向/横向)呈梅花状布置

表 2.6.13　剪力墙柱配筋表

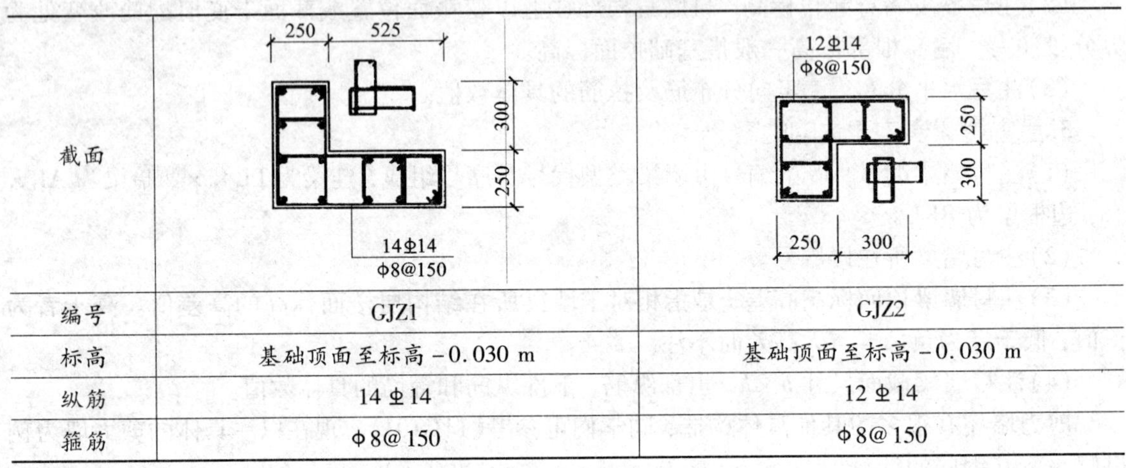

截面	(见上图)	(见上图)
编号	GJZ1	GJZ2
标高	基础顶面至标高 -0.030 m	基础顶面至标高 -0.030 m
纵筋	14 Φ14	12 Φ14
箍筋	Φ8@150	Φ8@150

表 2.6.14　剪力墙柱配筋表

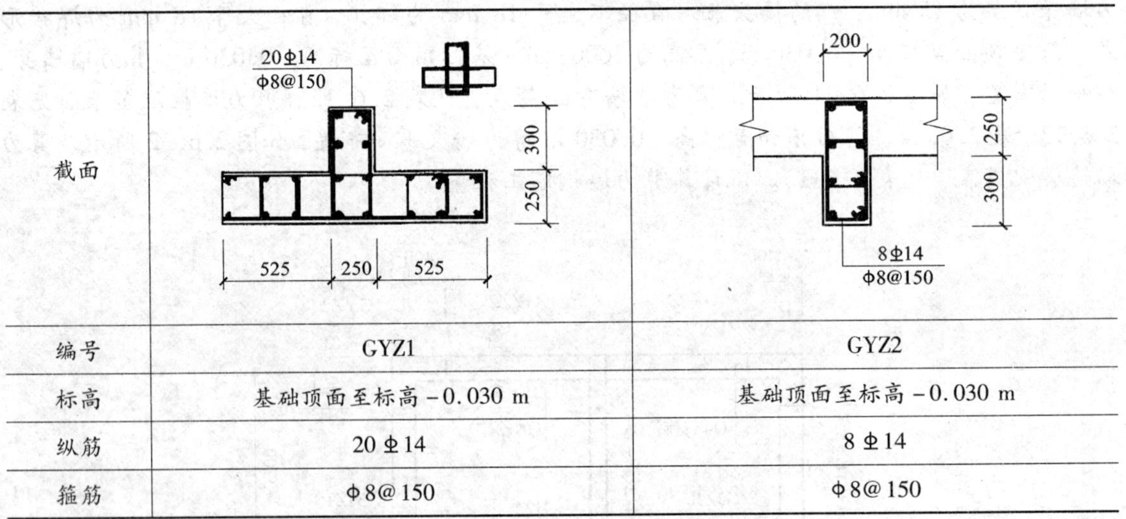

截面	(见上图)	(见上图)
编号	GYZ1	GYZ2
标高	基础顶面至标高 -0.030 m	基础顶面至标高 -0.030 m
纵筋	20 Φ14	8 Φ14
箍筋	Φ8@150	Φ8@150

表 2.6.15　剪力墙连梁配筋表

编号	所在楼层号	梁顶相对标高/m	梁截面 $b \times h$	上部纵筋	下部纵筋	侧面纵筋	箍筋
LLd(1)	-1	-0.030	250×1400	2 Φ20	2 Φ20	10 Φ12	Φ8@100(2)

【解】　二级抗震时：HPB300，C35 时 $l_{abE}=32d$；HRB335，C35 时 $l_{abE}=31d$；HRB400，C35 时 $l_{abE}=37d$

(1)剪力墙墙身钢筋计算

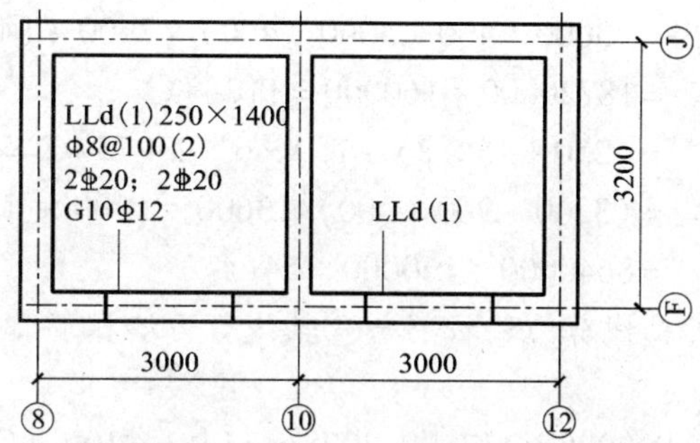

图 2.6.32　基础顶面至标高 -0.030 m 剪力墙梁平面布置图

1)墙身水平钢筋计算。

Ⓙ轴线剪力墙墙身外侧水平筋长度 =(150 +3000 +3000 +150) -15 ×2 +0.8 ×32 ×10 ×2 =6782(mm)

Ⓙ轴线剪力墙墙身内侧水平筋长度 =(150 +3000 +3000 +150) -15 ×2 +15 ×10 ×2 =6750(mm)

Ⓙ轴线剪力墙墙身内外侧水平筋根数 =(3600 -15 ×2) ÷200 +1 =18 +1 =19(根)

⑧轴线剪力墙墙身外侧水平筋长度 =(150 +3200 +150) -15 ×2 +0.8 ×32 ×10 ×2 =3982(mm)

⑧轴线剪力墙墙身内侧水平筋长度 =(150 +3200 +150) -15 ×2 +15 ×10 ×2 =3770(mm)

⑧轴线剪力墙墙身内外侧水平筋根数 =(3600 -15 ×2) ÷200 +1 =18 +1 =19(根)

⑩轴线剪力墙为内墙,墙身内外侧水平筋长度相同,均按内侧水平筋计算公式计算。

⑩轴线剪力墙墙身内外侧水平筋长度 =(150 +3200 +150) -15 ×2 +15 ×10 ×2 =3770(mm)

⑩轴线剪力墙墙身水平筋总根数 =[(3600 -15 ×2) ÷200 +1] ×2 =(18 +1) ×2 =38(根)

⑫轴线剪力墙墙身水平筋同⑧轴线剪力墙墙身水平筋。

水平钢筋工程量小计:

墙身水平钢筋总长度 =(6.782 ×19 +6.750 ×19 +3.982 ×19 ×2 +3.770 ×(19 ×2 +38) =695(m)

2)墙身竖向钢筋计算

Ⓙ轴线剪力墙墙身竖向筋长度 =3600 +12 ×10 -15 =3600 +105 =3705(mm)

Ⓙ轴线剪力墙墙身竖向筋根数 =[(3000 -400 +3000 -400 -250) ÷200 +1] ×2 =26 ×2 =52(根)

⑧轴线剪力墙墙身竖向筋长度 =3600 +12 ×10 -15 =3600 +105 =3705(mm)

⑧轴线剪力墙墙身竖向筋根数 =[(3200 -400 -400) ÷200 +1] ×2 =13 ×2 =26(根)

⑩轴线剪力墙墙身竖向筋、⑫轴线剪力墙墙身竖向筋与⑧轴线剪力墙墙身竖向筋相同。

竖向钢筋工程量小计:

墙身竖向钢筋总长度 =3.705 ×52 +3.705 ×26 ×3 =481.65(m)

3)墙身拉筋计算

Ⓙ轴线剪力墙拉筋长度 =(250 -15 ×2) +1.9 ×6 ×2 +75 ×2 =392.8(mm)

Ⓙ轴线剪力墙拉筋根数 =（3000 − 400 + 3000 − 400）× 3600 ÷（400 × 400）

= 18720000 ÷ 160000 = 117（根）

⑧轴线剪力墙拉筋长度 =（250 − 15 × 2）+ 1.9 × 6 × 2 + 75 × 2 = 392.8（mm）

⑧轴线剪力墙拉筋根数 =（3200 − 400 − 400）× 3600 ÷（400 × 400）

= 8640000 ÷ 160000 = 54（根）

⑩轴线剪力墙拉筋、⑩轴线剪力墙拉筋与⑧轴线剪力墙拉筋相同。

拉筋钢筋工程量小计：

墙身拉筋钢筋总长度 = 0.3928 × 117 + 0.3928 × 54 × 3 = 109.6（m）

（2）剪力墙墙柱钢筋工程量计算

1）剪力墙墙柱纵筋计算

GJZ1 纵筋长度 = 3600 + 1.2 × 31 × 14 = 4121（mm）

GJZ1 纵筋根数，按剪力墙柱配筋表（表 2.6.13）为 14 根。

GJZ2 纵筋长度 = 3600 + 1.2 × 31 × 14 = 4121（mm）

GJZ2 纵筋根数，按剪力墙柱配筋表（表 2.6.13）为 12 根。

GYZ1、GYZ2 纵筋长度 = 3600 + 1.2 × 31 × 14 = 4121（mm）

GYZ1 纵筋根数，按剪力墙柱配筋表（表 2.6.14）为 20 根。

GYZ2 纵筋根数，按剪力墙柱配筋表（表 2.6.14）为 8 根。

墙柱纵筋钢筋工程量小计：

GJZ1 有 2 根，GJZ2 有 2 根，GYZ1 有 1 根，GYZ2 有 1 根。

墙柱纵筋钢筋总长度 = 2 × 4.121 × 14 + 2 × 4.121 × 12 + 4.121 × 20 + 4.121 × 8

= 329.68（m）

2）剪力墙墙柱箍筋计算

GJZ1 箍筋 1 长度 =（250 + 525 + 250）× 2 − 30 × 8 + 1.9 × 8 × 2 + 10 × 8 × 2 = 2000（mm）

GJZ1 箍筋 1 根数 =（3600 − 50）/150 + 1 = 25（根）

GJZ1 箍筋 2 长度 =（250 + 300 + 250）× 2 − 30 × 8 + 1.9 × 8 × 2 + 10 × 8 × 2 = 1550（mm）

GJZ1 箍筋 2 根数 =（3600 − 50）/150 + 1 = 25（根）

GJZ2 箍筋 1 长度 =（250 + 300 + 250）× 2 − 30 × 8 + 1.9 × 8 × 2 + 10 × 8 × 2 = 1550（mm）

GJZ2 箍筋 1 根数 =（3600 − 50）/150 + 1 = 25（根）

GJZ2 箍筋 2 长度 =（250 + 300 + 250）× 2 − 30 × 8 + 1.9 × 8 × 2 + 10 × 8 × 2 = 1550（mm）

GJZ2 箍筋 2 根数 =（3600 − 50）/150 + 1 = 25（根）

GYZ1 箍筋 1 长度 =（525 + 250 + 525 + 250）× 2 − 30 × 8 + 1.9 × 8 × 2 + 10 × 8 × 2

= 3050（mm）

GYZ1 箍筋 1 根数 =（3600 − 50）/150 + 1 = 25（根）

GYZ1 箍筋 2 长度 =（250 + 300 + 250）× 2 − 30 × 8 + 1.9 × 8 × 2 + 10 × 8 × 2 = 1550（mm）

GYZ1 箍筋 2 根数 =（3600 − 50）/150 + 1 = 25（根）

GYZ2 箍筋长度 =（250 + 300 + 200）× 2 − 30 × 8 + 1.9 × 8 × 2 + 10 × 8 × 2 = 1450（mm）

GYZ2 箍筋根数 =（3600 − 50）÷ 150 + 1 = 25（根）

墙柱箍筋钢筋工程量小计：

墙柱箍筋钢筋总长度 = 2 × 2.0 × 25 + 2 × 1.55 × 25 + 2 × 1.55 × 25 + 2 × 1.55 × 25

$+3.05\times25+1.55\times25+1.45\times25=483.75(m)$

3）剪力墙墙柱拉筋计算

GJZ1 拉筋长度 $=250-30\times2+1.9\times8\times2+10\times8\times2=380(mm)$

按剪力墙柱配筋表（表 2.6.13），GJZ1 同一截面有 3 根长度相同的拉筋。

GJZ1 拉筋根数 $=3\times[(3600-50)\div150+1]=3\times25=75$（根）

GJZ2 拉筋长度 $=250-30\times2+2\times8+1.9\times8\times2+10\times8\times2=380(mm)$

按剪力墙柱配筋表（表 2.6.13），GJZ2 同一截面有 2 根长度相同的拉筋。

GJZ2 拉筋根数 $=2\times[(3600-50)\div150+1]=2\times25=50$（根）

GYZ1 拉筋长度 $=250-30\times2+1.9\times8\times2+80\times2=380(mm)$

按剪力墙柱配筋表（表 2.6.14），GYZ1 同一截面有 5 根长度相同的拉筋。

GYZ1 拉筋根数 $=5\times[(3600-50)\div150+1]=5\times25=125$（根）

GYZ2 拉筋长度 $=200-30\times2+1.9\times8\times2+80\times2=330(mm)$

按剪力墙柱配筋表（表 2.6.14），GYZ2 同一截面有 2 根长度相同的拉筋。

GYZ2 拉筋根数 $=2\times[(3600-50)\div150+1]=2\times25=50$（根）

墙柱拉筋钢筋工程量小计：

墙柱拉筋钢筋总长度 $=0.38\times75+0.38\times50+0.38\times125+0.33\times50=111.5(m)$

（3）剪力墙墙梁钢筋计算

1）连梁钢筋实例计算。

⑧～⑩轴 LLd（1）上部纵筋长度 $=(3000-2\times525)+37\times20\times2=3430(mm)$

⑧～⑩辅 LLd（1）上部纵筋根数，按图示标注为 2 根。

⑧～⑩轴 LLd（1）下部纵筋长度 $=(3000-2\times525)+37\times20\times2=3430(mm)$

⑧～⑩轴 LLd（1）下部纵筋根数，按图示标注为 2 根。

⑧～⑩轴 LLd（1）侧面纵筋长度 $=37\times12\times2+(3000-2\times525)=2838(mm)$

⑧～⑩轴 LLd（1）侧面纵筋根数，按图示标注为 10 根。

⑧～⑩轴 LIA（1）箍筋长度 $=(250-2\times25)\times2+(1400-2\times25)\times2+1.9\times8\times2+10\times8\times2=400+2700+64+30.4+160\approx3355(mm)$

⑧～⑩轴 LLd（1）箍筋根数 $=(1950-50\times2)/100+1=20$（根）

⑧～⑩轴 LLd（1）拉筋长度 $=(250-25\times2)+1.9\times6\times2+75\times2\approx375(mm)$

拉筋排数 $=[(1400-2\times25)\div200-1]\div2=3$ 排

每排根数 $=(1950-100)\div200+1=11$（根）

拉筋总根数 $=3\times11=33$（根）

⑩～⑫轴 LLd（1）钢筋与⑧～⑩轴 LLd（1）钢筋相同。

2）剪力墙暗梁钢筋计算方法同连梁，此处不再重复。

2.7　混凝土楼梯

楼梯是多层与高层房屋的竖向通道，为满足承重和防火的要求，钢筋混凝土楼梯被广泛应用。

2.7.1 混凝土楼梯的分类及构造

目前楼梯的类型很多，有板式楼梯、梁式楼梯、剪刀式楼梯、螺旋式楼梯等。按施工方法的不同可分为现浇整体式楼梯和装配式楼梯。本节主要介绍现浇整体式板式楼梯和梁式楼梯。

1. 板式楼梯

一般当楼梯的跨度不大(水平投影长度小于 3 m)、使用荷载较小，或公共建筑中为符合卫生和美观的要求时，宜采用板式楼梯。

(1) 板式楼梯的受力特点

板式楼梯由梯段斜板、平台板和平台梁组成，如图 2.7.1 所示。梯段斜板自带三角形踏步，两端分别支承在上、下平台梁上，平台板两端分别支承在平台梁或楼层梁上，而平台梁两端支承在楼梯间侧墙或柱上。

在构件内力计算时，梯段斜板、平台板和平台梁均可认为是两端简支承受均布荷载的受弯构件。

梯段斜板计算时，可按简支平板计算，但应考虑平台梁对斜板有一定的约束作用。斜板的截面计算高度取垂直于斜板轴线的最小高度，不考虑三角形踏步部分的作用。

(2) 板式楼梯的构造

①梯段斜板

斜板的受力钢筋沿斜向布置，支座附近板的上部应设置负钢筋，斜板的配筋方式有弯起式和分离式两种，为施工方便，工程中多用分离式配筋。采用弯起式时，跨中钢筋应在距支座边缘 $l_n/6$ 处弯起，自平台伸入的上部直钢筋均应伸至距支座边缘 $l_n/4$ 处(图 2.7.2)。

分布钢筋与受力钢筋垂直，布置在受力钢筋的内侧，要求每个踏步内至少放一根分布钢筋。

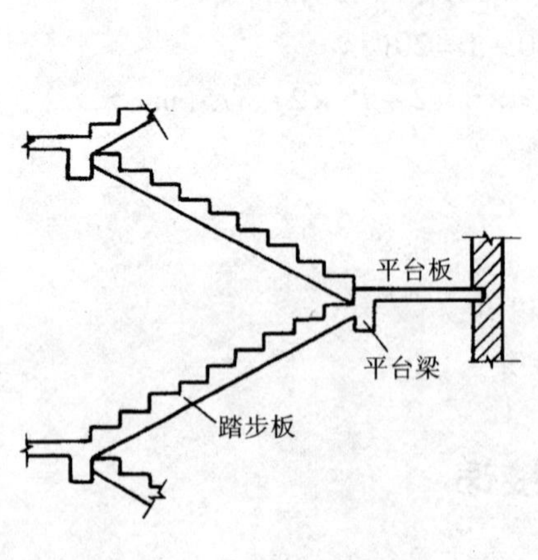

图 2.7.1 板式楼梯的组成

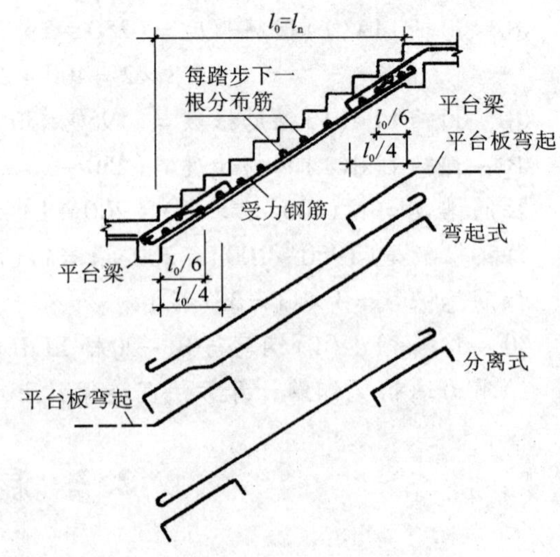

图 2.7.2 梯段板配筋示意图

②平台板

平台板一般为单向板，按简支板计算。当为双向板时，则可按四边简支的双向板进行计算配筋。由于板的四周受到平台梁(或墙)的约束，所以应配置一定数量的负弯矩钢筋。其配筋构造同一般受弯构件。

③平台梁

平台梁一般均支承在楼梯两侧的横墙上，设计时按一般简支梁计算配筋。

2. 梁式楼梯

当梯段跨度较大(水平投影长度大于3 m)，且使用荷载较大时，采用梁式楼梯较为经济。

(1)梁式楼梯的受力特点

梁式楼梯由踏步板、斜梁、平台板和平台梁组成，如图2.7.3所示。踏步板两端支承在斜梁上，斜梁两端分别支承在上、下平台梁(有时一端支承在层间楼面梁)上，平台板支承在平台梁或楼层梁上，而平台梁则支承在楼梯间两侧的墙上。

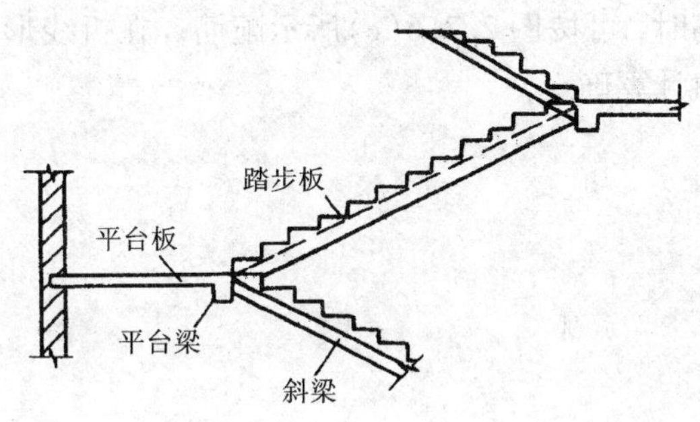

图2.7.3 梁式楼梯的组成

梁式楼梯中各构件均可简化为简支受弯构件计算。与板式楼梯不同之处在于，梁式楼梯中的平台梁除承受平台板传来的均布荷载外，还承受斜梁传来的集中荷载。

(2)梁式楼梯的构造

①踏步板

踏步板的截面大多为梯形(由三角形踏步和其下的斜板组成)，设计时为简化计算，取一个踏步作为计算单元，将梯形踏步板看作同宽度的矩形截面(高度为梯形中位线)，按简支板计算，但应考虑到斜边梁对踏步板的约束。

现浇踏步板的斜板厚度一般取 $\delta=30\sim40$ mm，配筋按计算确定。每一级踏步下应配置不少于2 Φ8 的受力钢筋，布置在踏步下面斜板中，并将每两根中的一根伸入支座后弯起作支座负钢筋。此外，沿整个梯段斜向布置间距不大于250 mm的分布钢筋，位于受力钢筋的内侧，如图2.7.4所示。

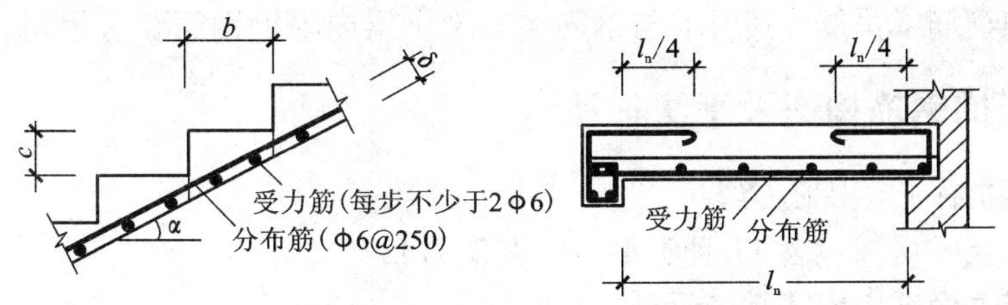

图2.7.4 踏步板的配筋分布

②斜梁

斜梁端部纵筋必须放在平台梁纵筋上面，梁端上部应设置负弯矩钢筋，斜梁纵筋在平台梁中的锚固长度应满足受拉钢筋锚固长度的要求。其他构造同一般梁。斜梁的配筋如图2.7.5所示。

有时为了满足建筑功能要求，有些房屋的楼梯可能做成折线形。折线形梁(或板)的计算与普通斜梁(板)的计算相同。

对于折线形的梁式(或板式)楼梯，在梁(板)内折角处的下部受力钢筋不允许沿板底弯折，以免产生向外的合力将该处的混凝土崩开，如图2.7.6(a)所示，应将内折角处的受拉钢筋断开，各自延伸至受压区分别加以锚固，如图2.7.6(b)所示。当该钢筋同时兼作支座的负钢筋时，可按图2.7.6(c)所示配筋。在折线形斜梁中，同时还应在该处增设箍筋(箍筋数量应由计算确定)。

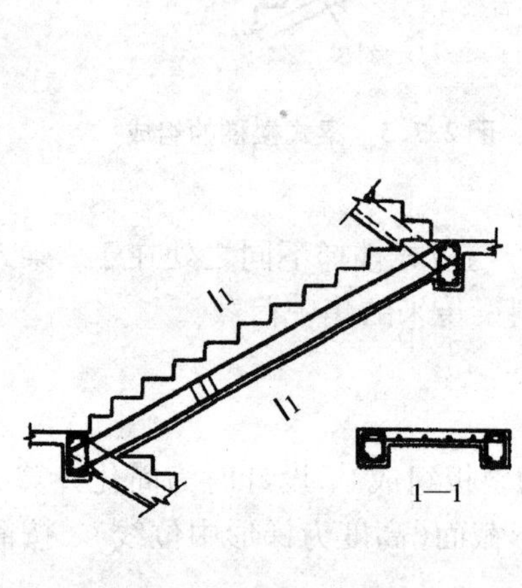

图2.7.5　斜梁配筋图

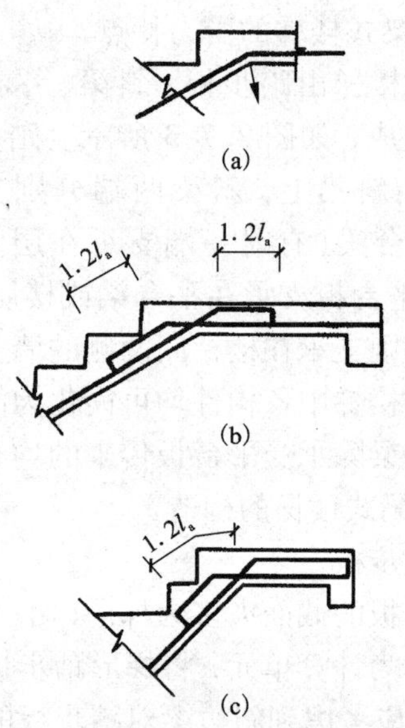

图2.7.6　折线形楼梯折角内边的配筋图

③平台板、平台梁

平台板的配筋构造同板式楼梯。

平台梁由于要承受斜梁传来的集中荷载，因此在平台梁与斜梁相交处，应在平台梁中斜梁两侧设置附加箍筋或吊筋，其要求与钢筋混凝土主梁内附加钢筋要求相同。

2.7.2　楼梯钢筋构造及平法标注

1. 现浇混凝土板式楼梯的类型

现浇混凝土板式楼梯包含11种类型，见表2.7.1。

2. 现浇混凝土板式楼梯的平法标注

现浇混凝土板式楼梯平法施工图有平面注写、剖面注写和列表注写三种表达方式。

楼梯平面布置图应按照楼梯标准层，采用适当比例集中绘制，需要时绘制其剖面图。为方便施工，在集中绘制的板式楼梯平法施工图中，宜注明各结构层的楼面标高、结构层高及相应的结构层号。

表 2.7.1 楼梯类型

<table>
<tr><th rowspan="2">梯板代号</th><th colspan="2">适用范围</th><th rowspan="2">是否参与结构整体抗震计算</th></tr>
<tr><th>抗震构造措施</th><th>适用结构</th></tr>
<tr><td>AT</td><td rowspan="2">无</td><td rowspan="2">框架、剪力墙、砌体结构</td><td rowspan="2">不参与</td></tr>
<tr><td>BT</td></tr>
<tr><td>CT</td><td rowspan="2"></td><td rowspan="2">框架、剪力墙、砌体结构</td><td rowspan="2">不参与</td></tr>
<tr><td>DT</td></tr>
<tr><td>ET</td><td rowspan="2">无</td><td rowspan="2">框架、剪力墙、砌体结构</td><td rowspan="2">不参与</td></tr>
<tr><td>FT</td></tr>
<tr><td>GT</td><td rowspan="2">无</td><td>框架结构</td><td rowspan="2">不参与</td></tr>
<tr><td>HT</td><td>框架、剪力墙、砌体结构</td></tr>
<tr><td>ATa</td><td rowspan="3">有</td><td rowspan="3">框架结构</td><td>不参与</td></tr>
<tr><td>ATb</td><td>不参与</td></tr>
<tr><td>ATc</td><td>参与</td></tr>
</table>

注：1. ATa 低端设滑动支座支承在梯梁上，ATb 低端设滑动支座支承在梯梁的挑板上。

2. ATa、ATb、ATc 均用于抗震设计，设计者应指定楼梯的抗震等级。

(1)平面注写方式

平面注写方式，是指在楼梯平面布置图上注写截面尺寸和配筋具体数值的方式来表达楼梯施工图。包括集中标注和外围标注。

1)集中标注

楼梯集中标注的包括如下内容：

①梯板类型代号与序号，如 AT××。

②板厚度。注写方式为 $h=\times\times\times$。当为带平板的梯板且梯段板厚度和平板厚度不同时，可在梯段板厚度后面括号内以字母 P 打头注写平板厚度。

③踏步段总高度和踏步级数，之间以“/”分隔。

④梯板支座上部纵筋、下部纵筋，之间以“；”分隔。

⑤梯板分布筋，以 F 打头注写分布钢筋具体值，该项也可在图中统一说明。

2)外围标注

楼梯外围标注的内容，包括楼梯间的平面尺寸、楼层结构标高、层间结构标高、楼梯的上下方向、梯板的平面几何尺寸、平台板配筋、梯梁及梯柱配筋等。

3)AT～HT 型楼梯平面注写方式与适用条件

见表 2.7.2，ATa、ATb、ATc 型楼梯平面注写方式与适用条件分别见《11G101—2》图集第 39、41、43 页。

表 2.7.2　钢筋混凝土板式楼梯平面图

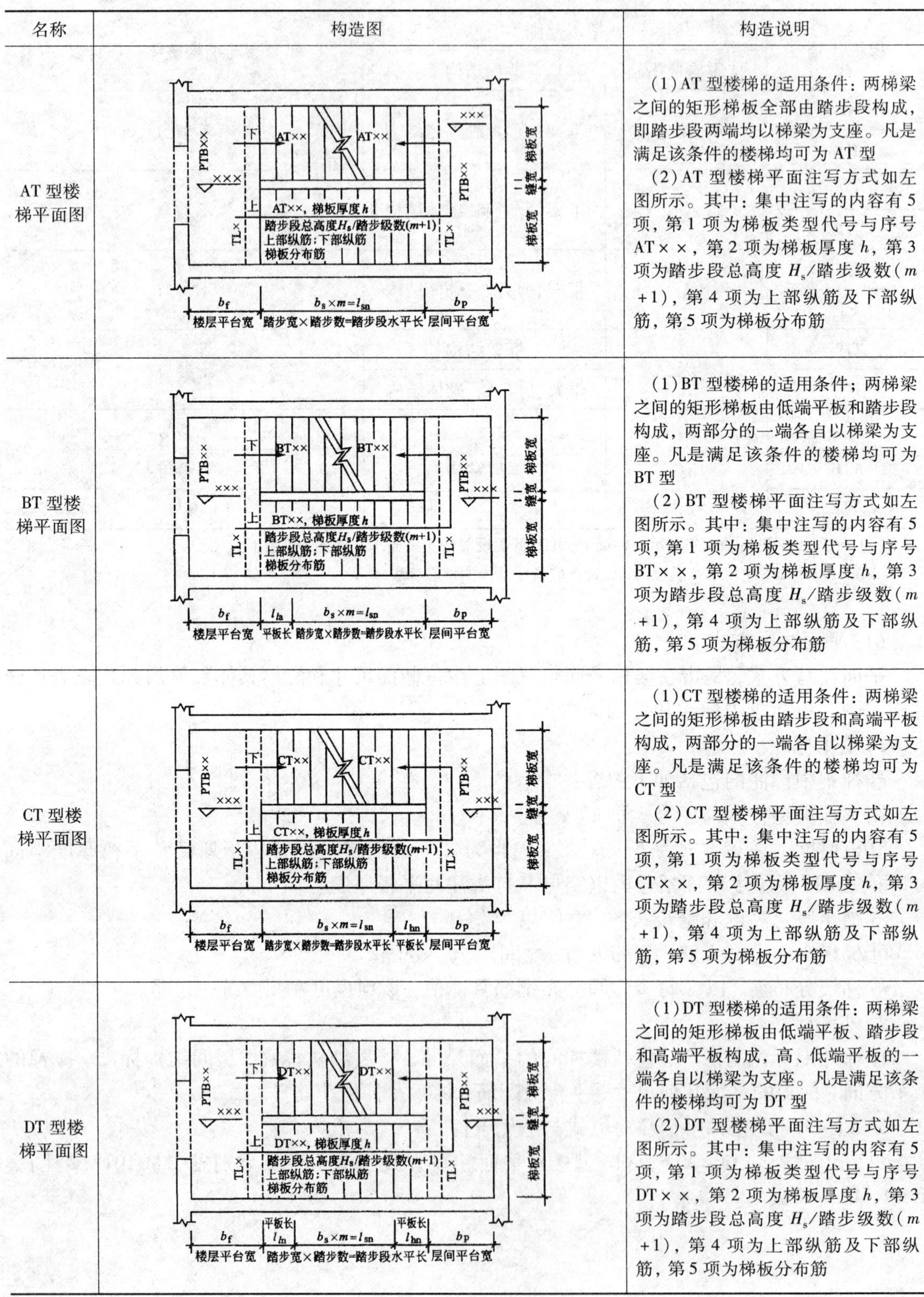

名称	构造图	构造说明
AT 型楼梯平面图		(1) AT 型楼梯的适用条件：两梯梁之间的矩形梯板全部由踏步段构成，即踏步段两端均以梯梁为支座。凡是满足该条件的楼梯均可为 AT 型 (2) AT 型楼梯平面注写方式如左图所示。其中：集中注写的内容有 5 项，第 1 项为梯板类型代号与序号 AT××，第 2 项为梯板厚度 h，第 3 项为踏步段总高度 H_s/踏步级数（$m+1$），第 4 项为上部纵筋及下部纵筋，第 5 项为梯板分布筋
BT 型楼梯平面图		(1) BT 型楼梯的适用条件；两梯梁之间的矩形梯板由低端平板和踏步段构成，两部分的一端各自以梯梁为支座。凡是满足该条件的楼梯均可为 BT 型 (2) BT 型楼梯平面注写方式如左图所示。其中：集中注写的内容有 5 项，第 1 项为梯板类型代号与序号 BT××，第 2 项为梯板厚度 h，第 3 项为踏步段总高度 H_s/踏步级数（$m+1$），第 4 项为上部纵筋及下部纵筋，第 5 项为梯板分布筋
CT 型楼梯平面图		(1) CT 型楼梯的适用条件：两梯梁之间的矩形梯板由踏步段和高端平板构成，两部分的一端各自以梯梁为支座。凡是满足该条件的楼梯均可为 CT 型 (2) CT 型楼梯平面注写方式如左图所示。其中：集中注写的内容有 5 项，第 1 项为梯板类型代号与序号 CT××，第 2 项为梯板厚度 h，第 3 项为踏步段总高度 H_s/踏步级数（$m+1$），第 4 项为上部纵筋及下部纵筋，第 5 项为梯板分布筋
DT 型楼梯平面图		(1) DT 型楼梯的适用条件：两梯梁之间的矩形梯板由低端平板、踏步段和高端平板构成，高、低端平板的一端各自以梯梁为支座。凡是满足该条件的楼梯均可为 DT 型 (2) DT 型楼梯平面注写方式如左图所示。其中：集中注写的内容有 5 项，第 1 项为梯板类型代号与序号 DT××，第 2 项为梯板厚度 h，第 3 项为踏步段总高度 H_s/踏步级数（$m+1$），第 4 项为上部纵筋及下部纵筋，第 5 项为梯板分布筋

<table>
<tr><th>名称</th><th>构造图</th><th>构造说明</th></tr>
<tr><td>ET 型楼梯平面图</td><td>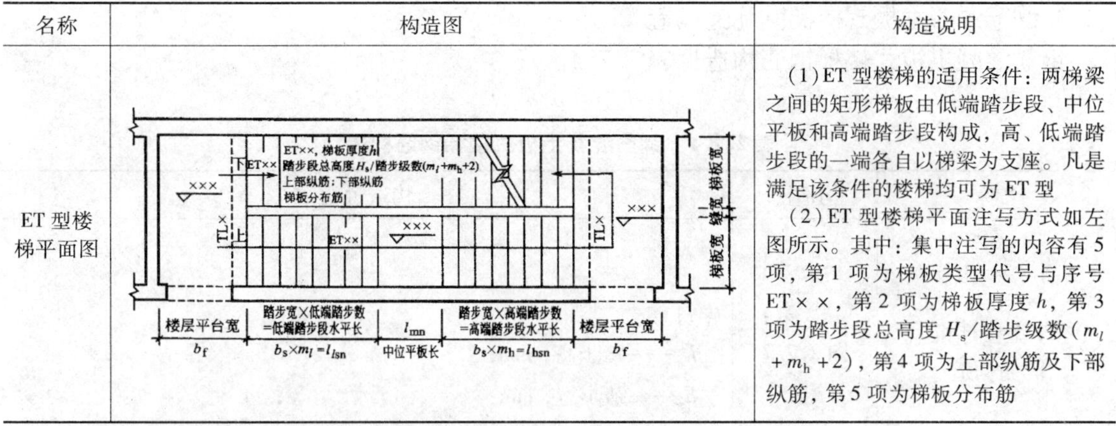</td><td>(1) ET 型楼梯的适用条件：两梯梁之间的矩形梯板由低端踏步段、中位平板和高端踏步段构成，高、低端踏步段的一端各自以梯梁为支座。凡是满足该条件的楼梯均可为 ET 型
(2) ET 型楼梯平面注写方式如左图所示。其中：集中注写的内容有 5 项，第 1 项为梯板类型代号与序号 ET××，第 2 项为梯板厚度 h，第 3 项为踏步段总高度 H_s/踏步级数 (m_l+m_h+2)，第 4 项为上部纵筋及下部纵筋，第 5 项为梯板分布筋</td></tr>
</table>

注：1. 梯板的分布钢筋可直接标注，也可统一说明。

2. 平台板 PTB、梯梁 TL、梯柱 TZ 配筋可参照《11G101—1》图集标注。

(2) 剖面注写方式

剖面注写方式需在楼梯平法施工图中绘制楼梯平面布置图和楼梯剖面图，注写方式分平面注写、剖面注写两部分。

1) 平面注写

楼梯平面布置图注写内容，包括楼梯间的平面尺寸、楼层结构标高、层间结构标高、楼梯的上下方向、梯板的平面几何尺寸、梯板类型及编号、平台板配筋、梯梁及梯柱配筋等。

2) 剖面注写

楼梯剖面图注写内容，包括梯板集中标注、梯梁梯柱编号、梯板水平及竖向尺寸、楼层结构标高、层间结构标高等。

梯板集中标注的包括如下内容：

①梯板类型及编号。如 AT××。

②梯板厚度。注写方式为 h－×××。当梯板由踏步段和平板构成，且踏步段梯板厚度和平板厚度不同时，可在梯板厚度后面括号内以字母 P 打头注写平板厚度。

③梯板配筋。注明梯板上部纵筋和梯板下部纵筋，用分号“;”将上部与下部纵筋的配筋值分隔开来。

④梯板分布筋。以 F 打头注写分布钢筋具体值，该项也可在图中统一说明。

(3) 列表注写方式

列表注写方式，系用列表方式注写梯板截面尺寸和配筋具体数值的方式来表达楼梯施工图。

列表注写方式的具体要求同剖面注写方式，仅将剖面注写方式中的梯板集中标注中的梯板配筋注写项改为列表注写项即可。

梯板列表格式见表 2.7.3。

表 2.7.3　梯板几何尺寸和配筋

梯板编号	踏步段总高度/踏步级数	板厚 h	上部纵向钢筋	下部纵向钢筋	分布筋

3. 钢筋混凝土板式楼梯钢筋的构造

钢筋混凝土板式楼梯钢筋构造见表 2.7.4。

表 2.7.4　钢筋混凝土板式楼梯钢筋构造

<table>
<tr><th>名称</th><th>构造图</th><th>构造说明</th></tr>
<tr><td>AT 型楼梯板配筋构造</td><td>图 2.7.7</td><td rowspan="5">字母释义：
h_s——踏步高，mm；
b_s——踏步宽，mm；
m——踏步数；
h——梯板厚度，mm；
b——楼层梯梁宽度，mm；
d——受拉钢筋直径，mm；
l_a——纵向受拉钢筋非抗震锚固长度，mm；
H_s——踏步段高度，mm；
H_{ls}——低端踏步段高度，mm；
H_{hs}——高端踏步段高度，mm；
l_{ab}——受拉钢筋的非抗震基本锚固长度，mm；
l_n——梯板跨度，mm；
l_{sn}——踏步段水平长，mm；
l_{ln}——低端平板长，mm；
l_{hn}——高端平板长，mm；
l_{hsn}——高端踏步段水平长，mm；
l_{lsn}——低端踏步段水平长，mm；
l_{mn}——中位平板长，mm。
构造图解析：
(1)当采用 HPB300 光面钢筋时，除梯板上部纵筋的跨内端头做 90°直角弯钩外，所有末端应做 180°的弯钩。
(2)图中上部纵筋锚固长度 $0.35l_{ab}$ 用于设计按铰接的情况，括号内数据 $0.6l_{ab}$ 用于设计考虑充分发挥钢筋抗拉强度的情况，具体工程中设计应指明采用何种情况。
(3)上部纵筋有条件时可直接伸入平台板内锚固，从支座内边算起总锚固长度不小于 l_a，如图中虚线所示。
(4)上部纵筋需伸至支座对边再向下弯折。
(5)踏步两头高度调整见《11G101－2》图集第 45 页</td></tr>
<tr><td>BT 型楼梯板配筋构造</td><td>图 2.7.8</td></tr>
<tr><td>CT 型楼梯板配筋构造</td><td>图 2.7.9</td></tr>
<tr><td>DT 型楼梯板配筋构造</td><td>图 2.7.10</td></tr>
<tr><td>ET 型楼梯板配筋构造</td><td>图 2.7.11</td></tr>
</table>

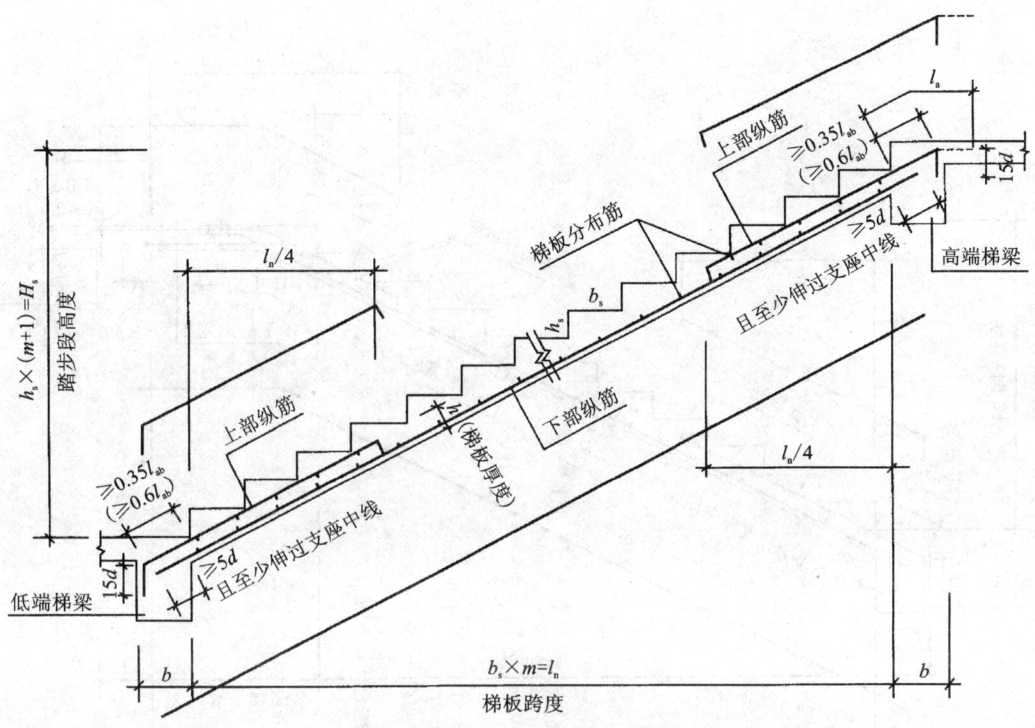

图 2.7.7　AT 型楼梯板配筋构造

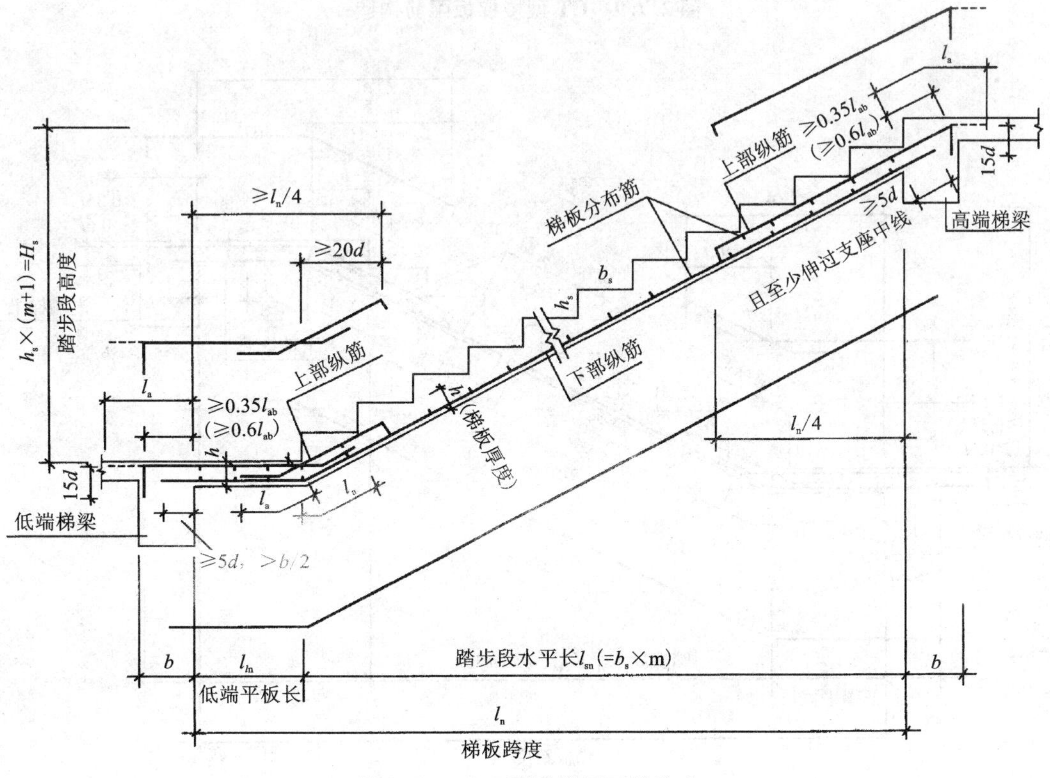

图 2.7.8　BT 型楼梯板配筋构造

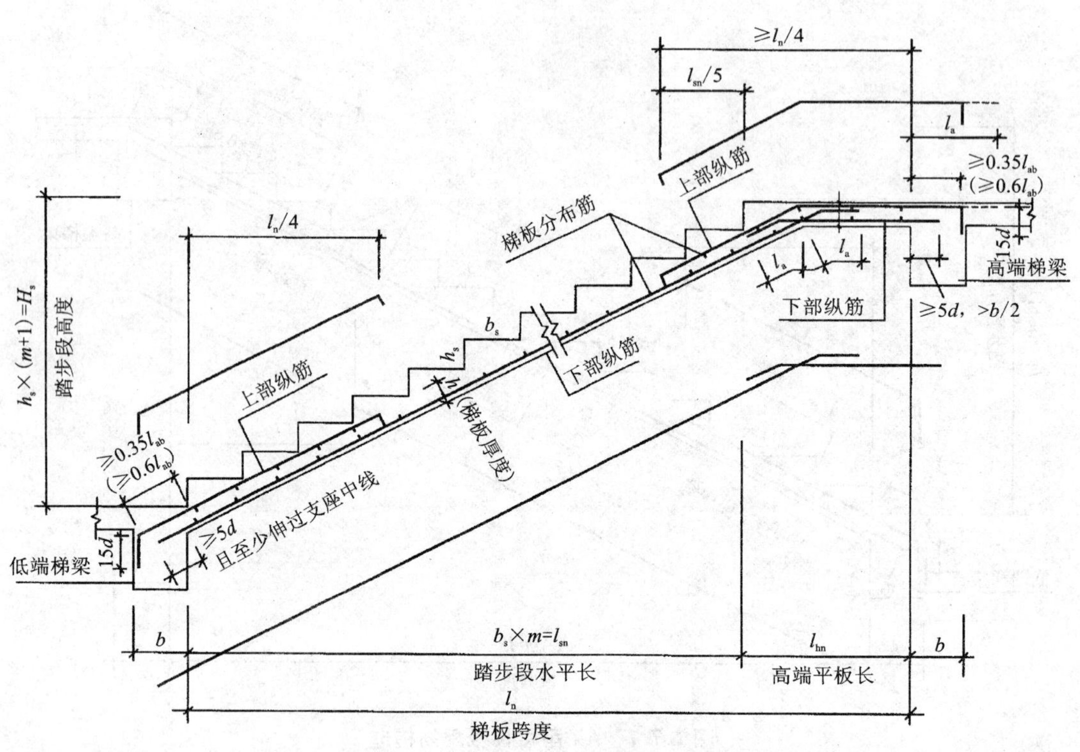

图 2.7.9　CT 型楼梯板配筋构造

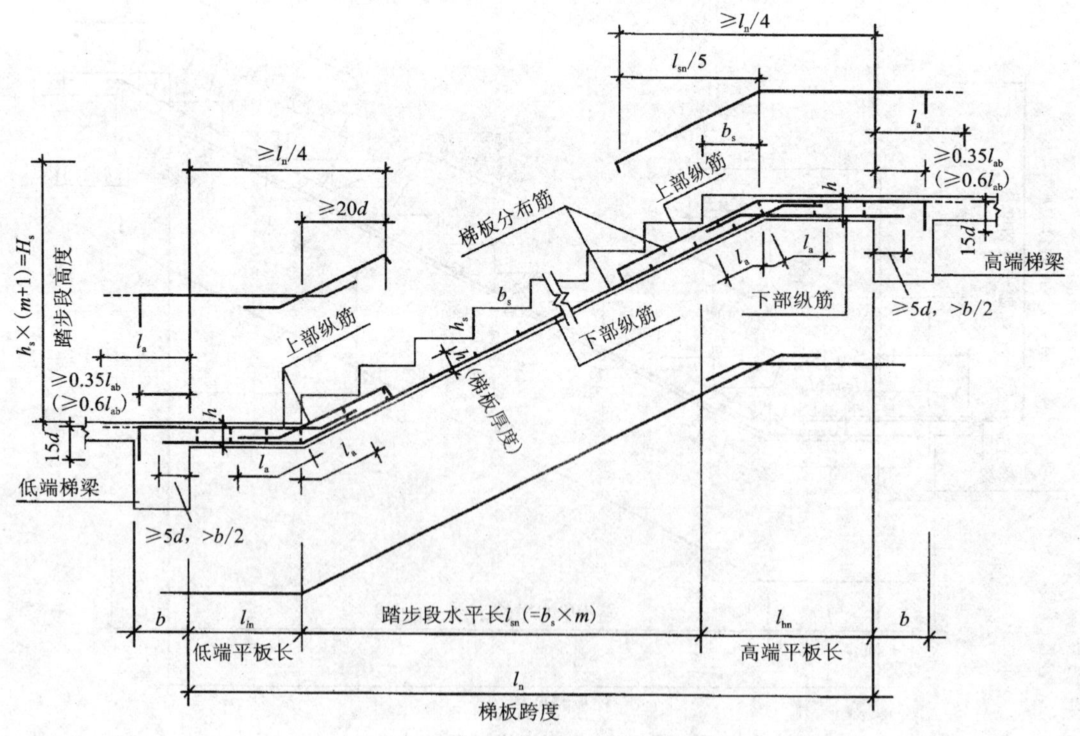

图 2.7.10　DT 型楼梯板配筋构造

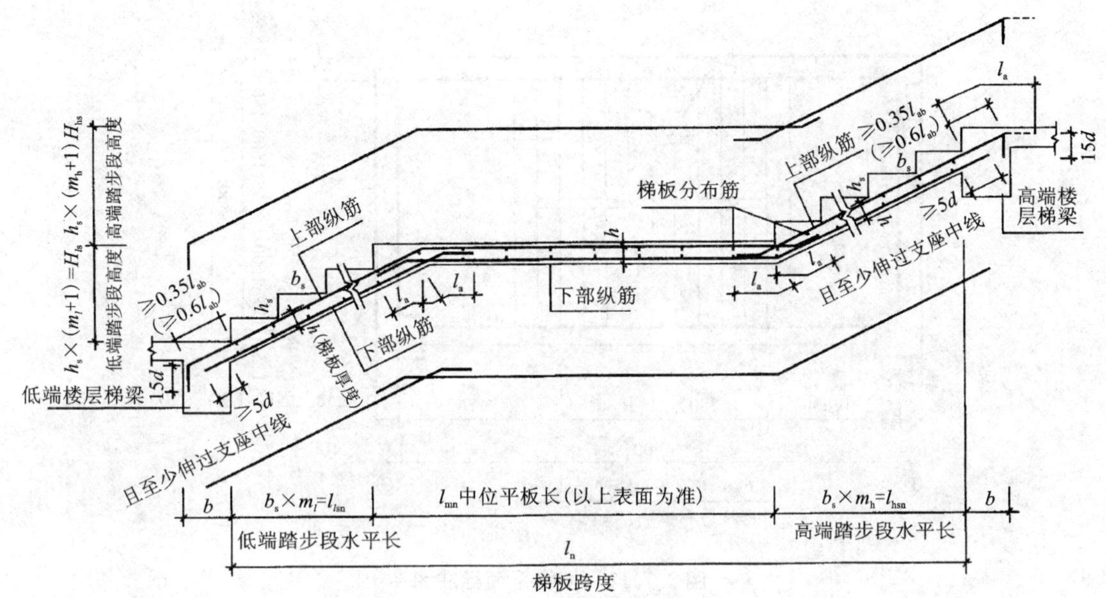

图 2.7.11　ET 型楼梯板配筋构造

2.7.3　混凝土楼梯的钢筋计算实例

混凝土楼梯还有很多其他的具体构造，同学们可参考《11G101－2》，在此不再赘述，现以一具体的混凝土板式楼梯为例讲解一下其钢筋的计算。

【例 2.7.1】　某工程标高为 8.670～30.270 m 的楼梯钢筋如图 2.7.12 所示，计算其钢筋工程量。

【解】　(1) 板式楼梯钢筋工程量计算相关信息

保护层厚度查表 2.2.2，楼梯钢筋保护层 20 mm(环境类别为二 a 类)；

锚固长度查表 2.2.5，$l_{aE}=45d$(设该工程为二级抗震)；

构件数量，该楼梯共 12 跑。跑数＝(30.27－8.67)÷(1.8×2)×2＝12(跑)

(2) 钢筋工程量计算

板式楼梯钢筋包括底筋和面筋两部分。底筋包括板底纵筋及其分布筋两种钢筋，面筋包括负筋及其分布筋两种钢筋。

①底筋

a. 板底纵筋(ϕ12@125)

钢筋根数＝(1.60－0.02×2)÷0.125＋1＝13.48≈14(根)

钢筋根数计算说明：

1.60——楼梯板宽；

0.02×2——钢筋保护层；

0.125——钢筋间距。

钢筋长度＝$\sqrt{3.08^2+1.65^2}+0.12\times2+12.5\times0.012=3.94$(m)

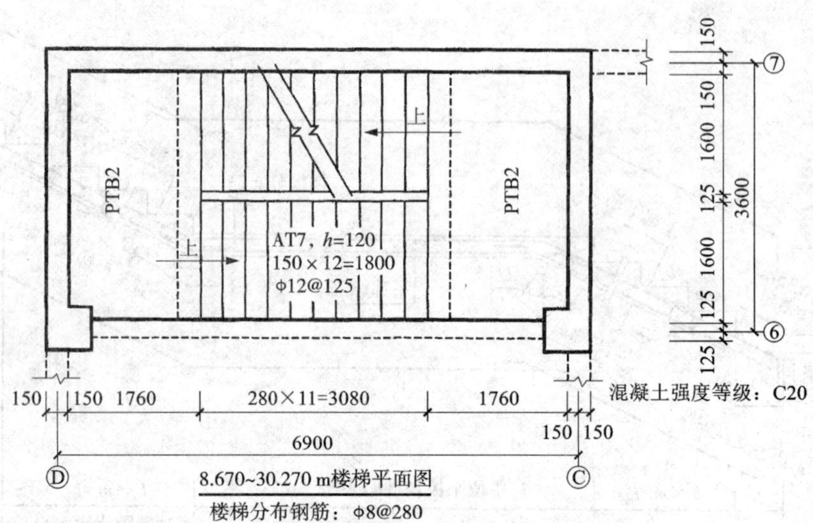

图 2.7.12　楼梯平面标注图

钢筋长度计算说明：

$\sqrt{3.08^2+1.65^2}$——楼梯板内的钢筋长度，式中 $12\times0.1375=1.65$(m)。

0.12×2——支座内长度。

12.5×0.012——半圆钩长度，按 $12.5d$ 计算，d 是钢筋直径。

钢筋总长度 $=3.94\times14=55.16$(m)

b. 分布钢筋(ϕ8@280)。

钢筋根数 $=\sqrt{3.08^2+1.65^2}\div0.28+1=13.48\approx14$(根)

钢筋根数计算说明：

$\sqrt{3.08^2+1.65^2}$——楼梯板内长度，式中 $1.65=12\times0.1375$。

0.28——钢筋间距。

钢筋长度 $=1.60-0.02\times2+12.5\times0.008=1.66$(m)

钢筋长度计算说明：

1.60——楼梯板宽；

0.02×2——钢筋保护层；

12.5×0.008——半圆钩长度，按 $12.5d$ 计算，d 是钢筋直径。

钢筋总长度 $=1.66\times14=23.24$(m)

②面筋

a. 负筋(ϕ10@170)

钢筋根数 $=(1.60-0.02\times2)\div0.17+1=10.18\approx11$(根)

钢筋长度(低端) $=\dfrac{\sqrt{3.08^2+1.65^2}}{4}+39\times0.01+6.25\times0.01+(0.12-0.02\times2)=1.41$(m)

钢筋长度(高端) $=\frac{\sqrt{3.08^2+1.65^2}}{4}+0.4\times39\times0.01+15\times0.01+6.25\times0.01+(0.12-0.02\times2)=1.32(\mathrm{m})$

式中：39×0.01——钢筋锚固长度(查表2.2.5，$l_a=39d$)；

6.25×0.01——半圆钩长度；

0.12——楼梯板厚；

0.02×2——钢筋保护层。

b. 分布筋(Φ8@280)

钢筋根数 $=\frac{\sqrt{3.08^2+1.65^2}}{4}\div0.28+1=4.12\approx5$(根)

钢筋长度 $=1.60-0.02\times2+12.5\times0.008=1.66(\mathrm{m})$

2.8　混凝土结构基础

混凝土结构基础包括独立基础、条形基础和筏形基础。

2.8.1　独立基础

当建筑物上部结构采用框架结构或单层排架结构承重时，基础常采用方形或是矩形的独立式基础，此类基础称为独立式基础，也称单独基础，是整个或局部结构物下的无筋或配筋基础。一般指结构柱基。长宽比在3倍以内且底面面积在20 m² 以内的为独立基础。独立基础包括阶形基础、坡形基础、杯形基础三种。独立基础的特点有以下几方面：

①一般只坐落在一个十字轴线交点上，有时也跟其他条形基础相连，但是截面尺寸和配筋不尽相同。独立基础如果坐落在几个轴线交点上承载几个独立柱，称共用独立基础。

②基础之内的纵横两方向配筋均为受力钢筋，且长方向的一般布置在下面。

独立基础的底面一般为矩形或正方形，为双向受力构件。独立基础钢筋包括基础底面受力钢筋、基础插筋等，如图2.8.1所示。

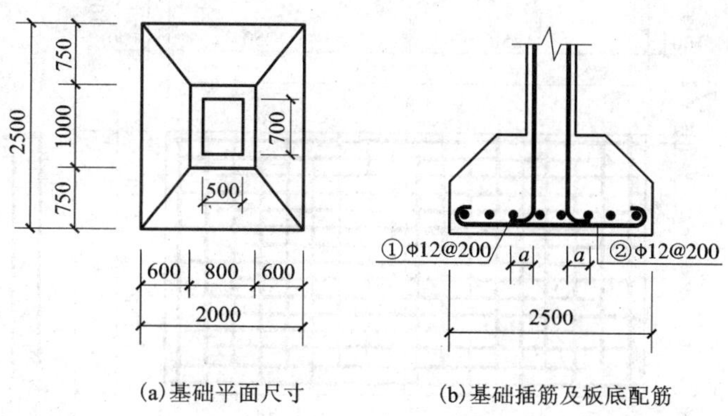

图2.8.1　独立基础配筋图

1. 独立基础钢筋构造

(1) 独立基础底板配筋构造

独立基础底板配筋构造适用于普通独立基础、杯口独立基础，其配筋构造如图 2. 8. 2 所示。

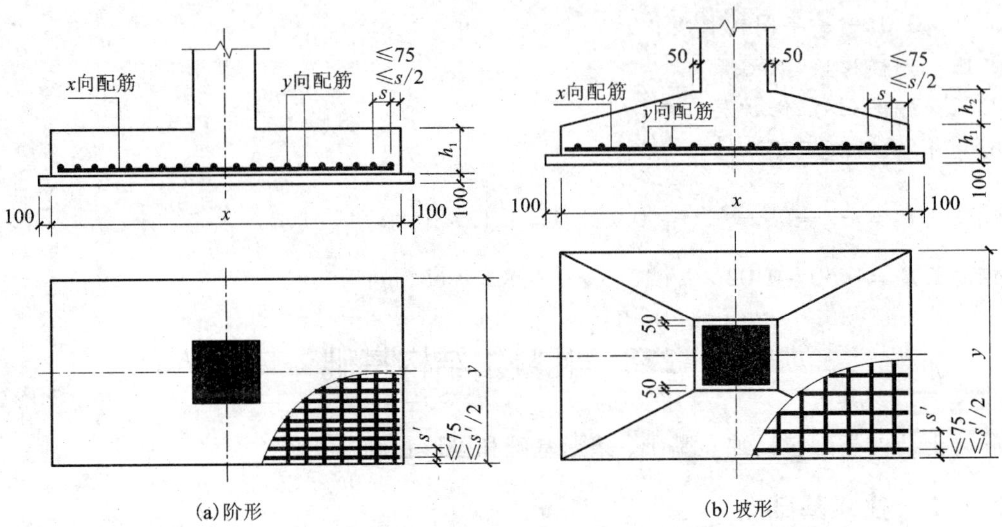

图 2. 8. 2　独立基础底板配筋构造

s 为 y 向配筋间距，s' 为 x 向配筋间距，h_1 为独立基础的竖向尺寸

(2) 独立基础底板配筋长度缩减 10% 构造

当对称独立基础底板的长度不小于 2500 mm 时，各边最外侧钢筋不缩减；除了外侧钢筋外，两项其他底板配筋可以缩减 10%，即取相应方向底板长度的 0.9 倍，如图 2.8.3 所示。

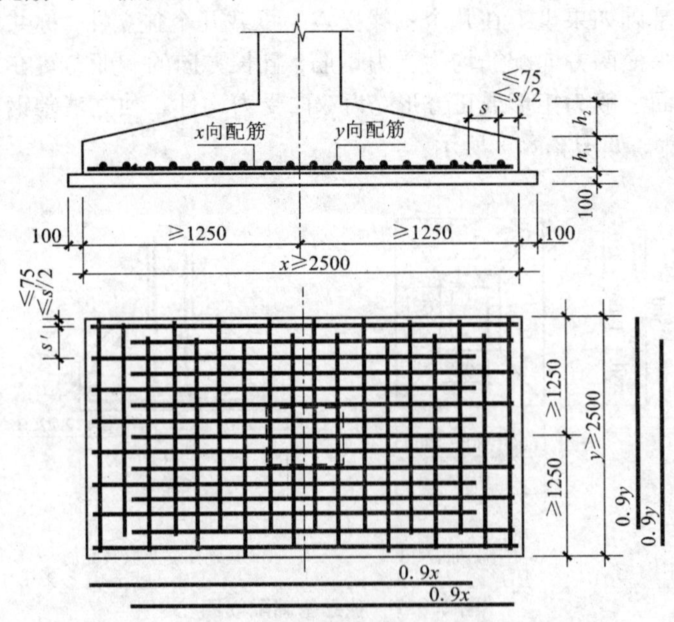

图 2. 8. 3　对称独立基础底板配筋长度缩减 10% 构造

s 为 y 向配筋间距，s' 为 x 向配筋间距，h_1、h_2 为独立基础的竖向尺寸

(3)多柱独立基础底板顶部配筋构造

①双柱普通独立基础底部与顶部配筋构造

双柱普通独立基础底部与顶部配筋构造，如图 2.8.4 所示。

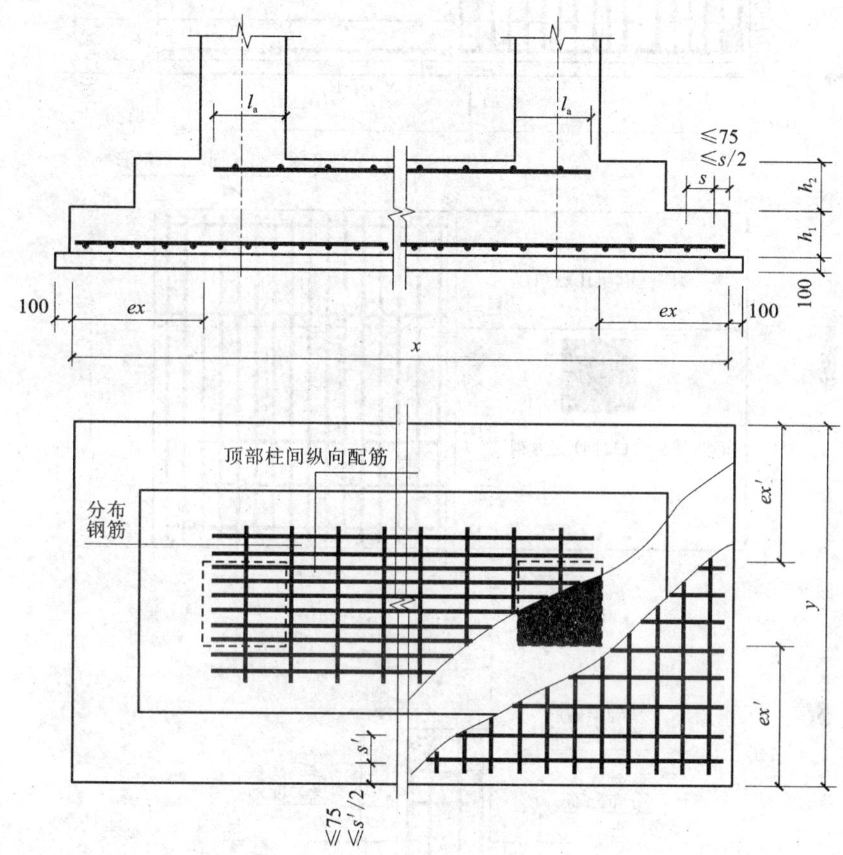

图 2.8.4　双柱普通独立基础配筋构造

s 为 y 向配筋间距，s' 为 x 向配筋间距，h_1、h_2 为独立基础的竖向尺寸

ex、ex' 为基础两个方向从柱外缘至基础外缘的伸出长度

双柱普通独立基础底板的截面形状，可为阶形截面 DJ_J 或坡形截面 DJ_P。

几何尺寸和配筋按具体结构设计和图 2.8.4 所示构造确定。

双柱普通独立基础底部双向交叉钢筋，根据基础两个方向从柱外缘至基础外缘的伸出长度 ex 和 ex' 的大小，较大者方向的钢筋设置在下，较小者方向的钢筋设置在上。

②设置基础梁的双柱普通独立基础配筋构造

设置基础梁的双柱普通独立基础配筋构造，如图 2.8.5 所示。

双柱独立基础底板的截面形状，可为阶形截面 DJ_J 或坡形截面 DJ_P。

几何尺寸和配筋按具体结构设计和图 2.8.5 所示构造确定。

双柱独立基础底部短向受力钢筋设置在基础梁纵筋之下，与基础梁箍筋的下水平段位于同一层面。

双柱独立基础所设置的基础梁宽度，宜比柱截面宽度≥100 mm(每边≥50 mm)。

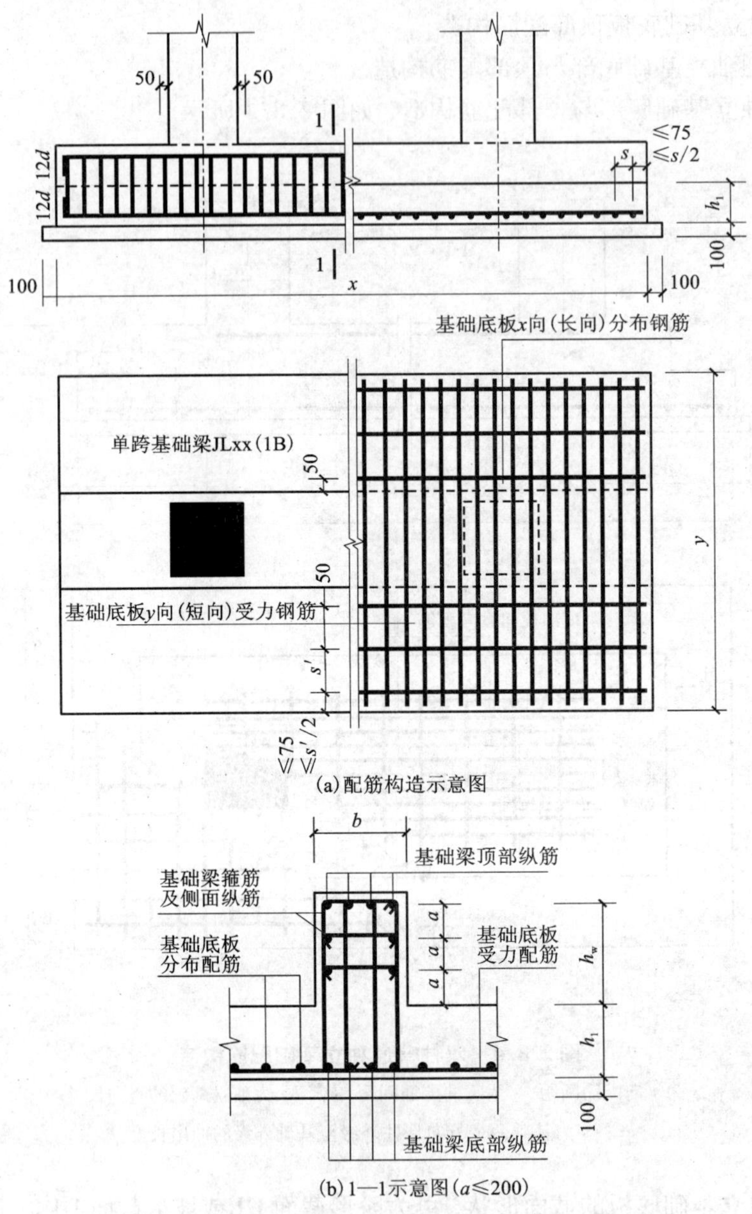

(a)配筋构造示意图

(b)1—1示意图($a \leqslant 200$)

图 2.8.5　设置基础梁的双柱普通独立基础配筋构造

s 为 y 向配筋间距，h_1 为独立基础的竖向尺寸，d 为受拉配筋直径，a 为钢筋间距，b 为基础梁宽度，h_w 为梁腹板高度

(4)普通独立深基础短柱配筋构造

①单柱普通独立深基础短柱配筋构造

单柱普通独立深基础短柱配筋构造，如图 2.8.6 所示。

单柱普通独立深基础底板的截面形式可分为阶形截面 BJ_J 或坡形截面 BJ_P。当为坡形截面且坡度较大时，应在坡面上安装顶部模板，保证混凝土能够浇筑成型、振捣密实。

短柱角部纵筋和部分中间纵筋插至基底纵筋间距≤1 m 支在底板钢筋网上，其余中间的纵筋不插至基底，仅锚入基础 l_a。

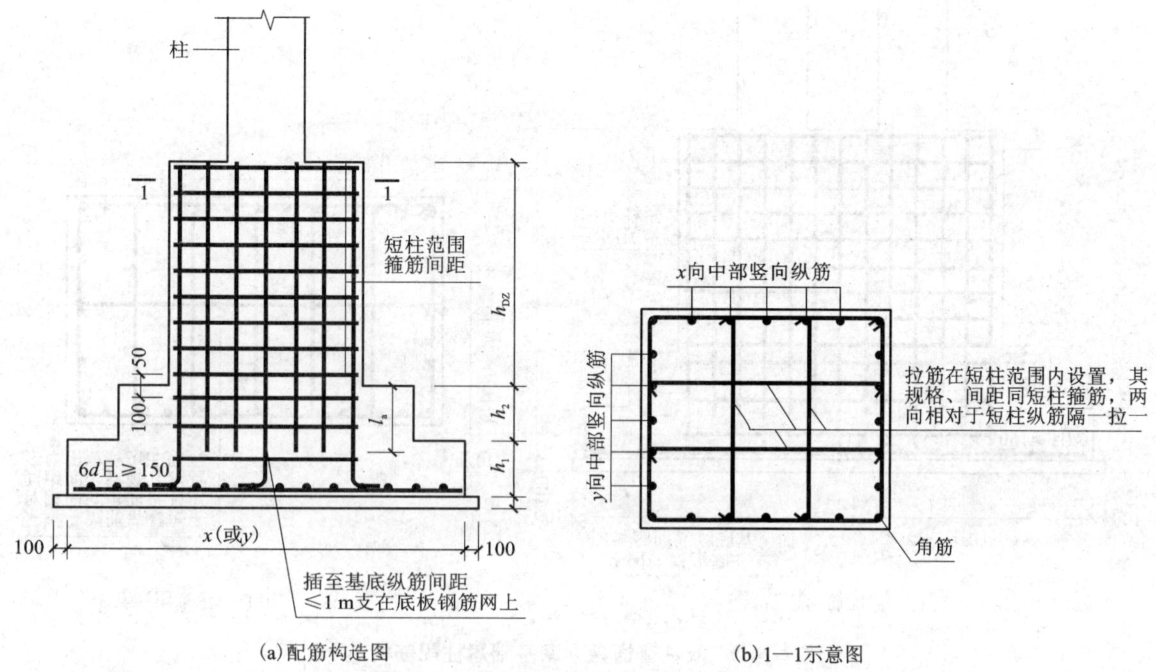

(a)配筋构造图　　(b)1—1示意图

图 2.8.6　单柱普通独立深基础短柱配筋构造

h_1、h_2—独立基础的竖向尺寸；l_a—纵向受拉钢筋非抗震锚固长度；h_{DZ}—独立深基础短柱的竖向尺寸

端柱箍筋在基础顶面以上 50 mm 处开始布置，短柱在基础内部的箍筋在基础顶面以下 100 mm 处开始布置。

拉筋在短柱范围内设置，其间距、规格同短柱箍筋，两向相对于短柱纵筋隔一拉一，如图 2.8.6(b)所示。

几何尺寸和配筋按照具体结构设计和如图 2.8.6 所示的构造进行确定。

②双柱普通独立深基础短柱配筋构造

双柱普通独立深基础短柱配筋构造，如图 2.8.7 所示。

双柱普通独立深基础底板的截面形式可分为阶形截面 BJ_J或坡形截面 BJ_P。当为坡形截面且坡度较大时，应在坡面上安装顶部模板，保证混凝土能够浇筑成型、振捣密实。

短柱角部纵筋和部分中间纵筋插至基底纵筋间距≤1 m 支在底板钢筋网上，其余中间的纵筋不插至基底，仅锚入基础 l_a。

端柱箍筋在基础顶面以上 50 mm 处开始布置，短柱在基础内部的箍筋在基础顶面以下 100 mm 处开始布置。如图 2.8.7(b)所示，拉筋在短柱范围内设置，其规格、间距同短柱箍筋，两向相对于短柱纵筋隔一拉一。几何尺寸和配筋按照具体结构设计和如图 2.8.7 所示构造确定。

(5)杯口独立基础构造

①普通单杯口独立基础

普通单杯口独立基础构造，如图 2.8.8 所示。普通单杯口独立基础顶部焊接钢筋网的构造，如图 2.8.9 所示。

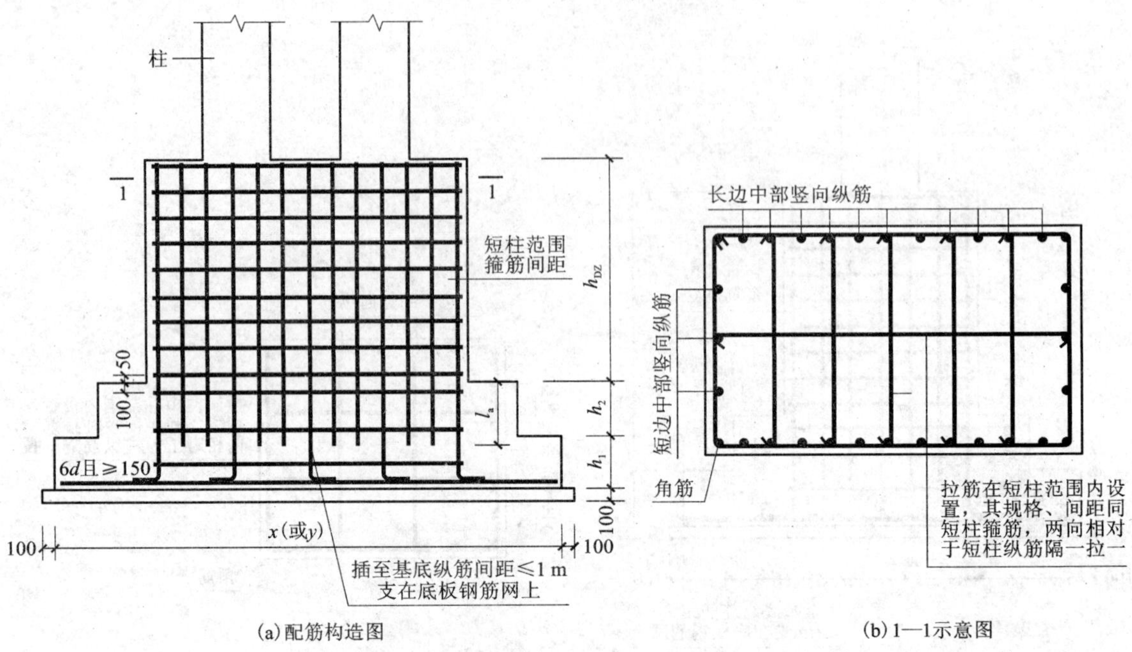

(a)配筋构造图　　(b)1—1示意图

图 2.8.7　双柱普通独立深基础短柱配筋构造

h_1、h_2 为独立基础的竖向尺寸，l_a 为纵向受拉钢筋非抗震锚固长度，h_{DZ} 为独立深基础短柱的竖向尺寸

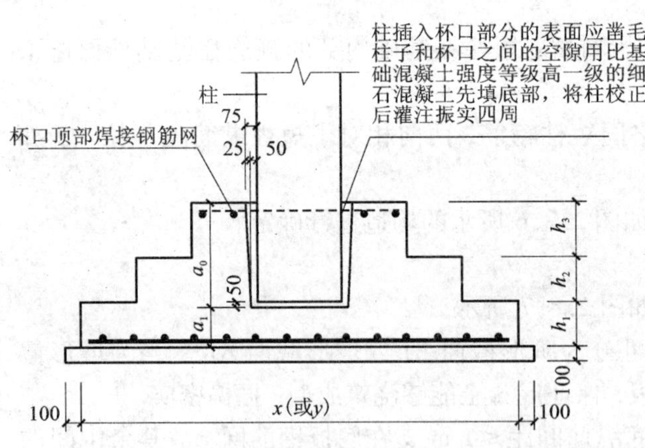

图 2.8.8　普通单杯口独立基础构造

a_0 为杯口深度，a_1 为杯口内底部至基础底部距离，h_1、h_2、h_3 为独立基础的竖向尺寸

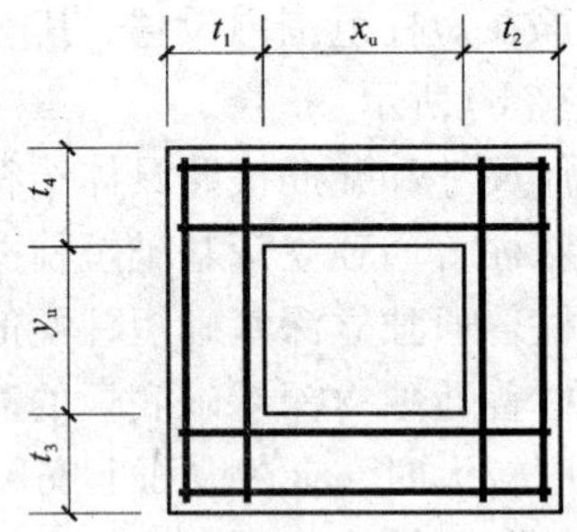

图 2.8.9　普通单杯口独立基础构造

t_1、t_2、t_3、t_4 为杯壁厚度，x_u、y_u 为杯口上口尺寸

②双杯口独立基础

双杯口独立基础构造，如图 2.8.10 所示。普通双杯口独立基础杯口顶部焊接钢筋网构造，如图 2.8.11 所示。

③高杯口独立基础

高杯口独立基础杯壁和基础短柱配筋构造，如图 2.8.12 所示。

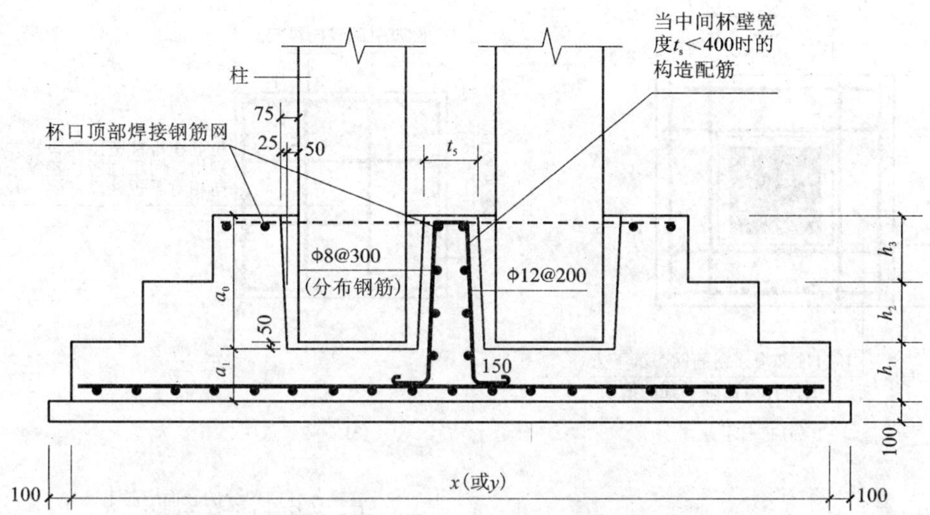

图 2.8.10　双杯口独立基础构造

a_0 为杯口深度，a_1 为杯口内底部至基础底部距离，h_1、h_2、h_3 为独立基础的竖向尺寸

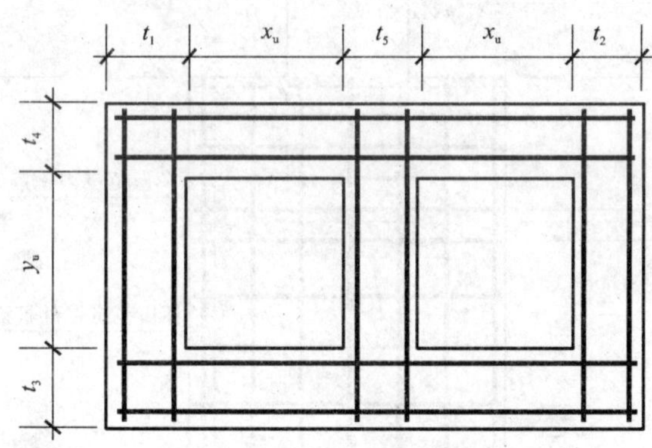

图 2.8.11　普通双杯口独立基础杯口顶部焊接钢筋网构造

t_1、t_2、t_3、t_4、t_5 为杯壁厚度，x_u、y_u 为杯口上口尺寸

④双高杯口独立基础

当双杯口的中间杯壁宽度 t_s < 400 mm 时，设置中间杯壁构造配筋，如图 2.8.13 所示。

2. 独立基础平法标注

(1) 独立基础的平面注写方式

独立基础的平面注写方式是指直接在独立基础平面布置图上进行数据项的标注，包括集中标注和原位标注两部分内容。

1) 集中标注

①基础编号

各种独立基础编号，见表 2.8.1。

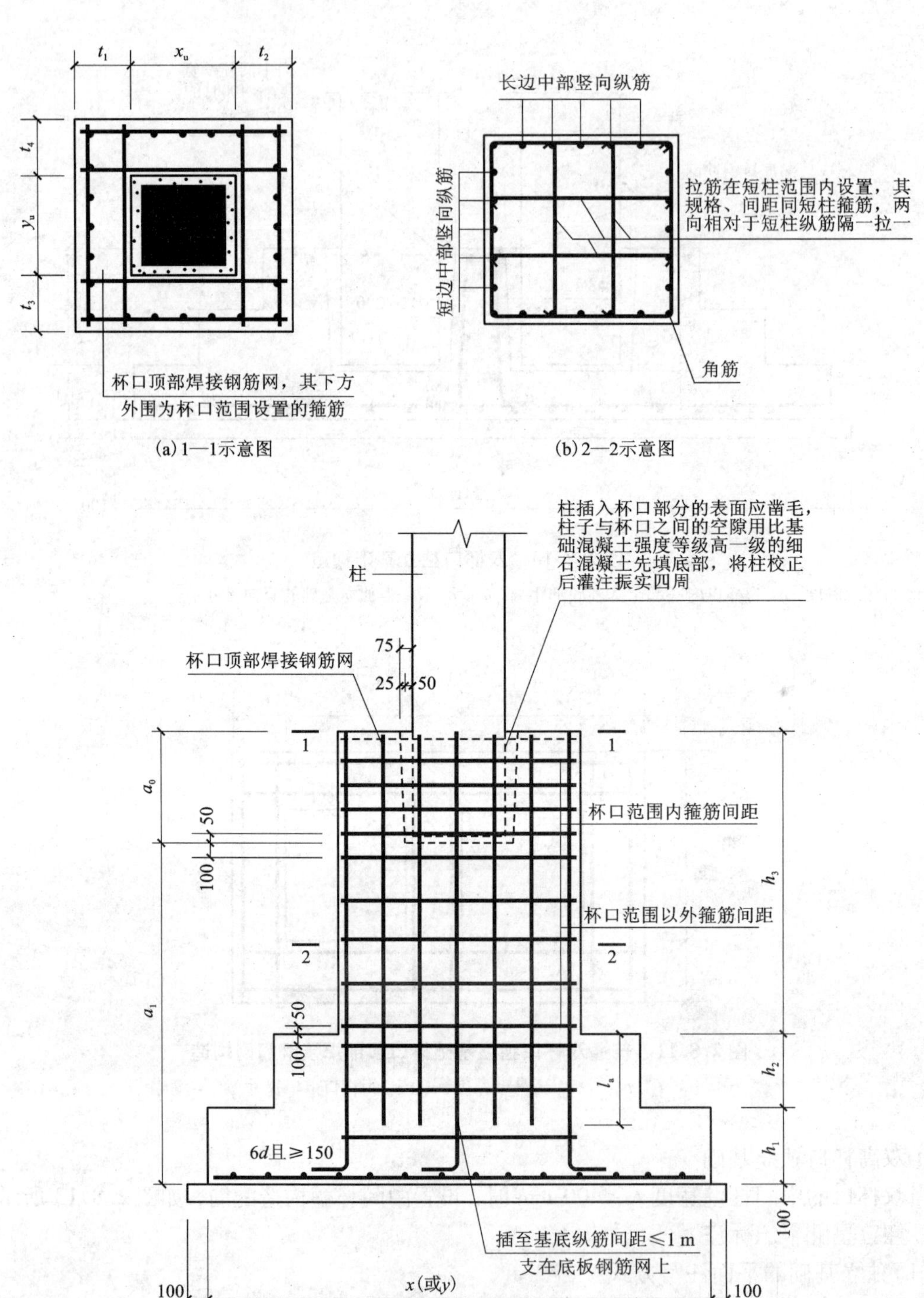

(a) 1—1示意图

(b) 2—2示意图

(c) 配筋构造图

图 2.8.12　高杯口独立基础杯壁和基础短柱配筋构造

t_1、t_2、t_3、t_4、t_5 为杯壁厚度，x_u、y_u 为杯口上口尺寸，

a_0 为杯口深度；a_1 为杯口内底部至基础底部距离；h_1、h_2、h_3 为独立基础的竖向尺寸

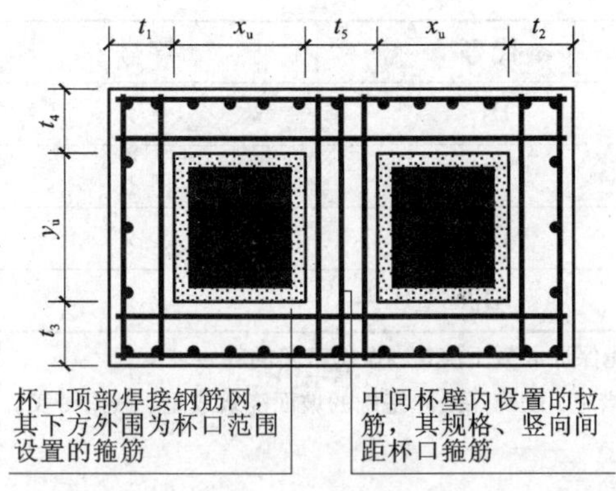

(a) 1—1示意图

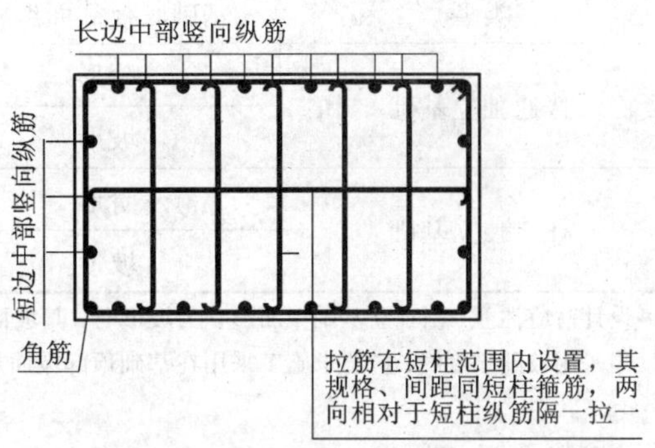

(b) 2—2示意图

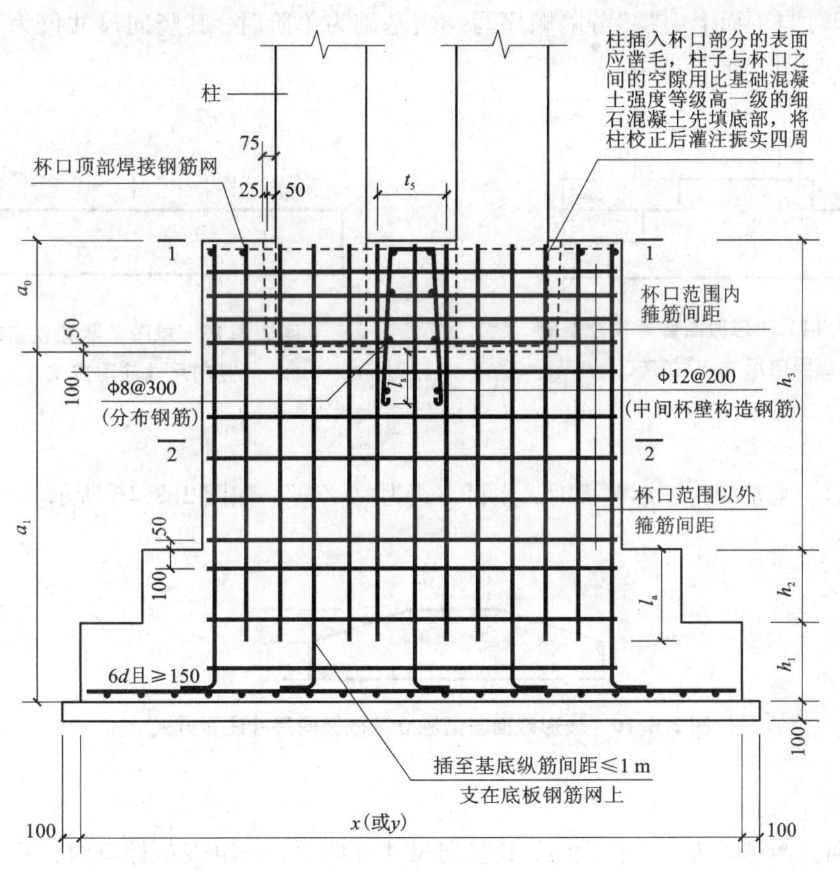

(c) 配筋构造图

图 2.8.13　双高杯口独立基础杯壁和基础短柱配筋构造

t_1、t_2、t_3、t_4、t_5 为杯壁厚度，x_u、y_u 为杯口上口尺寸，

a_0 为杯口深度，a_1 为杯口内底部至基础底部距离，h_1、h_2、h_3 为独立基础的竖向尺寸

表 2.8.1　独立基础编号

类型	基础底板截面形状	代号	序号
普通独立基础	阶形	DJ_J	××
	坡形	DJ_P	××
杯口独立基础	阶形	BJ_J	××
	坡形	BJ_P	××

设计时应注意：当独立基础截面形状为坡形时，其坡面应采用能保证混凝土浇筑、振捣密实的较缓坡度；当采用较陡坡度时，应要求施工采用在基础顶部坡面加模板等措施，以确保独立基础的坡面浇筑成型、振捣密实。

②截面竖向尺寸

a. 普通独立基础(包括单柱独基和多柱独基)

阶形截面。当基础为阶形截面时，注写方式为“$h_1/h_2/\cdots$”，图 2.8.14 为三阶，当为更多阶时，各阶尺寸自下而上用“/”分隔顺序写。当基础为单阶时，其竖向尺寸仅为一个，且为基础总厚度，如图 2.8.15 所示。

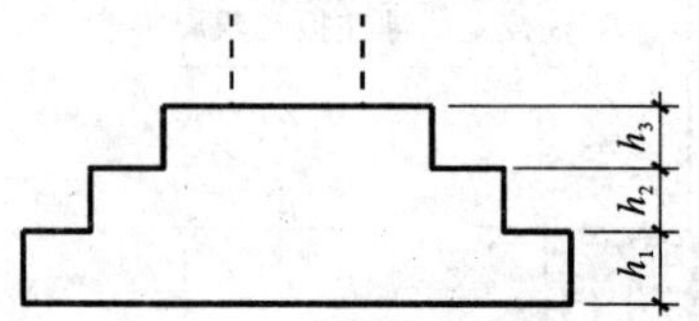

图 2.8.14　阶形截面普通独立基础竖向尺寸注写方式

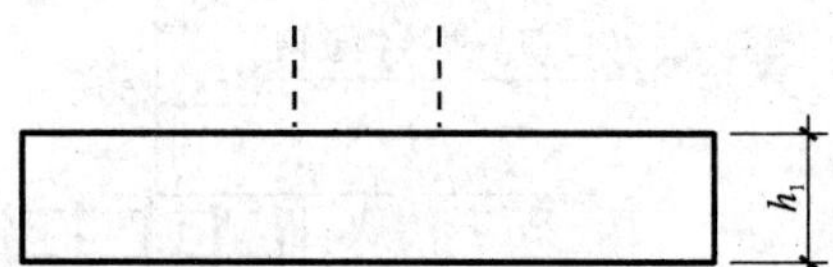

图 2.8.15　单阶普通独立基础竖向尺寸注写方式

坡形截面。当基础为坡形截面时，注写方式为“h_1/h_2”，如图 2.8.16 所示。

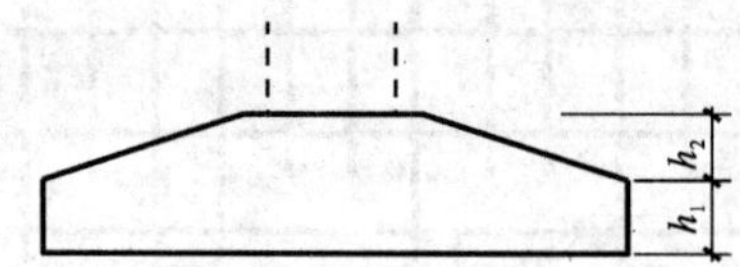

图 2.8.16　坡形截面普通独立基础竖向尺寸注写方式

b. 杯口独立基础

阶形截面。当基础为阶形截面时，其竖向尺寸分两组，一组表达杯口内，另一组表达杯口外，两组尺寸以“，”分隔，注写方式为“a_0/a_1，$h_1/h_2/\cdots$”，如图 2.8.17、图 2.8.18 所示，其中杯口深度 a_0 为柱插入杯口的尺寸加 50 mm。

坡形截面。当基础为坡形截面时，注写方式为“a_0/a_1，$h_1/h_2/h_3/\cdots$”，如图 2.8.19、图 2.8.20 所示。

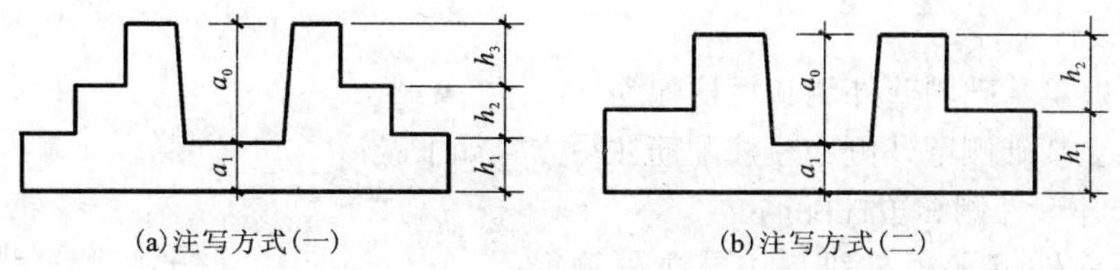

图 2.8.17　阶形截面杯口独立基础竖向尺寸注写方式

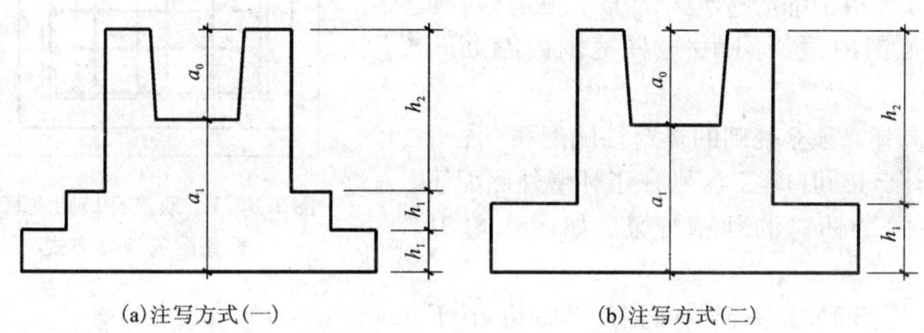

图 2.8.18　阶形截面高杯口独立基础竖向尺寸注写方式

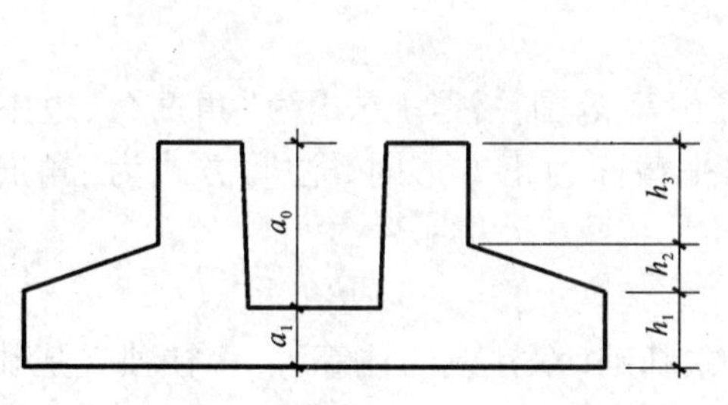

图 2.8.19　坡形截面杯口独立基础竖向尺寸注写方式

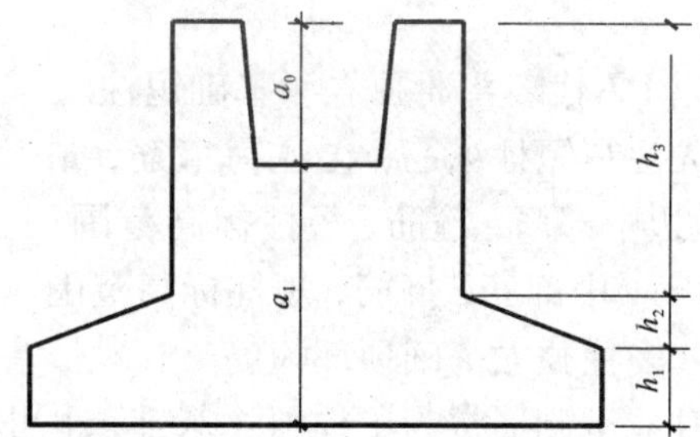

图 2.8.20　坡形截面高杯口独立基础竖向尺寸注写方式

③配筋

a. 独立基础底板配筋

普通独立基础(单柱独基)和杯口独立基础的底部双向配筋注写方式如下:

以 B 代表各种独立基础底板的底部配筋。

X 向配筋以 X 打头、Y 向配筋以 Y 打头注写;当两向配筋相同时,则以 X&Y 打头注写。

b. 杯口独立基础顶部焊接钢筋网

杯口独立基础顶部焊接钢筋网注写方式为:以 Sn 打头引注杯口顶部焊接钢筋网的各边钢筋。

注:高杯口独立基础应配置顶部钢筋网;非高杯口独立基础是否配置,应根据具体工程情况确定。

当双杯口独立基础中间杯壁厚度小于400 mm时，在中间杯壁中配置构造钢筋见相应标准构造详图，设计不注。

c. 高杯口独立基础侧壁外侧和短柱配筋

高杯口独立基础侧壁外侧和短柱配筋注写方式如下：

以 O 代表杯壁外侧和短柱配筋。

先注写杯壁外侧和短柱纵筋，再注写箍筋。注写方式为“角筋/长边中部筋/短边中部筋，箍筋(两种间距)”；当杯壁水平截面为正方形时，注写方式为“角筋/x边中部筋/y边中部筋，箍筋(两种间距，杯口范围内箍筋间距/短柱范围内箍筋间距)”。

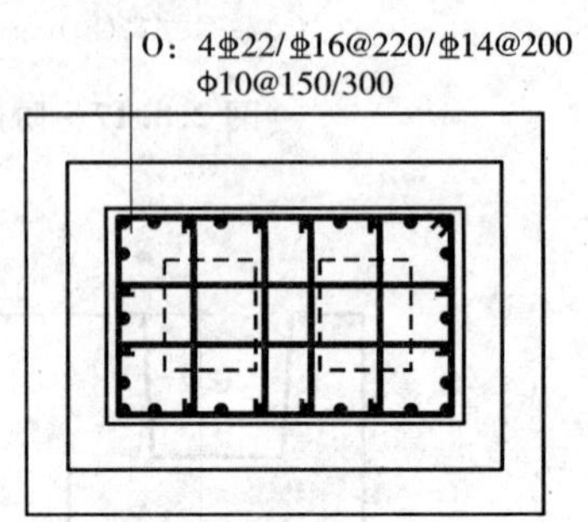

图 2.8.21 双高杯口独立基础杯壁配筋注写方式

对于双高杯口独立基础的杯壁外侧配筋，注写方式与单高杯口相同，施工区别在于杯壁外侧配筋为同时环住两个杯口的外壁配筋，如图 2.8.21 所示。

当双高杯口独立基础中间杯壁厚度小于400 mm时，在中间杯壁中配置构造钢筋见相应标准构造详图，设计不注。

d. 普通独立深基础短柱竖向尺寸及钢筋

当独立基础埋深较大，设置短柱时，短柱配筋应注写在独立基础中。具体注写方式如下：

以 DZ 代表普通独立深基础短柱。

先注写短柱纵筋，再注写箍筋，最后注写短柱标高范围。注写方式为“角筋/长边中部筋/短边中部筋，箍筋，短柱标高范围”；当短柱水平截面为正方形时，注写方式为“角筋/x中部筋/y中部筋，箍筋，短柱标高范围”。

e. 多柱独立基础顶部配筋

独立基础通常为单柱独立基础，也可为多柱独立基础(双柱或四柱等)。多柱独立基础的编号、几何尺寸和配筋的标注方法与单柱独立基础相同。

当为双柱独立基础时，通常仅基础底部钢筋；当柱距离较大时，除基础底部配筋外，尚需在两柱间配置基础顶部钢筋或配置基础梁(见图 2.8.4 和图 2.8.5)；当为四柱独立基础时，通常可设置两道平行的基础梁，需要时可在两道基础梁之间配置基础顶部钢筋。

多柱独立基础的底板顶部配筋注写方式如下：

以 T 代表多柱独立基础的底板顶部配筋。注写格式为“双柱间纵向受力钢筋/分布钢筋”。当纵向受力钢筋在基础底板顶面非满布时，应注明其根数。

基础梁的注写规定与条形基础的基础梁注写方式相同。

双柱独立基础的底板配筋注写方式，可以按条形基础底板的注写方式，也可以按独立基础底板的注写方式。

配置两道基础梁的四柱独立基础底板顶部配筋注写方式：当四柱独立基础已设置两道平行的基础梁时，根据内里需要可在双梁之间及梁的长度范围内配置基础顶部钢筋，注写方式为“梁间受力钢筋/分布钢筋”。

④底面标高

当独立基础的底面标高与基础底面基准标高不同时，应将独立基础底面标高直接注写在“(　)”内。

⑤必要的文字注解

当独立基础的设计有特殊要求时，宜增加必要的文字注解。例如，基础底板配筋长度是否采用减短方式等，可在该项内注明。

2)原位标注

钢筋混凝土和素混凝土独立基础的原位标注，是指在基础平面布置图上标注独立基础的平面尺寸。对相同编号的基础，可选择一个进行原位标注；当平面图形较小时，可将所选定进行原位标注的基础按比例适当放大；其他相同编号者仅注编号。下面按普通独立基础和杯口独立基础分别进行说明。

①普通独立基础

原位标注 x、y，x_c、y_c(或圆柱直径 d_c)，x_i、y_i，$i=1, 2, 3, \cdots$，其中，x、y 为普通独立基础两向边长，x_c、y_c为柱截面尺寸，x_i、y_i为阶宽或坡形平面尺寸(当设置短柱时，尚应标注短柱的截面尺寸)。

a. 阶形截面

对称阶形截面普通独立基础原位标注识图，如图 2.8.22 所示。

非对称阶形截面普通独立基础原位标注识图，如图 2.8.23 所示。

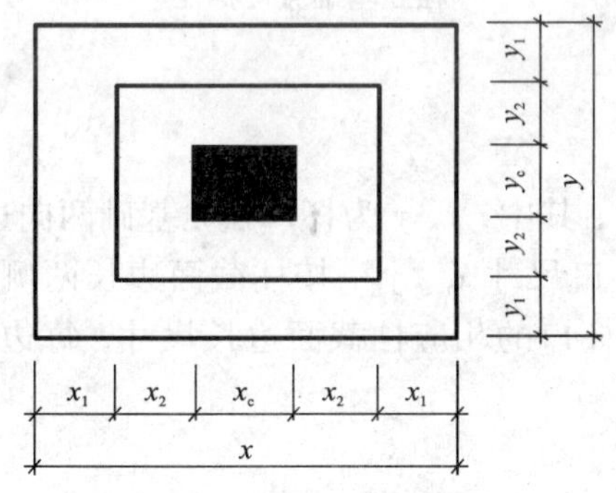

图 2.8.22　对称阶形截面普通独立基础原位标注

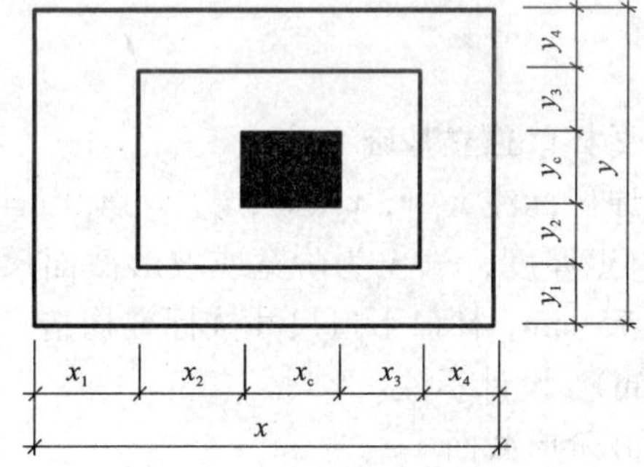

图 2.8.23　非对称阶形截面普通独立基础原位标注

设置短柱普通独立基础原位标注识图，如图 2.8.24 所示。

b. 坡形截面

对称坡形普通独立基础原位标注识图，如图 2.8.25 所示。

非对称坡形普通独立基础原位标注识图，如图 2.8.26 所示。

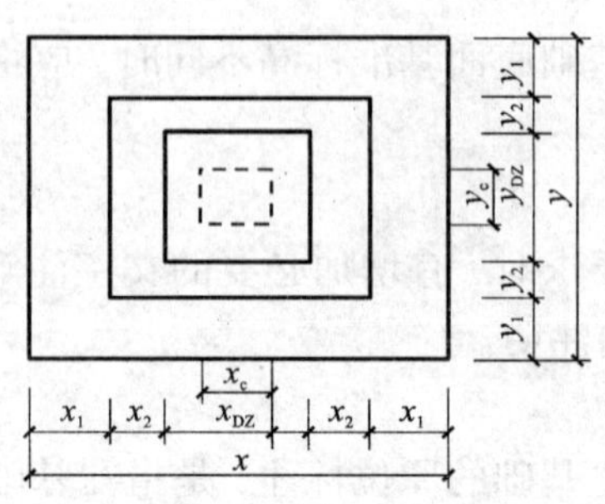

图 2.8.24　设置短柱普通独立基础原位标注

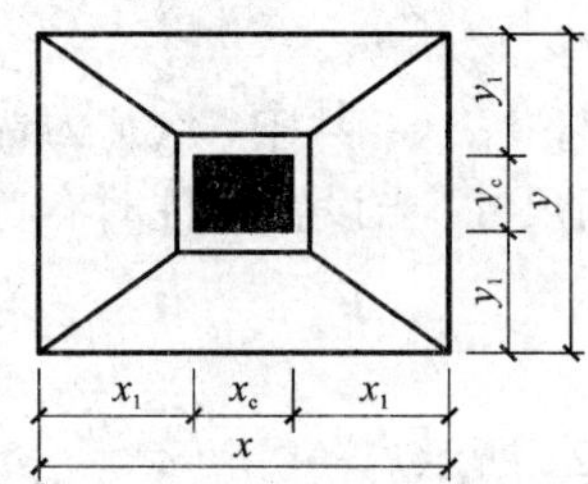

图 2.8.25　对称坡形截面普通独立基础原位标注

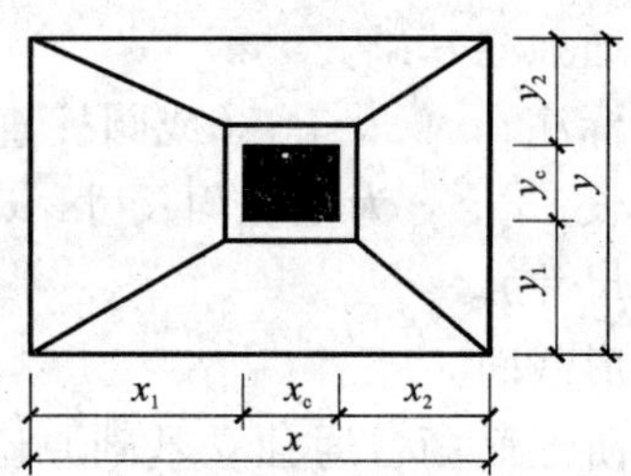

图 2.8.26　非对称坡形截面普通独立基础原位标注

②杯口独立基础

原位标注 x、y，x_c、y_c，t_i，x_i、y_i，$i=1, 2, 3, \cdots$，其中，x、y 为杯口独立基础两向边长，t_i为杯壁厚度，x_i、y_i为阶宽或坡形截面尺寸。杯口上口尺寸 x_u、y_u，按柱截面边长两侧双向各加 75 mm；杯口下口尺寸按标准构造详图（为插入杯口的相应柱截面边长尺寸，每边各加 50 mm），设计不注。

a. 阶形截面

阶形截面杯口独立基础原位标注识图，如图 2.8.27 所示。

b. 坡形截面

坡形截面杯口独立基础原位标注识图，如图 2.8.28 所示。

（2）独立基础的截面注写方式

独立基础的截面注写方式，可分为截面标注和列表注写（结合截面示意图）两种表达方式。

采用截面注写方式，应在基础平面布置图上对所有基础进行编号，见表 2.8.1。

1）截面标注

截面标注适用于单个基础的标注，与传统“单构件正投影表示方法”基本相同。对于已在基础平面布置图上原位标注清楚的该基础的平面几何尺寸，在截面图上可不再重复表达，具体表达内容可参照《11G101－3》图集中相应的标准构造（p60，p63）。

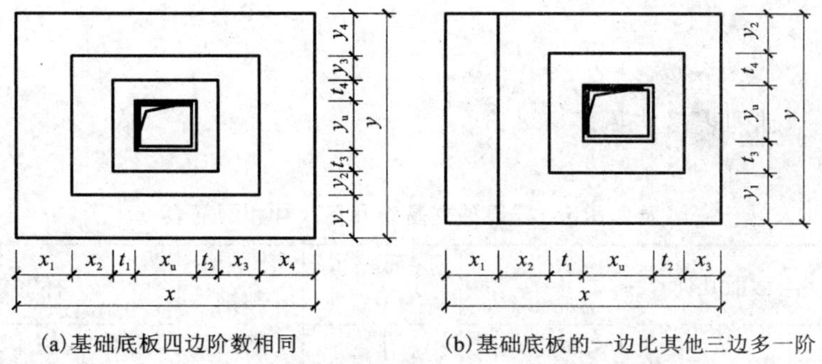

(a)基础底板四边阶数相同　　(b)基础底板的一边比其他三边多一阶

图 2.8.27　阶形截面杯口独立基础原位标注

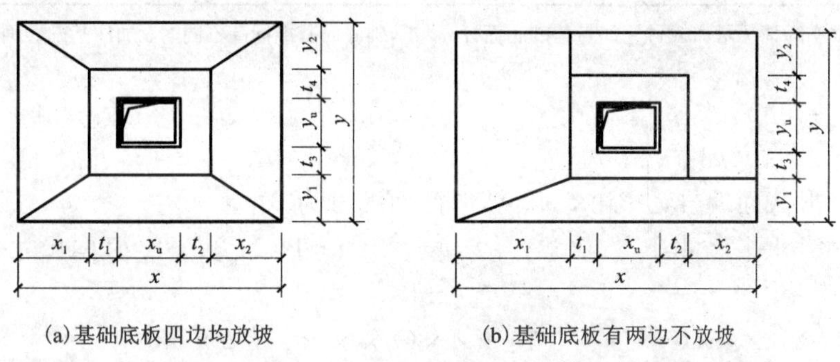

(a)基础底板四边均放坡　　(b)基础底板有两边不放坡

图 2.8.28　坡形截面杯口独立基础原位标注

（注：高杯口独立基础原位标注与杯口独立基础完全相同）

2)列表注写

列表标注主要适用于多个同类基础的标注的集中表达。表中内容为基础截面的几何数据和配筋等，在截面示意图上应标注与表中栏目相对应的代号。

①独立基础列表格式见表 2.8.2。

表 2.8.2　普通独立基础几何尺寸和配筋表

基础编号/截面号	截面几何尺寸				底部配筋(B)	
	x，y	x_c，y_c	x_i，y_i	$h_i/h_2/\cdots$	X向	Y向

注：表中可根据实际情况增加栏目。例如：当基础底面标高与基础底面基准标高不同时，加注基础底面标高；当为双柱独立基础时，加注基础顶部配筋或基础梁几何尺寸和配筋；当设置短柱时增加短柱尺寸及配筋等。

表中各项栏目含义如下：

a. 编号：阶形截面编号为 DJ_{Jxx}，坡形截面编号为 DJ_{Pxx}。

b. 几何尺寸：水平尺寸 x、y，x_c、y_c（或圆柱直径 d_c），x_i、y_i，$i=1, 2, 3, \cdots$，竖向尺寸 $h_1/h_2/\cdots$。

c. 配筋：B：X：⌀××@×××，Y：⌀××@×××。

②杯口独立基础列表格式见表 2.8.3。

表 2.8.3 杯口独立基础几何尺寸和配筋表

基础编号/截面号	截面几何尺寸				底部配筋（B）		杯口顶部钢筋网（S_n）	杯壁外侧配筋	
	x，y	x_c，y_c	x_i，y_i	a_0、a_1，$h_i/h_2/\cdots$	X 向	Y 向		角筋/长边中部筋/短边中部筋	杯口箍筋/短柱箍筋

注：表中可根据实际情况增加栏目。如当基础底面标高与基础底面基准标高不同时，加注基础底面标高；或增加说明栏目等。

表中各项栏目含义如下：

a. 编号：阶形截面编号为 BJ_J××，坡形截面编号为 BJ_P××。

b. 几何尺寸：水平尺寸 x、y，x_u、y_u，t_i，x_i、y_i，$i=1, 2, 3, \cdots$，竖向尺寸 a_o、a_l，$h_1/h_2/h_3\cdots$。

c. 配筋：B：X：⌀××@×××，Y：⌀××@×××，S_n ⌀××。

O：x⌀××/⌀××@×××/⌀××@×××，Φ××@×××/×××。

（3）独立基础钢筋工程量计算与实例

独立基础钢筋包括：受力钢筋（分为 x 向、y 向两种）和柱插筋两种。柱插筋参见本书第二章 2.5 相关内容。

基础底部受力钢筋理论计算公式：

钢筋长度 = 基础长度 − 2 × 保护层厚度 + 6.25 × 2 × 钢筋直径（HPB300 钢筋计算） （2.8.1）

钢筋根数 =（基础宽度 − 2 × 保护层厚度）/钢筋间距（取整）+ 1 （2.8.2）

【例 2.8.1】 某工程独立基础配筋图如图 2.8.29 所示，混凝土强度等级为 C25，混凝土保护层厚度为 40 mm，钢筋采用绑扎连接。试计算独立基础钢筋长度和根数。

【解】 ①号受力钢筋

单根长度：$2.5-2\times0.04+2\times6.25\times0.012=2.57$ m

根数：$(2-0.04\times2)/0.2+1=11$ 根

②号受力钢筋

单根长度：$2-2\times0.04+2\times6.25\times0.012=2.07$ m

根数：$(2.5-0.04\times2)/0.2+1=13.1\approx14$ 根

注：为保证结构的可靠性，钢筋根数按只入不舍计算。

【例 2.8.2】 计算图 2.8.30 所示基础平面布置图中的 DJ_J02 基础钢筋工程量。

【解】 从图 2.8.30 可以看出，钢筋集中标注共有两个部分，即 B：X：⌀16@200，Y：⌀

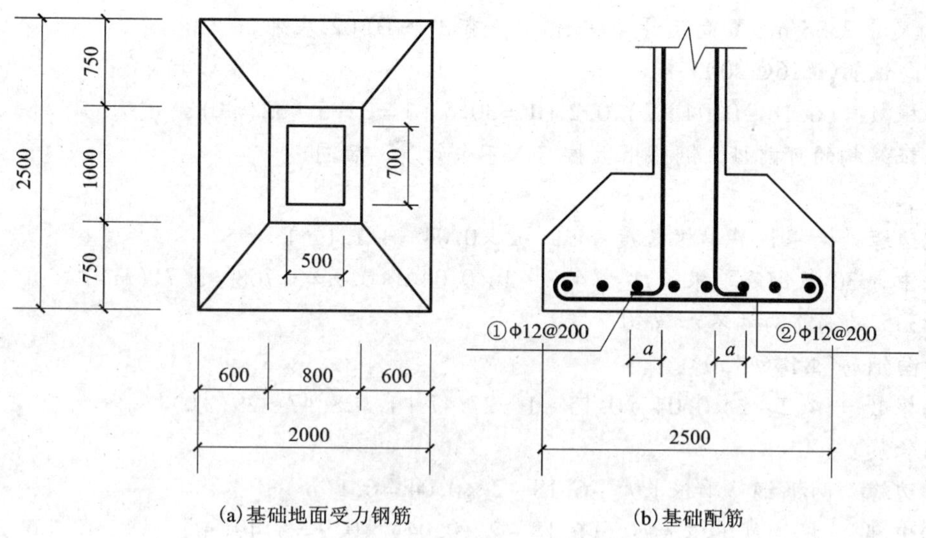

(a)基础地面受力钢筋　　(b)基础配筋

图 2.8.29　独立基础 DJ－1 配筋图

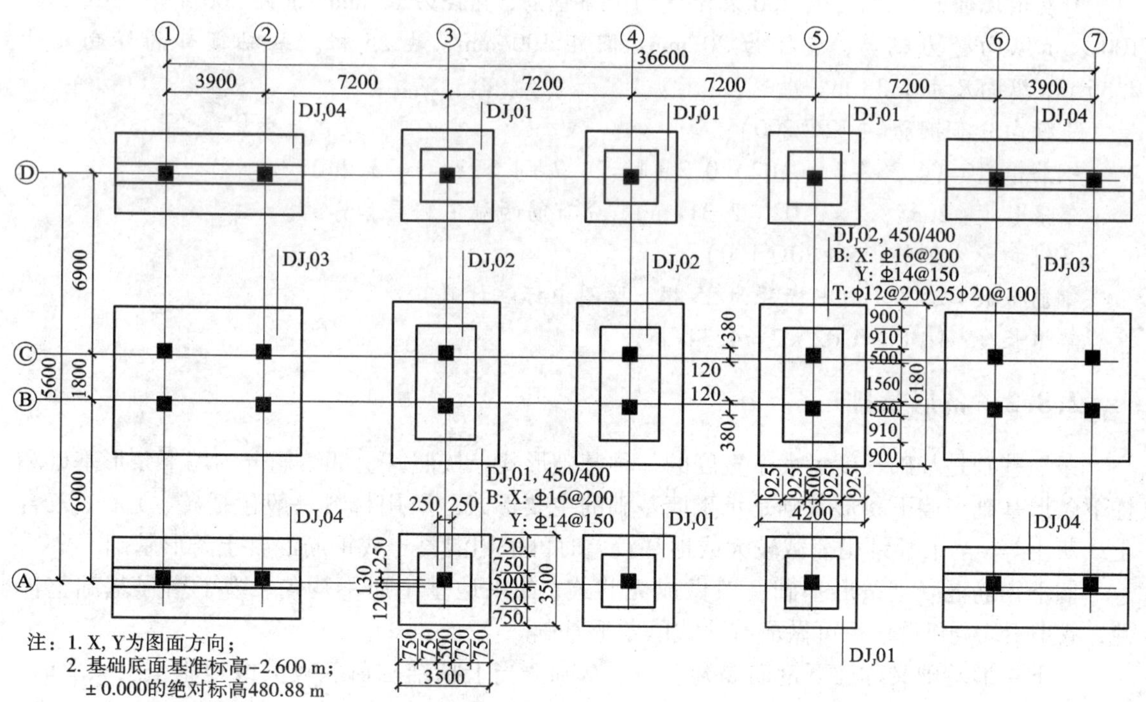

图 2.8.30　基础平面布置图

14@150 和 T：Φ12@200/25 Φ20@100。

钢筋保护层：底筋保护层为 40 mm(有垫层)，基础顶筋保护层为 20 mm。

(1)底板钢筋(即 B：X：Φ16@200，Y：Φ14@150)

B 表示底部钢筋，X：Φ16@200 表示 X 向钢筋(即横向钢筋)为Φ16@200，Y：Φ14@150

表示 Y 向钢筋(即竖向钢筋)为⌀14@150。基础底部 X 向尺寸 4.2 m，Y 向尺寸 6.18 m；基础顶部 X 向尺寸 2.35 m，Y 向尺寸 4.38 m。共有 3 个 DJ_J02 基础。

①X 向钢筋(⌀16@200)：

钢筋根数 =(6.18 -0.04 ×2)/0.2 +1 =30.5 +1 =31.5≈32(根)

为保证结构的可靠性，钢筋根数按只入不舍计算，后同。

单根长度：

基础边缘处两根钢筋单根长度：4.2 -2 ×0.04 =4.12(m)

基础中部 30 根钢筋单根长度：(4.2 -2 ×0.04) ×0.9 =3.708≈3.71(m)

HRB335 级钢筋两端不加弯钩。

②Y 向钢筋(⌀14@150)：

钢筋根数 =(4.2 -2 ×0.04)/0.15 +1 =27.47 +1 =28.47≈29(根)

单根长度：

基础边缘处两根钢筋单根长度：6.18 -2 ×0.04 =6.1(m)

基础中部 27 根钢筋单根长度：(6.18 -2 ×0.04) ×0.9 =5.49(m)

(2)顶部钢筋(即 T：Φ12@200/25⌀20@100)

T 表示顶部配筋，Φ12@200 表示横向分布钢筋，直径为 12 mm，间距 200 mm；25⌀20@100 表示纵向受力钢筋，直径为 20 mm，间距 100 mm，共 25 根。基础顶部的横向尺寸 2.35 m，纵向尺寸 4.38 m。

①横向分布钢筋(Φ12@200)：

钢筋根数 =(4.38 -2 ×0.02)/0.2 +1 =21.7 +1 =22.7≈23(根)

单根长度：2.35 -2 ×0.02 =2.31(m)，分布筋两端不需要加弯钩。

②纵向受力钢筋(25⌀20@100)：

钢筋根数 =25 根(图中标注为 25 根，按图中标注计算)

单根长度：4.38 -0.02 ×2 =4.34(m)

2.8.2 条形基础

条形基础是基础长度远大于宽度的一种基础形式。按照其上部结构分为墙下条形基础和柱下条形基础。墙下条形基础是承重墙基础的主要形式。所用材料一般包括砖、毛石、三合土或灰土等，当上部结构荷载较大或地基较差时可采用混凝土或钢筋混凝土条形基础。

墙下钢筋混凝土条形基础一般做成无肋式，如果地基土质不均匀，为了增强基础整体性，减小不均匀沉降，也可做成有肋式的条形基础。

柱下条形基础又称柱下钢筋混凝土条形基础。当上部结构荷载较大或地基土层软弱时，如柱下仍采用单独基础，基础底面积必然很大而相互靠得很近，此时可将同一排的柱基础连通做成钢筋混凝土条形基础。

混凝土条形基础整体上分为两类：梁板式条形基础和板式条形基础。梁板式条形基础适用于钢筋混凝土框架结构、框架—剪力墙结构、框支结构和钢结构。在平法施工图中将梁板式条形基础分成基础梁和条形基础底板分别进行表达。板式条形基础适用于钢筋混凝土剪力墙结构和砌体结构。

1. 条形基础钢筋构造

(1)条形基础梁纵向钢筋构造

基础梁纵向钢筋构造，如图 2.8.31 所示。其配筋构造要点如下：

顶部贯通纵筋在连接区内采用搭接、机械连接或焊接。同一连接区段内接头面积百分率不宜大于50%。当钢筋长度可穿过一连接区到下一连接区并满足连接要求时，宜穿越设置。

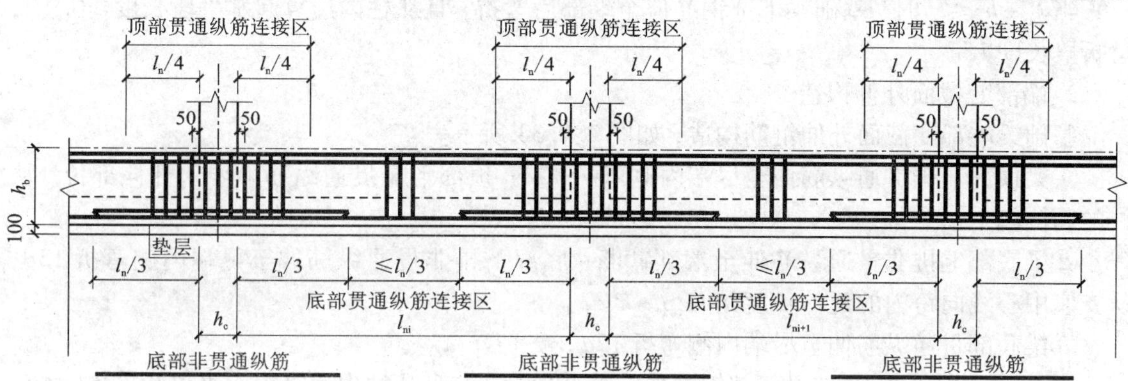

底部贯通纵筋在连接区内采用搭接、机械连接或焊接。同一连接区段内接头面积百分率不宜大于50%。当钢筋长度可穿过一连接区下一连接区并满足连接要求时，宜穿越设置。

图 2.8.31　基础梁纵向钢筋构造

①顶部贯通纵筋连接区为自柱边缘向跨延伸 $l_n/4$ 范围内。

②基础梁底部配置的非贯通纵筋不多于两排时，其延伸长度为自柱边向跨内伸出至 $l_n/3$ 位置；当非贯通纵筋配置多于两排时，从第三排起向跨内的伸出长度值应由设计者进行注明。l_n的取值规定为：当为边跨边支座的底部非贯通纵筋时，l_n取本边跨的净跨长度值；对于中间支座的底部非贯通纵筋，l_n取支座两边较大一跨的净跨长度值。

③底部除非贯通纵筋连接区外的区域为贯通纵筋的连接区。

④顶部贯通纵筋于连接区内采用搭接、机械连接或焊接，同一连接区段内接头面积百分率不宜大于 50%。当钢筋的长度可穿过一连接区到下一连接区并满足连接要求时，宜穿越设置。

⑤底部贯通纵筋于连接区内采用搭接、机械连接或焊接，同一连接区段内接头面积百分率不宜大于 50%。当钢筋的长度可穿过一连接区到下一连接区并满足连接要求时，宜穿越设置。

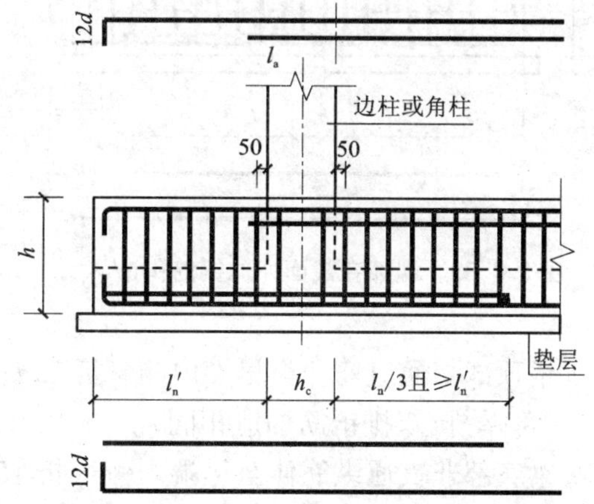

图 2.8.32　端部等截面外伸钢筋构造

(2)条形基础梁端部钢筋构造

1)端部等截面外伸构造

基础梁端部等截面外伸钢筋构造，如图 2.8.32 所示。

①梁顶部上排贯通纵筋伸至尽端内侧弯折 $12d$；顶部下排贯通纵筋不伸入外伸部位，从柱的内侧起 l_a。

②梁底部上排非贯通纵筋伸至端部截断；底部下排非贯通纵筋伸至尽端内侧弯折 $12d$，从支座的中心线向跨内的延伸长度是 $l_n/3+h_c/2$。

③梁底部贯通纵筋伸至尽端内侧弯折 $12d$。

当 $l'_n+h_c \leq l_n$ 时，基础梁下部钢筋伸至端部后弯折，且从柱内边算起水平段长度 $\geq 0.4l_n$，弯折段长度 $15d$。

2）端部变截面外伸构造

基础梁端部变截面外伸钢筋构造，如图 2.8.33 所示。

①梁顶部上排贯通纵筋伸至尽端内侧弯折 $12d$；顶部下排贯通纵筋不伸入外伸部位，从柱的内侧起 l_a。

②梁底部上排非贯通纵筋伸至端部截断；底部下排非贯通纵筋伸至尽端内侧弯折 $12d$，从支座中心线向跨内的延伸长度是 $l_n/3+h_c/2$。

③梁底部贯通纵筋伸至尽端内侧弯折 $12d$。

当 $l'_n+h_c \leq l_n$ 时，基础梁下部钢筋伸至端部后弯折，且从柱内边算起水平段长度 $\geq 0.4l_a$，弯折段长度 $15d$。

3）端部无外伸构造

基础梁端部无外伸钢筋构造，如图 2.8.34 所示。

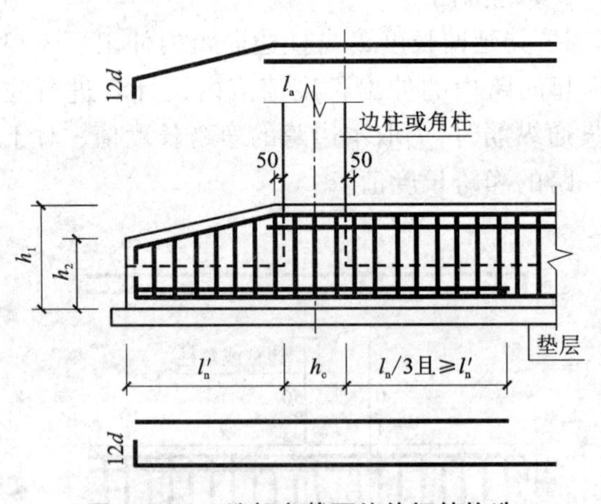

图 2.8.33　端部变截面外伸钢筋构造

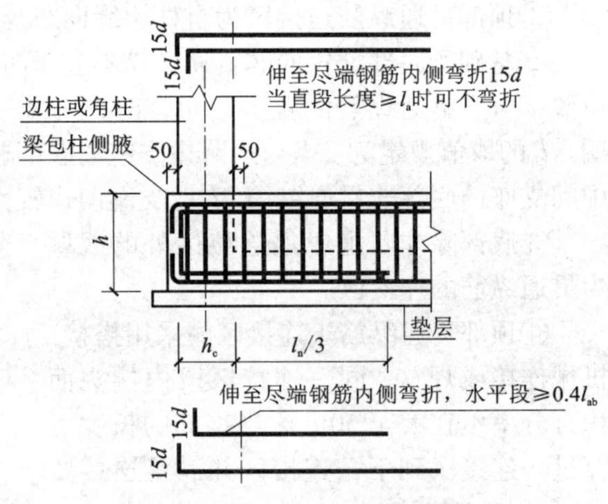

图 2.8.34　端部无外伸钢筋构造

①梁顶部贯通纵筋伸至尽端内侧弯折 $15d$；从柱内侧起，伸入端部且水平段 $\geq 0.4l_a$。（顶部单排/双排钢筋构造相同）。

②梁底部非贯通纵筋伸至尽端内侧弯折 $15d$；从柱内侧起，伸入端部且水平段 $\geq 0.4l_{ab}$，从柱内侧起向跨内的延伸长度是 $l_n/3$。

③梁底部贯通纵筋伸至尽端内侧弯折 $15d$；从柱内侧起，伸入端部且水平段 $\geq 0.4l_{ab}$。

（3）条形基础梁变截面部位钢筋构造

基础梁变截面部位构造包括下列几种情况：

1）梁底有高差

当梁底存在高差时，变截面部位钢筋构造，如图 2.8.35 所示。其配筋构造的要点如下：

①梁底面标高低的梁底部钢筋斜伸至梁底面标高高的梁内，锚固长度为 l_a；

②梁底面标高高的梁底部钢筋锚固长度取 l_a，截断即可。

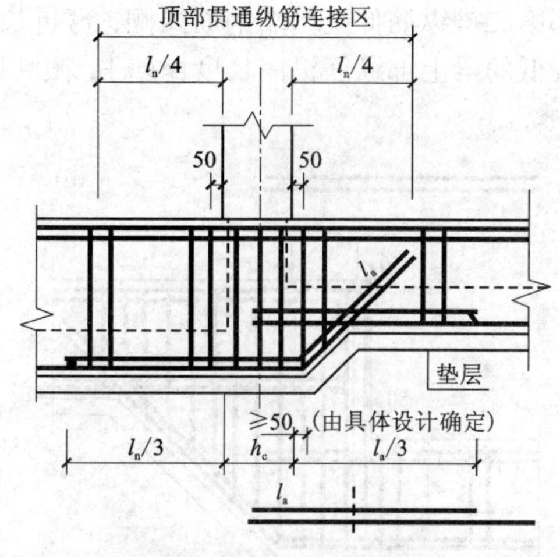

图 2.8.35　梁底有高差

2）梁顶、梁底均有高差

①梁顶部钢筋构造

当梁底、梁顶均存在高差时，梁底面标高较高的梁顶部第一排纵筋伸至尽端，弯折的长度自梁底面标高较低的梁顶部算起取 l_a，顶部第二排纵筋伸至尽端钢筋内侧，弯折长度 $15d$，当直锚长度≥l_a时可不弯折，梁底面标高较低的梁顶部纵筋锚入长度≥l_a，截断即可，如图 2.8.36 所示。

②梁底部钢筋构造

当梁底、梁顶均存在高差时，梁底面标高较高的梁底部钢筋锚入梁内长度≥l_a时，截断即可；梁底面标高较低的底部钢筋斜伸至梁底面标高高的梁内时，锚固长度为 l_a，如图 2.8.37 所示。

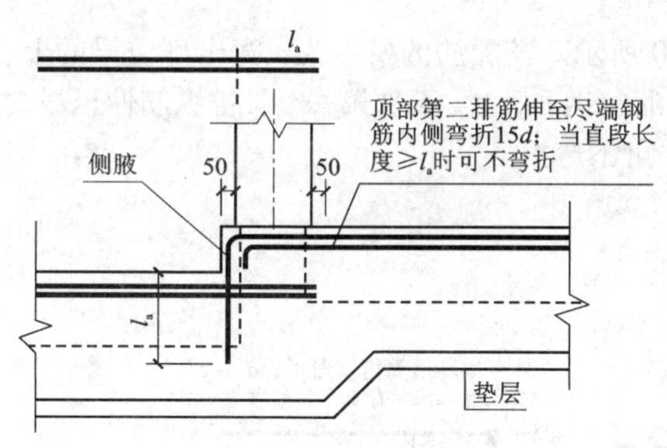

图 2.8.36　梁底、梁顶均有高差梁顶部钢筋构造

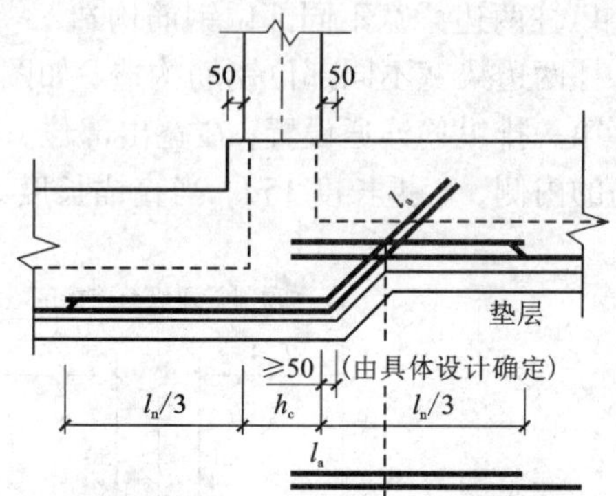

图 2.8.37　梁底、梁顶均有高差梁底部钢筋构造

上述构造既适用于条形基础又适用于筏形基础，除此之外，当梁底、梁顶均存在高差时，还有一种只适用于条形基础的构造，如图 2.8.38 所示。

3）梁顶有高差

梁顶存在高差时，变截面部位钢筋构造，如图 2.8.39 所示。其配筋的构造要点为：梁顶面标高较高的梁顶部第一排纵筋伸至尽端，弯折长度自梁顶面标高较低的梁顶部算起取 l_a，顶部第二排纵筋伸至尽端钢筋内侧，弯折长度 15d，当直锚长度≥l_a时，可不弯折。梁顶面标高较低的梁上部纵筋锚固长度≥l_a时，截断即可。

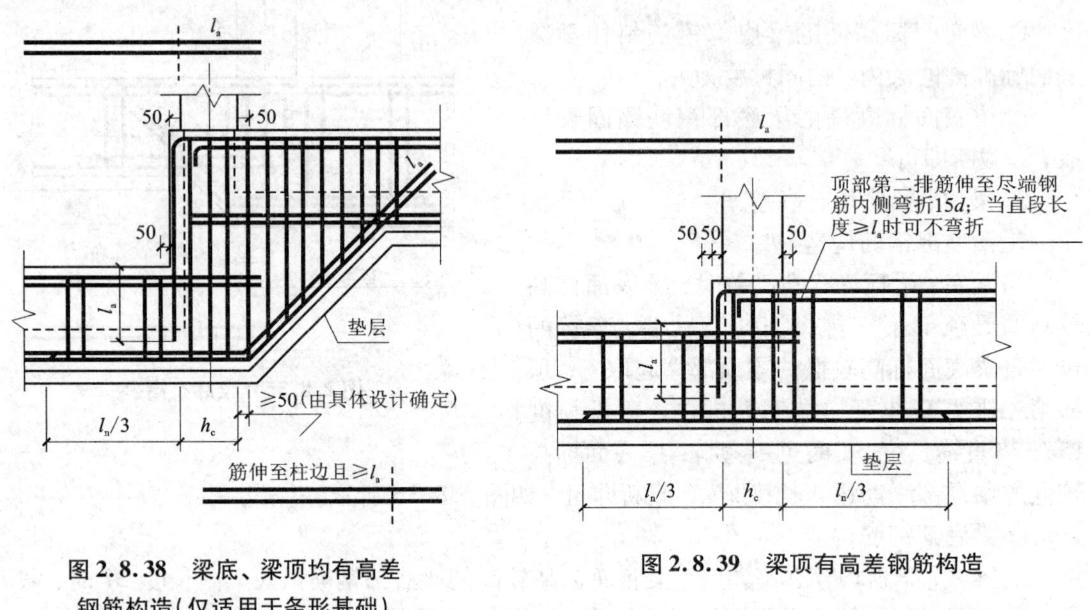

图 2.8.38 梁底、梁顶均有高差钢筋构造(仅适用于条形基础)

图 2.8.39 梁顶有高差钢筋构造

4)柱两边梁宽不同部位钢筋构造

柱两边梁宽不同部位钢筋构造，如图 2.8.40 所示。其配筋的要点为：宽出部位梁的上、下部第一排纵筋连通设置；在宽出部位，不能连通的钢筋，上、下部第一、二排纵筋伸至尽端钢筋的内侧，弯折长度 15d，当直锚长度≥l_a时，可不弯折。

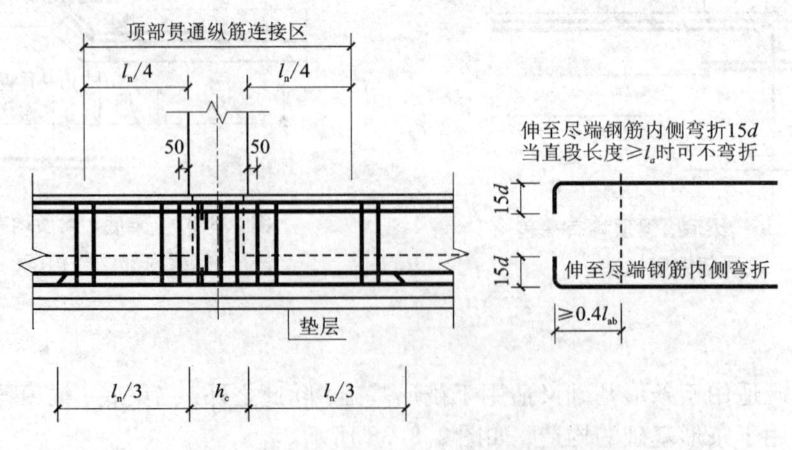

图 2.8.40 柱两边梁宽不同部位钢筋构造

(4)条形基础梁侧面构造纵筋和拉筋构造

基础梁侧面构造纵筋和拉筋，如图 2.8.41 所示。

①基础梁 h_w≥450 mm 时，梁的两个侧面应沿高度配置纵向构造钢筋，纵向构造钢筋的间距 a≤200 mm；侧面构造纵筋能贯通就贯通，无法贯通的，则取锚固长度值为 15d。

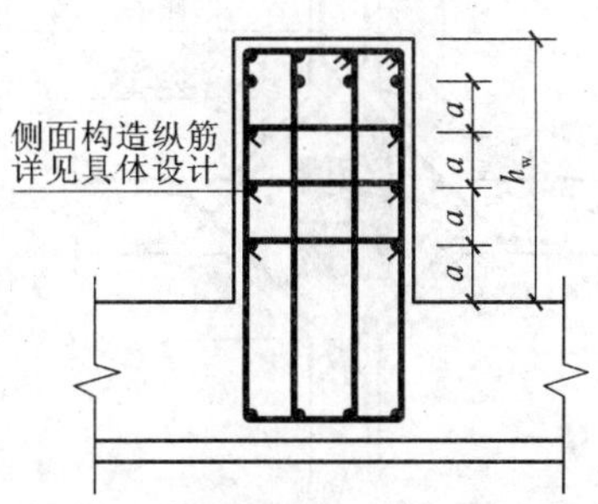

图 2.8.41　梁侧面构造钢筋和拉筋

②梁侧钢筋的拉筋直径除了注明者外均为 8 mm，间距为箍筋间距的 2 倍。当设有多排拉筋时，上、下两排拉筋竖向错开设置。

③基础梁侧面纵向构造钢筋搭接长度为 15d。十字相交的基础梁，当相交位置有柱时，侧面构造纵筋锚入梁包柱侧腋内 15d，如图 2.8.42(a)所示；当没有柱时侧面构造纵筋锚入交叉梁内 15d，如图 2.8.42(b)所示；丁字相交的基础梁，当相交位置没有柱时，横梁外侧的构造纵筋应贯通，横梁内侧的构造纵筋锚入交叉梁内 15d，如图 2.8.42(c)所示。

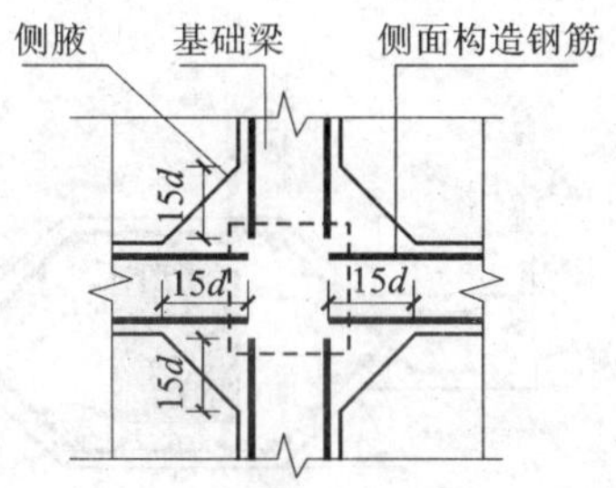

(a)十字相交基础梁，相交位置有柱

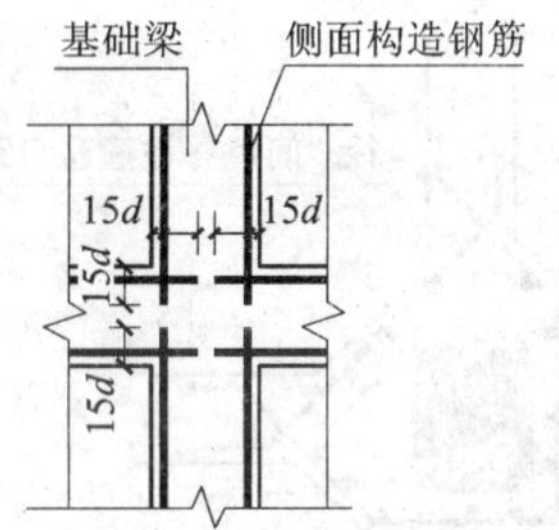

(b)十字相交基础梁，相交位置无柱

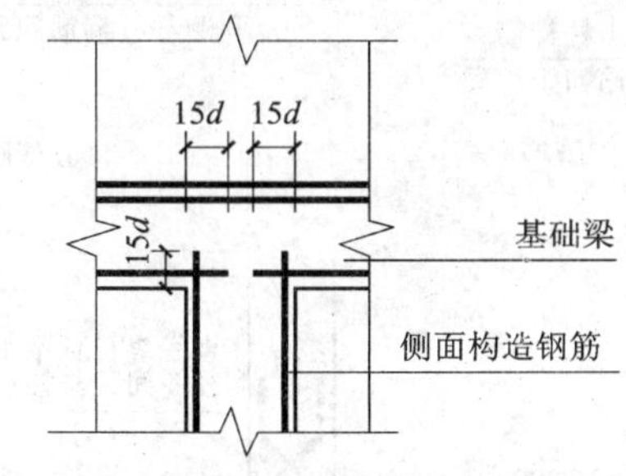

(c)丁字相交基础梁，相交位置无柱

图 2.8.42　侧面纵向钢筋锚固要求

④基础梁侧面受扭纵筋的搭接长度为 l_l，锚固长度为 l_a，锚固方式同梁上部纵筋。

5. 条形基础梁与柱结合部侧腋构造

基础梁与柱结合部侧腋构造，如图 2.8.43、图 2.8.44 所示。

①基础梁与柱结合部侧加腋筋，由加腋筋及其分布筋组成，都不需要在施工图上标注，按照图集上构造规定即可；加腋筋规格≥ϕ12 且不小于柱箍筋直径，间距同柱箍筋间距；加腋筋长度为侧腋边长加两端 l_a；分布筋的规格为Φ8@200。

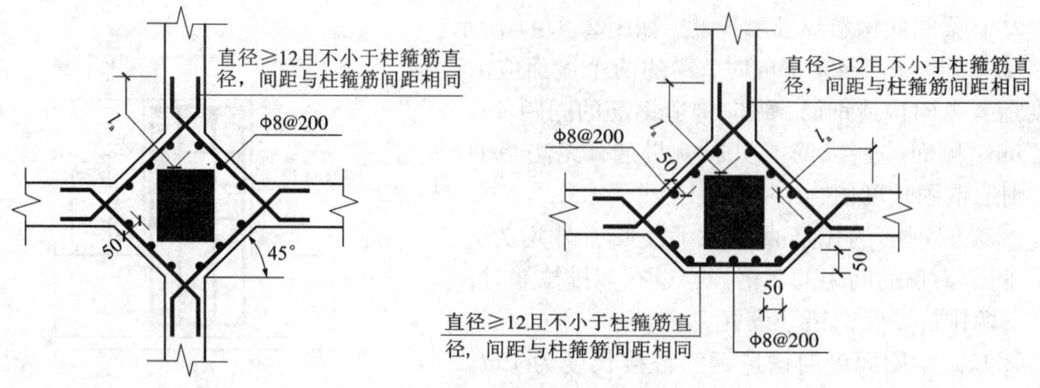

(a)十字交叉基础梁与柱结合部侧腋构造　　(b)丁字交叉基础梁与柱结合部侧腋构造

图 2.8.43　基础梁与柱结合部侧腋构造(一)

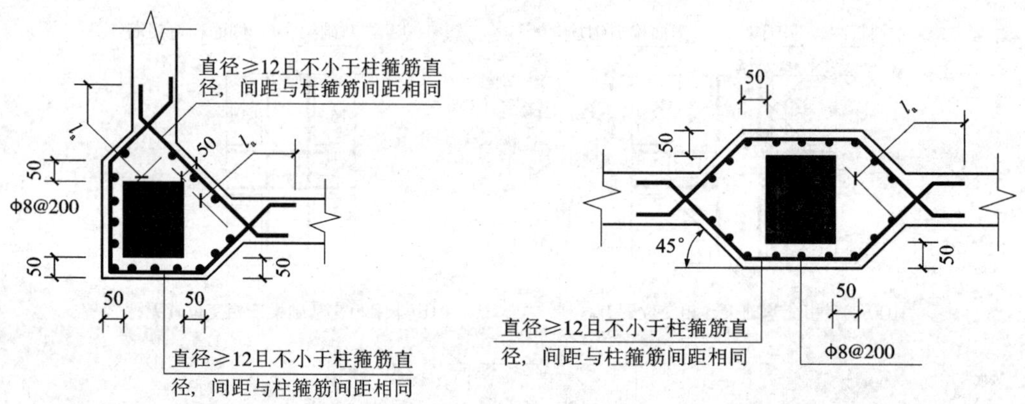

(a)无外伸基础梁与柱结合部侧腋构造　　(b)基础梁中心穿柱侧腋构造

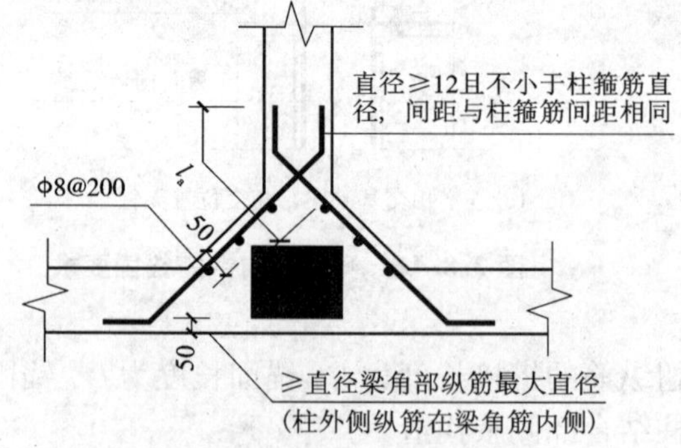

(c)基础梁偏心穿柱与柱结合部侧腋构造

图 2.8.44　基础梁与柱结合部侧腋构造(二)

②当柱与基础梁相结合部位的梁顶面高度不同时，梁包柱侧腋顶面应与较高基础梁的梁面齐平(即在同一平面上)，侧腋顶面至较低梁顶面高差内的侧腋，可以参照角柱或丁字交叉基础梁包柱侧腋构造进行施工。

(6)条形基础梁竖向加腋构造

基础梁竖向加腋钢筋构造，如图 2.8.45 所示。

①基础梁竖向加腋筋规格，如果施工图未注明，则同基础梁顶部纵筋；如果施工图有标注，则按其标注规格。

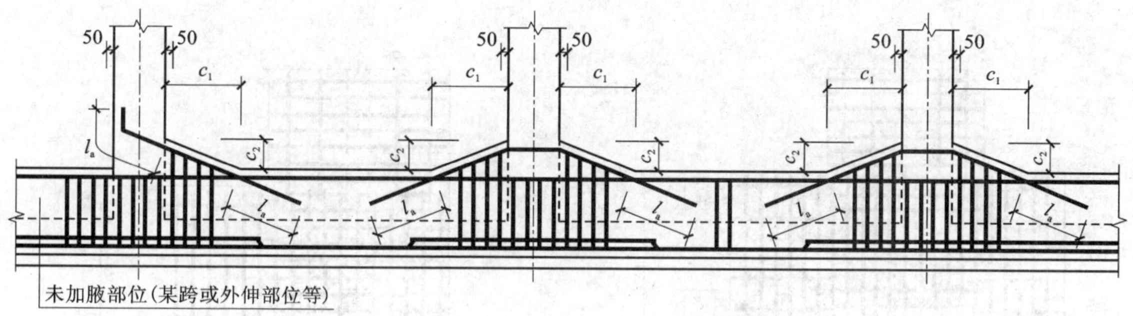

图 2.8.45　基础梁竖向加腋钢筋构造

②基础梁竖向加腋筋，长度为锚入基础梁内 l_a，根数为基础梁顶部第一排纵筋根数 -1。

(7)条形基础底板配筋构造

①十字交接基础底板

十字交接基础底板配筋构造，如图 2.8.46 所示。十字交接时，一向受力筋贯通布置，另一向受力筋在交接处伸入 b/4 范围布置；配置较大的受力筋贯通布置；在梁宽范围之内不布置基础底板的分布筋。

②丁字交接基础底板

丁字交接基础底板配筋构造，如图 2. 8. 47 所示。丁字交接时，丁字横向受力筋贯通布置，丁字竖向受力筋在交接处伸入 b/4 范围布置；在梁宽范围之内不布置基础底板的分布筋。

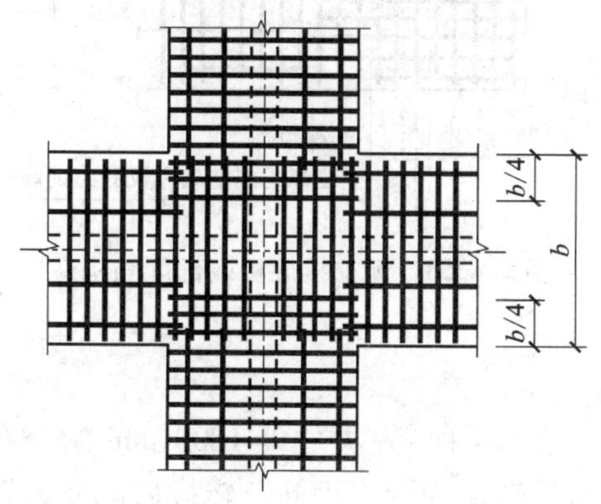

图 2.8.46　十字交接基础底板配筋构造

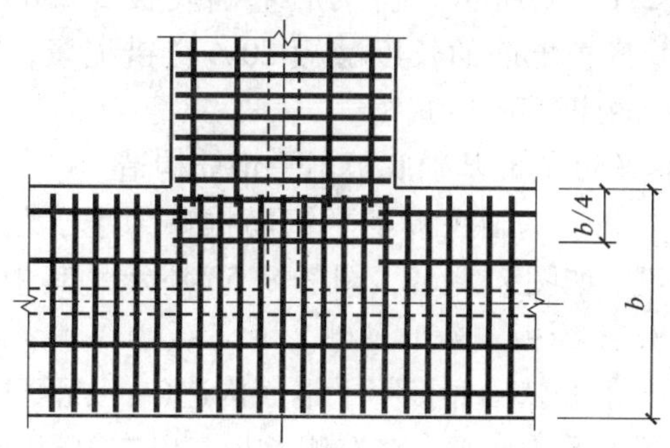

图 2.8.47　丁字交接基础底板配筋构造

③转角交接基础底板(梁板端部均有纵向延伸)

转角交接基础底板(梁板端部均有纵向延伸)配筋构造，如图 2. 8. 48 所示。交接处，两向受力筋相互交叉已经形成钢筋网，分布筋则需切断，与另一方向受力筋进行搭接；在梁宽范围内不布置基础底板的分布筋。

④转角交接基础底板(梁板端部无纵向延伸)

转角交接基础底板(梁板端部无纵向延伸)配筋构造，如图 2. 8. 49 所示。交接处，两向受力筋相互交叉已形成钢筋网，分布筋则需要切断，与另一方向受力筋搭接，搭接的长度为 150 mm；在梁宽范围之内不布置基础底板的分布筋。

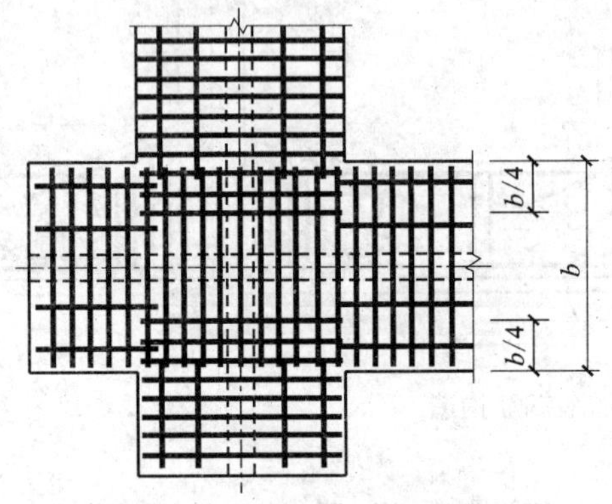

图 2.8.48　转角交接基础底板(梁板端部均有纵向延伸)配筋构造

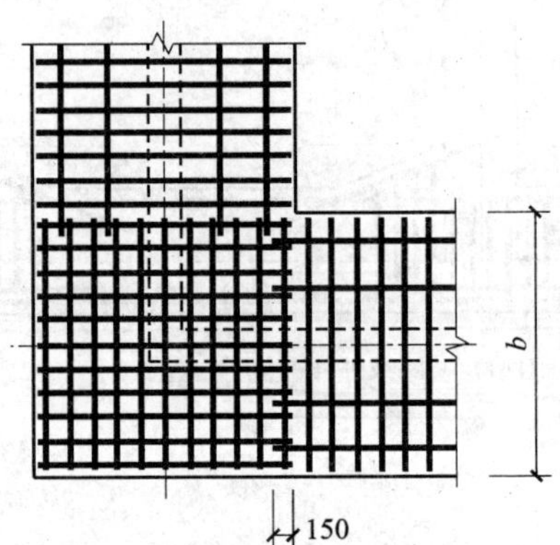

图 2.8.49　转角交接基础底板(梁板端部无纵向延伸)配筋构造

⑤无交接底板

条形基础端部无交接底板，另一向为基础连梁(无基础底板)钢筋构造，如图 2. 8. 50 所示。条形基础端部无交接底板，受力筋在端部 b 范围内相互交叉，分布筋与受力筋搭接 150 mm。

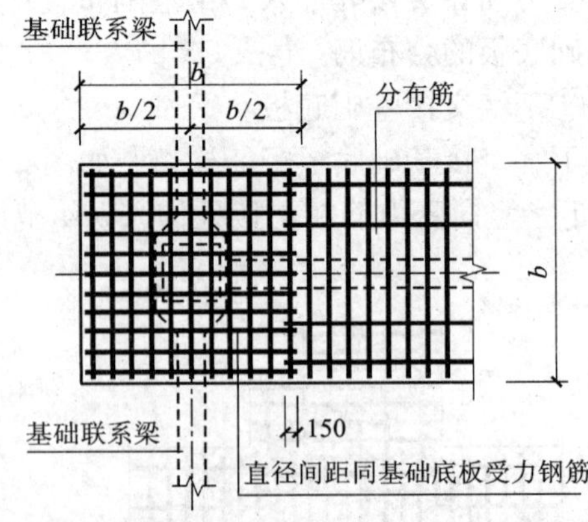

图 2.8.50　无交接底板端部配筋构造

⑥条形基础底板配筋长度减短 10%

条形基础底板配筋长度减短 10% 构造，如图 2. 8. 51 所示。当条形基础底板 ≥2500 mm 时，底板配筋的长度减短 10% 交错配置，端部第一根钢筋不应减短。

(8)条形基础底板不平钢筋构造

条形基础底板不平钢筋构造，可分为两种情况，如图 2. 8. 52、图 2. 8. 53 所示。其中，图 2. 8. 53 为板式条形基础。

条形基础底板不平钢筋构造(一)配筋构造要点：在墙(柱)左方之外 1000 mm 的分布筋转换为受力钢筋，在右侧上拐点以右 1000 mm 的分布筋转换为受力钢筋。转换后的受力钢筋锚固长度为 l_a，与原来的分布筋进行搭接，搭接的长度为 150 mm。

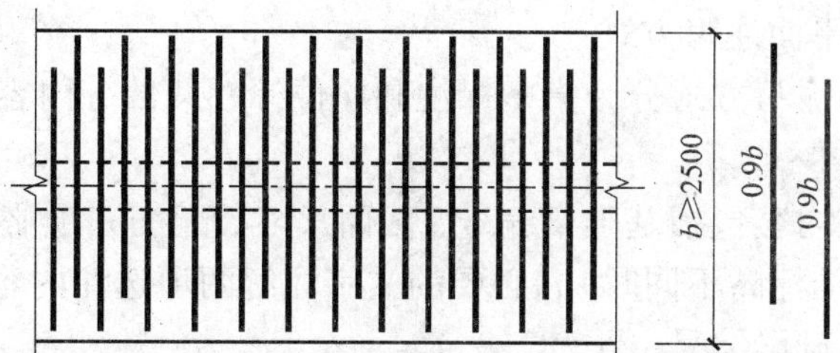

图 2.8.51　条形基础底板配筋长度减短 10%构造

条形基础底板不平钢筋构造(二)配筋构造要点：条形基础底板呈阶梯形的上升状，基础底板分布筋垂直上弯，受力筋分布于内侧。

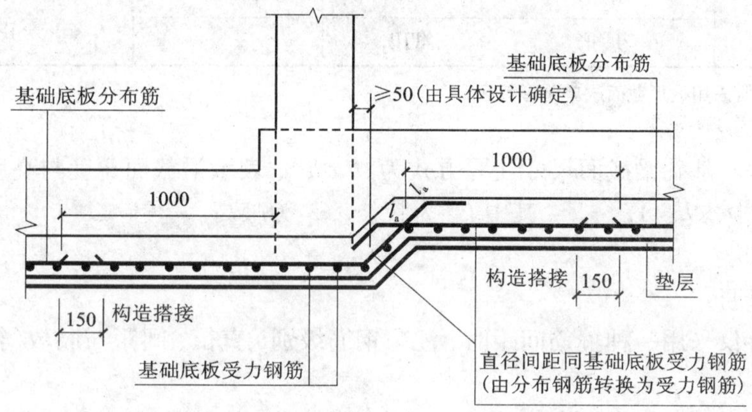

图 2.8.52　条形基础底板不平钢筋构造(一)

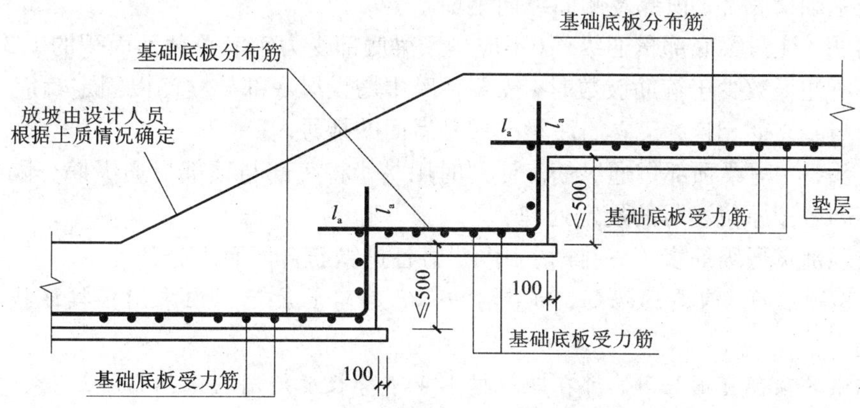

图 2.8.53　条形基础底板不平钢筋构造(二)

2. 条形基础平法标注

(1)条形基础梁的平面注写方式

条形基础梁的平面注写方式分为集中标注和原位标注两部分内容。

1)集中标注

基础梁的集中标注内容包括基础梁编号、截面尺寸、配筋三项必注内容，以及基础梁底面标高(与基础底面基准标高不同时)和必要的文字注解两项选注内容。

①基础梁编号。基础梁编号，见表2.8.4。

表2.8.4　条形基础梁及底板编号

类型		代号	序号	跨数及有无外伸
基础梁		JL	××	(××)端部无外伸 (××A)一端有外伸 (××B)两端有外伸
条形基础底板	阶形	TJB_P	××	
	坡形	TJB_J	××	

注：条形基础通常采用坡形截面或单阶形截面。

②截面尺寸。基础梁截面尺寸注写方式为“$b \times h$”，表示梁截面宽度与高度。当为加腋梁时，注写方式为“$b \times h \quad Y_{C_1 \times C_2}$”，其中$C_1$为腋长，$C_2$为腋高。

③配筋

a. 基础梁箍筋

当具体设计仅采用一种箍筋间距时，注写钢筋级别、直径、间距与肢数(箍筋肢数写在括号内，下同)。

当具体设计采用两种箍筋时，用“/”分隔不同箍筋，按照从基础梁两端向跨中的顺序注写。先注写第一段箍筋(在前面加注箍筋道数)，在斜线后再注写第二段箍筋(不再加注箍筋道数)。

b. 注写基础梁底部、顶部及侧面纵向钢筋

以B打头，注写梁底部贯通纵筋(不应少于梁底部受力钢筋总截面面积的1/3)。

当跨中所注根数少于箍筋肢数时，需要在跨中增设梁底部架立筋以固定箍筋，采用“+”将贯通纵筋与架立筋相连，架立筋注写在加号后面的括号内。

以T打头，注写梁顶部贯通纵筋。注写时用“；”将底部与顶部贯通纵筋分隔开，如有个别跨与其不同者按原位注写的规定处理。

底部或顶部贯通纵筋多于一排时，用“/”将各排纵筋自上而下分开。

注：①基础梁的底部贯通纵筋，可在跨中1/3净跨长度范围内采用搭接连接、机械连接或焊接。

②基础梁的顶部贯通纵筋，可在距柱根1/4净跨长度范围内采用搭接连接，或在柱根附近采用机械连接或焊接，且应严格控制接头百分率。

以大写字母G打头注写梁两侧面对称设置的纵向构造钢筋的总配筋值(当梁腹板净高h_w不小于450 mm时，根据需要配置)。

④注写基础梁底面标高(选注内容)

当条形基础的底面标高与基础底面基准标高不同时，将条形基础底面标高注写在“(　)”内。

⑤必要的文字注解(选注内容)

当基础梁的设计有特殊要求时，宜增加必要的文字注解。

2)原位标注

基础梁JL的原位标注注写方式如下：

①原位标注基础梁端或梁在柱下区域的底部全部纵筋(包括底部非贯通纵筋和已集中注写的底部贯通纵筋)

a.当梁端或梁在柱下区域的底部纵筋多于一排时，用“/”将各排纵筋自上而下分开。

b.当同排纵筋有两种直径时，用“+”将两种直径的纵筋相连。

c.当梁中间支座或梁在柱下区域两边的底部纵筋配置不同时，需在支座两边分别标注；当梁中间支座两边的底部纵筋相同时，可仅在支座的一边标注。

d.当梁端(柱下)区域的底部全部纵筋与集中注写过的底部贯通纵筋相同时，可不再重复做原位标注。

②原位注写基础梁的附加箍筋或(反扣)吊筋

当两向基础梁十字交叉，但交叉位置无柱时，应根据抗力需要设置附加箍筋或(反扣)吊筋。

将附加箍筋或(反扣)吊筋直接画在平面图十字交叉梁中刚度较大的条形基础主梁上，原位直接引注总配筋值(附加箍筋的肢数注在括号内)。当多数附加箍筋或(反扣)吊筋相同时，可在条形基础平法施工图上统一注明。少数与统一注明值不同时，在原位直接引注。

③原位注写基础梁外伸部位的变截面高度尺寸

当基础梁外伸部位采用变截面高度时，在该部位原位注写$b \times h_1/h_2$，h_1为根部截面高度，h_2为尽端截面高度。

④原位注写修正内容

当在基础梁上集中标注的某项内容(如截面尺寸、箍筋、底部与顶部贯通纵筋或架立筋、梁侧面纵向构造钢筋、梁底面标高等)不适用于某跨或某外伸部位时，将其修正内容原位标注在该跨或该外伸部位，施工时原位标注取值优先。

当在多跨基础梁的集中标注中已注明加腋，而该梁某跨根部不需要加腋时，则应在该跨原位标注无$\mathrm{Y}_{C_1 \times C_2}$的$b \times h_1$以修正集中标注中的加腋要求。

(2)条形基础梁的截面注写方式

条形基础梁的截面注写方式，可分为截面标注和列表标注(结合截面示意图)两种表达方式。

1)截面标注

采用截面注写方式，应在基础平面布置图上对所有条形基础进行编号，见表2.8.4。

对条形基础进行截面标注的内容和形式，与传统“单构件正投影表示方法”基本相同。对于已在基础平面布置图上原位标注清楚的该条形基础梁和条形基础底板的水平尺寸，可不在截面图上重复表达。

2)列表标注

对多个条形基础可采用列表注写(结合截面示意图)的方式进行集中表达。表中内容为条形基础截面的几何数据和配筋，截面示意图上应标注与表中栏目相对应的代号。

基础梁列表格式见表2.8.5。

表2.8.5　基础梁几何尺寸和配筋表

基础梁编号/截面号	截面几何尺寸		配筋	
	$b \times h$	加腋 $C_1 \times C_2$	底部贯通纵筋 + 非贯通纵筋，顶部贯通纵筋	第一种箍筋/第二种箍筋

注：表中可根据实际情况增加栏目，如增加基础梁地面标高等。

表2.8.5中，各项栏目的含义如下：

①编号。注写JL××(××)、JL××(××A)或JL××(××B)。

②几何尺寸。梁截面宽度与高度 $b \times h$。当为加腋梁时，注写 $b \times h$，$Y_{C_1 \times C_2}$。

③配筋。注写基础梁底部贯通纵筋 + 非贯通纵筋，顶部贯通纵筋，箍筋。当设计为两种箍筋时，箍筋注写为：第一种箍筋/第二种箍筋，第一种箍筋为梁端部箍筋，注写内容包括箍筋的箍数、钢筋级别、直径、间距与肢数。

(3)条形基础底板的平面注写方式

条形基础底板的平面注写方式分为集中标注和原位标注两部分内容。

1)集中标注

条形基础底板的集中标注内容包括条形基础底板编号、截面竖向尺寸、配筋三项必注内容，以及条形基础底板底面标高(与基础底面基准标高不同时)和必要的文字注解两项选注内容。

①条形基础底板编号。条形基础底板，见表2.8.4。

②截面竖向尺寸

a. 坡形截面的条形基础底板，注写方式为“h_1/h_2”，如图2.8.54所示。

b. 阶形截面的条形基础底板，注写方式为“$h_1/h_2/\cdots$”，如图2.8.55所示。

如图2.8.55所示为单阶，当为多阶时各阶尺寸自下而上以“/”分隔顺序写。

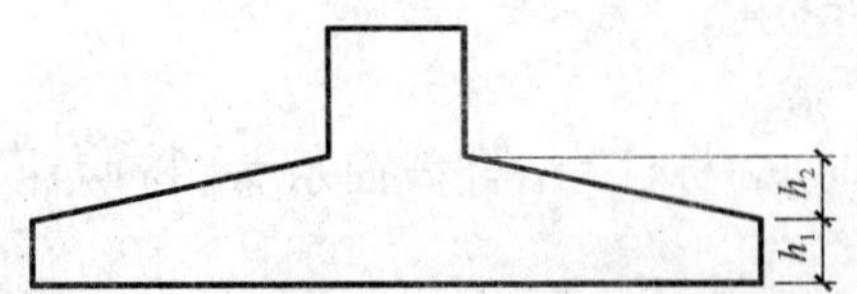

图2.8.54　条形基础底板坡形截面竖向尺寸

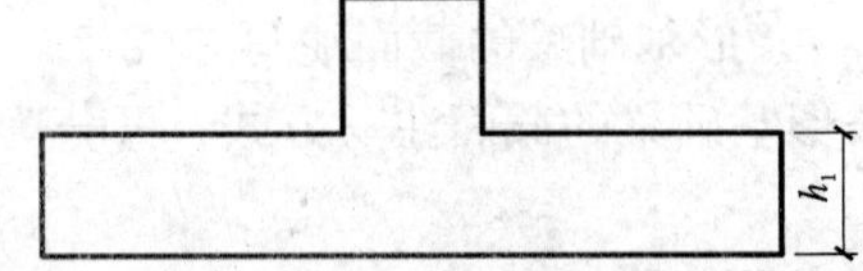

图2.8.55　条形基础底板阶形截面竖向尺寸

③条形基础底板底部及顶部配筋

a. 以B打头，注写条形基础底板底部的横向受力钢筋。

b. 以T打头，注写条形基础底板顶部的横向受力钢筋；在注写时，用“/”分隔条形基础底板的横向受力钢筋与构造配筋。

当为双梁(或双墙)条形基础底板时，除在底板底部配置钢筋外，一般尚需在两根梁或两道墙之间的底板顶部配置钢筋，其中横向受力钢筋的锚固从梁的内边缘(或墙边缘)起算，如图 2.8.56 所示。

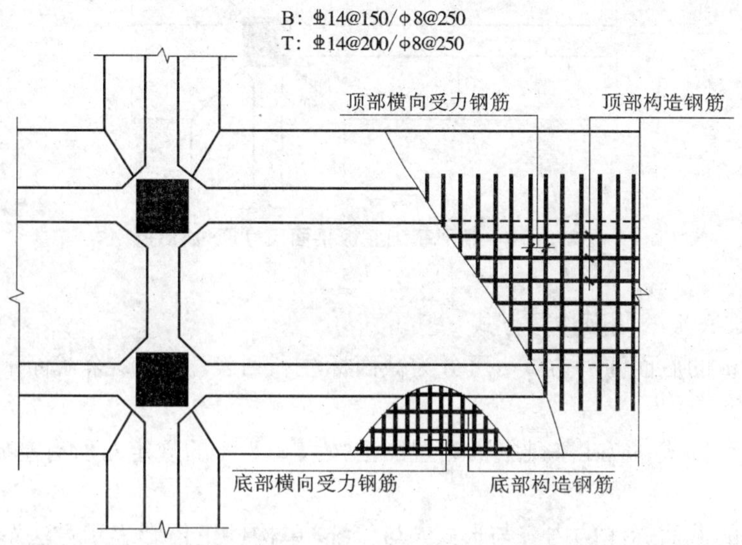

图 2.8.56　条形基础底板顶部配筋

④底板底面标高

当条形基础底板的底面标高与条形基础底面基准标高不同时，应将条形基础底板底面标高注写在“(　　)”内。

⑤必要的文字注解

当条形基础底板有特殊要求时，应增加必要的文字注解。

2)原位注写

①平面尺寸

原位标注方式为“b、b_i，$i=1$，2，…”。其中，b 为基础底板总宽度，b_i为基础底板台阶的宽度。当基础底板采用对称于基础梁的坡形截面或单阶形截面时，b_i可不注，如图 2.8.57 所示。

对于相同编号的条形基础底板，可仅选择一个进行标注。

梁板式条形基础存在双梁共用同一基础底板、墙下条形基础也存在双墙共用同一基础底板的情况，当为双梁或为双墙且梁或墙荷载差别较大时，条形基础两侧可取不同的宽度，实际宽度以原位标注的基础底板两侧非对称的不同台阶宽度 b_i进行表达。

②原位注写修正内容

当在条形基础底板上集中标注的某项内容，如底板截面竖向尺寸、底板配筋、底板底面标高等，不适用于条形基础底板的某跨或某外伸部分时，可将其修正内容原位标注在该跨或该外伸部位，施工时原位标注取值优先。

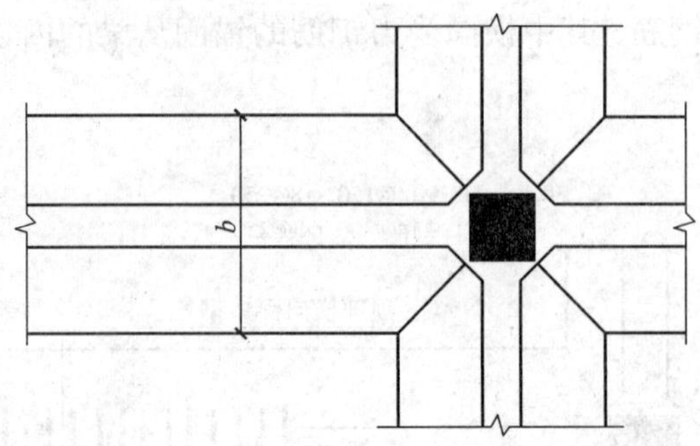

图 2.8.57　条形基础底板平面尺寸原位标注

(4)条形基础底板的截面注写方式

条形基础底板的截面注写方式，可分为截面标注和列表注写(结合截面示意图)两种表达方式。

采用截面注写方式，应在基础平面布置图上按表 2.8.4 的规定对所有基础进行编号。

1)截面标注

条形基础梁的截面标注的内容与形式，与传统“单构件正投影表示方法”基本相同。对于已在基础平面布置图上原位标注清楚的该条形基础梁的水平尺寸，可不在截面图上重复表达，具体表达内容可参照《11G101—3》图集中相应的标准构造。

2)列表标注

列表标注主要适用于多个条形基础的集中表达。表中内容为条形基础截面的几何数据和配筋，截面示意图上应标注与表中栏目相对应的代号。

条形基础底板列表格式见表 2.8.6。表中各项栏目含义如下：

①编号。坡形截面编号为 TJB_P××(××)、TJB_P××(××A)或 TJB_P××(××B)，阶形截面编号为 TJB_J××(××)，TJB_J××(××A)或 TJB_J××(××B)。

②几何尺寸。水平尺寸 b、b_i，$i=1, 2, \cdots$；竖向尺寸 h_1/h_2。

③配筋。B：⌽××@××/⌽××@××。

表 2.8.6　条形基础底板几何尺寸和配筋表

基础底板编号/截面号	截面几何尺寸			底部配筋 B	
	b	b_i	h_1/h_2	横向受力钢筋	纵向构造钢筋

注：表中可根据实际情况增加栏目，如增加上部配筋、基础底板底面标高(与基础底板底面标高不一致时)等。

3. 条形基础钢筋工程量计算与实例

条形基础钢筋包括横向受力钢筋、纵向分布钢筋等，如图 2.8.58 所示。横向受力钢筋直径一般为 6～16 mm，间距为 100～250 mm，分布钢筋直径在 5～8 mm，间距为 200～300 mm，分布钢筋按构造设置。条形基础交接处钢筋的布置以设计为准，如果设计未注明，按照下列方式进行处理：在L形交接处、十字交接处，次要方向受力钢筋布置到另一方向底板宽度的1/4处。

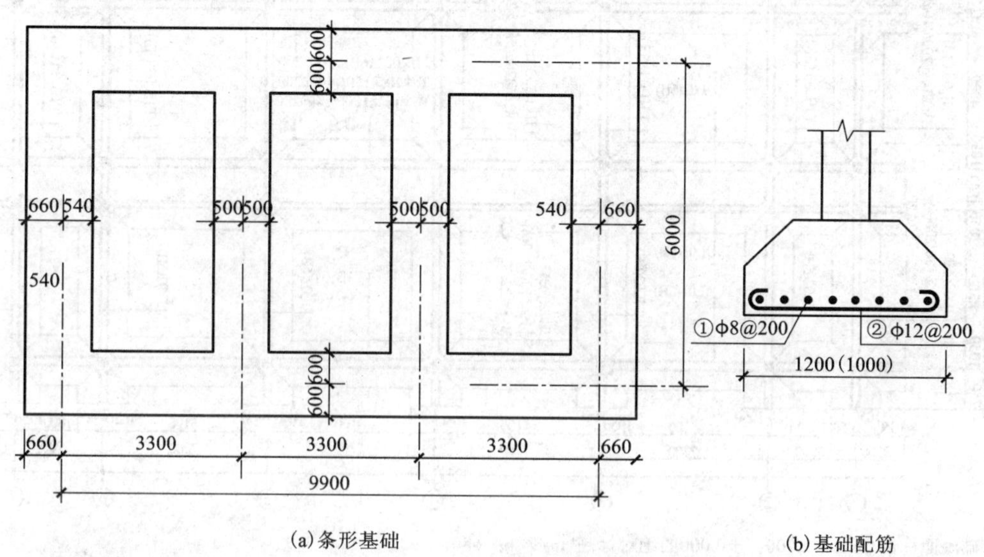

图 2.8.58　条形基础配筋图

(1)横向受力钢筋

钢筋长度 = 基础宽度 - 2 × 保护层厚度　　(2.8.3)

钢筋根数 = (基础总长度 - 2 × 保护层厚度)/受力钢筋间距(取整) + 1　　(2.8.4)

(2)纵向分布钢筋

钢筋长度 = 基础长度 - 2 × 保护层厚度　　(2.8.5)

钢筋根数 = (基础总长度 - 2 × 保护层厚度)/受力钢筋间距(取整) + 1　　(2.8.6)

【例 2.8.3】 计算图 2.8.59 条形基础图中的 TJB_P01(6B)、TJB_P02(6B)、TJB_P03(3B)、TJB_P04(3B)的钢筋工程量。已知混凝土强度等级为 C20、抗震等级为二级。

【解】 钢筋保护层：底筋保护层为 40 mm(有垫层)，基础顶筋保护层为 20 mm。

(1) TJB_P01(6B)钢筋计算(Ⓐ轴、Ⓓ轴线基础底板钢筋 B：Φ20@150/ϕ14@200)

①Φ20 受力钢筋(间距 150 mm)

根数 = (40.80 - 0.04 × 2) ÷ 0.15 + 1 = 273(根)(钢筋根数按只入不舍计算，后同)

单根钢筋长度 = 2.10 - 0.04 × 2 = 2.02(m)

②ϕ14 构造钢筋(间距 200 mm)

根数 = (2.10 - 0.04 × 2) ÷ 0.20 + 1 = 12(根)

单根钢筋长度 = 40.8 - 0.04 × 2 = 40.72(m)

(2) TJB_P02(6B)钢筋计算(Ⓑ轴、Ⓒ轴线基础钢筋)

①基础底板底部钢筋(B：Φ20@150/ϕ14@200)

Φ20 受力钢筋(间距 150 mm)

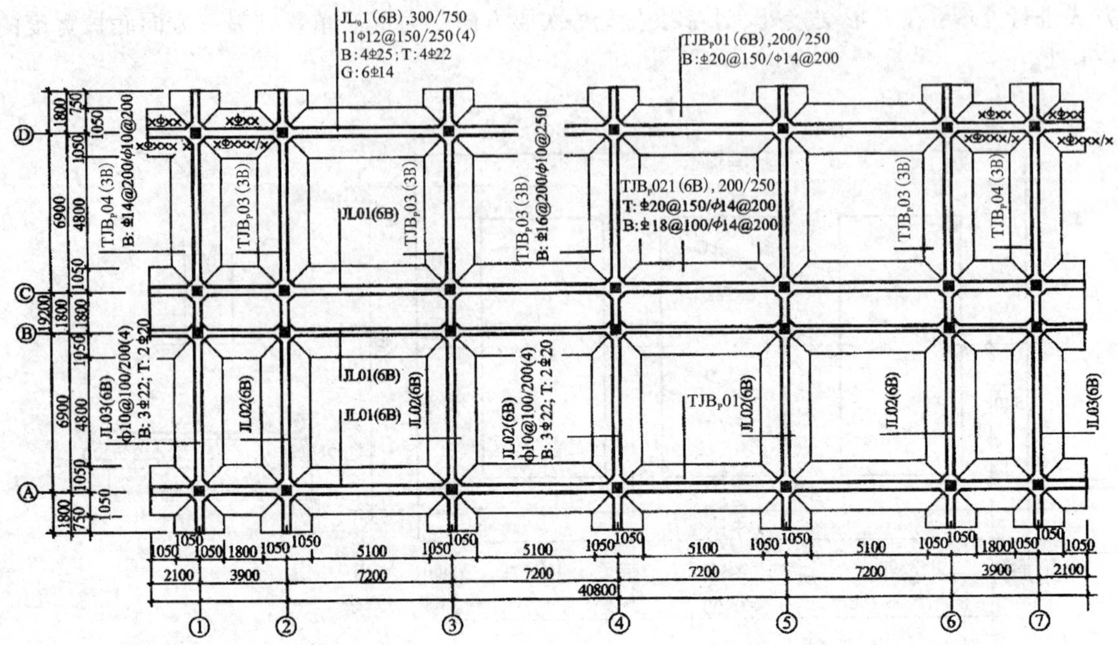

图 2.8.59　条形基础平面注写示意图

根数 $=(40.80-0.04\times2)/0.15+1=273$（根）

单根钢筋长度 $=(1.8+2\times1.05)-0.04\times2=3.82$（m）

Φ14 构造钢筋（间距 200 mm）：

根数 $=(3.90-0.04\times2)/0.20+1=21$（根）

单根钢筋长度 $=40.8-0.04\times2=40.72$（m）

②基础底板顶部钢筋（T：⌀18@100/Φ14@200）

⌀18 受力钢筋（间距 100 mm）

根数 $=(40.80-0.02\times2)/0.10+1=409$（根）

单根钢筋长度 $=1.8-0.15\times2$（梁宽）$+44\times0.016\times2$（锚固）$=2.91$（m）

基础底板顶部钢筋保护层为 20 mm；钢筋锚固长度为 $44d$（混凝土强度等级 C20、抗震等级为二级）。

Φ14 构造钢筋（间距 200 mm）

根数 $=(1.8-0.15\times2)\div0.20-1+(0.704-0.3)\div0.20\times2=7+2\times2=11$（根）

注：钢筋根数必须分段计算；基础梁处不布置构造钢筋；由于受力钢筋的锚固长度为 $44\times0.016=704$（mm），$704-300$（基础梁宽）$=404$（mm），所以基础梁外侧按 404 mm 计算。

单根钢筋长度 $=40.80-0.02\times2=40.76$（m）

（3）TJB_P03（3B）钢筋计算（②～⑥轴线基础钢筋 B：⌀16@200/Φ10@250）

①⌀16 受力钢筋（间距 200 mm）：

根数 $=[(0.75-0.04+2.10\div4)\div0.20+1]\times2+[(4.80+2.10\div4+3.90\div4)\div0.20$

+1] ×2 =7 ×2 +33 ×2 =80(根)

单根钢筋长度 =2.10 −0.04 ×2 =2.02(m)

②Φ10 构造钢筋(间距 250 mm):

根数 =(1.05 −0.15 −0.04) ÷0.25 ×2 =8(根)

单根钢筋长度 =19.20 −0.04 ×2 =19.12(m)

(4)TJB_P04(3B)钢筋的计算(①轴、⑦轴线基础钢筋 B: ⌀14@200/Φ10@200)

①⌀14 受力钢筋(间距 200 mm):

根数 = TJB_P03(3B)钢筋根数 =80(根)

单根钢筋长度 =2.10 −0.04 ×2 =2.02(m)

②Φ10 构造钢筋(间距 200 mm):

根数 =(1.05 −0.15 −0.04) ÷0.20 ×2 =10(根)

单根钢筋长度 =19.20 −0.04 ×2 =19.12(m)

2.8.3　筏形基础

1. 筏形基础的类型

筏形基础分为梁板式筏形基础、平板式筏形基础两种类型。当柱网间距大时，一般采用梁板式筏形基础。由于基础梁底面与基础平板底面标高高差不同，可将梁板式筏形基础分为高板位(即梁顶与板顶齐平，如图 2.8.60 所示)、低板位(即梁底与板底齐平，如图 2.8.61 所示)、中板位(板在梁的中部)。当柱荷载不大、柱距较小且等柱距时，一般采用平板式筏形基础，如图 2.8.62 所示。

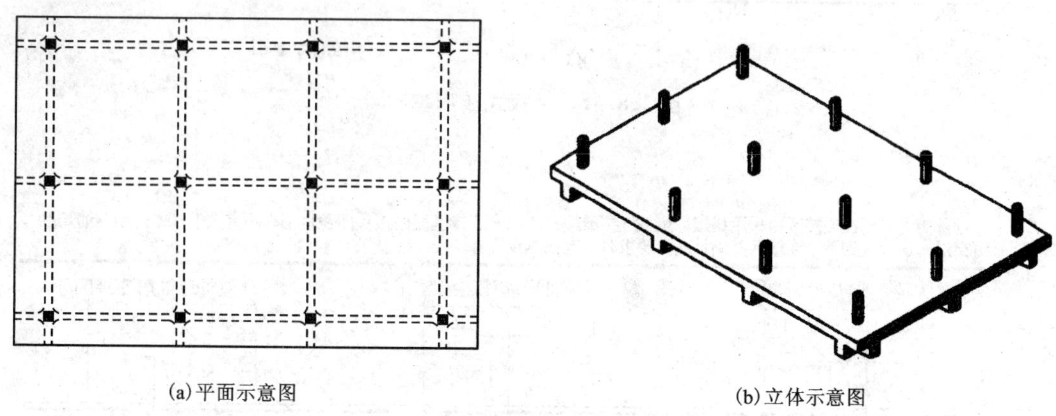

(a)平面示意图　　(b)立体示意图

图 2.8.60　梁板式筏形基础(高板位)

2. 筏形基础的构造

(1)基础主梁与基础次梁纵向钢筋和箍筋构造

1)基础主梁纵向钢筋和箍筋构造

基础主梁纵向钢筋构造要求，如图 2.8.63 所示。

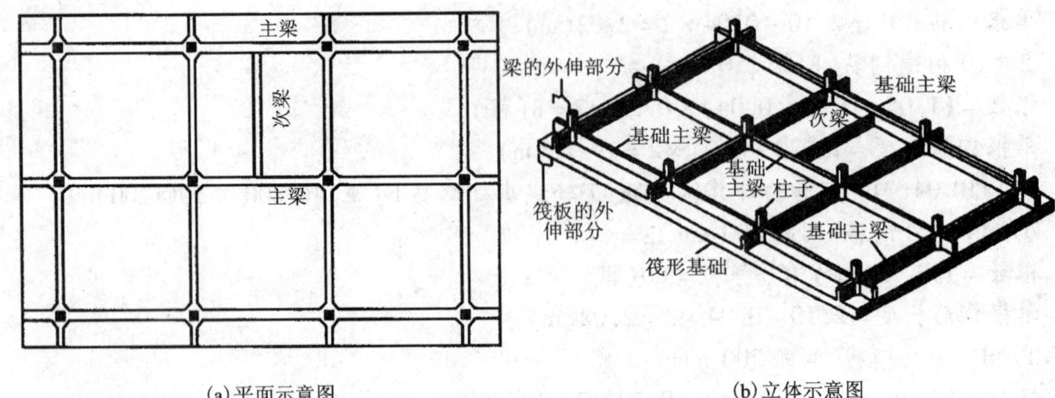

(a)平面示意图　　(b)立体示意图

图 2.8.61　梁板式筏形基础(低板位)

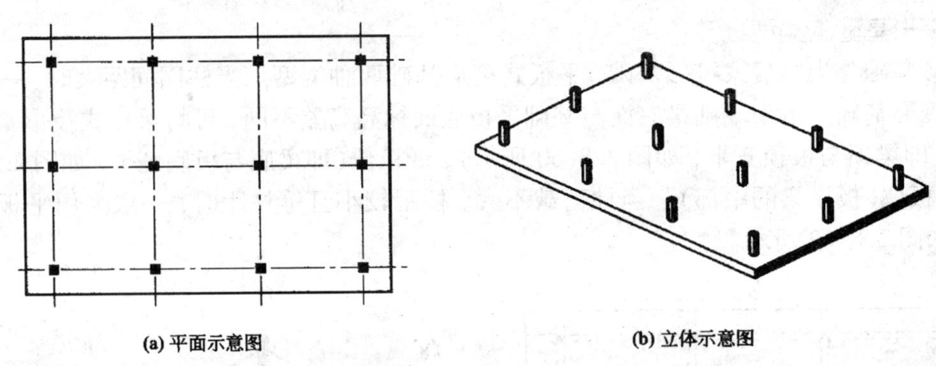

(a) 平面示意图　　(b) 立体示意图

图 2.8.62　平板式筏形基础

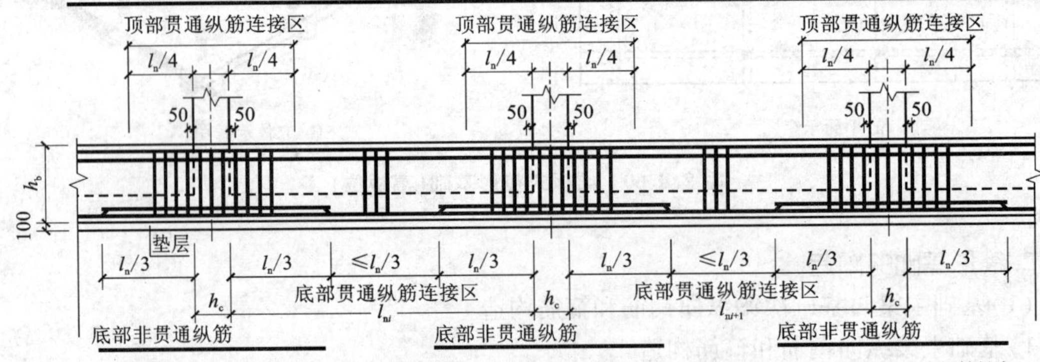

图 2.8.63　基础主梁纵向钢筋与箍筋构造

①顶部钢筋

基础主梁纵向钢筋的顶部钢筋在梁顶部应连续贯通；其连接区位于柱轴线 $l_n/4$ 左右的范围，在同一连接区内的接头面积百分率不应大于 50%。

②底部钢筋

基础主梁纵向钢筋的底部非贯通纵筋向跨内延伸长度为：自柱轴线算起，左右各 $l_n/3$ 长度值；底部钢筋连接区位于跨中 $\leqslant l_n/3$ 范围，在同一连接区内的接头面积百分率不应当大于 50%。

如两毗邻跨的底部贯通纵筋配置不同，应将配置较大一跨的底部贯通纵筋越过其标注的跨数终点或起点，伸至配置较小的毗邻跨的跨中连接区进行连接。

③箍筋

节点区内箍筋按照梁端箍筋设置。梁相互交叉宽度内的箍筋按照截面高度较大的基础梁进行设置。同跨箍筋有两种时，各自设置范围按具体设计注写。

2）基础次梁纵向钢筋与箍筋构造

基础次梁纵向钢筋与箍筋构造，如图 2.8.64 所示。

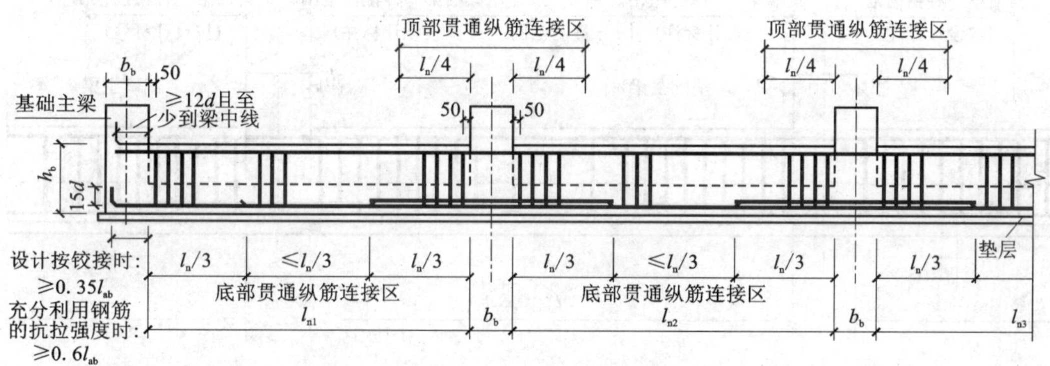

图 2.8.64　基础次梁纵向钢筋与箍筋构造

①顶部和底部贯通纵筋设置

顶部和底部贯通纵筋在连接区之内采用搭接、机械连接或对焊连接。且在同一连接区段内接头面积百分比率不宜大于 50%。当钢筋的长度可穿过一连接区到下一连接区并满足要求时，宜穿越设置。如底部纵筋多于两排，从第三排起非贯通纵筋向跨内的伸出长度值应由设计者注明。

②节点区内箍筋按梁端箍筋设置

梁相互交叉宽度内的箍筋按照截面高度较大的基础梁进行设置。当具体设计未注明时，基础梁外伸部位按梁端第一种箍筋设置。

（2）基础主梁与基础次梁配置两种箍筋时的构造

①基础主梁配置两种箍筋构造

基础主梁 JL 配置两种箍筋构造，如图 2.8.65 所示。

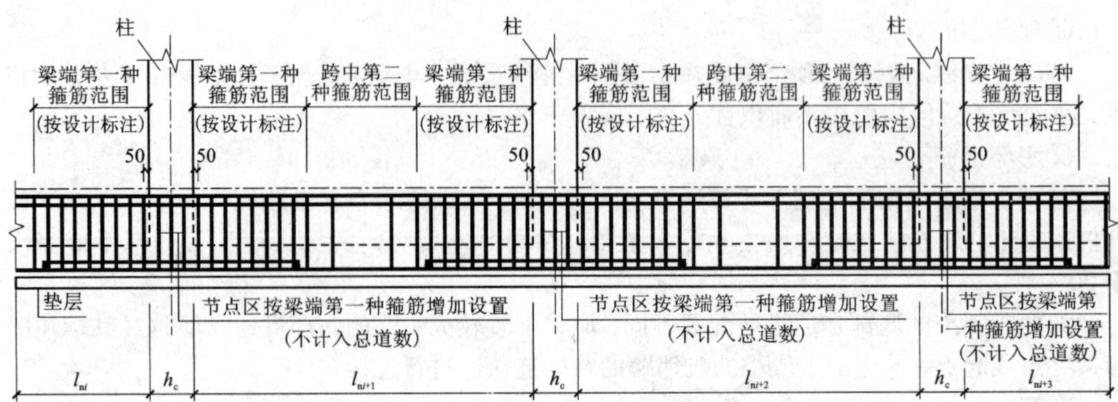

图 2.8.65　基础主梁 JL 配置两种箍筋构造

(2)基础次梁配置两种箍筋构造

基础次梁 JCL 配置两种箍筋构造，如图 2.8.66 所示。

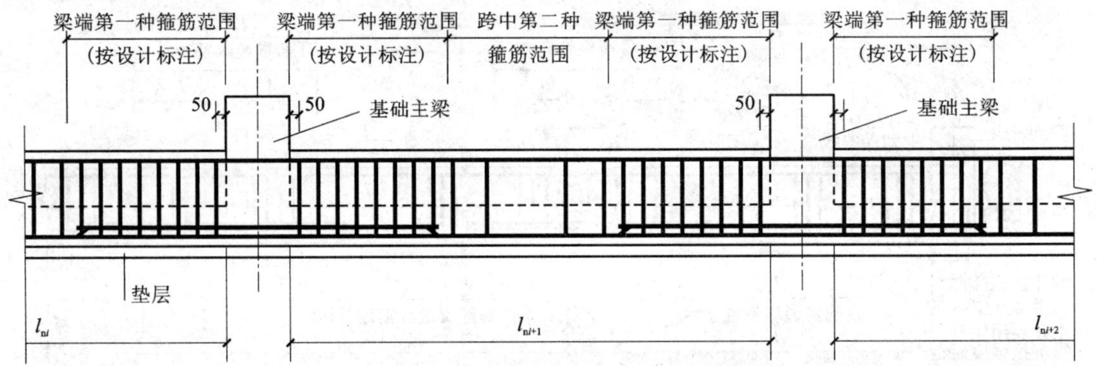

图 2.8.66　基础次梁 JCL 配置两种箍筋构造

注：l_{ni} 为基础次梁的本跨净跨值

同跨箍筋有两种时，各自设置范围按照具体设计注写值。当具体设计未注明时，基础次梁的外伸部位，按第一种箍筋设置。

(3)梁板式筏形基础平板钢筋构造

梁板式筏形基础平板钢筋构造(柱下区域)，如图 2.8.67 所示。

梁板式筏形基础平板钢筋构造(跨中区域)，如图 2.8.68 所示。

其构造要求如下：

①顶部贯通纵筋

在连接区内采用搭接、机械连接或焊接。同一连接区段内接头面积百分比率不宜大于 50%。当钢筋长度可穿过一连接区到下一连接区并满足要求时，宜穿越设置。

②底部非贯通纵筋

底部非贯通纵筋自梁中心线到跨内的伸出长度≥$l_n/3$(l_n是基础平板 LPB 的轴线跨度)。

③底部贯通纵筋

在梁板式筏形基础平板 LPB 内按贯通布置。底部贯通纵筋连接区的长度 = 跨度 - 左侧

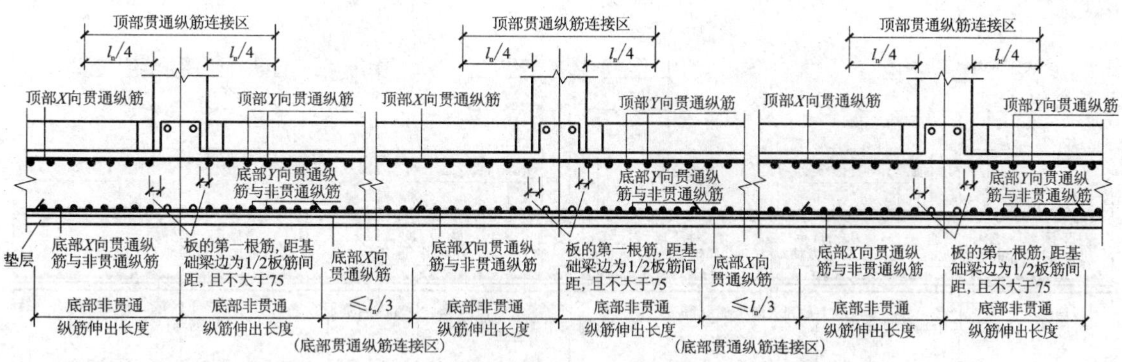

图 2.8.67　梁板式筏形基础平板钢筋构造(柱下区域)

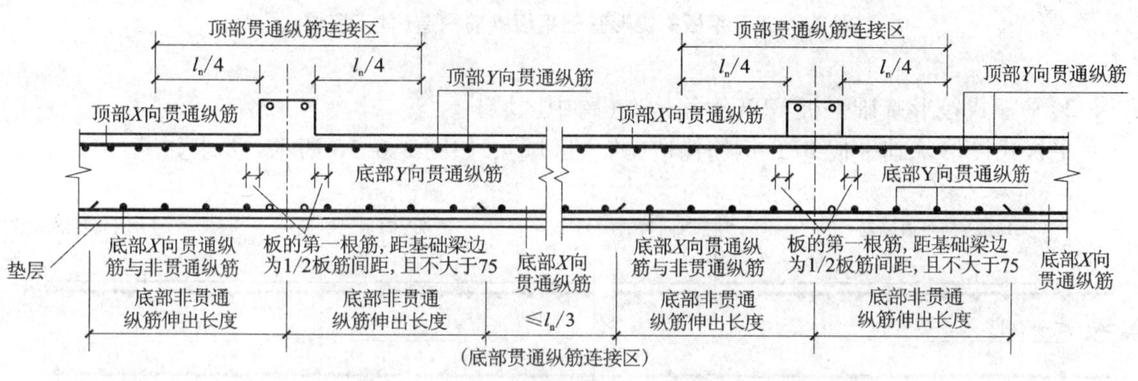

图 2.8.68　梁板式筏形基础平板钢筋构造(跨中区域)

伸出长度－右侧伸出长度≤$l_n/3$(“左、右侧延伸长度”即左、右侧的底部非贯通纵筋伸出长度)。底部贯通纵筋直径不一致时：当某跨底部贯通纵筋直径大于邻跨时，如果相邻板区板底齐平，则应当在两毗邻跨中配置较小一跨的跨中连接区内进行连接(即配置较大板跨的底部贯通纵筋须越过板区分界线伸至毗邻板跨的跨中连接区域)。

(4)平板式筏形基础平板钢筋构造

1)平板式筏形基础平板钢筋构造(柱下区域)

平板式筏形基础平板钢筋构造(柱下区域)，如图 2.8.69 所示，要求如下：

①底部附加非贯通纵筋

底部附加非贯通纵筋自梁中线到跨内的伸出长度≥$l_n/3$(l_n为基础平板的轴线跨度)。

②底部贯通纵筋连接区长度

底部贯通纵筋连接区长度＝跨度－左侧延伸长度－右侧延伸长度≤$l_n/3$(左、右侧延伸长度即左、右侧的底部非贯通纵筋延伸长度)。

当底部贯通纵筋的直径不一致时：当某跨底部贯通纵筋的直径大于邻跨时，如果相邻板区板底齐平，则应在两毗邻跨中配置较小一跨的跨中连接区内进行连接。

③顶部贯通纵筋

顶部贯通纵筋按照全长贯通设置，连接区的长度为正交方向的柱下板带宽度。

④跨中部位为顶部贯通纵筋的非连接区。

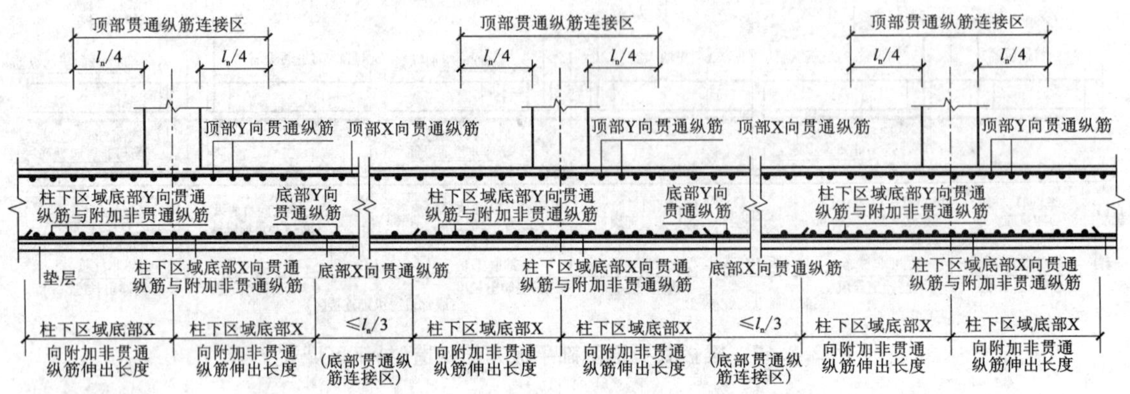

图 2.8.69　平板式筏形基础平板钢筋构造(柱下区域)

2)平板式筏形基础平板 BPB 钢筋构造(跨中区域)

平板式筏形基础平板 BPB 钢筋构造(跨中区域),如图 2.8.70 所示,要求如下:

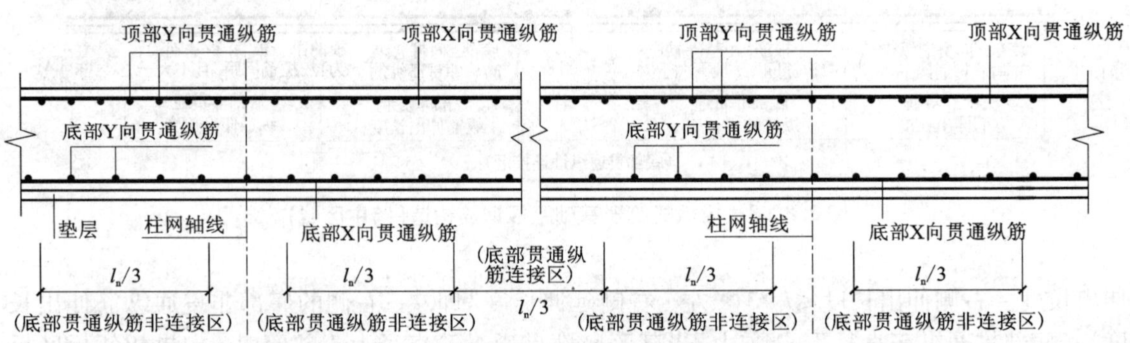

图 2.8.70　平板式筏形基础平板 BPB 钢筋构造(跨中区域)

①顶部贯通纵筋按照全长贯通设置,连接区的长度为正交方向的柱下板带宽度。

②跨中部位为顶部贯通纵筋的非连接区。

其他的梁构造可参阅条形基础梁的构造,在此不再累述。

3. 筏形基础平法标注

(1)梁板式筏形基础梁平法标注

基础主梁 JL 与基础次梁 JCL 的平面注写分集中标注和原位标注两部分内容。

1)集中标注

基础主梁 JL 与基础次梁 JCL 的集中标注内容包括基础梁编号、截面尺寸、配筋三项必注内容,以及基础梁底面标高高差(相对与筏形基础平板底面标高)一项选注内容。

①基础梁编号

基础梁的编号见表 2.8.7。

表 2.8.7　梁板式筏形基础梁编号

构件类型	代号	序号	跨数及是否有外伸
基础主梁	JL	××	(××)或(××A)或(××B)
基础次梁	JCL		
基础平板	LPB		

注：1.(××)为辅部无外伸，括号内的数字表示跨教，(××A)为一端有外伸，(××B)两端有外伸，外伸不计入跨教。

2. 梁板式筏形基础主梁与条形基础梁编号与钢筋构造一致。

3. 梁板式筏形基础平板跨数及是否有外伸分别在 X、Y 两向的贯通纵筋之后表达。图面从左至右为 X 向，从下至上为 Y 向。

②截面尺寸

注写方式为“$b \times h$”，表示梁截面宽度和高度，当为加腋梁时，注写方式为“$b \times hYc_1 \times c_2$”，其中，$c_1$ 为腋长，c_2为腋高。

③配筋

a. 基础梁箍筋

当采用一种箍筋间距时，注写钢筋级别、直径、间距与肢数(写在括号内)。

当采用两种箍筋时，用“/”分隔不同箍筋，按照从基础梁两端向跨中的顺序注写。先注写第一段箍筋(在前面加注箍数)，在斜线后再注写第二段箍筋(不再加注箍数)。

基础主梁与基础次梁的外伸部位，以及基础主梁端部节点内按第一种箍筋设置，如图 2.8.65、图 2.8.66 所示。

b. 基础梁的底部、顶部及侧面纵向钢筋

i. 以 B 打头，先注写梁底部贯通纵筋(不应少于底部受力钢筋总截面面积的 1/3)。当跨中所注根数少于箍筋肢数时，需要在跨中加设架立筋以固定箍筋，注写时，用加号“+”将贯通纵筋与架立筋相连，架立筋注写在加号后面的括号内。

ii. 以 T 打头，注写梁顶部贯通纵筋值。注写时用分号“；”将底部与顶部纵筋分隔开。

iii. 当梁底部或顶部贯通纵筋多于一排时，用斜线“/”将各排纵筋自上而下分开。

基础主梁与基础次梁的底部贯通纵筋，可在跨中 1/3 净跨长度范围内采用搭接、机械连接或焊接；

基础主梁与基础次梁的顶部贯通纵筋，可在距支座 1/4 净跨长度范围内采用搭接，或在支座附近采用机械连接或焊接(均应严格控制接头百分率)。

以大写字母“G”打头，注写梁两侧面设置的纵向构造钢筋有总配筋值(当梁腹板高度 h_W 不小于 450 mm 时，根据需要配置)。

当需要配置抗扭纵向钢筋时，梁两个侧面设置的抗扭纵向钢筋以 N 打头。

当为梁侧面构造钢筋时，其搭接与锚固长度可取为 $15d$。

当为梁侧面受扭纵向钢筋时，其锚固长度为 l_a，搭接长度为 l_l；其锚固方式同基础梁上部纵筋。

④基础梁底面标高高差

基础梁底面标高高差系指相对于筏形基础平板底面标高的高差值。有高差时需将高差写入括号内(如高板位与中板位基础梁的底面与基础平板地面标高的高差值)，无高差时不注(如低板位筏形基础的基础梁)。

2)原位标注

原位标注包括以下内容：

①梁端(支座)区域的底部全部纵筋

梁端(支座)区域的底部全部纵筋，系包括已经集中注写过的贯通纵筋在内的所有纵筋。

a. 当梁端(支座)区域的底部纵筋多于一排时，用斜线“/”将各排纵筋自上而下分开。

b. 当同排有两种直径时，用加号“+”将两种直径的纵筋相连。

c. 当梁中间支座两边底部纵筋配置不同时，需在支座两边分别标注；当梁中间支座两边的底部纵筋相同时，只在支座的一边标注配筋值。

d. 当梁端(支座)区域的底部全部纵筋与集中注写过的贯通纵筋相同时，可不再重复做原位标注。

e. 加腋梁加腋部位钢筋，需在设置加腋的支座处以 Y 打头注写在括号内。

②基础梁的附加箍筋或(反扣)吊筋

将基础梁的附加箍筋或(反扣)吊筋直接画在平面图中的主梁上，用线引注总配筋值(附加箍筋的肢数注在括号内)。

当多数附加箍筋或(反扣)吊筋相同时，可在基础梁平法施工图上统一注明，少数与统一注明值不同时，再原位引注。

③外伸部位的几何尺寸

当基础梁外伸部位变截面高度时，在该部位原位注写 $b \times h_1/h_2$，h_1 为根部截面高度，h_2 为尽端截面高度。

④修正内容

原则上，基础梁集中标注的一切内容都可以在原位标注中进行修正，并且根据“原位标注取值优先”的原则，施工时应按原位标注数值取用。

原位标注的方式如下：

a. 当在基础梁上集中标注的某项内容(如梁截面尺寸、箍筋、底部与顶部贯通纵筋或架立筋、梁侧面纵向构造钢筋、梁底面标高高差等)不适用于某跨或某外伸部分时，则将其修正内容原位标注在该跨或该外伸部位，施工时原位标注取值优先。

b. 当在多跨基础梁的集中标注中已注明加腋，而该梁某跨根部不需要加腋时，则应在该跨原位标注等截面的 $b \times h$，以修正集中标注中的加腋信息。

(2)梁板式筏形基础平板平法标注

梁板式筏形基础平板 LPB 的平面注写，分板底部与顶部贯通纵筋的集中标注与板底附加非贯通纵筋的原位标注两部分内容。当仅设置贯通纵筋而未设置附加非贯通纵筋时，则仅做集中标注。

1)板底部与顶部贯通纵筋的集中标注

梁板式筏形基础平板 LPB 的集中标注，应在所表达的板区双向均为第一跨(X 与 Y 双向首跨)的板上引出(图面从左至右为 X 向，从下至上为 Y 向)。

板区划分条件：板厚相同、基础平板底部与顶部贯通纵筋配置相同的区域为同一板区。

集中标注的内容包括：

①编号。梁板式筏形基础平板编号见表2.8.7。

②截面尺寸。注写方式为“$h=\times\times\times$”，表示板厚。

③基础平板的底部与顶部贯通纵筋及其总长度。先注写X向底部(B打头)贯通纵筋与顶部(T打头)贯通纵筋及纵向长度范围；再注写Y向底部(B打头)贯通纵筋与顶部(T打头)贯通纵筋及纵向长度范围(图面从左至右为X向，从下至上为Y向)。

贯通纵筋的总长度注写在括号中，注写方式为“跨数及有无外伸”，其表达形式为：(××)(无外伸)、(××A)(一端有外伸)或(××B)(两端有外伸)。

注：基础平板的跨数以构成柱网的主轴线为准；两主轴线之间无论有几道辅助轴线(例如框筒结构中混凝土内筒中的多道墙体)，均可按一跨考虑。

当贯通纵筋采用两种规格钢筋“隔一布一”方式时，表达为xx/yy@×××，表示直径xx的钢筋和直径yy的钢筋之间的间距为×××，直径为xx的钢筋、直径为yy的钢筋间距分别为×××的2倍。

2)板底附加非贯通纵筋的原位标注

①原位注写位置及内容

板底部原位标注的附加非贯通纵筋，应在配置相同的第一跨表达(当在基础梁悬挑部位单独配置时则在原位表达)。在配置相同跨的第一跨(或基础梁外伸部位)，垂直于基础梁，绘制一段中粗虚线(当该筋通长设置在外伸部位或短跨板下部时，应画至对边或贯通短跨)，再续线上注写编号(如①②等)、配筋值、横向布置的跨数及是否布置到外伸部位。

板底部附加非贯通纵筋向两边跨内的伸出长度值注写在线段的下方位置。当该筋向两侧对称伸出时，可仅在一侧标注，另一侧不注：当布置在边梁下时，向基础平板外伸部位一侧的伸出长度与方式按标准构造，设计不注。底部附加非贯通筋相同者，可仅注写一处，其他只注写编号。

横向连续布置的跨数及是否布置到外伸部位，不受集中标注贯通纵筋的板区限制。

原位注写的底部附加非贯通纵筋与集中标注的底部贯通钢筋，宜采用“隔一布一”的方式布置，即基础平板(X向或Y向)底部附加非贯通纵筋与贯通纵筋间隔布置，其标注间距与底部贯通纵筋相同(两者实际组合后的间距为各自标注间距的1/2)。

②注写修正内容

当集中标注的某些内容不适用于梁板式筏形基础平板某板区的某一板跨时，应由设计者在该板跨内注明，施工时应按注明内容取用。

③当若干基础梁下基础平板的底部附加非贯通纵筋配置相同时(其底部、顶部的贯通纵筋可以不同)，可仅在一根基础梁下做原位注写，并在其他梁上注明“该梁下基础平板底部附加非贯通纵筋同××基础梁”。

梁板式筏形基础平板的平面注写规定同样适用于钢筋混凝土墙下的基础平板。

(3)平板式筏形基础平法标注

平板式筏形基础可划分为柱下板带和跨中板带，柱下板带(视其为无箍筋的宽扁梁)与跨中板带的平面注写，可分为板带底部与顶部贯通纵筋的集中标注与板带底部附加非贯通纵筋的原位标注两部分内容。

1)集中标注

柱下板带与跨中板带的集中标注，主要内容是注写板带底部与顶部贯通纵筋的，应在第一跨(X 向为左端跨，Y 向为下端跨)引出，具体内容包括以下内容：

①编号。柱下板带、跨中板带编号见表 2.8.8。

表 2.8.8 平板式筏形基础构件编号

构件类型	代号	序号	跨数及有无外伸
柱下板带	ZXB	××	(××)或(××A)或(××B)
跨中板带	KZB	××	(××)或(××A)或(××B)
平板筏基础平板	BPB		

注：1. (××A)为一端有外伸，(××B)为两端有外伸，外伸不计入跨数。

2. 平板式筏形基础平板，其跨数及是否有外伸分别在 X、Y 两向的贯通纵筋之后表达。图面从左至右为 X 向，从下至上为 Y 向。

②截面尺寸。注写方式为“$b=××$”，表示板带宽度(在图注中注明基础平板厚度)。

③底部与顶部贯通纵筋。注写底部贯通纵筋(B 打头)与顶部贯通纵筋(T 打头)的规格与间距，用分号“；”将其分隔开。柱下板带的柱下区域，通常在其底部贯通纵筋的间隔内插空设有(原位注写的)底部附加非贯通纵筋。

注：1. 柱下板带与跨中板带的底部贯通纵筋，可在跨中 1/3 净跨长度范围内采用搭接、机械连接或焊接；

2. 柱下板带及跨中板带的顶部贯通纵筋，可在柱网轴线附近 1/4 净跨长度范围内采用搭接、机械连接或焊接。

2)原位标注

柱下板带与跨中板带的原位标注的主要内容是注写底部附加非贯通纵筋。具体内容包括以下几点：

①注写内容

以一段与板带同向的中粗虚线代表附加非贯通纵筋；柱下板带贯穿其柱下区域绘制；跨中板带横贯柱中线绘制。在虚线上注写底部附加非贯通纵筋的编号(如①②等)、钢筋级别、直径、间距，以及自柱中线分别向两侧跨内的伸出长度值。当向两侧对称伸出时，长度值可仅在一侧标注，另一侧不注。

外伸部位的伸出长度与方式按标准构造，设计不注。对同一板带中底部附加非贯通筋相同者，可仅在一根钢筋上注写，其他可仅在中粗虚线上注写编号。

当跨中板带在轴线区域不设置底部附加非贯通纵筋时，则不做原位注写。

②修正内容

当在柱下板带、跨中板带上集中标注的某些内容(如截面尺寸、底部与顶部贯通纵筋等)不适用于某跨或某外伸部分时，则将修正的数值原位标注在该跨或该外伸部位，施工时原位标注取值优先。

注：对于支座两边不同配筋值的(经注写修正的)底部贯通纵筋，应按较小一边的配筋值选配相同直径的纵筋贯穿支座，较大一边的配筋差值选配适当直径的钢筋锚入支座，避免造成两边大部分钢筋直径不相同的不合理配置结果。

(4)平板式筏形基础平板平法标注

平板式筏形基础平板BPB的平面注写，分板底部与顶部贯通纵筋的集中标注与板底部附加非贯通纵筋的原位标注两部分内容。当仅设置底部与顶部贯通纵筋而未设置底部附加非贯通纵筋时，则仅做集中标注。

1）集中标注

平板式筏形基础平板BPB的集中标注的主要内容为注写板底部与顶部贯通纵筋。当某向底部贯通纵筋或顶部贯通纵筋的配置，在跨内有两种不同间距时，先注写跨内两端的第一种间距，并在前面加注纵筋根数（以表示其分布的范围），再注写跨中部的第二种间距（不需加注根数），两者用“/”分隔。

2）原位标注

平板式筏形基础平板BPB的原位标注，主要表达横跨柱中心线下的底部附加非贯通纵筋。内容包括如下几点：

①原位注写位置及内容

在配置相同的若干跨的第一跨下，垂直于柱中线绘制一段中粗虚线代表底部附加非贯通纵筋，在虚线上的注写内容与梁板式筏形基础平板原位标注内容相同。当柱中心线下的底部附加非贯通纵筋（与柱中心线正交）沿柱中心线连续若干跨配置相同时，则在该连续跨的第一跨下原位注写，且将同规格配筋连续布置的跨数注在括号内；当有些跨配置不同时，则应分别原位注写。外伸部位的底部附加非贯通纵筋应单独注写（当与跨内某筋相同时仅注写钢筋编号）。

当底部附加非贯通纵筋横向布置在跨内有两种不同间距的底部贯通纵筋区域时，其间距应分别对应为两种，其注写形式应与贯通纵筋保持一致，即先注写跨内两端的第一种间距，并在前面加注纵筋根数，再注写跨中部的第二种间距（不需加注根数），两者用“/”分隔。

②当某些柱中心线下的基础平板底部附加非贯通纵筋横向配置相同时（其底部、顶部的贯通纵筋可以不同），可仅在一条中心线下做原位注写，并在其他柱中心线上注明该柱中心线下基础平板底部附加非贯通纵筋同××柱中心线。

习　题

1. 现浇钢筋混凝土有梁板如图2.3.32所示。请计算②号、⑤号和⑥号钢筋单根钢筋的长度及根数。

模块二 习题答案

2. 现浇钢筋混凝土有梁板如图2.3.34所示。Ⓐ Ⓑ轴上的梁宽为300 mm，②③轴上的梁宽为250 mm，轴线中线均与梁中线对齐。请计算②～③轴和Ⓐ～Ⓑ轴间板块的钢筋长度和数量。

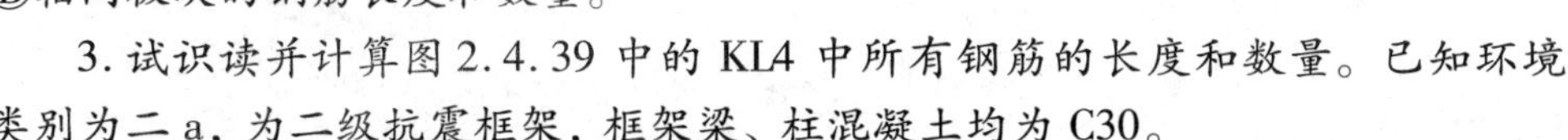
3. 试识读并计算图2.4.39中的KL4中所有钢筋的长度和数量。已知环境类别为二a，为二级抗震框架，框架梁、柱混凝土均为C30。

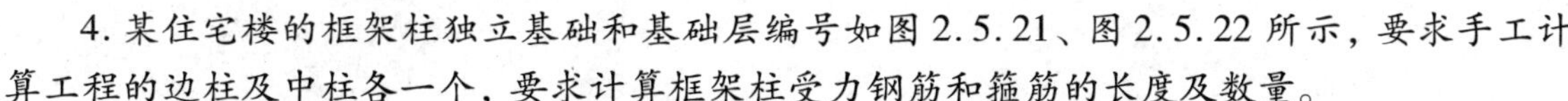
4. 某住宅楼的框架柱独立基础和基础层编号如图2.5.21、图2.5.22所示，要求手工计算工程的边柱及中柱各一个，要求计算框架柱受力钢筋和箍筋的长度及数量。

计算柱钢筋工程量前，先查阅基础编号、尺寸及配筋等信息。对于框架柱，查阅施工图中框架柱对应的独立基础及柱配筋表，见表2.5.3～表2.5.4。

已知柱中钢筋采用焊接接头，基底至第一层楼面的距离为5.2 m，第一层楼面梁的梁高为 500 mm，第二层至顶层楼面梁的梁高均为 600 mm，采用 C30 的混凝土，抗震等级为三级。

5. 某住宅楼采用剪力墙结构，抗震等级为二级，混凝土等级为 C35，剪力墙保护层为 15 mm，钢筋接头采用直径不大于 18 mm 为绑扎，直径大于 18 mm 为焊接形式。剪力墙墙身、柱平面布置，如图 2.6.30 所示。剪力墙墙身配筋表，见表 2.6.10。剪力墙柱配筋表，见表 2.6.11。剪力墙连梁配筋表，见表 2.6.9。试计算剪力墙中的 Q1、YBZ1、LL2 钢筋工程量。

6. 某工程标高为 8.670 ~ 30.270 m 的楼梯钢筋如图 2.7.12 所示，现将楼梯间的开间改为 4.2 m，梯板的受力钢筋改为Φ10@100，其他条件不变，计算其钢筋工程量。

7. 计算图 2.8.59 条形基础图中的 TJB$_P$01(6B)、TJB$_P$02(6B)、TJB$_P$03(3B)、TJB$_P$04(3B)的钢筋工程量。已知混凝土强度等级 C20、抗震等级为二级，配筋改为：

TJB$_P$01(6B)底板钢筋 B：Φ20@140/Φ12@180；TJB$_P$02(6B)底部钢筋 B：Φ20@140/Φ12@180；TJB$_P$03(3B)钢筋 B：Φ18@180/Φ10@220；TJB$_P$04(3B)Φ16@180/Φ10@220。

模块三　砌体结构基本知识

【教学目标】

本模块主要介绍砌体的类型、砌体材料的强度等级及砌体结构的构造要求。

3.1　砌体结构的类型及材料的强度等级

3.1.1　砌体的类型

1. 砌体的种类

砌体分为无筋砌体和配筋砌体两大类。

(1)无筋砌体

无筋砌体就是砌体内不配置钢筋的砌体，仅由块材用砂浆砌筑而成，包括砖砌体、砌块砌体和石砌体。无筋砌体抗震性能和抵抗不均匀沉降的能力较差。

①砖砌体

由砖和砂浆砌筑而成的砌体称为砖砌体。

②砌块砌体

由砌块和砂浆砌筑而成的砌体称为砌块砌体。

③石砌体

由天然石材和砂浆或天然石材和混凝土砌筑而成的砌体称为石砌体，分为料石砌体、毛石砌体和毛石混凝土砌体三类。

(2)配筋砌体

配筋砌体是指配置适量钢筋的砌体。它可以提高砌体强度、减少截面尺寸、增加整体性。配筋砌体分为网状配筋砖砌体、组合砖砌体和配筋砌块砌体。

①网状配筋砖砌体(横向配筋砌体)

网状配筋砖砌体是在砌体的水平灰缝中每隔几皮砖放置一层钢筋网。钢筋网有方格网式和连弯式两种，如图 3.1.1 所示。方格网式一般采用直径为 3 ~ 4 mm 的钢筋，连弯式采用直径为 5 ~ 8 mm 的钢筋。

②组合砖砌体

组合砖砌体是由砖砌体和钢筋混凝土面层或钢筋砂浆面层组合而成。如图 3.1.2 所示。适用于荷载偏心距较大，超过截面核心范围，或进行增层、改造的原有墙、柱。

③配筋砌块砌体

配筋砌块砌体是在混凝土小型空心砌块的竖向孔洞中配置钢筋，在砌块横肋凹槽中配置水平筋，然后浇灌混凝土，或在水平灰缝中配置水平钢筋，所形成的砌体。如图 3.1.3 所示。

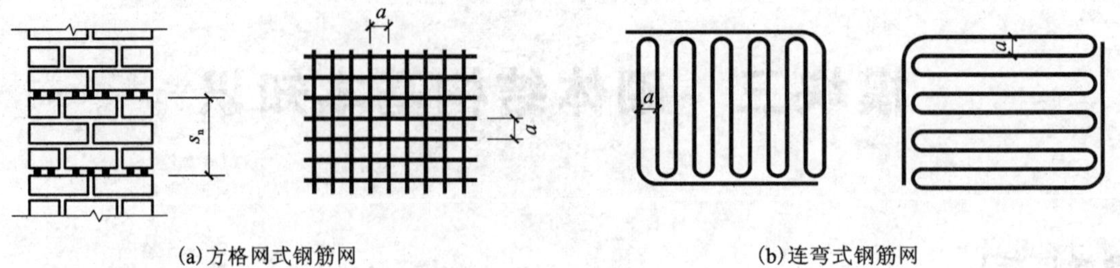

图 3.1.1　网状配筋砖砌体

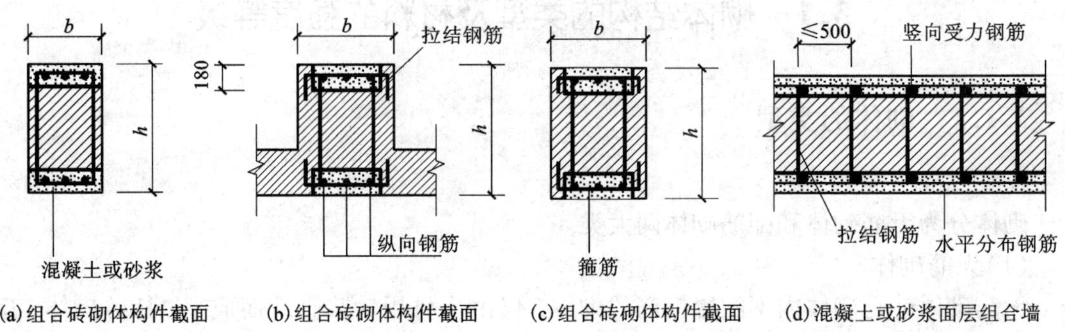

图 3.1.2　组合砖砌体

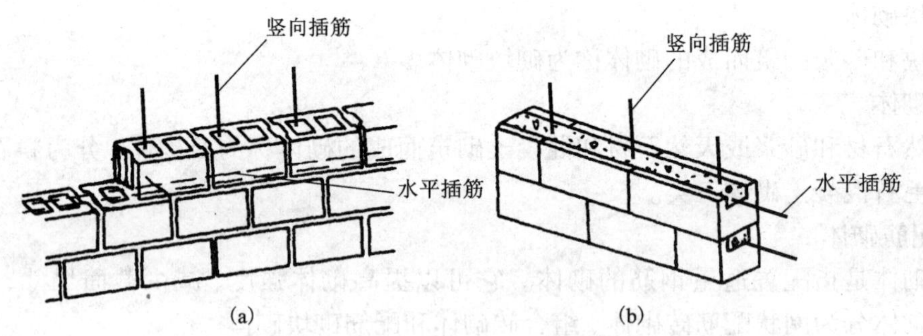

图 3.1.3　配筋砌块砌体

常用于中高层或高层房屋中起剪力墙作用，所以又称配筋砌块剪力墙结构。

这种砌体具有抗震性能好、造价较低、节能的特点。

另外，还有砖砌体和钢筋混凝土构造柱组合砖墙。(图 3.3.12)

3.1.2　砌体的材料

砌体的组成材料主要有块材和砂浆，块材主要有砖、砌块和石材，砂浆常用的有水泥砂浆、混合砂浆和非水泥砂浆。

1. 块材

(1)砖

①烧结普通砖

烧结普通砖是用黏土、煤矸石、页岩或粉煤灰为原料，经过焙烧而成的实心砖。烧结普通砖规格尺寸为 240 mm×115 mm×53 mm，容量一般在 16～19 kN/m^3。适用于房屋上部及地下基础部分。

②烧结多孔砖

烧结多孔砖是用粘土、煤矸石、页岩或粉煤灰为原料，经焙烧而成的多孔砖。当孔洞率为 15%～40%时可作为承重构件，当孔洞率为 40%～60%时只能作为围护结构。它的规格有三种：

KM1：190 mm×190 mm×90 mm，190 mm×90 mm×90 mm　K——空心，M——模数，KM——模数空心砖[见图 3.1.4(a)(b)]

KP1：240 mm×115 mm×90 mm

KP2：240 mm×180 mm×115 mm　P——普通，KP——普通空心砖[见图 3.1.4(c)(d)(e)(f)]

容量一般在 11～14 kN/m^3。一般适用于房屋上部结构。

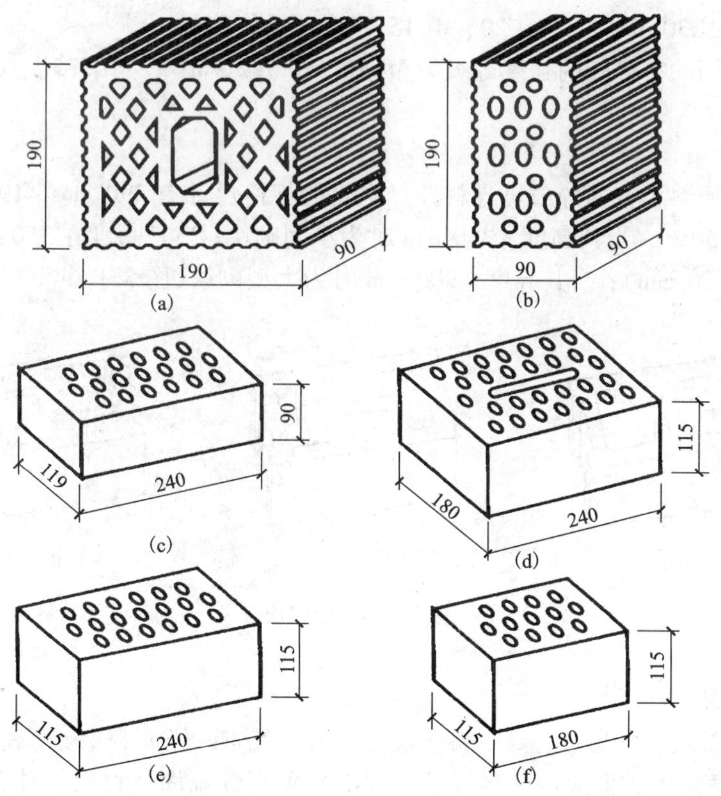

图 3.1.4　烧结多孔砖

孔洞率为40% ~60%的砖见图3.1.5所示。

③非烧结砖

非烧结砖是用石灰、粉煤灰(或矿渣、石英砂、煤矸石)的原料经高压蒸汽养护而成的实心砖。非烧结砖的规格同烧结普通砖。容量：14 ~15 kN/m³。适用于砌筑清水外墙和基础，不宜用于地震区，也不得用于长期处于2000℃以上高温环境的部位。

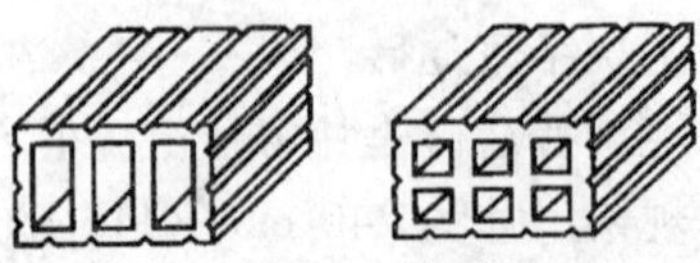

图3.1.5 大孔空心砖

④混凝土砖

混凝土砖由水泥、砂、石、掺合剂、外加剂等原料制成。制作工艺为搅拌→成型→养护。混凝土多孔砖的孔洞率一般大于等于30%，规格尺寸为240 mm×115 mm×90 mm、240 mm×190 mm×90 mm或190 mm×190 mm×90 mm。混凝土普通实心砖的规格尺寸为240 mm×115 mm×53 mm、240 mm×115 mm×90 mm。

块材的强度等级以"MU××"表示，单位为MPa(××的数值表示强度等级的大小，砖的强度等级的大小是按抗压强度并满足其抗弯(折)强度的要求综合确定的)。

根据《砌体结构设计规范》(GB 3003—2011)的规定，承重结构所用的砖的强度等级为：

烧结砖(普通，多孔)：MU30、MU25、MU20、MU15、MU10(五级)。

非烧结砖(灰砂砖，粉煤灰砖)：MU25、MU20、MU15(三级)。

混凝土砖：MU30、MU25、MU20、MU15。

自承重墙所用的空心砖的强度等级为MU10、MU7.5、MU5、MU3.5。

(2)砌块

①砼砌块

砼砌块所用原料为普通砼或轻骨料砼。主要的规格尺寸有390 mm×190 mm×190 mm，孔洞率为25% ~50%。当其高度<350 mm时为小型砌块；当其高度在350 ~900 mm时为中型砌块(一般高850 mm)；当其高度>900 mm时为大型砌块(图3.1.6)。

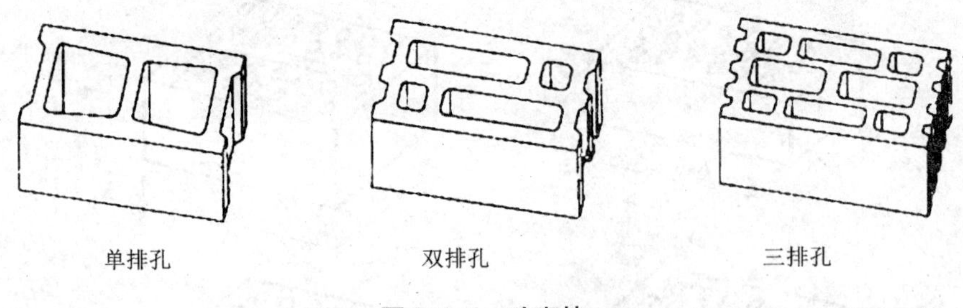

图3.1.6 砼砌块

②加气砼砌块

是以河砂、石灰、水泥为主要原料，以铝膏为发气剂，经原料磨细、配料搅拌、浇注发气、静停切割、蒸压养护而成的一种绿色环保的新型自保温墙体材料。具有质轻、高强、耐久、保温、隔音、防火、抗渗性能好的特点，具有施工便捷，可加工性强，能降低建筑物的综合造价，增加建筑物使用面积等优点。其容重小于等于10 kN/m³。

砌块的强度等级的表示符号与砖相同(其值由3个砌块毛面积抗压强度的平均值确定)。

根据《砌体结构设计规范》(GB 3003—2011)的规定，承重结构所用的砌块的强度等级为MU20、MU15、MU10、MU7.5和MU5(五级)；自承重墙所用的砌块一般为轻集料混凝土砌块，其强度有MU10、MU7.5、MU5、MU3.5。

(3)石材

①料石

石头经加工后的产物。料石分为细料石(已经经过细加工，砌面凹深≯10 mm，截面宽、高≮200 mm)、粗料石(尺寸规格同细料石；砌面凹深≯20 mm)、毛料石(大致方正，一般未加工或稍加工，高度≮200 mm，砌面凹深≯25 mm)

②毛石(未加工、形状不规则；中部厚度≮200 mm)

石材强度等级的表示方法和砖相同(强度等级的数值是由3个70 mm的立方体石材的抗压强度平均值确定的)，根据《砌体结构设计规范》(GB 3003—2011)的规定，砌体结构所用石材的强度等级有MU100、MU80、MU60、MU50、MU40、MU30和MU20共7个。

2. 砂浆

(1)砂浆的类型

砌体结构所用的砂浆有水泥砂浆、混合砂浆和非水泥砂浆。

①水泥砂浆：水泥与砂加水拌合而成的砂浆称为水泥砂浆。水泥砂浆的特点是具有较高的强度和较好的耐久性，但和易性和保水性较差，适用于砂浆强度要求较高的砌体和潮湿环境中的砌体。

②混合砂浆：由水泥、石灰(粘土)与砂加水拌合而成的砂浆。混合砂浆的特点是具有一定的强度和耐久性，而且和易性和保水性也较好，在一般墙体中广泛应用，不宜用于潮湿环境中的砌体。

③非水泥砂浆：指不含水泥的石灰砂浆、石膏砂浆和黏土砂浆的总称。非水泥砂浆的特点是强度不高，耐久性也较差，只用于受力较小或简易和临时性的建筑中的砌体。

另外还有专用砂浆：专门用于砌筑非烧结块材的砂浆，它是在砂浆中加了外加剂，增强了砂浆的保水性和黏结性。专用砂浆有两类，一类是用于混凝土小型空心砌块和混凝土砖专用砂浆(用Mb××表示)；另一类是用于蒸压灰砂砖、蒸压粉煤灰砖的专用砂浆(用Ms××表示)。

(2)砂浆强度等级

砂浆强度等级是以70.7 mm×70.7 mm×70.7 mm的立方体标准试块28 d的抗压强度平均值确定。根据《砌体结构设计规范》(GB 3003—2011)的规定：烧结砖、蒸压砖所用的砂浆强度等级有M15、M10、M7.5、M5、M2.5等；蒸压砖所用的砂浆强度等级有Ms15、Ms10、Ms7.5、Ms5.0；混凝土砖、砌块所用的砂浆强度等级有Mb20、Mb15、Mb10、Mb7.5、Mb5；轻集料混凝土砌块专用的砂浆强度等级有Mb10、Mb7.5、Mb5；石砌体所用的砂浆强度等级有M7.5、M5、M2.5；施工阶段新砌砌体当砂浆尚未硬化时其强度等级为零。

3.2　砌体结构的耐久性

砌体结构的耐久性应按表3.2.1的环境类别和结构设计使用年限进行设计。

表 3.2.1　砌体结构的环境类别

环境类别	条件
1	正常居住及办公建筑的内部干燥环境
2	潮湿的室内及室外环境，包括与无侵蚀性土与水接触的环境
3	严寒与使用化冰盐的潮湿环境(室内或室外)
4	与海水直接接触的环境，或处于滨海地区的盐饱和的气体环境
5	有化学侵蚀的气体、液体或固体形式的环境，包括有侵蚀性土壤的环境

当设计年限为 50 年时，砌体中钢筋的保护层厚度应符合下列规定：

(1)配筋砌体中钢筋的最小混凝土保护层应符合表 3.2.2 的规定。

(2)灰缝中钢筋外露砂浆保护层的厚度不应小于 15 mm。

(3)所有钢筋端部均应有与对应钢筋的环境类别条件相同的保护层厚度。

(4)对填实的夹心墙或特别的墙体构造，钢筋的最小保护层厚度应符合下列规定。

①用于环境类别 1 时，应取 20 mm 厚砂浆或灌孔混凝土与钢筋直径较大者；

②用于环境类别 2 时，应取 20 mm 厚灌孔混凝土与钢筋直径较大者；

③采用重镀锌钢筋时，应取 20 mm 厚砂浆或灌孔混凝土与钢筋直径较大者；

④采用不锈钢时，应取钢筋的直径。

表 3.2.2　钢筋的最小保护层厚度

环境类别	混凝土强度等级			
	C20	C25	C30	C35
	最低水泥含量 kg/m^3			
	260	280	300	320
1	20	20	20	20
2	—	25	25	25
3	—	40	40	30
4	—	—	40	40
5	—	—	—	—

注：1. 当采用防渗砌体块体和防渗砂浆时，可以考虑部分砌体(含抹灰层)的厚度作为保温层，但对环境类别 1、2、3，混凝土保护层厚度相应不应小于 10 mm、15 mm 和 20 mm。

2. 钢筋砂浆面层的组合砌体构件的钢筋保护层厚度宜比表 3.2.2 规定的混凝土保护层厚度数值增加 5 mm ~ 10 mm。

3. 对安全等级为一级或设计使用年限为 50 年以上的砌体结构，钢筋保护层的厚度应至少增加 10 mm。

当设计使用年限为 50 年时，砌体材料的耐久性应符合下列规定：

(1)地面以下和防潮层以下的砌体，潮湿房间的墙和环境类别 2 的砌体，所用材料的最低强度等级应符合表 3.2.3 的规定。

表 3.2.3　地面以下或防潮层以下砌体、防潮房屋的墙所用材料的最低强度等级

潮湿程度	烧结普通砖	混凝土普通砖、蒸压普通砖	混凝土砌块	石材	水泥砂浆
稍潮湿的	MU15	MU20	MU7.5	MU30	M5.0
很潮湿的	MU20	MU20	MU10	MU30	M7.5
含水饱和的	MU20	MU25	MU15	MU40	M10

注：1. 在冻胀地区，地面以下或防潮层以下的砌体，不宜采用多孔砖，如采用时，其孔洞应用不低于 M10 的水泥砂浆预先灌实。当采用混凝土空心砌块时，其孔洞应采用强度不低于 Cb20 的混凝土预先灌实；

2. 对于安全等级为一级和设计使用年限为 50 年的房屋，表中材料强度等级应至少提高一级。

(2)使用环境类别为 3 ~ 5 等有侵蚀性介质的砌体材料应符合下列规定：

①不应采用蒸压灰砂普通砖、蒸压粉煤灰普通砖；

②应采用实心砖，砖的强度等级不应低于 MU20，水泥砂浆的强度等级不应低于 M10；

③混凝土砌块的强度等级不应低于 MU15，灌孔混凝土的强度等级不应低于 Cb30，砂浆的强度等级不应低于 Mb10。

3.3　砌体结构构件的一般构造措施

3.3.1　墙柱的一般构造要求

预制钢筋混凝土板在混凝土圈梁上的支承长度不应小于 80 mm，板端伸出的钢筋应与圈梁可靠连接，且同时浇筑；预制钢筋混凝土板在墙上的支承长度不应小于 100 mm，并应按下列方法进行连接：

(1)板支承于内墙时，板端钢筋伸出长度不应小于 70 mm，且与支座处沿墙配置的纵筋绑扎，用强度等级不应低于 C25 的混凝土浇筑成板带；

(2)板支承于外墙时，板端钢筋伸出长度不应小于 100 mm，且与支座处沿墙配置的纵筋绑扎，并用强度等级不应低于 C25 的混凝土浇筑成板带；

(3)预制钢筋混凝土板与现浇板对接时，预制板端钢筋应伸入现浇板中进行连接后、再浇筑现浇板。

墙体转角处和纵横墙交接处应沿竖向每隔 400 ~ 500 mm 设拉结钢筋，其数量为每 120 mm 墙厚不少于一根直径 6 mm 的钢筋；或采用焊接钢筋网片，埋入长度从墙的转角或交接处算起，对实心砖墙每边不小于 500 mm，对多孔砖墙和砌块墙不小于 700 mm(见图 3.3.1)。

填充墙、隔墙应分别采取措施与周边主体结构构件可靠连接，连接构造和嵌缝材料应能满足传力、变形、耐久和防护要求。

在砌体中留槽洞及埋设管道时，应遵守下列规定：

(1)不应在截面长边小于 500 mm 的承重墙体、独立柱内埋设管线；

(2)不宜在墙体中穿行暗线或预留、开凿沟槽，当无法避免时应采取必要的措施或按削弱后的截面验算墙体的承载力。

注：对受力较小或未灌孔的砌块砌体，允许在墙体的竖向孔洞中设置管线。

承重的独立砖柱截面尺寸不应小于240 mm ×370 mm。毛石墙的厚度不宜小于350 mm，毛料石柱较小边长不宜小于400 mm。

注：当有振动荷载时，墙、柱不宜采用毛石砌体。

支承在墙、柱上的吊车梁、屋架及跨度大于或等于下列数值的预制梁的端部，应采用锚固件与墙、柱上的垫块锚固：①对砖砌体为9 m，②对砌块和料石砌体为7.2 m。

跨度大于6 m的屋架和跨度大于下列数值的梁，应在支承处砌体上设置混凝土或钢筋混凝土垫块；当墙中设有圈梁时，垫块与圈梁宜浇成整体：①对砖砌体为4.8 m，②对砌块和料石砌体为4.2 m，③对毛石砌体为3.9 m。

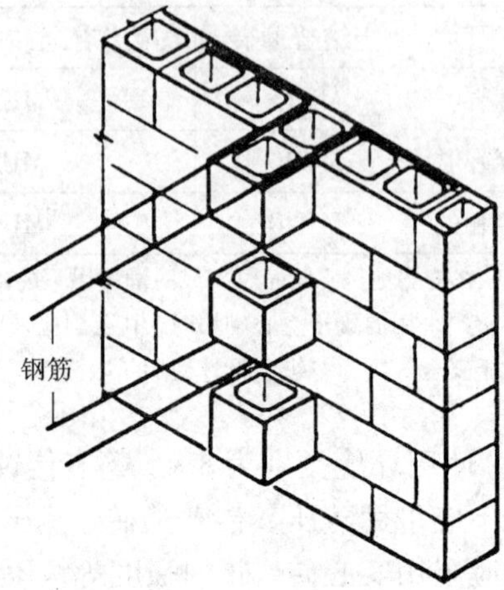

钢筋

图3.3.1 纵横交接处连接

当梁跨度大于或等于下列数值时，其支承处宜加设壁柱，或采取其他加强措施：①对240 mm厚的砖墙为6 m，对180 mm厚的砖墙为4.8 m；②对砌块、料石墙为4.8 m。

山墙处的壁柱或构造柱宜砌至山墙顶部，且屋面构件应与山墙可靠拉结。

砌块砌体应分皮错缝搭砌，上下皮搭砌长度不应小于90 mm。当搭砌长度不满足上述要求时，应在水平灰缝内设置不少于2根直径不小于4 mm的焊接钢筋网片（横向钢筋的间距不应大于200 mm，网片每端应伸出该垂直缝不小于300 mm）。

砌块墙与后砌隔墙交接处，应沿墙高每400 mm在水平灰缝内设置不少于2根直径不小于4 mm、横筋间距不应大于200 mm的焊接钢筋网片（图3.3.2）。

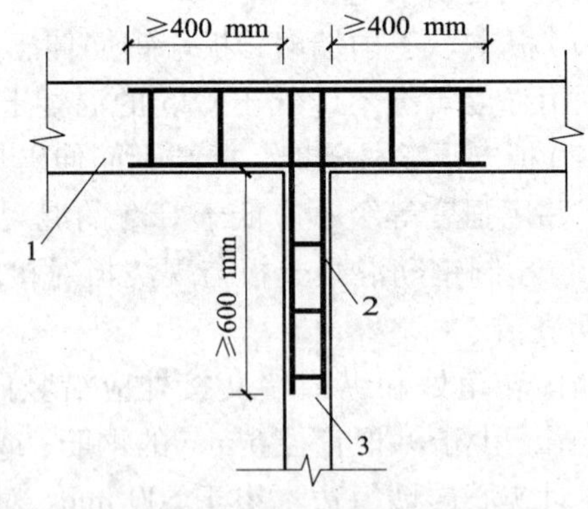

图3.3.2 砌块墙与后砌隔墙交接处钢筋网片

1为砌块墙，2为焊接钢筋网片，3为后砌隔墙

混凝土砌块房屋，宜将纵横墙交接处，距墙中心线每边不小于300 mm范围内的孔洞，采用不低于Cb20混凝土沿全墙高灌实。

混凝土砌块墙体的下列部位，如未设圈梁或混凝土垫块，应采用不低于Cb20混凝土将孔洞灌实：

（1）搁栅、檩条和钢筋混凝土楼板的支承面下，高度不应小于200 mm的砌体；

（2）屋架、梁等构件的支承面下，长度不应小于600 mm，高度不应小于600 mm的砌体；

（3）挑梁支承面下，距墙中心线每边不应小于300 mm，高度不应小于600 mm的砌体。

3.3.2　框架填充墙

在正常使用和正常维护条件下，填充墙的使用年限宜与主体结构相同，结构的安全等级可按二级考虑。

填充墙的构造设计，应符合下列规定：

(1)填充墙宜选用轻质块体材料，其强度等级应符合相关规定；

(2)填充墙砌筑砂浆的强度等级不宜低于M5(Mb5，Ms5)；

(3)填充墙墙体墙厚不应小于90 mm；

(4)用于填充墙的夹心复合砌块，其两肢块体之间应有拉结。

填充墙与框架的连接，可根据设计要求采用脱开或不脱开的方法。有抗震设防要求时宜采用填充墙与框架脱开的方法。

当填充墙与框架采用脱开的方法时，宜符合下列规定：

(1)填充墙两端与框架柱，填充墙顶面与框架梁之间留出不小于20 mm的间隙。

(2)填充墙端部应设置构造柱，柱间距宜不大于20倍墙厚且不大于4000 mm，柱宽度不小于100 mm。柱竖向钢筋不宜小于Φ10，箍筋宜为$\Phi^{R}5$，竖向间距不宜大于400 mm。竖向钢筋与框架梁或其挑出部分的预埋件或预留钢筋连接，绑扎接头时不小于$30d$，焊接时(单面焊)不小于$10d$(d为钢筋直径)。柱顶与框架梁(板)应预留不小于15 mm的缝隙，用硅酮胶或其他弹性密封材料封缝。当填充墙有宽度大于2100 mm的洞口时，洞口两侧应加设宽度不小于50 mm的单筋混凝土柱。

(3)填充墙两端宜卡入设在梁、板底及柱侧的卡口铁件内，墙侧卡口板的竖向间距不宜大于500 mm，墙顶卡口板的水平间距不宜大于1500 mm。

(4)墙体高度超过4 m时宜在墙高中部设置与柱连通的水平系梁。水平系梁的截面高度不小于60 mm。填充墙高不宜大于6 m。

(5)填充墙与框架柱、梁的缝隙可采用聚苯乙烯泡沫塑料板条或聚氨酯发泡材料充填，并用硅酮胶或其他弹性密封材料封缝。

(6)所有连接用钢筋、金属配件、铁件、预埋件等均应做防腐防锈处理，并应符合相关规定。嵌缝材料应能满足变形和防护要求。

当填充墙与框架采用不脱开的方法时，宜符合下列规定：

(1)沿柱高每隔500 mm配置2根直径6 mm的拉结钢筋(墙厚大于240 mm时配置3根直径6 mm钢筋)，钢筋伸入填充墙长度不宜小于700 mm，且拉结钢筋应错开截断，相距不宜小于200 mm。填充墙墙顶应与框架梁紧密结合。顶面与上部结构接触处宜用一皮砖或配砖斜砌楔紧。

(2)当填充墙有洞口时，宜在窗洞口的上端或下端、门洞口的上端设置钢筋混凝土带，钢筋混凝土带应与过梁的混凝土同时浇筑，其过梁的断面及配筋由设计确定。

钢筋混凝土带的混凝土强度等级不小于C20。当有洞口的填充墙尽端至门窗洞口边距离小于240 mm时，宜采用钢筋混凝土门窗框。

(3)填充墙长度超过5 m或墙长大于2倍层高时，墙顶与梁宜有拉接措施，墙体中部应加设构造柱；墙高度超过4 m时宜在墙高中部设置与柱连接的水平系梁；墙高超过6 m时，宜沿墙高每2 m设置与柱连接的水平系梁，梁的截面高度不小于60 mm。

3.3.3 夹心墙的构造

夹心墙的夹层厚度，不宜大于120 mm。外叶墙的砖及混凝土砌块的强度等级，不应低于MU10。夹心墙的有效面积，应取承重或主叶墙的面积。高厚比验算时，夹心墙的有效厚度，按下式计算：

$$h_l = \sqrt{h_1^2 + h_2^2} \tag{3.3.1}$$

式中：h_l——夹心复合墙的有效厚度；

h_1、h_2——内、外叶墙的厚度。

夹心墙外叶墙的最大横向支承间距，宜按下列规定采用：设防烈度为6度时不宜大于9 m，7度时不宜大于6 m，8、9度时不宜大于3 m。

夹心墙的内、外叶墙，应由拉结件可靠拉结，拉结件宜符合下列规定：

(1)当采用环形拉结件时，钢筋直径不应小于4 mm，当为Z形拉结件时，钢筋直径不应小于6 mm；拉结件应沿竖向梅花形布置，拉结件的水平和竖向最大间距分别不宜大于800 mm和600 mm；对有振动或有抗震设防要求时，其水平和竖向最大间距分别不宜大于800 mm和400 mm。

(2)当采用可调拉结件时，钢筋直径不应小于4 mm，拉结件的水平和竖向最大间距均不宜大于400 mm。叶墙间灰缝的高差不大于3 mm，可调拉结件中孔眼和扣钉间的公差不大于1.5 mm。

(3)当采用钢筋网片作拉结件时，网片横向钢筋的直径不应小于4 mm，其间距不应大于400 mm；网片的竖向间距不宜大于600 mm；对有振动或有抗震设防要求时，不宜大于400 mm。

(4)拉结件在叶墙上的搁置长度，不应小于叶墙厚度的2/3，并不应小于60 mm。

(5)门窗洞口周边300 mm范围内应附加间距不大于600 mm的拉结件。

夹心墙拉结件或网片的选择与设置，应符合下列规定：

(1)夹心墙宜用不锈钢拉结件。拉结件用钢筋制作或采用钢筋网片时，应先进行防腐处理，并应符合相关规定。

(2)非抗震设防地区的多层房屋，或风荷载较小地区的高层的夹芯墙可采用环形或Z形拉结件；风荷载较大地区的高层建筑房屋宜采用焊接钢筋网片。

(3)抗震设防地区的砌体房屋(含高层建筑房屋)夹心墙应采用焊接钢筋网作为拉结件。焊接网应沿夹心墙连续通长设置，外叶墙至少有一根纵向钢筋。钢筋网片可计入内叶墙的配筋率，其搭接与锚固长度应符合有关规范的规定。

(4)可调节拉结件宜用于多层房屋的夹心墙，其竖向和水平间距均不应大于400 mm。

3.3.4 防止或减轻墙体开裂的主要措施

在正常使用条件下，应在墙体中设置伸缩缝。伸缩缝应设在因温度和收缩变形引起应力集中、砌体产生裂缝可能性最大处。伸缩缝的间距可按表3.3.1采用。

表 3.3.1 砌体房屋伸缩缝的最大间距(m)

屋盖或楼盖类别		间距
整体式或装配整体式	有保温层或隔热层的屋盖、楼盖	50
	无保温层或隔热层的屋盖	40
装配式无檩体系钢筋混凝土结构	有保温层或隔热层的屋盖、楼盖	60
	无保温层或隔热层的屋盖	50
装配式有檩体系钢筋混凝土结构	有保温层或隔热层的屋盖	75
	无保温层或隔热层的屋盖	60
瓦材屋盖、木屋盖或楼盖、轻钢屋盖		100

注：1. 对烧结普通砖、烧结多孔砖、配筋砌块砌体房屋，取表中数值；对石砌体、蒸压灰砂普通砖、蒸压粉煤灰普通砖、混凝土砌块、混凝土普通砖和混凝土多孔砖房屋，取表中数值乘以 0.8 的系数。当墙体有可靠外保温措施时，其间距可取表中数值。

2. 在钢筋混凝土屋面上挂瓦的屋盖应按钢筋混凝土屋盖采用。

3. 层高大于 5 m 的烧结普通砖、烧结多孔砖、配筋砌块砌体结构单层房屋，其伸缩缝间距可按表中数值乘以 1.3。

4. 温差较大且变化频繁地区和严寒地区不采暖的房屋及构筑物墙体的伸缩缝的最大间距，应按表中数值予以适当减小。

5. 墙体的伸缩缝应与结构的其他变形缝相重合，缝宽度应满足各种变形缝的变形要求，在进行立面处理时，必须保证缝隙的变形作用。

房屋顶层墙体，宜根据相关情况采取下列措施：

(1)屋面应设置保温、隔热层；

(2)屋面保温(隔热)层或屋面刚性面层及砂浆找平层应设置分隔缝，分隔缝间距不宜大于 6 m，其缝宽不小于 30 mm，并与女儿墙隔开；

(3)采用装配式有檩体系钢筋混凝土屋盖和瓦材屋盖；

(4)顶层屋面板下设置现浇钢筋混凝土圈梁，并沿内外墙拉通，房屋两端圈梁下的墙体内宜设置水平钢筋；

(5)顶层墙体有门窗等洞口时，在过梁上的水平灰缝内设置 2 ~ 3 道焊接钢筋网片或 2 根直径 6 mm 钢筋，焊接钢筋网片或钢筋应伸入洞口两端墙内不小于 600 mm；

(6)顶层及女儿墙砂浆强度等级不低于 M7.5(Mb7.5，Ms7.5)；

(7)女儿墙应设置构造柱，构造柱间距不宜大 4 m，构造柱应伸至女儿墙顶并与现浇钢筋混凝土压顶整浇在一起；

(8)对顶层墙体施加竖向预应力。

房屋底层墙体，宜根据情况采取下列措施：

(1)增大基础圈梁的刚度；

(2)在底层的窗台下墙体灰缝内设置 3 道焊接钢筋网片或 2 根直径 6 mm 钢筋，并应伸入两边窗间墙内不小于 600 mm。

在每层门、窗过梁上方的水平灰缝内及窗台下第一和第二道水平灰缝内，宜设置焊接钢筋网片或 2 根直径 6 mm 钢筋，焊接钢筋网片或钢筋应伸入两边窗间墙内不小于 600 mm。当墙长大于 5 m 时，宜在每层墙高度中部设置 2 ~ 3 道焊接钢筋网片或 3 根直径 6 mm 的通长水平钢筋，竖向间距为500 mm。

房屋两端和底层第一、第二开间门窗洞处，可采取下列措施：

(1)在门窗洞口两边墙体的水平灰缝中，设置长度不小于900 mm、竖向间距为400 mm的2根直径4 mm的焊接钢筋网片。

(2)在顶层和底层设置通长钢筋混凝土窗台梁，窗台梁高宜为块材高度的模数，梁内纵筋不少于4根，直径不小于10 mm，箍筋直径不小于6 mm，间距不大于200 mm，混凝土强度等级不低于C20。

(3)在混凝土砌块房屋门窗洞口两侧不少于一个孔洞中设置直径不小于12 mm的竖向钢筋，竖向钢筋应在楼层圈梁或基础内锚固，孔洞用不低于Cb20混凝土灌实。

填充墙砌体与梁、柱或混凝土墙体结合的界面处(包括内、外墙)，宜在粉刷前设置钢丝网片，网片宽度可取400 mm，并沿界面缝两侧各延伸200 mm，或采取其他有效的防裂、盖缝措施。

当房屋刚度较大时，可在窗台下或窗台角处墙体内、在墙体高度或厚度突然变化处设置竖向控制缝。竖向控制缝宽度不宜小于25 mm，缝内填以压缩性能好的填充材料，且外部用密封材料密封，并采用不吸水的、闭孔发泡聚乙烯实心圆棒(背衬)作为密封膏的隔离物(图3.3.3)。

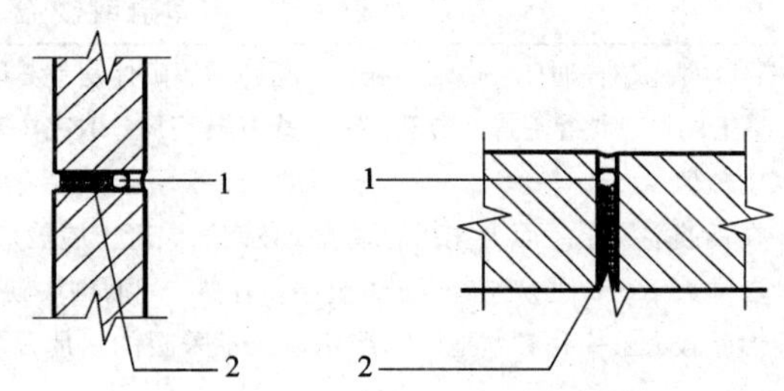

图3.3.3　控制缝构造

1为不吸水的、闭孔发泡聚乙烯实心圆棒，
2为柔软、可压缩的填充物

夹心复合墙的外叶墙宜在建筑墙体适当部位设置控制缝，其间距宜为6～8 m。

3.3.5　圈梁、过梁、墙梁及挑梁的构造

1.圈梁的构造

厂房、仓库、食堂等空旷单层房屋应按下列规定设置圈梁：

(1)砖砌体结构房屋，檐口标高为5～8 m时，应在檐口标高处设置圈梁一道；檐口标高大于8 m时，应增加设置数量。

(2)砌块及料石砌体结构房屋，檐口标高为4～5 m时，应在檐口标高处设置圈梁一道；檐口标高大于5 m时，应增加设置数量。

(3)对有吊车或较大振动设备的单层工业房屋，当未采取有效的隔振措施时，除在檐口或窗顶标高处设置现浇混凝土圈梁外，尚应增加设置数量。

住宅、办公楼等多层砌体结构民用房屋，且层数为3层～4层时，应在底层和檐口标高处各设置一道圈梁。当层数超过4层时，除应在底层和檐口标高处各设置一道圈梁外，至少应在所有纵、横墙上隔层设置。多层砌体工业房屋，应每层设置现浇混凝土圈梁。设置墙梁的多层砌体结构房屋，应在托梁、墙梁顶面和檐口标高处设置现浇钢筋混凝土圈梁。

建筑在软弱地基或不均匀地基上的砌体结构房屋，除按上述规定设置圈梁外，尚应符合现行国家标准《建筑地基基础设计规范》(GB 50007)的有关规定。

圈梁应符合下列构造要求：

(1)圈梁宜连续地设在同一水平面上，并形成封闭状；当圈梁被门窗洞口截断时，应在洞口上部增设相同截面的附加圈梁。附加圈梁与圈梁的搭接长度不应小于其中到中垂直间距的2倍，且不得小于1 m(见图3.3.4)。

(2)纵、横墙交接处的圈梁应可靠连接(见图3.3.5)。刚弹性和弹性方案房屋，圈梁应与屋架、大梁等构件可靠连接。

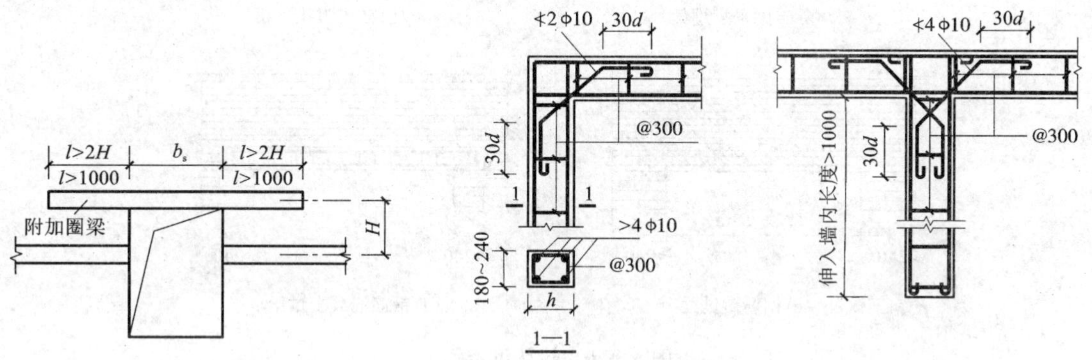

图3.3.4　圈梁搭接构造

图3.3.5　圈梁纵横墙相交处构造

(3)混凝土圈梁的宽度宜与墙厚相同，当墙厚不小于240 mm时，其宽度不宜小于墙厚的2/3。圈梁高度不应小于120 mm。纵向钢筋数量不应少于4根，直径不应小于10 mm，绑扎接头的搭接长度按受拉钢筋考虑，箍筋间距不应大于300 mm。

(4)圈梁兼作过梁时，过梁部分的钢筋应按计算面积另行增配。

采用现浇混凝土楼(屋)盖的多层砌体结构房屋，当层数超过5层时，除应在檐口标高处设置一道圈梁外，可隔层设置圈梁，并应与楼(屋)面板一起现浇。未设置圈梁的楼面板嵌入墙内的长度不应小于120 mm，并沿墙长配置不少于2根直径为10 mm的纵向钢筋。

2. 过梁的构造

过梁一般就是指门窗洞口上的梁。

对有较大振动荷载或可能产生不均匀沉降的房屋，应采用钢筋混凝土过梁。当过梁的跨度不大于1.5 m时，可采用钢筋砖过梁；不大于1.2 m时，可采用砖砌平拱过梁(见图3.3.6)。

砖砌过梁的构造，应符合下列规定：

(1)砖砌过梁截面计算高度内的砂浆不宜低于M5(Mb5、Ms5)；

(2)砖砌平拱用竖砖砌筑部分的高度不应小于240 mm；

(3)钢筋砖过梁底面砂浆层处的钢筋，其直径不应小于5 mm，间距不宜大于120 mm，钢筋伸入支座砌体内的长度不宜小于240 mm，砂浆层的厚度不宜小于30 mm。

3. 墙梁的构造

多层房屋的底层因使用等要求形成大空间，其上的某些非承重墙或自承重墙常不能直接砌筑在基础上，而是砌筑在专门设置的钢筋混凝土托梁上，梁上的荷载通过梁端的墙体或钢筋混凝土柱传入基础和地基。由钢筋混凝土托梁及其以上某一计算范围的墙体所组成的组合构件称为墙梁(图3.3.7)。

托梁可预制，也可现浇。按受力状态分简支托梁，带框架柱的单跨、多跨连续托梁。

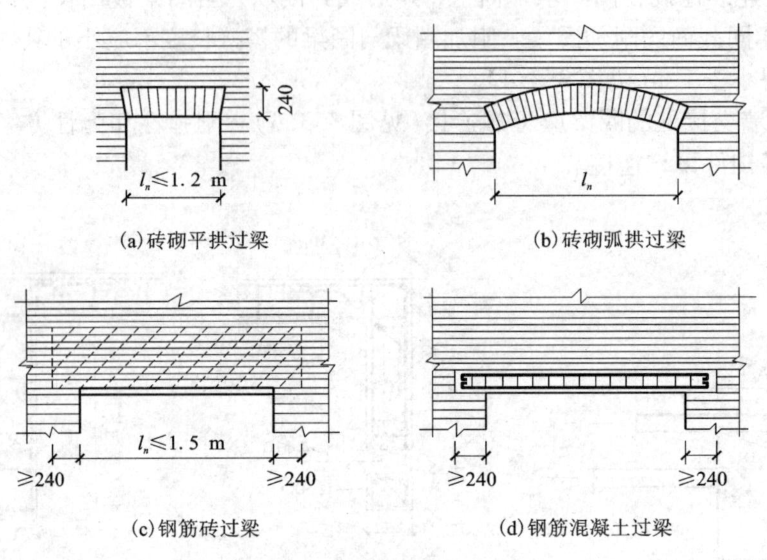

(a)砖砌平拱过梁　(b)砖砌弧拱过梁

(c)钢筋砖过梁　(d)钢筋混凝土过梁

图 3.3.6　过梁的类型

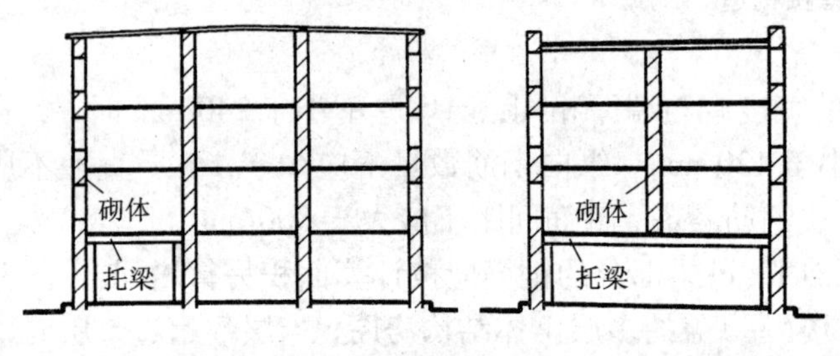

图 3.3.7　房屋中的墙梁

墙梁的构造应符合下列规定：

(1)托梁和框支柱的混凝土强度等级不应低于 C30。

(2)承重墙梁的块体强度等级不应低于 MU10，计算高度范围内墙体的砂浆强度等级不应低于 M10(Mb10)。

(3)墙梁计算高度范围内的墙体厚度，对砖砌体不应小于 240 mm，对混凝土砌块砌体不应小于 190 mm。

(4)墙梁洞口上方应设置混凝土过梁，其支承长度不应小于 240 mm，洞口范围内不应施加集中荷载。

(5)承重墙梁的支座应设置落地翼，翼墙厚度，对砖砌体不应小于 240 mm，对混凝土砌块砌体不应小于 190 mm，翼墙宽度不应小于墙梁墙体厚度的 3 倍，并与墙梁墙体同时砌筑。当不能设置翼墙时，应设置落地且上下贯通的混凝土构造柱。

(6)当墙梁墙体在靠近支座 1/3 跨度范围内开洞时，支座处应设置落地且上下贯通的混凝土构造柱，并应与每层圈梁连接。

(7)墙梁计算高度范围内的墙体，每天可砌筑高度不应超过 1.5 m，否则，应加设临时支撑。

(8)托梁两侧各两个开间的楼盖应采用现浇混凝土楼盖，楼板厚度不应小于 120 mm，当楼板厚度大于 150 mm 时，应采用双层双向钢筋网，楼板上应少开洞，洞口尺寸大于 800 mm 时应设洞口边梁。

(9)托梁每跨底部的纵向钢筋应通长设置，不应在跨中弯起或截断，钢筋连接应用机械连接或焊接。

(10)托梁上部通长布置的纵向钢筋面积与跨中下部纵向钢筋面积之比不应小于 0.4；连续墙梁或多跨框支墙梁的托梁的托梁支座上部附加纵向钢筋，从支座边缘算起每边延伸长度不应小于 $l_0/4$。

(11)承重墙梁的托梁在砌体墙、柱上的支承长度不应小于 350 mm，纵向受力钢筋伸入支座的长度应符合受拉钢筋的锚固要求。

(12)当托梁截面高度 h_b 大于等于 450 mm 时，应沿梁截面高度设置通长水平腰筋，其直径不应该小于 12 mm，间距不应大于 200 mm。

(13)对于洞口偏置的墙梁，其托梁的箍筋加密区范围应延到洞口外，距洞边的距离大于等于托梁截面高度 h_b(图 3.3.8)，箍筋直径不应小于 8 mm，间距不应大于 100 mm。

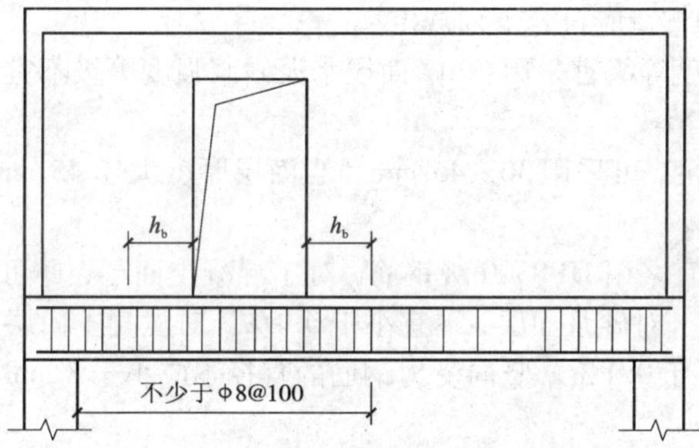

图 3.3.8　偏开洞时托梁箍筋加密区

4. 挑梁的构造

在混合结构房屋中，常常利用埋入墙内一定长度的钢筋混凝土悬臂梁来承托走廊、阳台或雨蓬等荷载，这种梁称为挑梁。

挑梁除应符合现行国家标准《混凝土结构设计规范》(GB 50010—2010)的有关规定外，尚应满足下列要求：

(1)纵向受力钢筋至少应有 1/2 的钢筋面积伸入梁尾端，且不少于 2 Φ12。其余钢筋伸入支座的长度不应小于 $2l_1/3$。

(2)挑梁埋入砌体长度 l_1 与挑出长度 l 之比宜大于 1.2；当挑梁上无砌体时，l_1 与 l 之比宜大于 2。

3.3.6　配筋砖砌体的构造

1. 网状配筋砖砌体的构造

网状配筋砖砌体中体积配筋率不应小于 0.1%，也不能大于 1%。

采用钢筋网时，钢筋的直径宜采用 3～4 mm；钢筋网中钢筋的间距，不应大于 120 mm，也不应小于 30 mm。钢筋网的竖向间距，不应大于五皮砖，并不应大于 400 mm。网状配筋砖砌体的钢筋网应设置在砌体的水平灰缝中，灰缝厚度应保证钢筋上下至少有 2 mm 厚的砂浆层，网状配筋砖砌体所用砂浆的等级不应低于 M7.5(图 3.3.9)。

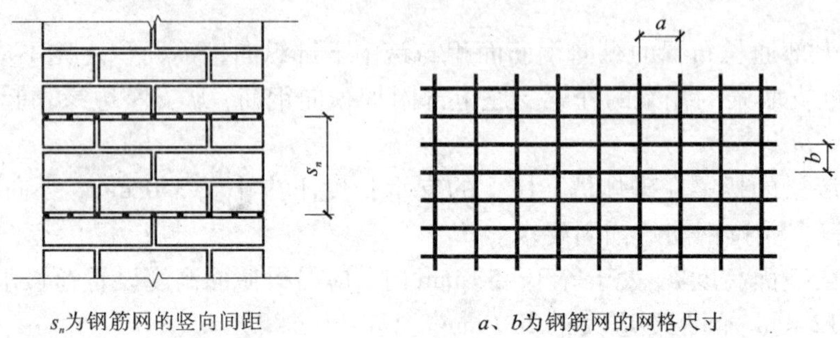

图 3.3.9　网状配筋砖砌体

2. 组合砖砌体构件的构造

组合砖砌体构件的构造应符合下列规定：

(1) 面层混凝土强度等级宜采用 C20，面层水泥砂浆强度等级不宜低于 M10，砌筑砂浆的强度等级不宜低于 M7.5；

(2) 砂浆面层的厚度，可采用 30～45 mm。当面层厚度大于 45 mm 时，其面层宜采用混凝土。

(3) 竖向受力钢筋宜采用 HPB300 级钢筋，对于混凝土面层，亦可采用 HRB335 级钢筋。受压钢筋一侧的配筋率，对砂浆面层，不宜小于 0.1%，对混凝土面层，不宜小于 0.2%。受拉钢筋的配筋率不应小于 0.1%。竖向受力钢筋的直径不应小于 8 mm，钢筋的净间距不应小于 30 mm(图 3.3.10)。

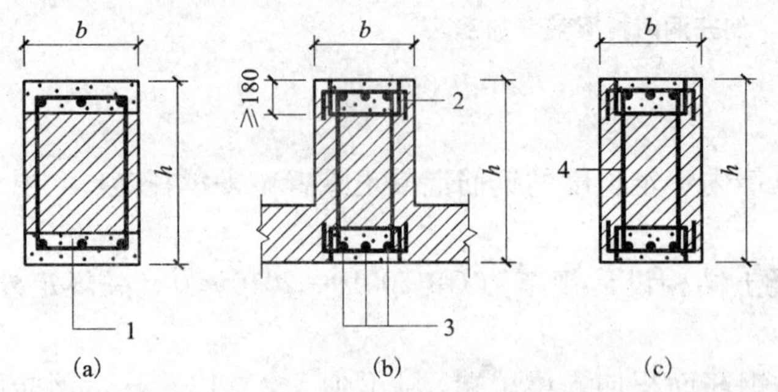

图 3.3.10　组合砖砌体构件截面

1—混凝土或砂浆；2—拉结钢筋；
3—纵向钢筋；4—箍筋

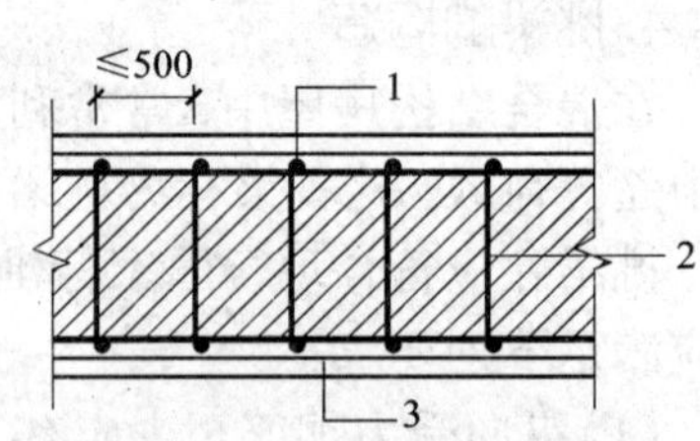

图 3.3.11　混凝土或砂浆面层组合墙

1—竖向受力钢筋；2—拉结钢筋；
3—水平分布钢筋

(4) 箍筋的直径，不宜小于 4 mm 及 0.2 倍的受压钢筋直径，并不宜大于 6 mm。箍筋的间距，不应大于 20 倍受压钢筋的直径及 500 mm，并不应小于 120 mm。

(5) 当组合砖砌体构件一侧的竖向受力钢筋多于 4 根时，应设置附加箍筋或拉结钢筋。

(6)对于截面长短边相差较大的构件如墙体等，应采用穿通墙体的拉结钢筋作为箍筋，同时设置水平分布钢筋。水平分布钢筋的竖向间距及拉结钢筋的水平间距，均不应大于500 mm(图3.3.11)。

(7)组合砖砌体构件的顶部和底部，以及牛腿部位，必须设置钢筋混凝土垫块。竖向受力钢筋伸入垫块的长度，必须满足锚固要求。

3. 砖砌体和钢筋混凝土构造柱组合墙(图3.3.12)

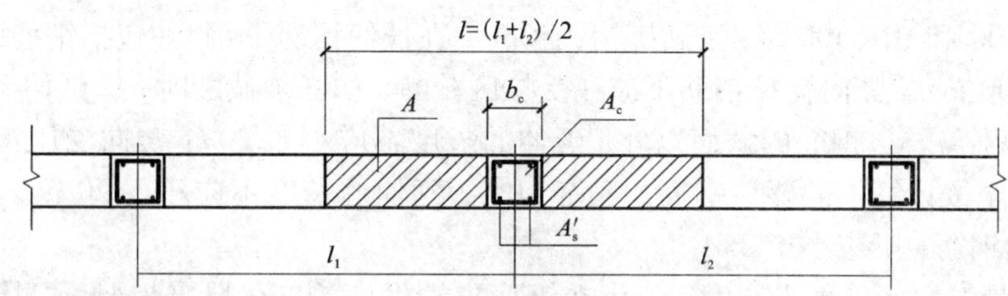

图3.3.12　砖砌体和构造柱组合墙截面

组合砖墙的材料和构造应符合下列规定：

(1)砂浆的强度等级不应低于M5，构造柱的混凝土强度等级不宜低于C20。

(2)构造柱的截面尺寸不宜小于240 mm×240 mm，其厚度不应小于墙厚，边柱、角柱的截面宽度宜适当加大。柱内竖向受力钢筋，对于中柱，钢筋数量不宜少于4根、直径不宜小于12 mm；对于边柱、角柱，钢筋数量不宜少于4根、直径不宜小于14 mm。构造柱的竖向受力钢筋的直径也不宜大于16 mm。其箍筋，一般部位宜采用直径6 mm、间距200 mm，楼层上下500 mm范围内宜采用直径6 mm、间距100 mm。构造柱的竖向受力钢筋应在基础梁和楼层圈梁中锚固，并应符合受拉钢筋的锚固要求。

(3)组合砖墙砌体结构房屋，应在纵横墙交接处、墙端部和较大洞口的洞边设置构造柱，其间距不宜大4 m。各层洞口宜设置在相应位置，并宜上下对齐。

(4)组合砖墙砌体结构房屋应在基础顶面、有组合墙的楼层处设置现浇钢筋混凝土圈梁。圈梁的截面高度不宜小于240 mm；纵向钢筋数量不宜少于4根、直径不宜小于12 mm，纵向钢筋应伸入构造柱内，并应符合受拉钢筋的锚固要求；圈梁的箍筋直径宜采用6 mm、间距200 mm。

(5)砖砌体与构造柱的连接处应砌成马牙搓，并应沿墙高每隔500 mm设2根直径6 mm的拉结钢筋，且每边伸入墙内不宜小于600 mm。

(6)构造柱可不单独设置基础，但应伸入室外地坪下500 mm，或与埋深小于500 mm的基础梁相连。

(7)组合砖墙的施工顺序应为先砌墙后浇混凝土构造柱。

3.3.7　配筋砌块砌体剪力墙构造规定

1. 钢筋

钢筋的选择应符合下列规定：

(1)钢筋的直径不宜大于25 mm，当设置在灰缝中时不应小于4 mm，在其他部位不应小于 10 mm。

(2)配置在孔洞或空腔中的钢筋面积不应大于孔洞或空腔面积的 6%。

钢筋的设置应符合下列规定：设置在灰缝中钢筋的直径不宜大于灰缝厚度的 1/2，两平行的水平钢筋间的净距不应小于 50 mm，柱和壁柱中的竖向钢筋的净距不宜小于 40 mm（包括接头处钢筋间的净距）。

钢筋在灌孔混凝土中的锚固，应符合下列规定：

(1)当计算中充分利用竖向受拉钢筋强度时，其锚固长度 l_a，对 HRB335 级钢筋不应小于 30d，对 HRB400 和 RRB400 级钢筋不应小于 35d，在任何情况下钢筋（包括钢筋网片）锚固长度不应小于 300 mm。竖向受拉钢筋不应在受拉区截断，如必须截断时，应延伸至按正截面受弯承载力计算不需要该钢筋的截面以外，延伸的长度不应小于 20d；竖向受压钢筋在跨中截断时，必须伸至按计算不需要该钢筋的截面以外，延伸的长度不应小于 20d；对绑扎骨架中末端无弯钩的钢筋，不应小于 25d。

(2)钢筋骨架中的受力光圆钢筋，应在钢筋末端做弯钩，在焊接骨架、焊接网以及轴心受压构件中，不做弯钩；绑扎骨架中的受力带肋钢筋，在钢筋的末端不做弯钩。

钢筋的直径大于 22 mm 时宜采用机械连接接头，接头的质量应符合国家现行有关标准的规定；其他直径的钢筋可采用搭接接头，并应符合下列规定：钢筋的接头位置宜设置在受力较小处；受拉钢筋的搭接接头长度不应小于 $1.1l_a$，受压钢筋的搭接接头长度不应小于 $0.7l_a$，且不应小于 300 mm；当相邻接头钢筋的间距不大于 75 mm 时，其搭接长度应为 $1.2l_a$。当钢筋间的接头错开 20d 时，搭接长度可不增加。

水平受力钢筋（网片）的锚固和搭接长度应符合下列规定：

(1)在凹槽砌块混凝土带中钢筋的锚固长度不宜小于 30d，且其水平或垂直弯折段的长度不宜小于 15d 和 200 mm；钢筋的搭接长度不宜小于 35d。

(2)在砌体水平灰缝中，钢筋的锚固长度不宜小于 50d，且其水平或垂直弯折段的长度不宜小于 20d 和 250 mm；钢筋的搭接长度不宜小于 55d；在隔皮或错缝搭接的灰缝中为 $55d+2h$，d 为灰缝受力钢筋的直径，h 为水平灰缝的间距。

2. 配筋砌块砌体剪力墙、连梁

配筋砌块砌体剪力墙、连梁的砌体材料强度等级应符合下列规定：砌块不应低于 MU10，砌筑砂浆不应低于 Mb7.5，灌孔混凝土不应低于 Cb20。

注：对安全等级为一级或设计使用年限大于 50 年的配筋砌块砌体房屋，所用材料的最低强度等级应至少提高一级。

配筋砌块砌体剪力墙厚度、连梁截面宽度不应小于 190 mm。

配筋砌块砌体剪力墙的构造配筋应符合下列规定：

(1)应在墙的转角、端部和孔洞的两侧配置竖向连续的钢筋，钢筋直径不应小于 12 mm；应在洞口的底部和顶部设置不小于 2 Φ10 的水平钢筋，其伸入墙内的长度不应小于 40d 和 600 mm。

(2)应在楼（屋）盖的所有纵横墙处设置现浇钢筋混凝土圈梁，圈梁的宽度和高度应等于墙厚和块高，圈梁主筋不应少于 4 Φ10，圈梁的混凝土强度等级不应低于同层混凝土块体强度等级的 2 倍，或该层灌孔混凝土的强度等级，也不应低于 C20。

(3)剪力墙其他部位的竖向和水平钢筋的间距不应大于墙长、墙高的 1/3，也不应大于

900 mm；剪力墙沿竖向和水平方向的构造钢筋配筋率均不应小于0.07%。

按壁式框架设计的配筋砌块砌体窗间墙除应符合上述规定外，尚应符合下列规定；

(1)窗间墙的截面应符合下列要求规定：墙宽不应小于800 mm，墙净高与墙宽之比不宜大于5。

(2)窗间墙中的竖向钢筋应符合下列规定：每片窗间墙中沿全高不应少于4根钢筋；沿墙的全截面应配置足够的抗弯钢筋；窗间墙的竖向钢筋的配筋率不宜小于0.2%，也不宜大于0.8%。

(3)窗间墙中的水平分布钢筋应符合下列规定：水平分布钢筋应在墙端部纵筋处向下弯折射90°，弯折段长度不小于15d和150 mm；水平分布钢筋的间距：在距梁边1倍墙宽范围内不应大于1/4墙宽，其余部位不应大于1/2墙宽；水平分布钢筋的配筋率不宜小于0.15%。

配筋砌块砌体剪力墙应按下列情况设置边缘构件：

(1)当利用剪力墙端部的砌体受力时，应符合下列规定：

①应在一字墙的端部至少3倍墙厚范围内的孔中设置不小于Φ12通长竖向钢筋；

②应在L、T或十字形墙交接处3或4个孔中设置不小于Φ12通长竖向钢筋；

③当剪力墙的轴压比大于0.6f_g时，除按上述规定设置竖向钢筋外，尚应设置间距不大于200 mm、直径不小于6 mm的钢箍。

(2)当在剪力墙墙端设置混凝土柱作为边缘构件时，应符合下列规定：

①柱的截面宽度宜不小于墙厚，柱的截面高度宜为1~2倍的墙厚，并不应小于200 mm；

②柱的混凝土强度等级不宜低于该墙体块体强度等级的2倍，或不低于该墙体灌孔混凝土的强度等级，也不应低于Cb20；

③柱的竖向钢筋不宜小于4Φ12，箍筋不宜小于Φ6、间距不宜大于200 mm；

④墙体中的水平钢筋应在柱中锚固，并应满足钢筋的锚固要求；

⑤柱的施工顺序宜为先砌砌块墙体，后浇捣混凝土。

配筋砌块砌体剪力墙中当连梁采用钢筋混凝土时，连梁混凝土的强度等级不宜低于同层墙体块体强度等级的2倍，或同层墙体灌孔混凝土的强度等级，也不应低于C20；其他构造尚应符合现行国家标准《混凝土结构设计规范》(GB 50010—2010)的有关规定。

配筋砌块砌体剪力墙中当连梁采用配筋砌块砌体时，连梁应符合下列规定：

(1)连梁的截面应符合下列规定：

①连梁的高度不应小于两皮砌块的高度和400 mm；

②连梁应采用H型砌块或凹槽砌块组砌，孔洞应全部浇灌混凝土。

(2)连梁的水平钢筋宜符合下列规定：

①连梁上、下水平受力钢筋宜对称、通长设置，在灌孔砌体内的锚固长度不宜小于40d和600 mm；

②连梁水平受力钢筋的含钢率不宜小于0.2%，也不宜大于0.8%。

(3)连梁的箍筋应符合下列规定：

①箍筋的直径不应小于6 mm；

②箍筋的间距不宜大于1/2梁高和600 mm；

③在距支座等于梁高范围内的箍筋间距不应大于1/4梁高，距支座表面第一根箍筋的间

距不应大于 100 mm；

④箍筋的面积配筋率不宜小于 0.15%；

⑤箍筋宜为封闭式，双肢箍末端弯钩为 135°，单肢箍末端的弯钩为 180°，或弯 90°加 12 倍箍筋直径的延长段。

3. 配筋砌块砌体柱

配筋砌块砌体柱(图 3.3.13)除应符合《砌体结构规范》第 9.4.6 条的要求外，尚应符合下列规定：

(1)柱截面边长不宜小于 400 mm，柱高度与截面短边之比不宜大于 30。

(2)柱的竖向受力钢筋的直径不宜小于 12 mm，数量不应少于 4 根，全部竖向受力钢筋的配筋率不宜小于 0.2%。

(3)柱中箍筋的设置应根据下列情况确定：

①当纵向钢筋的配筋率大于 0.25%，且柱承受的轴向力大于受压承载力设计值的 25% 时，柱应设箍筋，当配筋率小于等于 0.25% 时，或柱承受的轴向力小于受压承载力设计值的 25% 时，柱中可不设置箍筋；

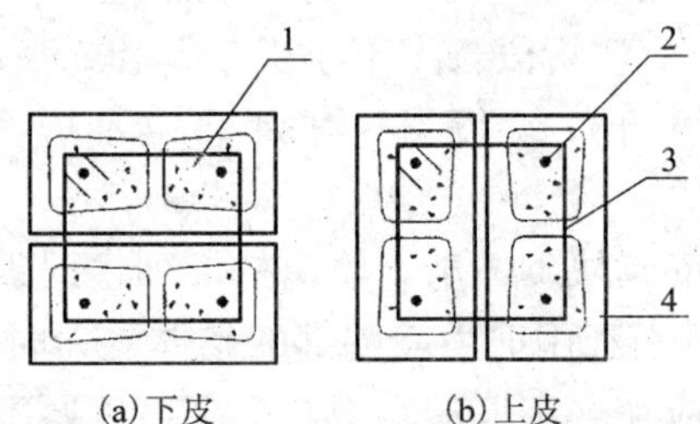

图 3.3.13 配筋砌块砌体柱截面示意

1—灌孔混凝土；2—钢筋；3—箍筋；4—砌块

②箍筋直径不宜小于 6 mm；

③箍筋的间距不应大于 16 倍纵向钢筋直径、48 倍箍筋直径及柱截面短边尺寸中较小者；

④箍筋应封闭，端部应弯钩或绕纵筋水平弯折 90°，弯折段长度不小于 $10d$；

⑤箍筋应设置在灰缝或灌孔混凝土中。

3.4 砌体结构构件抗震构造

3.4.1 一般规定

抗震设防地区的普通砖(包括烧结普通砖、蒸压灰砂普通砖、蒸压粉煤灰普通砖、混凝土普通砖)、多孔砖(包括烧结多孔砖、混凝土多孔砖)和混凝土砌块等砌体承重的多层房屋，底层或底部两层框架—抗震墙砌体房屋，配筋砌块砌体抗震墙房屋，除应符合前述的要求外，尚应按本章规定进行抗震设计，同时尚应符合现行国家标准《建筑抗震设计规范》(GB 5001—2010)，《墙体材料应用统一技术规范》(GB 50574)的有关规定。甲类设防建筑不宜采用砌体结构，当需采用时，应进行专门研究并采取高于本节规定的抗震措施。

注：本节中“配筋砌块砌体抗震墙”指全部灌芯配筋砌块砌体。

本节适用的多层砌体结构房屋的总层数和总高度，应符合下列规定：

(1)房屋的层数和总高度不应超过表 3.4.1 的规定。

(2)各层横墙较少的多层砌体房屋，总高度应比表 3.4.1 中的规定降低 3 m，层数相应减少一层；各层横墙很少的多层砌体房屋，还应再减少一层。

注：横墙较少是指同一楼层内开间大于 4.2 m 的房间占该层总面积的 40% 以上；其中，

开间不大于4.2 m的房间占该层总面积不到20%且开间大于4.8 m的房间占该层总面积的50%以上为横墙很少。

表3.4.1　多层砌体房屋的层数和总高度限值　/m

房屋类别		最小墙厚度/mm	设防烈度和设计基本地震加速度											
			6度		7度				8度				9度	
			0.05g		0.10g		0.15g		0.20g		0.30g		0.40g	
			高度	层数	高度	层数	高度	层数	高度	层数	高度	层数	高度	层数
多层砌体房屋	普通砖	240	21	7	21	7	21	7	18	6	15	5	12	4
	多孔砖	240	21	7	21	7	18	6	18	6	15	5	9	3
	多孔砖	190	21	7	18	6	15	5	15	5	12	4	—	—
	混凝土砌块	190	21	7	21	7	18	6	18	6	15	5	9	3
底部框架—抗震墙砌体房屋	普通砖、多孔砖	240	22	7	22	7	19	6	16	5	—	—	—	—
	多孔砖	190	22	7	19	6	16	5	13	4	—	—	—	—
	混凝土砌块	190	22	7	22	7	19	6	16	5	—	—	—	—

注：1. 房屋的总高度指室外地面到主要屋面板板顶或檐口的高度，半地下室从地下室室内地面算起，全地下室和嵌固条件好的半地下室应允许从室外地面算起；对带阁楼的坡屋面应算到山尖墙的1/2高度处。

2. 室内外高差大于0.6 m时，房屋总高度应允许比表中的数据适当增加，但增加量应少于1.0 m。

3. 乙类的多层砌体房屋仍按本地区设防烈度查表，其层数应减少一层且总高度应降低3 m；不应采用底部框架—抗震墙砌体房屋。

(3)抗震设防烈度为6、7度时，横墙较少的丙类多层砌体房屋，当按现行国家标准《建筑抗震设计规范》(GB 50011—2010)规定采取加强措施并满足抗震承载力要求时，其高度和层数应允许仍按表3.4.1中的规定采用。

(4)采用蒸压灰砂普通砖和蒸压粉煤灰普通砖的砌体房屋，当砌体的抗剪强度仅达到普通粘土砖砌体的70%时，房屋的层数应比普通砖房屋减少一层，总高度应减少3 m；当砌体的抗剪强度达到普通粘土砖砌体的取值时，房屋层数和总高度的要求同普通砖房屋。

本节适用的配筋砌块砌体抗震墙结构和部分框支抗震墙结构房屋最大高度应符合表3.4.2的规定。

表3.4.2　配筋砌块砌体抗震墙房屋适用的最大高度　/m

结构类型 最小墙厚/mm		设防烈度和设计基本地震加速度					
		6度	7度		8度		9度
		0.05g	0.10g	0.15g	0.20g	0.30g	0.40g
配筋砌块砌体抗震墙	190 mm	60	55	45	40	30	24
部分框支抗震墙		55	49	40	31	24	—

注：1. 房屋高度指室外地面到主要屋面板板顶的高度(不包括局部突出屋顶部分)。

2. 某层或几层开间大于6.0 m以上的房间建筑面积占相应层建筑面积40%以上时，表中数据相应减少6 m。

3. 部分框支抗震墙结构指首层或底部两层为框支层的结构，不包括仅个别框支墙的情况。

4. 房屋的高度超过表内高度时，应根据专门研究，采取有效的加强措施。

砌体结构房屋的层高应符合下列规定：

(1)多层砌体结构房屋的层高应符合下列规定：

①多层砌体结构房屋的层高，不应超过3.6 m。

注：当使用功能确有需要时，采用约束砌体等加强措施的普通砖房屋，层高不应超过3.9 m。

②底部框架—抗震墙砌体房屋的底部，层高不应超过4.5 m；当底层采用约束砌体抗震墙时，底层的层高不应超过4.2 m。

(2)配筋混凝土空心砌块抗震墙房屋的层高应符合下列规定：

①底部加强部位(不小于房屋高度的1/6且不小于底部二层的高度范围)的层高(房屋总高度小于21 m时取一层)，一、二级不宜大于3.2 m，三、四级不应大于3.9 m；

②其他部位的层高，一、二级不应大于3.9 m，三、四级不应大于4.8 m。

配筋砌块砌体抗震墙结构房屋抗震设计时，结构抗震等级应根据设防烈度和房屋高度按表3.4.3采用。

表3.4.3　配筋砌块砌体抗震墙结构房屋的抗震等级

结构类型		设防烈度						
		6度		7度		8度		9度
配筋砌块砌体抗震墙	高度/m	≤24	>24	≤24	>24	≤24	>24	≤24
	抗震墙	四	三	三	二	二	一	一
部分框支抗震墙	非底部加强部位抗震墙	四	三	三	二	二	不应采用	
	底部加强部位抗震墙	三	二	二	一	一		
	框支框架	二		二	一	一		

注：1. 对于四级抗震等级，除本节有规定外，均按非抗震设计采用；

2. 接近或等于高度分界时，可结合房屋不规则程度及场地、地基条件确定抗震等级。

底部框架—抗震墙砌体房屋的钢筋混凝土结构部分，除应符合本节规定外，尚应符合现行国家标准《建筑抗震设计规范》(GB 50011—2010)第6章的有关要求；此时，底部钢筋混凝土框架的抗震等级，6、7、8度时应分别按三、二、一级采用；底部钢筋混凝土抗震墙和配筋砌块砌体抗震墙的抗震等级，6、7、8度时应分别按三、三、二级采用。多层砌体房屋局部有上部砌体墙不能连续贯通落地时，托梁、柱的抗震等级，6、7、8度时应分别按三、三、二级采用。

结构材料性能指标应符合下列规定：

(1)砌体材料应符合下列规定：

①普通砖和多孔砖的强度等级不应低于MU10，其砌筑砂浆强度等级不应低于M5；蒸压灰砂普通砖、蒸压粉煤灰普通砖及混凝土砖的强度等级不应低于MU15，其砌筑砂浆强度等级不应低于Ms5(Mb5)。

②混凝土砌块的强度等级不应低于MU7.5，其砌筑砂浆强度等级不应低于Mb7.5。

③约束砖砌体墙，其砌筑砂浆强度等级不应低于M10或Mb10。

④配筋砌块砌体抗震墙，其混凝土空心砌块的强度等级不应低于 MU10，其砌筑砂浆强度等级不应低于 Mb10。

(2)混凝土材料应符合下列规定：

①托梁，底部框架—抗震墙砌体房屋中的框架梁、框架柱、节点核芯区、混凝土墙和过渡层底板，部分框支配筋砌块砌体抗震墙结构中的框支梁和框支柱等转换构件、节点核芯区、落地混凝土墙和转换层楼板，其混凝土的强度等级不应低于 C30。

②构造柱、圈梁、水平现浇钢筋混凝土带及其他各类构件不应低于 C20，砌块砌体芯柱和配筋砌块砌体抗震墙的灌孔混凝土强度等级不应低于 Cb20。

(3)钢筋材料应符合下列规定：

①钢筋宜选用 HRB400 级钢筋和 HRB335 级钢筋，也可采用 HPB300 级钢筋；

②托梁、框架梁、框架柱等混凝土构件和落地混凝土墙，其普通受力钢筋宜优先选用 HRB400 钢筋。

考虑地震作用组合的配筋砌体结构构件，其配置的受力钢筋的锚固和接头，除应符合前述的要求外，尚应符合下列规定：

(1)纵向受拉钢筋的最小锚固长度 l_{ae}，抗震等级为一、二级时，l_{ae}取 $1.15l_a$，抗震等级为三级时，l_{ae}取 $1.05l_a$，抗震等级为四级时，l_{ae}取 $1.0l_a$，l_a 为受拉钢筋的锚固长度，按前述的规定确定。

(2)钢筋搭接接头，对一、二级抗震等级不小于 $1.2l_a+5d$；对三、四级不小于 $1.2l_a$。

配筋砌块砌体剪力墙的水平分布钢筋沿墙长应连续设置，两端的锚固应符合下列规定：

(1)一、二级抗震等级剪力墙，水平分布钢筋可绕主筋弯 180°弯钩，弯钩端部直段长度不宜小于 $12d$；水平分布钢筋亦可弯入端部灌孔混凝土中，锚固长度不应小于 $30d$，且不应小于 250 mm。

(2)三、四级剪力墙，水平分布钢筋可弯入端部灌孔混凝土中，锚固长度不应小于 $20d$，且不应小于 200 mm。

(3)当采用焊接网片作为剪力墙水平钢筋时，应在钢筋网片的弯折端部加焊两根直径与抗剪钢筋相同的横向钢筋，弯入灌孔混凝土的长度不应小于 150 mm。

砌体结构构件进行抗震设计时，房屋的结构体系、高宽比、抗震横墙的间距、局部尺寸的限值、防震缝的设置及结构构造措施等，除满足本节规定外，尚应符合现行国家标准《建筑抗震设计规范》(GB 50011—2010)的有关规定。

3.4.2　砖砌体构件的抗震构造

砖砌体构件的抗震主要是通过设置构造柱来达到抗震目的的。

各类砖砌体房屋的现浇钢筋混凝土构造柱(以下简称构造柱)，其设置应符合现行国家标准《建筑抗震设计规范》(GB 50011—2010)的有关规定，并应符合下列规定：

(1)构造柱的设置部位

①构造柱设置部位应符合表 3.4.4 的规定。

②外廊式和单面走廊式的房屋，应根据房屋增加一层的层数，按表 3.4.4 的要求设置构造柱，且单面走廊两侧的纵墙均应按外墙处理。

③横墙较少的房屋，应根据房屋增加一层的层数，按表 3.4.4 的要求设置构造柱。当横

墙较少的房屋为外廊式或单面走廊式时，应按②要求设置构造柱；但6度不超过四层、7度不超过三层和8度不超过二层时应按增加二层的层数对待。

④各层横墙很少的房屋，应按增加二层的层数设置构造柱。

⑤采用蒸压灰砂普通砖和蒸压粉煤灰普通砖的砌体房屋，当砌体的抗剪强度仅达到普通粘土砖砌体的70%时(普通砂浆砌筑)，应根据增加一层的层数按①~④要求设置构造柱；但6度不超过四层、7度不超过三层和8度不超过二层时应按增加二层的层数对待。

⑥有错层的多层房屋，在错层部位应设置墙，其与其他墙交接处应设置构造柱；在错层部位的错层楼板位置应设置现浇钢筋混凝土圈梁；当房屋层数不低于四层时，底部1/4楼层处错层部位墙中部的构造柱间距不宜大于2 m。

表3.4.4　砖砌体房屋构造柱设置要求

<table>
<tr><th colspan="4">房屋层数</th><th colspan="2" rowspan="2">设置部位</th></tr>
<tr><th>6度</th><th>7度</th><th>8度</th><th>9度</th></tr>
<tr><td>≤五</td><td>≤四</td><td>≤三</td><td></td><td rowspan="3">楼、电梯间四角，楼梯斜梁段上；
下端对应的墙体处；
外墙四角和对应转角；
错层部位横墙与外纵墙交接处；
大房间内外墙交接处；
较大洞口两侧</td><td>隔12 m或单元横墙与外纵墙交接处；
楼梯间对应的另一侧内横墙与外纵横交接处</td></tr>
<tr><td>六</td><td>五</td><td>四</td><td>二</td><td>隔开间横墙(轴线)与外墙交接处；
山墙与内纵墙交接处</td></tr>
<tr><td>七</td><td>六、七</td><td>五、六</td><td>三、四</td><td>内墙(轴线)与外墙交接处；
内墙的局部较小墙垛处；
内纵墙与横墙(轴线)交接处</td></tr>
</table>

注：1. 较大洞口，内墙指不小于2.1 m的洞口；外墙在内外墙交接处已设置构造柱时允许适当放宽，但洞侧墙体应加强。

2. 当按②~⑤规定确定的层数超出表3.4.1范围，构造柱设置要求不应低于表中相应烈度的最高要求且宜适当提高。

(2)构造柱的构造规定

①构造柱的最小截面可为180 mm×240 mm(墙厚190 mm时为180 mm×190 mm)；构造柱纵向钢筋宜采用4Φ12，箍筋直径可采用6 mm，间距不宜大于250 mm，且在柱上下端适当加密；当6、7度超过六层、8度超过五层和9度时，构造柱纵向钢筋宜采用4Φ14，箍筋间距不应大于200 mm；房屋四角的构造柱应适当加大截面及配筋。

②构造柱与墙连接处应砌成马牙搓，沿墙高每隔500 mm设2Φ6水平钢筋和Φ4分布短筋平面内点焊组成的拉结网片或Φ4点焊钢筋网片，每边伸入墙内不宜小于lm。6、7度时，底部1/3楼层，8度时底部1/2楼层，9度时全部楼层，上述拉结钢筋网片应沿墙体水平通长设置。

③构造柱与圈梁连接处，构造柱的纵筋应在圈梁纵筋内侧穿过，保证构造柱纵筋上下贯通。

④构造柱可不单独设置基础，但应伸入室外地面下500 mm，或与埋深小于500 mm的基础圈梁相连。

⑤房屋高度和层数接近表 3.4.1 的限值时，纵、横墙内构造柱间距尚应符合下列规定：

横墙内的构造柱间距不宜大于层高的二倍，下部 1/3 楼层的构造柱间距适当减小；

当外纵墙开间大于 3.9 m 时应另设加强措施，内纵墙的构造柱间距不宜大于 4.2 m。

(3)约束普通砖墙的构造

①墙段两端设有符合现行国家标准《建筑抗震设计规范》(GB 50011)要求的构造柱，且墙肢两端及中部构造柱的间距不大于层高或 3.0 m，较大洞口两侧应设置构造柱；构造柱最小截面尺寸不宜小于 240 mm×240 mm(墙厚 190 mm 时为 240 mm×190 mm)，边柱和角柱的截面宜适当加大；构造柱的纵筋和箍筋设置宜符合表 3.4.5 的要求。

②墙体在楼、屋盖标高处均设置满足现行国家标准《建筑抗震设计规范》(GB 50011)要求的圈梁，上部各楼层处圈梁截面高度不宜小于 150 mm；圈梁纵向钢筋应采用强度等级不低于 HRB335 的钢筋，6、7 度时不小于 4 Φ10，8 度时不小于 4 Φ12，9 度时不小于 4 Φ14，箍筋不小于Φ6。

表 3.4.5 构造柱的纵筋和箍筋设置要求

<table>
<tr><th rowspan="2">位置</th><th colspan="3">纵向钢筋</th><th colspan="3">箍 筋</th></tr>
<tr><th>最大配筋率/%</th><th>最小配筋率/%</th><th>最小直径/mm</th><th>加密区范围/mm</th><th>加密区间距/mm</th><th>最小直径/mm</th></tr>
<tr><td>角柱</td><td rowspan="2">1.8</td><td rowspan="2">0.8</td><td>14</td><td>全高</td><td rowspan="3">100</td><td rowspan="3">6</td></tr>
<tr><td>边柱</td><td>14</td><td>上端 700</td></tr>
<tr><td>中柱</td><td>1.4</td><td>0.6</td><td>12</td><td>下端 500</td></tr>
</table>

(4)房屋的楼、屋盖与承重墙构件的连接

①钢筋混凝土预制楼板在梁、承重墙上必须具有足够的搁置长度。当圈梁未设在板的同一标高时，板端的搁置长度，在外墙上不应小于 120 mm，在内墙上不应小于 100 mm，在梁上不应小于 80 mm，当采用硬架支模连接时，搁置长度允许不满足上述要求。

②当圈梁设在板的同一标高时，钢筋混凝土预制楼板端头应伸出钢筋，与墙体的圈梁相连接。当圈梁设在板底时，房屋端部大房间的楼盖，6 度时房屋的屋盖和 7～9 度时房屋的楼、屋盖，钢筋混凝土预制板应相互拉结，并应与梁、墙或圈梁拉结。

③当板的跨度大于 4.8 m 并与外墙平行时，靠外墙的预制板侧边应与墙或圈梁拉结。

④钢筋混凝土预制楼板侧边之间应留有不小于 20 mm 的空隙，相邻跨预制楼板板缝宜贯通，当板缝宽度不小于 50 mm 时应配置板缝钢筋。

⑤装配整体式钢筋混凝土楼、屋盖，应在预制板叠合层上双向配置通长的水平钢筋，预制板应与后浇的叠合层有可靠的连接。现浇板和现浇叠合层应跨越承重内墙或梁，伸入外墙内长度应不小于 120 mm 和 1/2 墙厚。

⑥现浇或装配整体式钢筋混凝土楼、屋盖与墙体有可靠连接的房屋，应允许不另设圈梁，但楼板沿抗震墙体周边均应加强配筋并应与相应的构造柱钢筋可靠连接。

3.4.3 混凝土砌块砌体构件的构造要求

1. 芯柱的构造要求

混凝土砌块房屋应按表 3.4.6 的要求设置钢筋混凝土芯柱。对外廊式和单面走廊式的房屋或横墙较少的房屋应增加一层、各层横墙很少的房屋应增加二层后，再按表 3.4.6 的要求设置芯柱。

表 3.4.6 混凝土砌块房屋芯柱设置要求

房屋层数				设置部位	设置数量
6 度	7 度	8 度	9 度		
≤五	≤四	≤三		外墙四角和对应转角； 楼、电梯间四角，楼梯斜梯段上下端对应的墙体处； 大房间内外墙交接处； 错层部分横墙与外纵墙交接处； 隔 12 m 或单元横墙与外纵墙交接处。	外墙转角，灌实 3 个孔； 内外墙交接处，灌实 4 个孔； 楼梯斜段上下段对应的墙体处，灌实 2 个孔
六	五	四	一	同上； 隔开间横墙（轴线）与外纵墙交接处	
七	六	五	二	同上； 各内墙（轴线）与外纵墙交接处； 内纵墙与横墙（轴线）交接处和洞口两侧	外墙转角，灌实 5 个孔； 内外墙交接处，灌实 4 个孔； 内墙交接处，灌实 4~5 个孔； 洞口两侧各灌实 1 个孔
	七	六	三	同上； 横墙内芯柱间距不宜大于 2 m	外墙转角，灌实 7 个孔； 内外墙交接处，灌实 5 个孔； 内墙交接处，灌实 4~5 个孔； 洞口两侧各灌实 1 个孔

注：1. 外墙转角、内外墙交接处、楼电梯间四角等部位，应允许采用钢筋混凝土构造柱替代部分芯柱。

2. 当外廊式和单面走廊式的房屋或横墙较少的房屋增加一层、各层横墙很少的房屋增加二层后确定的层数超出表 3.4.6范围的房屋，芯柱设置要求不应低于表中相应烈度的最高要求且宜适当提高。

混凝土砌块房屋混凝土芯柱尚应满足下列要求：

（1）混凝土砌块砌体墙纵横墙交接处、墙段两端和较大洞口两侧宜设置不少于单孔的芯柱。

（2）有错层的多层房屋，错层部位应设置墙，墙中部的钢筋混凝土芯柱间距宜适当加密，在错层部位纵横墙交接处宜设置不少于 4 孔的芯柱；在错层部位的错层楼板位置尚应设置现浇钢筋混凝土圈梁。

（3）为提高墙体抗震受剪承载力而设置的芯柱，宜在墙体内均匀布置，最大间距不宜大于 2.0 m。当房屋层数或高度等于或接近表 3.4.1 中限值时，纵、横墙内芯柱间距尚应符合下列要求：

①底部 1/3 楼层横墙中部的芯柱间距，7、8 度时不宜大于 1.5 m，9 度时不宜大于 1.0 m；

②当外纵墙开间大于 3.9 m 时，应另设加强措施。

梁支座处墙内宜设置芯柱，芯柱灌实孔数不少于 3 个。当 8、9 度房屋采用大跨梁或井字梁时，宜在梁支座处墙内设置构造柱，并应考虑梁端弯矩对墙体和构造柱的影响。

2. 圈梁的构造要求

混凝土砌块砌体房屋的圈梁，除应符合现行国家标准《建筑抗震设计规范》(GB 50011—2010)要求外，尚应符合下述构造要求：

圈梁的截面宽度宜取墙宽且不应小于 190 mm，配筋宜符合表 3.4.7 的要求，箍筋直径不小于 $\phi6$；基础圈梁的截面宽度宜取墙宽，截面高度不应小于 200 mm，纵筋不应少于 4 Φ14。

表 3.4.7　混凝土砌块砌体房屋圈梁配筋要求

配筋	烈度		
	6、7 度	8 度	9 度
最小纵筋	4 Φ10	4 Φ12	4 Φ14
箍筋最大间距(mm)	250	200.	150

楼梯间墙体构件除按规定设置构造柱或芯柱外，尚应通过墙体配筋增强其抗震能力，墙体应沿墙高每隔 400 mm 水平通长设置 $\phi4$ 点焊拉结钢筋网片；楼梯间墙体中部的芯柱间距，6 度时不宜大于 2 m；7、8 度时不宜大于 1.5 m；9 度时不宜大于 1.0 m；房屋层数或高度等于或接近表 3.4.1 中限值时，底部 1/3 楼层芯柱间距适当减小。

混凝土砌块房屋的其他抗震构造措施，尚应符合现行国家标准《建筑抗震设计规范》(GB 50011—2010)有关要求。

3.4.4　底部框架—抗震墙砌体房屋抗震构件的构造

(1)底部框架—抗震墙砌体房屋中底部抗震墙的厚度和数量，应由房屋的竖向刚度分布来确定。当采用约束普通砖墙时其厚度不得小于 240 mm；配筋砌块砌体抗震墙厚度，不应小于 190 mm；钢筋混凝土抗震墙厚度，不宜小于 160 mm；且均不宜小于层高或无支长度的 1/20。

(2)底部框架—抗震墙砌体房屋的底部采用钢筋混凝土抗震墙或配筋砌块砌体抗震墙时，其截面和构造应符合现行国家标准《建筑抗震设计规范》(GB 50011—2010)的有关规定。配筋砌块砌体抗震墙尚应符合下列规定：

①墙体的水平分布钢筋应采用双排布置；

②墙体的分布钢筋和边缘构件，除应满足承载力要求外，可根据墙体抗震等级，按 3.4.5 节关于底部加强部位配筋砌块砌体抗震墙的分布钢筋和边缘构件的规定设置。

(3)6 度设防的底层框架—抗震墙房屋的底层采用约束普通砖墙时，其构造除应同时满足前述中约束普通砖墙的构造要求外，尚应符合下列规定：

①墙长大于 4 m 时和洞口两侧，应在墙内增设钢筋混凝土构造柱。构造柱的纵向钢筋不

宜少于4 Φ14。

②沿墙高每隔300 mm设置2 Φ8水平钢筋与Φ4分布短筋平面内点焊组成的通长拉结网片，并锚入框架柱内。

③在墙体半高附近尚应设置与框架柱相连的钢筋混凝土水平系梁，系梁截面宽度不应小于墙厚，截面高度不应小于120 mm，纵筋不应小于4 Φ12，箍筋直径不应小于$\phi6$，箍筋间距不应大于200 mm。

(4)底部框架—抗震墙砌体房屋的框架柱和钢筋混凝土托梁，其截面和构造除应符合现行国家标准《建筑抗震设计规范》(GB 50011—2010)的有关要求外，尚应符合下列规定：

①托梁的截面宽度不应小于300 mm，截面高度不应小于跨度的1/10，当墙体在梁端附近有洞口时，梁截面高度不宜小于跨度的1/8。

②托梁上、下部纵向贯通钢筋最小配筋率，一级时不应小于0.4%，二、三级时分别不应小于0.3%；当托墙梁受力状态为偏心受拉时，支座上部纵向钢筋至少应有50%沿梁全长贯通，下部纵向钢筋应全部直通到柱内。

③托梁箍筋的直径不应小于10 mm，间距不应大于200 mm；梁端在1.5倍梁高且不小于1/5净跨范围内，以及上部墙体的洞口处和洞口两侧各500 mm且不小于梁高的范围内，箍筋间距不应大于100 mm。

④托梁沿梁高每侧应设置不小于1 Φ14的通长腰筋，间距不应大于200 mm。

(5)底部框架—抗震墙砌体房屋的上部墙体，对构造柱或芯柱的设置及其构造应符合多层砌体房屋的要求，同时应符合下列规定：

①构造柱截面不宜小于240 mm×240 mm(墙厚190 mm时为240 mm×190 mm)，纵向钢筋不宜少于4 Φ14，箍筋间距不宜大于200 mm。

②芯柱每孔插筋不应小于1 Φ14，芯柱间应沿墙高设置间距不大于400 mm的焊接水平钢筋网片。

③顶层的窗台标高处，宜沿纵横墙通长设置的水平现浇钢筋混凝土带；其截面高度不小于60 mm，宽度不小于墙厚，纵向钢筋不少于2 Φ10。横向分布筋的直径不小于$\phi6$ mm且其间距不大于200 mm。

(6)过渡层墙体的材料强度等级和构造要求，应符合下列规定：

①过渡层砌体块材的强度等级不应低于MU10，砖砌体砌筑砂浆强度的等级不应低于M10，砌块砌体砌筑砂浆强度的等级不应低于Mb10。

②上部砌体墙的中心线宜同底部的托梁、抗震墙的中心线相重合。当过渡层砌体墙与底部框架梁、抗震墙不对齐时，应另设置托墙转换梁，并且应对底层和过渡层相关结构构件另外采取加强措施。

③托梁上过渡层砌体墙的洞口不宜设置在框架柱或抗震墙边框柱的正上方。

④过渡层应在底部框架柱、抗震墙边框柱、砌体抗震墙的构造柱或芯柱所对应处设置构造柱或芯柱，并宜上下贯通。过渡层墙体内的构造柱间距不宜大于层高；芯柱除前述规定外，砌块砌体墙体中部的芯柱宜均匀布置，最大间距不宜大于1 m；构造柱截面不宜小于240 mm×240 mm(墙厚190 mm时为240 mm×190 mm)，其纵向钢筋，6、7度时不宜少于4 Φ16，8度时不宜少于4 Φ18。芯柱的纵向钢筋，6、7度时不宜少于每孔1 Φ16，8度时不宜少于每孔1 Φ18。一般情况下，纵向钢筋应锚入下部的框架柱或混凝土墙内；当纵向钢筋锚固

在托墙梁内时，托墙梁的相应位置应加强。

⑤过渡层的砌体墙，凡宽度不小于1.2 m的门洞和2.1 m的窗洞，洞口两侧宜增设截面不小于120 mm×240 mm（墙厚190 mm时为120 mm×190 mm）的构造柱或单孔芯柱。

⑥过渡层砖砌体墙，在相邻构造柱间应沿墙高每隔360 mm设置2 Φ6通长水平钢筋与ϕ4分布短筋平面内点焊组成的拉结网片或ϕ4点焊钢筋网片；过渡层砌块砌体墙，在芯柱之间沿墙高应每隔400 mm设置ϕ4通长水平点焊钢筋网片。

⑦过渡层的砌体墙在窗台标高处，应设置沿纵横墙通长的水平现浇钢筋混凝土带。

(7)底部框架—抗震墙砌体房屋的楼盖应符合下列规定：

①过渡层的底板应采用现浇钢筋混凝土楼板，且板厚不应小于120 mm，并应采用双排双向配筋，配筋率分别不应小于0.25%；应少开洞、开小洞，当洞口尺寸大于800 mm时，洞口周边应设置边梁。

②其他楼层，采用装配式钢筋混凝土楼板时均应设现浇圈梁，采用现浇钢筋混凝土楼板时应允许不另设圈梁，但楼板沿抗震墙体周边均应加强配筋并应与相应的构造柱、芯柱可靠连接。

3.4.5　配筋砌块砌体抗震墙的构造要求

配筋砌块砌体抗震墙的水平和竖向分布钢筋应符合下列规定：抗震墙底部加强区的高度不小于房屋高度的1/6，且不小于房屋底部两层的高度。

1)抗震墙水平分布钢筋的配筋构造应符合表3.4.8的规定。

表3.4.8　抗震墙水平分布钢筋的配筋构造

抗震等级	最小配筋率/%		最大间距/mm	最小直径/mm
	一般部位	加强部位		
一级	0.13	0.15	400	ϕ8
二级	0.13	0.13	600	ϕ8
三级	0.11	0.13	600	ϕ8
四级	0.10	0.10	600	ϕ6

注：1. 水平分布钢筋宜双排布置，在顶层和底部加强部位，最大间距不应大于400 mm；
2. 双排水平分布钢筋应设不小于此拉结筋，水平间距不应大于400 mm。

(2)抗震墙竖向分布钢筋的配筋构造应符合表3.4.9的规定。

配筋砌块砌体抗震墙除应符合前述的规定外，应在底部加强部位和轴压比大于0.4的其他部位的墙肢设置边缘构件。边缘构件的配筋范围：无翼墙端部为3孔配筋，“L”形转角节点为3孔配筋，“T”形转角节点为4孔配筋，边缘构件范围内应设置水平箍筋，配筋砌块砌体抗震墙边缘构件的配筋应符合表3.4.10的要求。

表 3.4.9 抗震墙竖向分布钢筋的配筋构造

抗震等级	最小配筋率/%		最大间距/mm	最小直径/mm
	一般部位	加强部位		
一级	0.15	0.15	400	ϕ12
二级	0.13	0.13	600	ϕ12
三级	0.11	0.13	600	ϕ12
四级	0.10	0.10	600	ϕ12

注：竖向分布钢筋宜采用单排布置，直径不应大于25 mm，9 度时配筋率不应小于0.2。在顶层和底部加强部位，最大间距应适当减小。

表 3.4.10 配筋砌块砌体抗震墙边缘构件的配筋要求

抗震等级	每孔竖向钢筋最小量		水平箍筋最小直径	水平箍筋最大间距/mm
	底部加强部位	一般部位		
一级	1 Φ20(4 Φ16)	1 Φ18(4 Φ16)	ϕ8	200
二级	1 Φ18(4 Φ16)	1 Φ16(4 Φ14)	ϕ6	200
三级	1 Φ16(4 Φ12)	1 Φ14(4 Φ12)	ϕ6	200
四级	1 Φ14(4 Φ12)	1 Φ12(4 Φ12)	ϕ6	200

注：1. 边缘构件水平箍筋宜采用横筋为双筋的搭接点焊网片形式；

2. 当抗震等级为二、三级时，边缘构件箍筋应采用 HRB400 级或 RRB400 级钢筋；

3. 表中括号中数字为边缘构件采用混凝土边框柱时的配筋。

宜避免设置转角窗，否则，转角窗开间相关墙体尽端边缘构件最小纵筋直径应比表3.4.10的规定值提高一级，且转角窗开间的楼、屋面应采用现浇钢筋混凝土楼、屋面板。

配筋砌块砌体圈梁构造，应符合下列规定：

(1)各楼层标高处，每道配筋砌块砌体抗震墙均应设置现浇钢筋混凝土圈梁，圈梁的宽度应为墙厚，其截面高度不宜小于 200 mm。

(2)圈梁混凝土抗压强度不应小于相应灌孔砌块砌体的强度，且不应小于 C20。

(3)圈梁纵向钢筋直径不应小于墙中水平分布钢筋的直径，且不应小于4 Φ12；基础圈梁纵筋不应小于4 Φ12；圈梁及基础圈梁箍筋直径不应小于 ϕ8，间距不应大于200 mm；当圈梁高度大于 300 mm 时，应沿梁截面高度方向设置腰筋，其间距不应大于 200 mm，直径不应小于 ϕ10。

(4)圈梁底部嵌入墙顶砌块孔洞内，深度不宜小于 30 mm；圈梁顶部应是毛面。

配筋砌块砌体抗震墙连梁的构造，当采用混凝土连梁时，应符合前述各条的规定和现行国家标准《混凝土结构设计规范》(GB 50010—2010)中有关地震区连梁的构造要求；当采用配筋砌块砌体连梁时，除应符合前述各条的规定以外，尚应符合下列规定：

(1)连梁上下水平钢筋锚入墙体内的长度，一、二级抗震等级不应小于 $1.1l_a$，三、四级抗震等级不应小于 l_a，且不应小于 600 mm。

(2)连梁的箍筋应沿梁长布置，并应符合表 3.4.11 的规定。

表 3.4.11　连梁箍筋的构造要求

抗震等级	箍筋加密区			箍筋非加密区	
	长度	箍筋最大间距	直径	间距/mm	直径
一级	$2h$	100 mm, $6d$, $1/4h$ 中的小值	$\phi10$	200	$\phi10$
二级	$1.5h$	100 mm, $8d$, $1/4h$ 中的小值	$\phi8$	200	$\phi8$
三级	$1.5h$	150 mm, $8d$, $1/4h$ 中的小值	$\phi8$	200	$\phi8$
四级	$1.5h$	150 mm, $8d$, $1/4h$ 中的小值	$\phi8$	200	$\phi8$

注：h 为连梁截面高度；加密区长度不小于 600 mm。

(3)在顶层连梁伸入墙体的钢筋长度范围内，应设置间距不大于200 mm 的构造箍筋，箍筋直径应与连梁的箍筋直径相同。

(4)连梁不宜开洞。当需要开洞时，应在跨中梁高 1/3 处预埋外径不大于 200 mm 的钢套管，洞口上下的有效高度不应小于 1/3 梁高，且不应小于 200 mm，洞口处应配补强钢筋并在洞周边浇筑灌孔混凝土，被洞口削弱的截面应进行受剪承载力验算。

配筋砌块砌体抗震墙房屋的基础与抗震墙结合处的受力钢筋，当房屋高度超过 50 m 或一级抗震等级时宜采用机械连接或焊接。

习　题

1. 砌体结构的类型及材料的强度等级有哪些？试简述之。
2. 砌体结构的环境有哪些类型？
3. 墙柱的一般构造要求有哪些？试简述之。
4. 框架填充墙有哪些构造要求？试简述之。
5. 夹心墙的构造有哪些构造要求？试简述之。
6. 防止或减轻墙体开裂的主要措施有哪些？试简述之。
7. 圈梁、过梁、墙梁及挑梁的构造有哪些？试简述之。
8. 砌体结构构件抗震构造的一般规定有哪些？试简述之。
9. 砖砌体构件的抗震构造有哪些？试简述之。

模块三 习题答案

模块四　钢结构基本知识

【教学目标】

本章主要介绍了焊缝连接、螺栓连接、轴心受力构件、受弯构件的受力特点和构造要求，以及钢屋盖的组成与节点设计。通过本章的学习，应了解钢结构的连接方法，轴心受力构件和受弯构件的类型。熟悉焊缝连接和螺栓连接的受力特点与构造要求，防止钢梁整体失稳和局部失稳的措施。掌握焊缝连接和螺栓连接的表示方法，钢屋盖的组成和钢屋架施工图的内容。通过必要的实践训练，具备识读简单钢结构施工图的能力。

4.1　钢结构的连接

4.1.1　钢结构的连接方法

钢结构的连接方法有焊接、铆钉连接和螺栓连接三种(图4.1.1)。

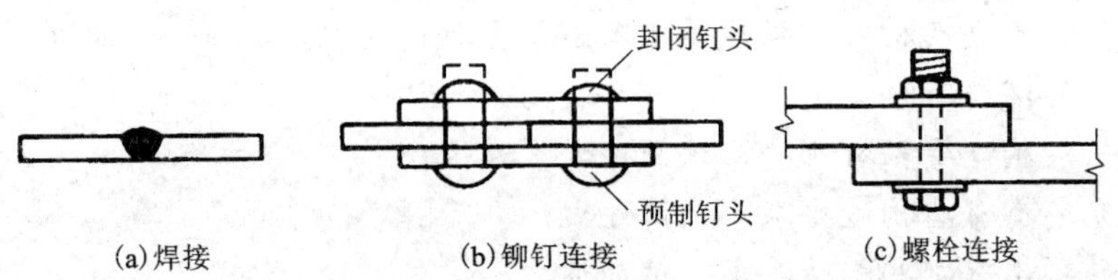

图4.1.1　钢结构的连接方法

1. 焊接

焊接是目前钢结构应用最广泛的连接方法，其优点是构造简单、节约钢材、操作方便、不削弱截面、易于采用自动化操作等。其缺点是焊缝附近热影响区的材质变脆，对裂纹敏感，在加热和冷却过程中产生的焊接残余应力和残余变形对结构有着不利影响等。

2. 铆钉连接

铆钉连接是将一端带有预制钉头的铆钉，经加热后插入连接构件的钉孔中，用铆钉枪或压铆机将另一端压成封闭钉头而成。因构造复杂，费钢费工，现已较少采用。但其传力可靠，塑性、韧性均较好，在一些重型和直接承受动力荷载的结构中仍然采用。

3. 螺栓连接

螺栓连接分普通螺栓连接和高强度螺栓连接。普通螺栓由于紧固力小，其螺栓杆与螺栓孔间的空隙较大，故受剪连接的性能差，但其受拉连接的性能较好，并且装拆方便，用于安装连接和需要拆装的结构，有着明显的优点。高强度螺栓可施加很大的紧固力，连接紧密可靠，受力性能好，耐疲劳，施工简单，易于拆换，在应用上已呈现日渐上升的趋势。高强度螺栓的缺点是在材料、制造、安装等方面有一些特殊要求，价格较高。

4.1.2　焊缝连接

1. 焊接方法

钢结构常用的焊接方法是电弧焊，包括手工电弧焊、自动或半自动电弧焊及气体保护焊等。

手工电弧焊是钢结构中最常用的焊接方法，其设备简单，操作灵活方便。但劳动条件差，生产效率比自动或半自动焊低，焊缝质量的变异性大，在一定程度上取决于焊工的技术水平。手工电弧焊常用的焊条有碳钢焊条和低合金钢焊条，其牌号有 E43 型、E50 型和 E55 型等。其中 E 表示焊条，两位数字表示焊条熔敷金属的抗拉强度最小值(单位为 kgf/mm^2)。在选用焊条时，应与主体金属的强度相适应。一般情况下，对 Q235 钢采用 E43 型焊条，对 Q345 钢采用 E50 型焊条，对 Q390 和 Q420 钢采用 E55 型焊条。当不同强度的钢材焊接时，易采用与低强度钢材相适应的焊条。

自动焊的焊缝质量稳定，焊缝内部缺陷较少，塑性好，冲击韧性好，适合于焊接较长的直线焊缝。半自动焊因人工操作，适用于焊曲线或任意形状的焊缝。自动和半自动焊应采用与主体金属相适应的焊丝和焊剂，焊丝应符合国家标准的规定，焊剂应根据焊接工艺要求确定。

2. 焊缝形式

焊缝根据施焊时焊工所持焊条与焊件间的相对位置分为俯焊(平焊)、立焊、横焊和仰焊四种(图 4.1.2)。平焊施焊方便，质量容易保证；仰焊的操作条件差，焊缝质量不易保证，应尽量避免；立焊和横焊的质量及生产效率介于二者之间。

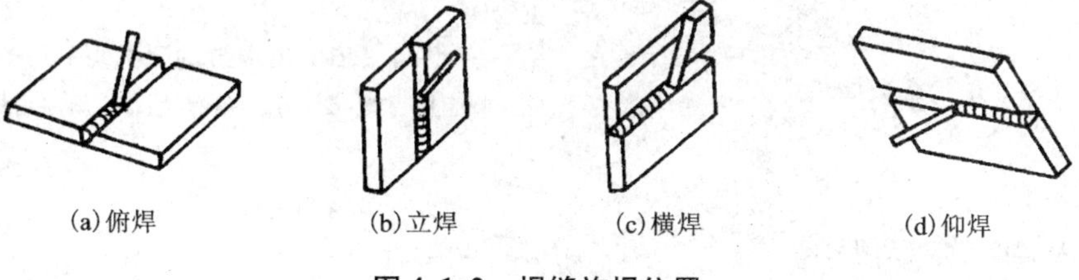

图 4.1.2　焊缝施焊位置

焊缝连接根据被连接构件的相对位置可分为平接、搭接、T 形连接和角接四种(图 4.1.3)形式。

根据焊缝截面、构造可分为对接焊缝和角焊缝两种基本形式(图 4.1.3)。对接焊缝按焊缝是否被焊透，分为焊透的对接焊缝和未焊透的对接焊缝(本书仅介绍焊透的对接焊缝)。角焊缝的形式有多种，一般情况下普通形直角角焊缝应用较为广泛(本书仅介绍普通形直角角焊缝，以下简称角焊缝)。

如图 4.1.4 所示，角焊缝截面的两个直角边 h_f 称为焊脚尺寸，计算焊缝承载力时，按最小截面即直角角焊缝在45°角处截面计算，不计凸出部分的余高，该厚度称为有效厚度 h_e，$h_e = 0.7h_f$。角焊缝按其与外力作用方向的不同可分为平行于外力作用方向的侧面角焊缝，垂直

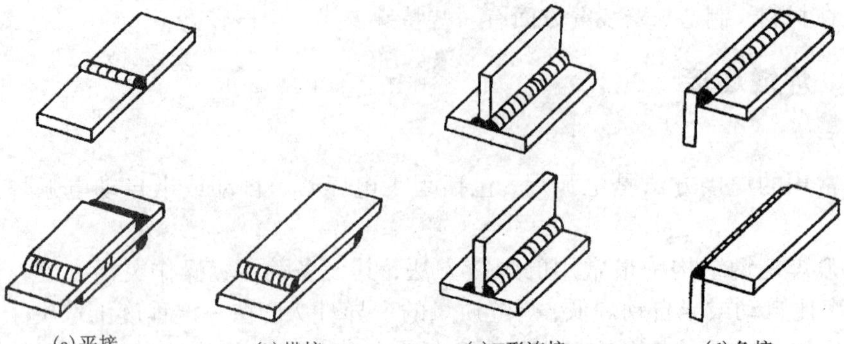

(a)平接
(b)搭接
(c)T形连接
(d)角接

图 4.1.3　焊缝连接的形式

上行各图—对接焊缝；下行各图—角焊缝

于外力作用方向的正面角焊缝，斜交于外力作用方向的斜向角焊缝三种受力形式（图 4.1.5）。正面角焊缝与侧面角焊缝可组成围焊缝（三面围焊或 L 形围焊）。

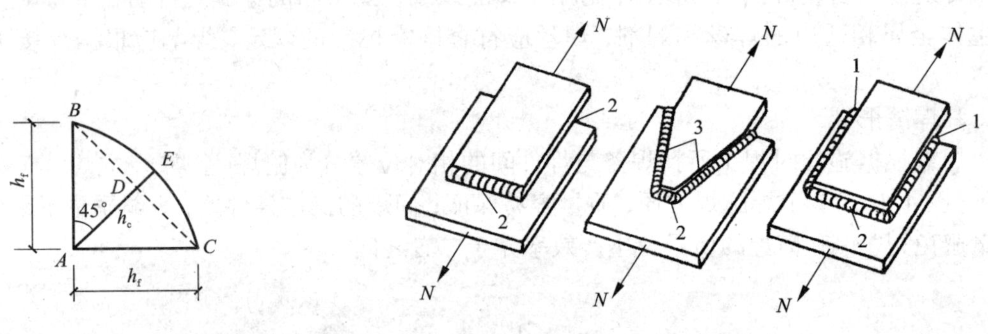

B
E
D
45°
A
C

图 4.1.4　角焊缝截面

N
1
2
3

图 4.1.5　角焊缝的受力形式

1—侧面角焊缝；2—正面角焊缝；3—斜向角焊缝

3. 焊缝构造

（1）对接焊缝的构造要求

对接焊缝施焊前常需将被连接板件加工成坡口（图 4.1.6），故又称为坡口焊缝。坡口形式与尺寸应根据焊件厚度和施焊条件来确定，一般以保证焊缝质量、便于施焊和尽量减小焊缝截面为原则。

对接焊缝施焊时的起点和终点，常因不能焊透而出现凹陷的焊口，此处极易产生裂纹和应力集中现象，对承受动力荷载的结构尤为不利。为避免焊口缺陷，施焊时应设置引弧板（图 4.1.7），起弧和落弧均在引弧板上进行，焊后用气割将引弧板切除。当受条件限制无法采用引弧板施焊时，每条焊缝的起弧及落弧端各减去 t（t 为焊件的较小厚度）后作为焊缝的计算长度。对直接承受动力荷载的结构必须采用引弧板施焊。

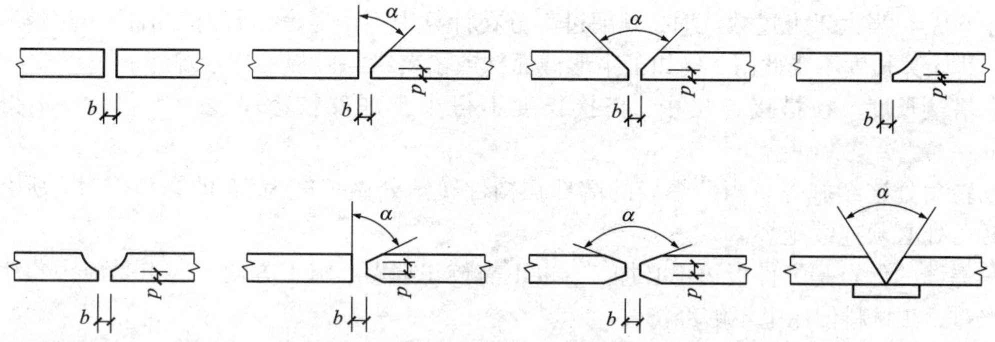

图 4.1.6　对接焊缝常见的坡口形式

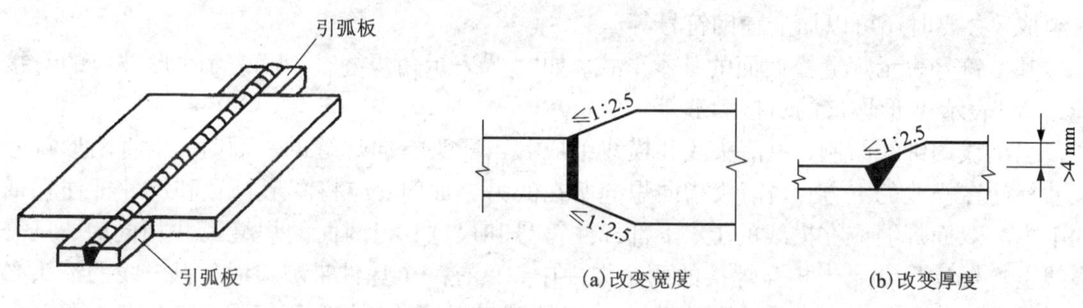

(a)改变宽度　(b)改变厚度

图 4.1.7　对接焊缝的引弧板

图 4.1.8　变截面板的拼接

当对接焊缝拼接处的焊件宽度不同或厚度相差 4 mm 以上时，应将较宽或较厚的板件加工成坡度不大于 1∶2.5 的斜坡(图 4.1.8)，形成平缓过渡，减少应力集中。

对接焊缝的优点是用料经济，传力均匀平顺，没有明显的应力集中，受力性能较好，尤其是直接承受动力荷载的接头。缺点是施焊时焊件应保持一定间距，板边需要加工，制造费工，施工不便。

(2)角焊缝的构造要求

①最小焊脚尺寸。角焊缝的焊脚尺寸 h_f(mm)不得小于 $1.5\sqrt{t}$，t(mm)为较厚焊件的厚度。但对埋弧自动焊，最小焊脚尺寸可减小 1 mm；对 T 型连接的单面角焊缝，应增加 1 mm。当焊件厚度小于或等于 4 mm 时，则最小焊脚尺寸应与焊件厚度相同。

②最大焊脚尺寸。角焊缝的焊脚尺寸不宜大于较薄焊件厚度的 1.2 倍(钢管结构除外)，但板件(厚度为 t)边缘的角焊缝最大焊脚尺寸，尚应符合下列要求：

当 $t \leqslant 6$ mm 时，$h_f \leqslant t$；

当 $t > 6$ mm 时，$h_f \leqslant t-(1\sim2)$ mm。

③最小计算长度。角焊缝的焊缝长度过短，焊件局部受热严重，且施焊时起落弧坑相距过近，再加上一些可能产生的缺陷使焊缝不够可靠。因此规定角焊缝的计算长度不得小于 $8h_f$ 和 40 mm。

④侧面角焊缝的最大计算长度。侧焊缝沿长度方向的剪应力分布很不均匀，两端大而中

间小，随焊缝长度与其焊脚尺寸的比值增大而更为严重。因此规定侧面角焊缝的计算长度不宜大于$60h_f$。当大于上述数值时，其超过部分在计算中不予考虑。若内力沿侧面角焊缝长分布时，其计算长度不受此限，例如工字形截面柱或梁翼缘与腹板的连接焊缝。

⑤搭接长度。在搭接连接中，搭接长度不得小于焊件较小厚度的 5 倍，并不得小于 25 mm。

⑥转角处连续施焊。当角焊缝的端部在构件转角处做长度为$2h_f$的绕角焊时，所有围焊缝的转角处必须连续施焊。

角焊缝的优点是焊件板边不必加工，也不需校正缝距，施工方便。缺点是应力集中现象比较严重，在材料使用上不够经济。

4. 常用焊缝的表示方法

在钢结构施工图中，要用焊缝符号表示焊缝形式、尺寸和辅助要求。表示方法应符合国家标准《焊缝符号表示法》和《建筑结构制图标准》的规定。焊缝符号主要有基本符号和引出线组成，必要时还可以加上辅助符号等。

基本符号表示焊缝横截面的基本形式，如“⊿”表示角焊缝，“‖”表示 I 形坡口的对接焊缝，“V”表示 V 形坡口的对接焊缝等。

引出线用细线绘制，由箭头线和横线组成。当箭头指向焊缝的一面时，应将图形符号和尺寸标注在横线的上方；当箭头指向焊缝所在的另一面时，应将图形符号和尺寸标注在横线的下方。双面焊缝应在横线的上、下都标注符号和尺寸；当两面的焊缝尺寸相同时，只需在横线上方标注尺寸。当相互焊接的两个焊件中，只有一个焊件带坡口时，引出线的箭头必须指向带坡口的焊件。对于三个或三个以上焊件相互焊接的焊缝，不得作为双面焊缝标注，其焊缝符号和尺寸应分别标注。

辅助符号表示对焊缝的辅助要求，如在引出线的转折处绘涂黑的三角形旗号表示现场焊缝，在引出线的转折处绘 3/4 圆弧表示相同焊缝，在引出线的转折处绘圆圈表示环绕工作件周围的围焊缝等。

表 4.1.1 所列为部分常用焊缝的表示方法（为《建筑结构制图标准》的规定）。

表 4.1.1　焊缝的表示方法（部分）

	I 形坡口	单　面　焊　缝			
焊缝形式	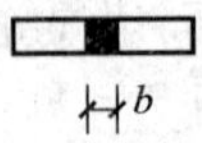 b	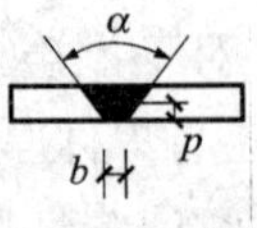 α b p	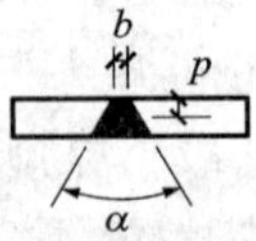 b p α	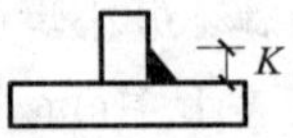 K	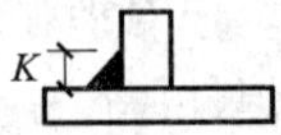 K
表示方法	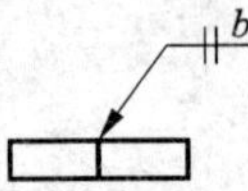 b	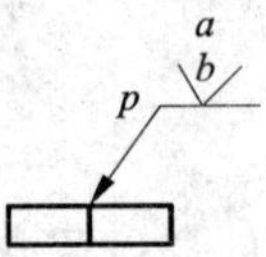 a b p	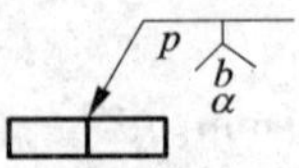 p b α	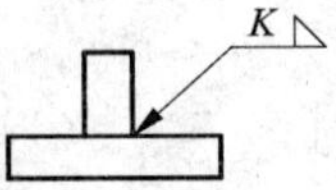 K	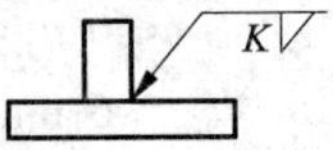 K

	双　面　焊　缝			三个和三个以上焊件
焊缝形式	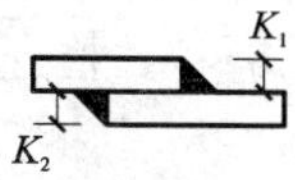	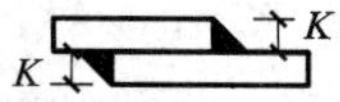	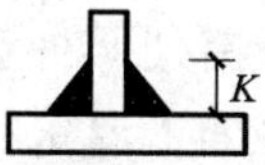	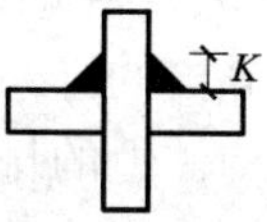
表示方法	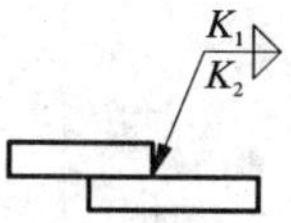	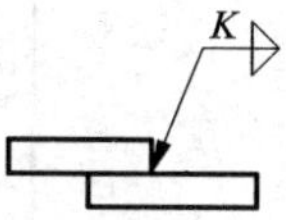	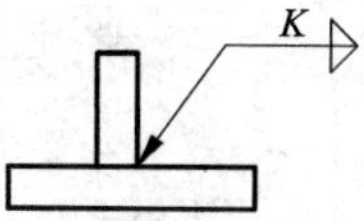	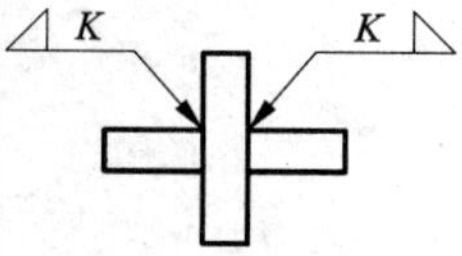
	三面围焊	周围焊接	现场焊缝符号	相同焊缝符号
焊缝形式	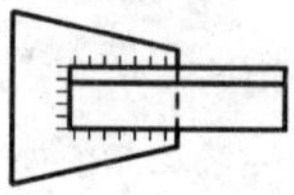	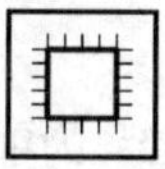		
表示方法	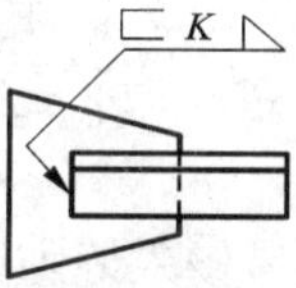	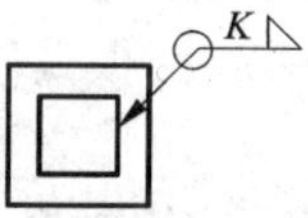	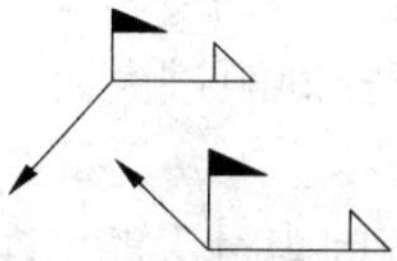	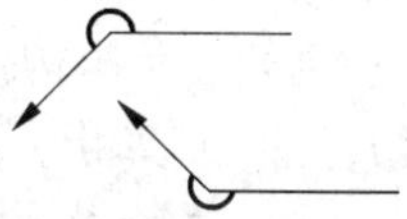

4.1.3　螺栓连接

1. 普通螺栓连接的构造

(1) 螺栓的种类

普通螺栓根据螺栓的加工精度可分为两种，一种是 A、B 级螺栓(精制螺栓)，另一种是 C 级螺栓(粗制螺栓)。精制螺栓经机床车削加工而成，表面光滑，尺寸准确，且配用Ⅰ类孔(即螺栓孔在装配好的构件上钻成或扩钻成，孔壁光滑，对孔准确)。粗制螺栓加工较粗糙，尺寸不够准确，只要求Ⅱ类孔(即螺栓孔在单个零件上一次冲成或不用钻模钻成。一般孔径比螺栓杆径大 1 ~2 mm)。

A、B 级螺栓连接由于加工精度高，与孔壁接触紧密，其连接变形小，受力性能好，可用于承受较大剪力和拉力的连接。但制造和安装较费工，成本高，故在钢结构中较少采用。

C 级螺栓在传递剪力时，连接变形大，但传递拉力的性能尚好，操作无须特殊设备，成本低。常用于承受拉力的螺栓连接和承受静力荷载或间接承受动力荷载结构中的次要受剪连接。

(2) 螺栓的规格

钢结构采用的普通螺栓形式为大六角头型，其代号用字母 M 和公称直径的毫米数表示。一般受力螺栓用公称直径≥16 mm，建筑工程中常用 M16、M20、M24 等。

按国际标准，螺栓统一用螺栓的性能等级来表示，如“4.6 级”、“8.8 级”、“10.9 级”等。此处小数点前数字表示螺栓材料的最低抗拉强度，如“4”表示 400 N/mm^2，“8”表示 800 N/mm^2。小数点及以后数字(0.6、0.8 等)表示螺栓材料的屈强比，即屈服点与最低抗拉强度的比值。

(3)螺栓的排列

螺栓的排列有并列和错列两种基本形式(图 4.1.9)，并列式简单、整齐，比较常用。螺栓在构件上的排列应满足如下要求：

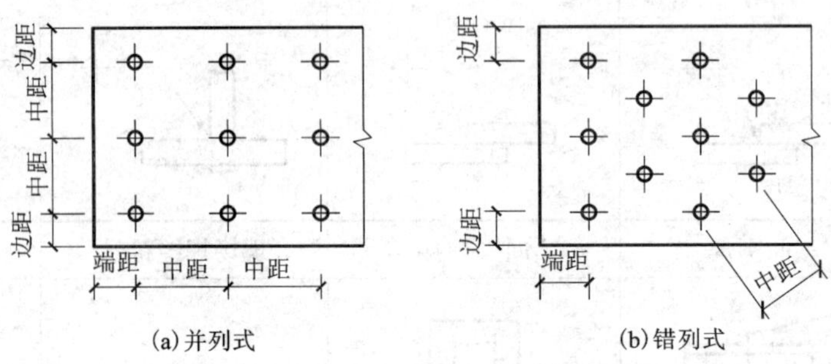

图 4.1.9　螺栓的排列

①受力要求。从受力的角度考虑，螺栓间的距离及螺栓至构件边缘的距离不宜过大或过小。例如，受压构件螺栓间距过大时，容易引起钢板鼓屈；间距过小时，孔前钢板可能沿作用力方向被剪断。

②构造要求。螺栓间距过大时，连接钢板不宜夹紧，潮气容易侵入缝隙引起钢板锈蚀。

③施工要求。螺栓间距过小时，不利于扳手操作。

根据以上要求，规定了螺栓排列的最大、最小容许距离。对于型钢构件上的螺栓排列，尚应注意螺帽和垫圈布置在平整部分。具体要求见《钢结构设计规范》的有关规定。

2. 普通螺栓连接的受力特点

(1)承受剪力的螺栓连接

受剪螺栓连接是指在外力作用下，被连接件的接触面产生相对剪切滑移的连接。如图 4.1.10 所示，当受力较小时，首先由板件间的摩擦力与外力保持平衡。随着外力增加克服摩擦力后，板件间产生相对滑移，螺栓杆与孔壁抵紧，通过螺栓杆受剪和孔壁承压来传递外力。

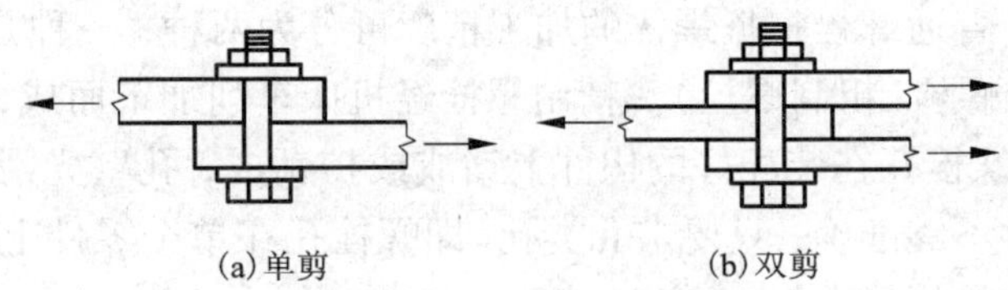

图 4.1.10　受剪螺栓连接

受剪螺栓连接可能有五种破坏形式；

①当螺栓杆相对较细时，可能被剪断破坏[图 4.1.11(a)]；

②当板件相对较薄时，孔壁挤压破坏[图 4.1.11(b)]；

③构件净截面由于螺栓孔削弱太多时，被拉断或压坏[图 4.1.11(c)]；

④端距或螺栓间距太小时，端部或螺栓之间钢板被冲剪破坏[图 4.1.11(d)]；

⑤螺栓杆较细长时，产生较大的弯曲变形使连接破坏[图 4.1.11(e)]。

上述五种破坏形式中，前三种需通过计算来保证，后两种则通过构造措施来保证。如满

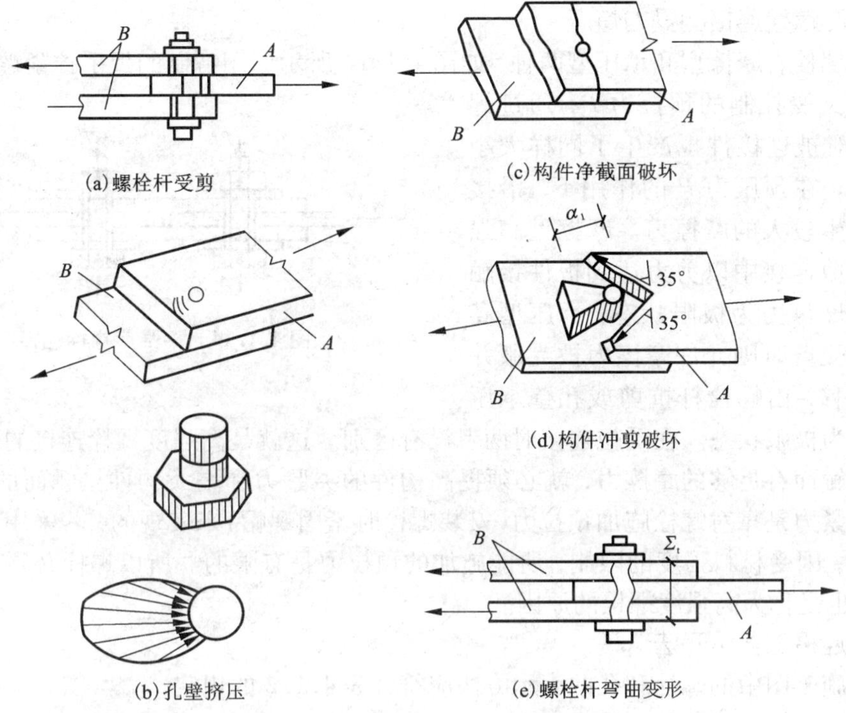

图 4.1.11　受剪螺栓连接的破坏形式

足螺栓间距和端距的最小容许距离，可以避免发生破坏形式④；限制板叠厚度，满足 $\sum t \leqslant 5d$ 可以避免发生破坏形式⑤。

(2)承受拉力的螺栓连接

受拉螺栓连接是指外力作用下，被连接件的接触面有拉开的趋势而使螺栓杆受拉的连接(图 4.1.12)。通常在螺纹削弱的截面处螺栓杆被拉断而破坏。

(3)同时承受剪力和拉力的螺栓连接

在图 4.1.13 所示连接中，一般可在牛腿下设置支托承受剪力。若不设支托时，则连接螺栓将同时承受剪力和沿杆轴方向拉力的作用。

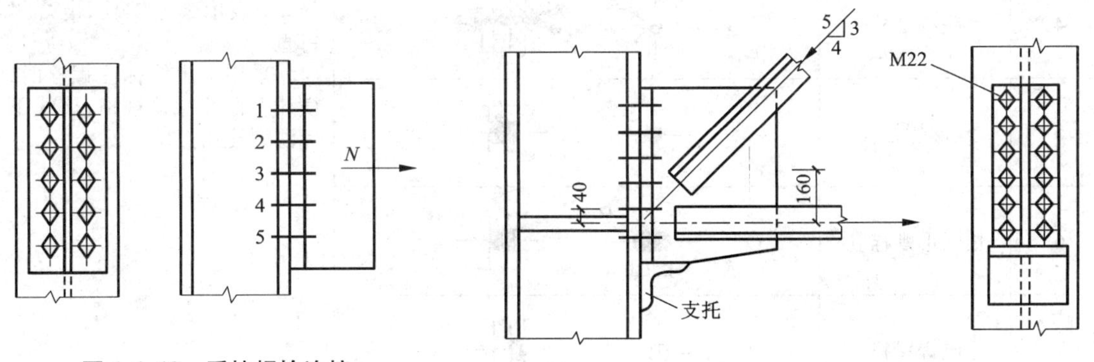

图 4.1.12　受拉螺栓连接

图 4.1.13　承受剪力和拉力的螺栓连接

3. 高强度螺栓连接的受力特点

高强度螺栓有摩擦型和承压型两种，如图 4.1.14 所示。用特制的扳手拧紧螺帽，使螺栓产生较大而又受控制的预拉力 P，通过螺帽和垫板，对被连接件也产生了同样大小的预压力 P。在预压力 P 的作用下，沿接触面就会产生较大的摩擦力。摩擦型高强度螺栓在受剪连接中以剪力达到板件接触面间的最大摩擦力为极限状态；承压型高强度螺栓在受剪时则允许摩擦力被克服并发生相对滑移，由螺栓杆抗剪或孔壁承压的最终破坏为极限状态。在受拉连接时两者没有区别。这就是高强度螺栓连接的原理。

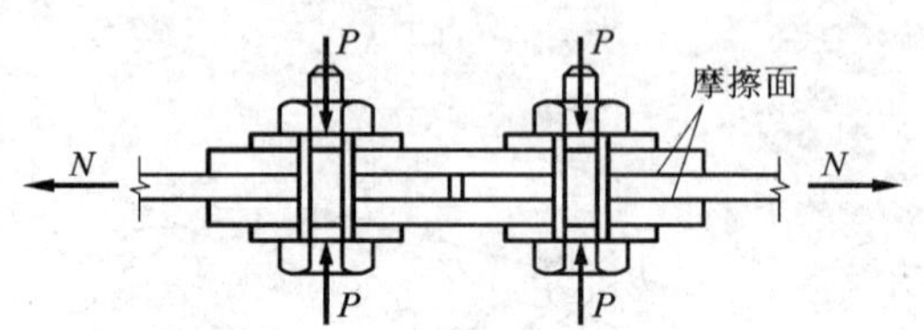

图 4.1.14　高强度螺栓连接

为使接触面有足够的摩擦力，就必须提高构件的夹紧力和增大构件接触面的摩擦系数。构件间的夹紧力是靠对螺栓施加预拉力(安装螺栓时紧固螺帽)来实现的，若采用低碳钢制成的普通螺栓，因受材料强度的限制，所能施加的预拉力是有限的。所以螺栓必须采用高强度钢制造，这也是称为高强度螺栓的原因。

4. 螺栓连接的表示方法

钢结构施工图中的螺栓和孔的表示方法应符合表 4.1.2 的规定。

表 4.1.2　螺栓、孔、电焊铆钉的表示方法

序号	名称	图　例	说　明
1	永久螺栓	M φ	1. 细“ + ”线表示定位线 2. M 表示螺栓型号 3. φ 表示螺栓孔直径 4. d 表示膨胀螺栓、电焊铆钉直径 5. 采用引出线标注螺栓时，横线上标注螺栓规格，横线下标注螺栓孔直径
2	高强螺栓	M φ	
3	安装螺栓	M φ	
4	胀锚螺栓	d	
5	圆形螺栓孔	φ	
6	长圆形螺栓孔	φ b	
7	电焊铆钉	d	

4.2　钢结构构件

4.2.1　轴心受力构件

1. 轴心受力构件的受力特点

轴心受力构件是指承受通过截面形心的轴向力作用的构件，分为轴心受拉构件和轴心受压构件。它们广泛应用于柱、桁架、网架、塔架和支撑等结构中。

轴心受拉构件设计时，应满足强度和刚度的要求。按承载能力极限状态的要求，轴心受拉构件净截面的平均应力不应超过钢材的屈服强度；按正常使用极限状态的要求，应具有必要的刚度，否则在制造、运输和安装过程中容易弯扭变形，在自重作用下会产生较大挠度，在承受动力荷载时会引起较大的振动等。轴心受拉构件的刚度是以它的长细比来控制的。

轴心受压构件的受力性能与受拉构件不同，除有些短粗或截面有较大削弱的构件其承载能力由强度条件起控制作用外，一般情况下，轴心受压构件的承载能力是由稳定条件决定的。因此设计时除满足强度和刚度的条件外，还应满足整体稳定性和局部稳定性的要求。

2. 轴心受压柱的构造

轴心受压柱由柱头、柱身、柱脚三部分组成。按柱身的构造型式可分为实腹式和格构式两类。

(1) 实腹式轴心受压柱

①截面形式

实腹式轴心受压柱一般选用双轴对称的型钢截面或组合截面。在选择截面形式时，主要考虑等稳定性、肢宽壁薄、制造省工、构造简便等原则。

②设置加劲肋

当实腹柱腹板高厚比$\frac{h_0}{t_w}>80\sqrt{\frac{235}{f_y}}$时，应成对设置横向加劲肋加强，其间距不得大于$3h_0$；外伸宽度$b_s$不小于$\frac{h_0}{30}+40$(mm)，厚度$t_s$不小于$\frac{b_s}{15}$(图 4.2.1)。

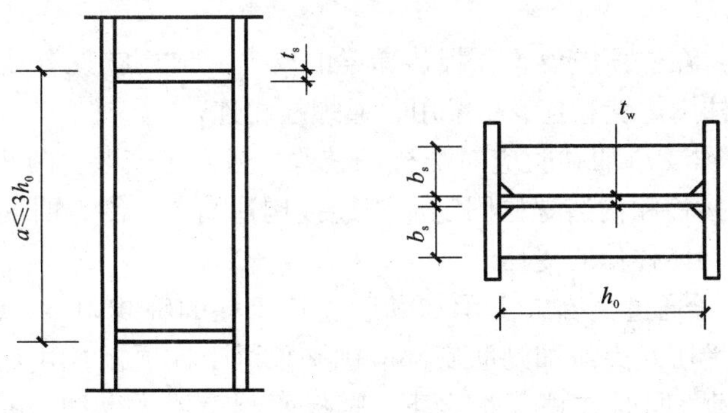

图 4.2.1　实腹柱的横向加劲肋加强

对大型实腹柱，在受有较大水平力处和运送单元的端部应设置横隔（加宽的横向加劲肋），横隔的间距一般不大于柱截面较大宽度的9倍和8 m。

③柱头的构造

轴心受压柱主要承受与其相连的梁传来的荷载，梁与柱的连接（柱头）构造与梁的端部构造有关。一般有两种构造方案，一种是将梁设置于柱顶，另一种是将梁连接于柱的侧面。图4.2.2所示为梁与柱铰接相连的构造。

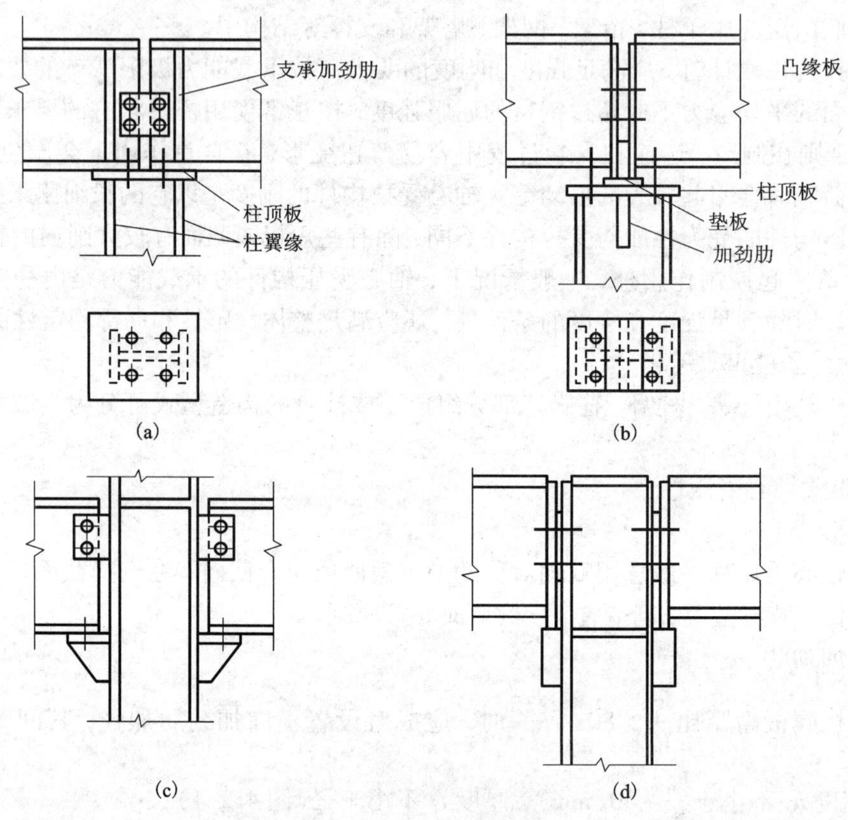

图4.2.2　梁与柱的铰接连接

梁支承于柱顶时，在柱顶应设置顶板传递梁的反力。顶板应具有足够的刚度，其厚度一般为16～20 mm，与柱用焊缝相连，与梁用普通螺栓相连。

图4.2.2(a)中，梁支承加劲肋应对准柱的翼缘，为便于安装，两相邻梁之间应留空隙，待梁调整定位后用连接板和构造螺栓固定。该连接构造简单，传力明确，施工方便，但当两相邻梁的反力不等时将使柱偏心受压。

图4.2.2(b)中，梁通过突缘式支承加劲肋连接于柱的轴线附近，即使两相邻梁反力不等，柱仍接近于轴心受压。突缘加劲肋底部应刨平顶紧于柱顶板，由于柱的腹板是主要受力部分，其厚度不能太薄，同时在柱顶板之下，腹板两侧设置加劲肋，更好地传递梁的反力。为便于安装定位，两相邻梁之间应留一定空隙，最后嵌入合适的填板并用构造螺栓相连。

梁连接在柱的侧面时，直接将梁搁置在柱的承托上，用构造螺栓连接。当梁的反力较小时可采用图 4.2.2(c)所示的连接；当梁的反力较大时可采用图 4.2.2(d)所示的连接，承托板的端面必须刨平顶紧以便直接传递压力。

④柱脚的构造

柱脚的作用是将柱身的压力均匀地传给基础，并和基础牢固地连接起来。柱脚按其与基础的连接方式不同，可分为铰接和刚接两类。轴心受压柱一般均采用铰接柱脚。图 4.2.3 为几种常用的铰接柱脚形式。

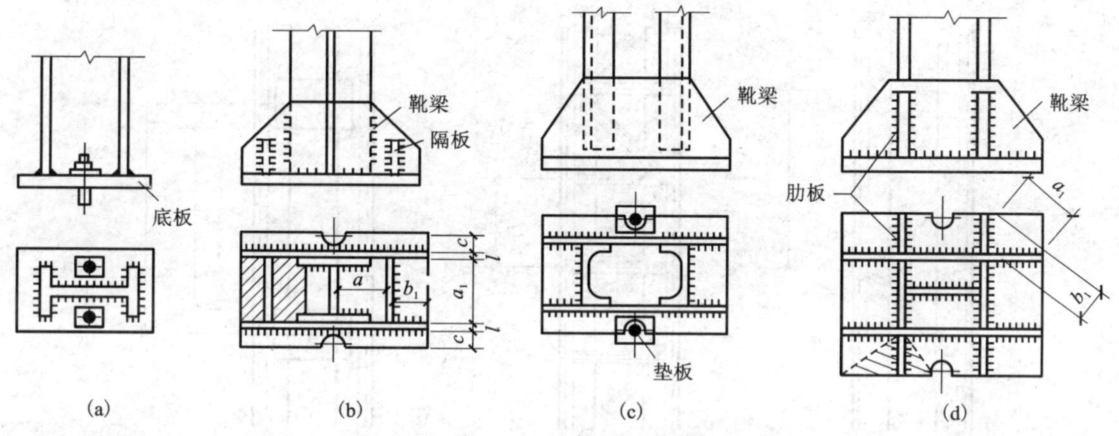

图 4.2.3　平板式铰接柱脚

铰接柱脚一般由底板、靴梁、加劲肋、隔板和锚栓等组成。柱底设置放大的底板可增大与基础的承压面积，满足基础材料(混凝土)的抗压强度要求；靴梁和加劲肋的作用是将柱身的端部放宽，使内力能比较均匀地通过底板传到基础上；当底板较大时，常采用隔板加强，提高底板在基底反力作用下的承载能力和靴梁的稳定性。

柱脚通过锚栓固定于基础。铰接柱脚只沿着一条柱轴线设置两个连接于底板上的锚栓，锚栓的直径一般为 20 ~ 25 mm。为便于安装，底板上的锚栓孔径为锚栓直径的 1.5 ~ 2 倍，待柱安装校正完毕后，再用垫板套住锚栓并与底板焊牢固定，最后用混凝土将柱脚完全包住。

(2)格构式轴心受压柱

图 4.2.4 是常用的轴心受压格构柱的截面形式。由于柱肢布置在距截面形心一定距离的位置上，通过调整肢间距离可以使两个方向具有相同的稳定性。与实腹柱相比，在用料相同的情况下可增大截面惯性矩，提高刚度和稳定性。

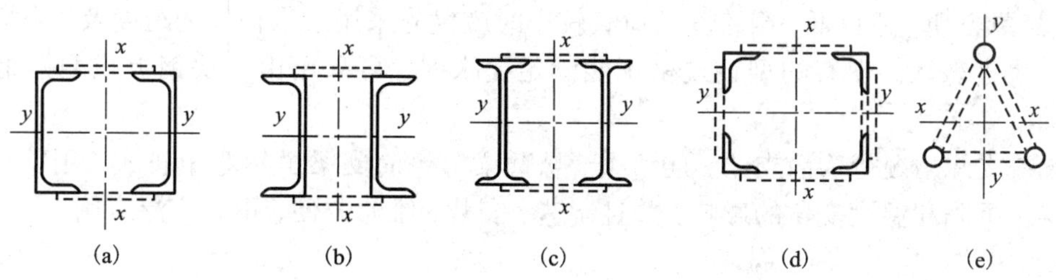

图 4.2.4　格构柱的截面形式

格构式轴心受压柱常用两槽钢组成，通常使翼缘朝内，这样缀材长度较小，外部平整。

当荷载较大时，也常用两工字钢组成的双肢截面柱。对于轴向力较小但长度较大的杆件，也可以采用钢管或角钢组成的三肢或四肢截面形式。肢件通过缀材连成一体，根据缀材的不同又分为缀条柱和缀板柱两种。缀条常采用单角钢，可由斜杆和横杆组成。缀板一般采用钢板。如图 4.2.5 所示。

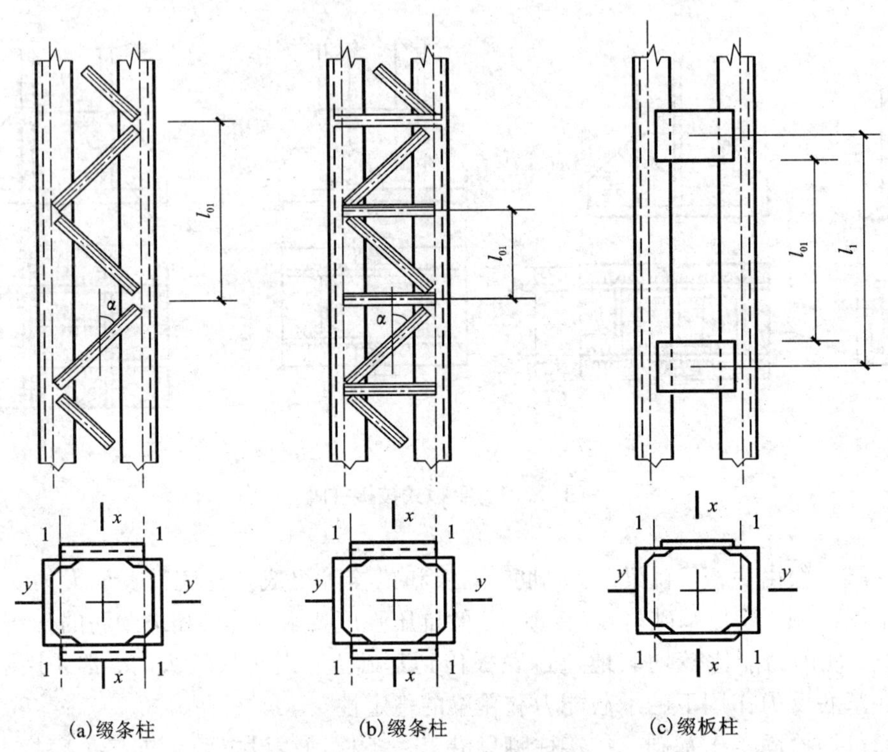

图 4.2.5　格构柱的组成图

4.2.2　受弯构件

1. 受弯构件(梁)的类型梁是指承受横向荷载的实腹式受弯构件

钢梁主要用于工业建筑中的楼(屋)盖梁、工作平台梁、吊车梁、檩条等。

钢梁按制作方法分为型钢梁和组合梁两大类。型钢梁(常用热轧工字钢、槽钢和 H 型钢)制造简单方便，造价低，当跨度及荷载较小时应优先采用。当构件的跨度及荷载较大，所需梁截面尺寸较大，现有的型钢规格不能满足要求时，可采用由几块钢板或型钢组成的组合梁。

钢梁按支承情况分为简支梁、连续梁、悬臂梁等。简支梁虽然弯矩较大，用钢量大，但它不受支座沉陷和温度变化的影响，并且制造、安装、维修方便，得到广泛应用。

2. 受弯构件(梁)的局部稳定

从用材经济的观点来看，把梁的截面取得大一些，可以提高梁的强度、刚度和整体稳定性。但是宽而薄的翼缘板和高而薄的腹板在压应力、剪应力作用下可能发生波浪形的屈曲，这种现象就称为失去局部稳定或称局部失稳，如图4.2.6所示。

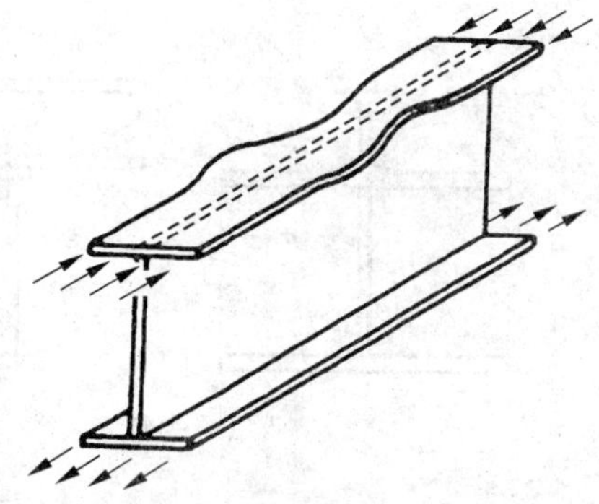

图4.2.6　钢梁翼缘局部屈曲

对轧制型钢梁，由于其规格和尺寸都满足局部稳定要求，不必采取措施。对于工字形截面组合梁，为了避免梁出现局部失稳，需采取如下措施：

(1)翼缘板的局部稳定

梁受压翼缘自由外伸宽度 b 与其厚度 t 之比应满足$\frac{b}{t}\leqslant 13\sqrt{\frac{235}{f_y}}$，当计算梁抗弯强度取 $\gamma_x=1.0$ 时，可放宽至$\frac{b}{t}\leqslant 15\sqrt{\frac{235}{f_y}}$。

(2)腹板的局部稳定和加劲肋设置

腹板若采用限制高厚比的办法显然是不经济的。因此常采用设置加劲肋的方法予以加强(图4.2.7)。通过在腹板两侧成对布置加劲肋，将腹板分隔成较小的区格来提高其抵抗局部屈曲的能力。加劲肋可以分为横向加劲肋、纵向加劲肋、短加劲肋和支承加劲肋等几种，设计时可按《钢结构设计规范》有关规定采用。

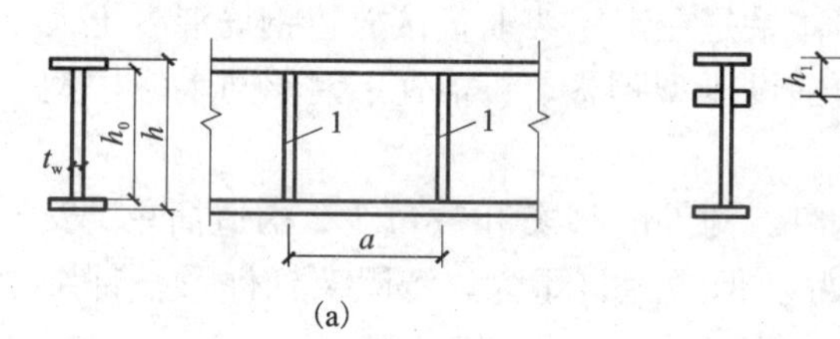

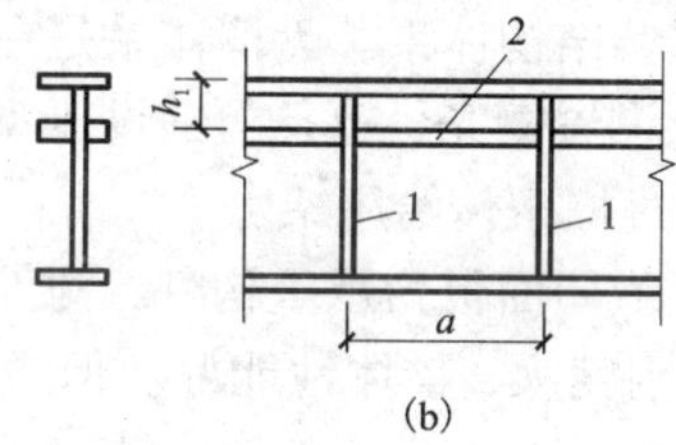

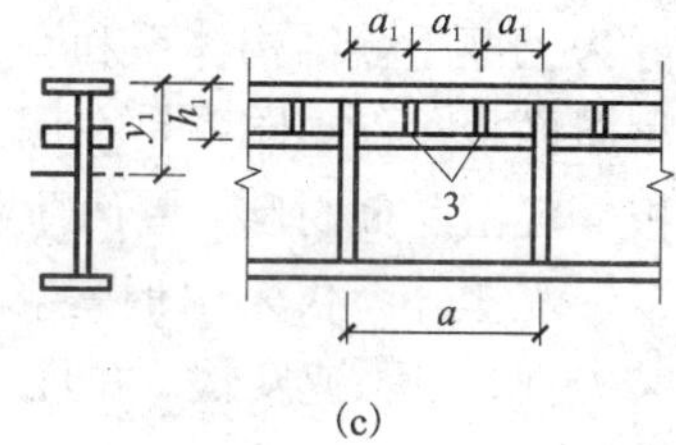

图4.2.7　加劲肋布置

1—横向加劲肋；2—纵向加劲肋；3—短加劲肋

3. 梁的拼接和连接

(1)梁的拼接

梁的拼接分为工厂拼接和工地拼接两种。

受钢材规格和尺寸限制，需先将翼缘和腹板用几段钢材拼接起来，然后再焊接成梁。这些工作一般在工厂进行，故称为工厂拼接。工厂拼接的位置一般由钢材尺寸和梁的受力情况确定。

工地拼接是指受运输和吊装条件限制，将梁分成几段运至工地拼接或吊装就位后再拼接起来。工地拼接的位置一般布置在弯矩较小的位置。

(2)简支次梁与主梁连接

简支次梁与主梁常用铰接连接。其形式有叠接和侧面连接两种(图4.2.8)。

叠接是将次梁直接搁在主梁上，用螺栓或焊缝相连。这种连接构造简单，但占用建筑高度大，故应用常受到限制。

侧面连接可降低建筑高度。将次梁端部上翼缘切去，端部下翼缘切去一边，侧向连接在

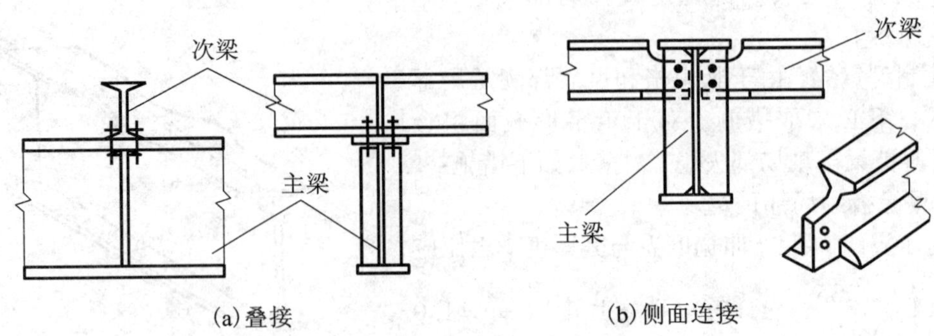

图 4.2.8　简支次梁与主梁的连接

主梁的加劲肋上，用螺栓和焊缝相连。若次梁支座反力较大时，可在主梁上设置承托搁置次梁。

4.3　钢屋盖

钢屋盖结构通常由屋面、屋架和支撑三部分组成。根据屋面材料和屋面结构布置情况可分为无檩屋盖结构体系和有檩屋盖结构体系。无檩体系是在钢屋架上直接放置钢筋混凝土大型屋面板；有檩体系是在屋架上设置檩条，檩条上铺设压型钢板、石棉瓦、钢丝网水泥槽型板等轻型屋面材料，屋面荷载通过檩条传给屋架。

无檩体系仅采用钢屋架和大型屋面板为承重构件，构件的种类和数量少，构造简单，安装方便，施工速度快，并且屋盖刚度大，整体性能好。但屋盖自重大，使屋架杆件及下部结构的截面增大。

有檩体系可供选用的屋面材料种类较多，屋架间距和屋面布置较灵活，自重轻，用料省，运输和安装较轻便。但构件的种类和数量多，构造较复杂，安装效率低。

4.3.1　钢屋架

普通钢屋架通常由两个角钢组成的T形或十字形截面的杆件，在汇交处通过节点板用焊缝连接而成。大部分杆件属于轴心受力杆件，当屋架上弦或下弦受有节间荷载时，属于偏心受力杆件。

1. 常用钢屋架的形式

普通钢屋架按其外形可分为三角形、梯形、平行弦等形式。在确定屋架外形时，应综合考虑建筑造型屋面材料的排水要求、屋架的跨度、荷载的大小等因素。一般来说，屋架的外型尽量与均布荷载的弯矩图相近，可使弦杆受力均匀。腹杆布置应使短杆受压，长杆受拉，使腹杆受力合理。另外在用钢量增加不多的原则下，尽可能使屋架杆件的品种规格统一，构造简单，制造方便。

(1)三角形屋架(图 4.3.1)

三角形屋架适用于屋面坡度较大($i>1/3$)的有檩体系，由于其外形与均布荷载的弯矩图不相适应，使弦杆的内力沿屋架跨度分布很不均匀，当屋面太重或跨度很大时则不经济。一

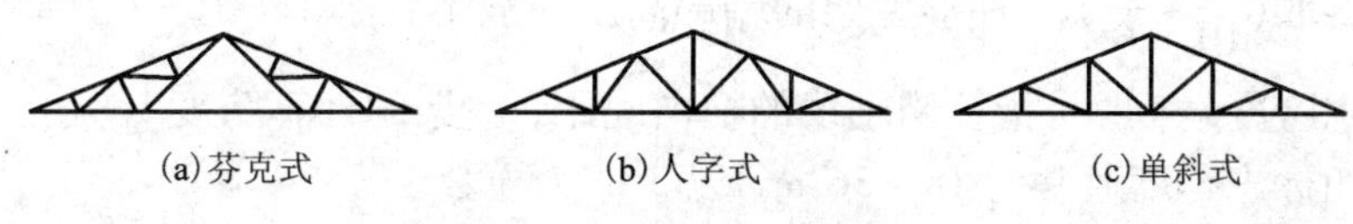

图 4.3.1　三角形屋架

般跨度在 18 ~ 24 m 之间。

芬克式屋架的特点是拉杆长而压杆短，腹杆受力合理，并且可分为两个小三角形桁架分别运至工地拼装，便于运输。

(2)梯形屋架(图 4.3.2)

梯形屋架的外形较接近弯矩图，各节间弦杆受力较均匀，且腹杆较短。当采用卷材防水屋面时，宜采用这种形式。其坡度 i 一般为 1/8 ~ 1/16，跨度可达 36 m。是目前工业厂房屋盖中最常用的屋架形式。

再分式屋架的上弦节间长度与屋面板的宽度相配合，可使荷载作用于节点上，避免产生局部弯矩，但节点和腹杆数量增多，制造较费工。

(3)平行弦屋架(图 4.3.2)

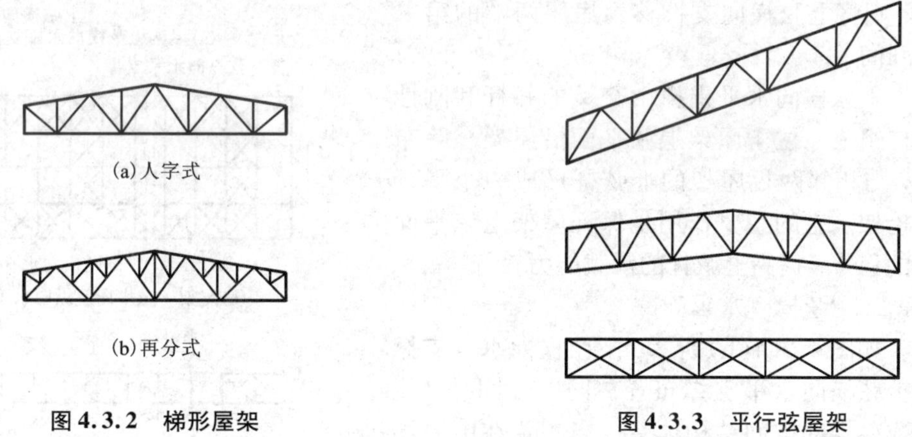

图 4.3.2　梯形屋架　　**图 4.3.3　平行弦屋架**

平行弦屋架的优点是上、下弦和腹杆等同类的杆件长度一致；规格统一，节点构造类型少，便于制造。由于用作屋架时其弦杆的内力分布不够均匀，故常用作托架或屋盖结构的一些支撑。

2. 钢屋架的主要尺寸

屋架的主要尺寸是指屋架的高度和跨度。高度又包括屋架的跨中高度和梯形屋架的端部高度。

屋架的高度取决于经济、刚度和运输条件等因素，同时又和屋面坡度、建筑要求密切相关。屋架的最大高度取决于建筑高度和运输界限，最小高度取决于刚度要求，经济高度则根据屋架杆件总用钢量最少的条件确定。一般情况下，三角形屋架的高度取$(\frac{1}{6} \sim \frac{1}{4})l$，梯形屋架的跨中高度取$\left(\frac{1}{10}\sim\frac{1}{6}\right)l$，梯形屋架的端部高度一般不宜小于$l/18$，$l$为屋架的跨度。

屋架的标志跨度l一般是指柱网轴线的横向间距，屋架的计算跨度l_0是指支座反力间的距离。钢屋架的标志跨度通常为18～36 m，以3 m为模数。

4.3.2 钢屋盖支撑

钢屋盖和柱组成的结构体系是一个平面排架结构，纵向刚度较差，无论是有檩体系还是无檩体系，仅仅将简支于柱顶的钢屋架用檩条或大型屋面板连接起来，它仍是一种几何可变体系。所有的屋架存在着向同一个方向倾倒的危险，并且屋架上弦容易发生侧向失稳现象。设置支撑体系后整个屋盖结构形成一个稳定的空间体系，受力情况将大大改善。

按照支撑设置的部位和所起作用不同可分为上弦横向水平支撑、下弦横向水平支撑、下弦纵向水平支撑、垂直支撑及系杆。

1. 上弦横向水平支撑

如图4.3.4(a)所示，上弦横向水平支撑一般布置在房屋两端(或每个温度区段两端)的第一个开间，并沿房屋的纵向每隔60 m左右增设一道。当利用山墙搁置檩条或屋面板时，则将上弦横向支撑移到房屋两端的第二个开间。

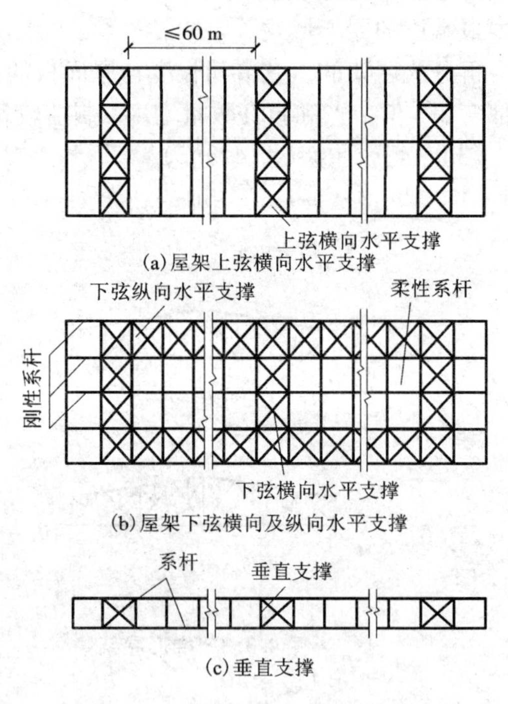

图4.3.4 屋架支撑布置(无檩体系)

上弦横向水平支撑由交叉的斜杆和刚性系杆组成。位于屋架上弦平面沿屋架全跨布置，与相邻两榀屋架的上弦杆形成一个平行弦桁架。它的主要作用是保证屋架上弦平面外的稳定，提高上弦杆的承载能力。

2. 下弦横向水平支撑

如图4.3.4(b)所示，下弦横向水平支撑与上弦横向水平支撑布置在同一开间，以便组成稳定的空间结构体系。当布置在山墙端部第二个开间时，需在第一开间设置刚性系杆。

下弦横向水平支撑位于屋架下弦平面，它也形成一个平行弦桁架，其弦杆即相邻两榀屋架的下弦杆，腹杆也是由交叉的斜杆及刚性系杆组成。它的主要作用是作为山墙抗风柱的支点，承受并传递山墙传来的纵向风荷载以及地震、悬挂吊车等引起的水平力。

3. 下弦纵向水平支撑

如图4.3.4(b)所示，下弦纵向水平支撑布置在屋架下弦两端节间处，位于屋架下弦平面，沿房屋全长布置，与屋架下弦横向水平支撑共同形成一个封闭的支撑系统。它的主要作用是保证平面排架结构的空间工作，加强房屋的整体刚度。

4. 垂直支撑

如图4.3.4(c)所示，垂直支撑布置在设有上、下弦横向水平支撑的开间内。通常跨度小于30 m的梯形屋架在屋架两端和跨中各设置一道垂直支撑，当跨度大于30 m时，则在两端和跨度1/3处分别设置。跨度小于18 m的三角形屋架只需在跨中设置，大于18 m时在1/3跨度处分别设置。

屋架的垂直支撑也是一个平行弦桁架，它的上、下弦杆分别为上、下弦横向水平支撑的系杆，其腹杆常采用W形或交叉斜杆等形式。它的主要作用是使相邻两榀屋架形成几何不变的空间桁架体系，保证屋架的稳定性。

5. 系杆

如图4.3.4所示，通常在屋架两端支座节点处和上弦屋脊节点处设置通长的刚性系杆；垂直支撑平面内的屋架上、下弦节点处设置通长的柔性系杆；当上弦横向支撑布置在房屋两端第二开间时，在第一开间内应设置刚性系杆。

系杆中只能承受拉力的称为柔性系杆，能承受压力的称为刚性系杆。系杆的主要作用是保证无横向支撑的所有屋架的侧向稳定，减少弦杆在屋架平面外的计算长度，提高屋盖的整体性以及传递纵向水平荷载。

综上所述，各种支撑布置的内在联系如下：

(1)上、下弦横向水平支撑一般都是成对地布置在同一开间；

(2)凡是布置了横向水平支撑的开间，必须同时布置垂直支撑；

(3)下弦纵向水平支撑应同下弦横向水平支撑在下弦平面内形成封闭的支撑系统；

(4)系杆应和横向支撑的节点相连。

4.3.3 钢屋架的节点设计

屋架上各个杆件在节点处通过节点板相互连接，各杆件内力通过各自的杆端焊缝传至节点板，汇交于节点中心取得平衡。节点设计的任务是确定节点的构造、计算焊缝及确定节点板的形状和尺寸。

1. 节点的基本要求

(1)杆件的形心线，原则上应与屋架的几何轴线重合，以避免杆件的偏心受力。但为了制造方便，通常取角钢肢背至形心线的距离为5 mm的整倍数。当弦杆截面有改变时，为了便于拼接和放置屋面构件，应使拼接处两侧弦杆角钢肢背齐平，此时取两形心线的中线与屋架的几何轴线重合(图4.3.5)。

(2)为方便施焊，同时避免焊缝过于密集，屋架弦杆与腹杆以及腹杆与腹杆之间的距离应不小于20 mm(图4.3.6)。

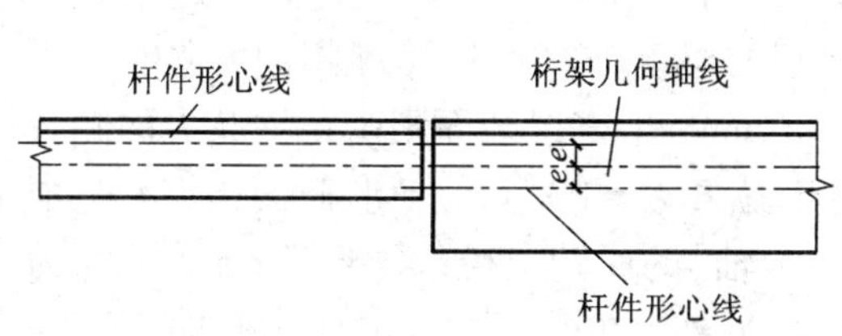

图4.3.5 弦杆截面改变时的轴线

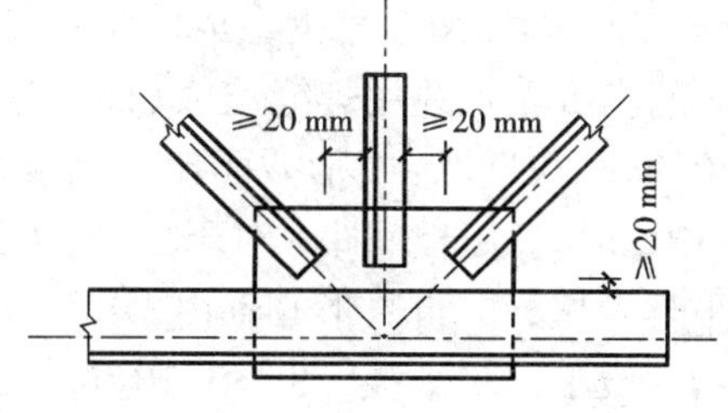

图4.3.6 杆件之间的距离

(3)屋架上、下弦中部杆端空隙如图4.3.7所示。

(4)角钢端部的切割宜采用垂直于杆件轴线的直切[图4.3.8(a)]。有时为了减少节点板尺寸，也可采用斜切[图4.3.8(b)(c)]。但不允许采用图4.3.8(d)所示的切割形式。

(5)节点板的形状应简单规整，没有凹角，避免产生应力集中。一般至少有两边平行，如矩形、平行四边形、直角梯形等，方便下料和节约钢材。节点板的受力与所连接杆件的内力大小有关，一般不作计算，其厚度可根据设计经验选定。

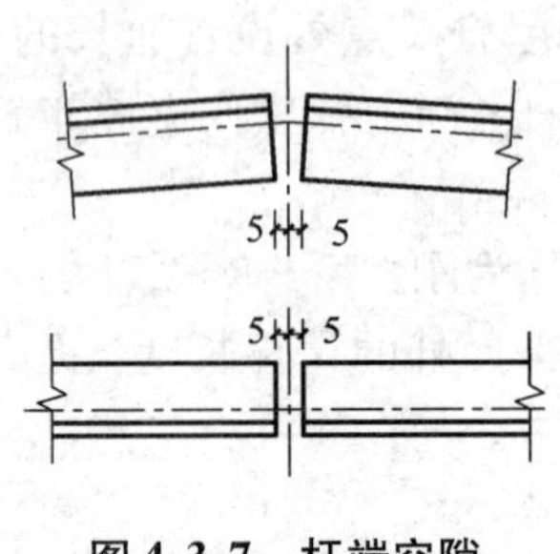

图4.3.7　杆端空隙

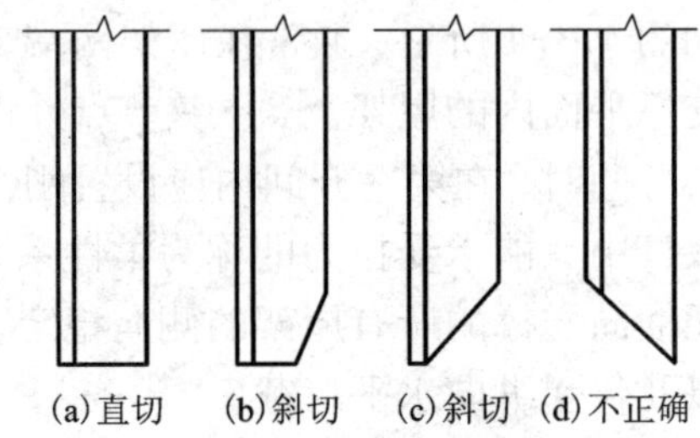

图4.3.8　角钢端部切割形式

(6)节点板边缘与杆件轴线的夹角 α 不应小于15°。直接承受动力荷载的结构 α 应适当增大，以减少应力集中。节点板的布置应尽量使连接焊缝中心受力[图4.3.9(a)]。图4.3.9(b)所示的节点板因 $b \ll a$，致使焊缝受力偏心，并且 α 角度太小，不宜采用。

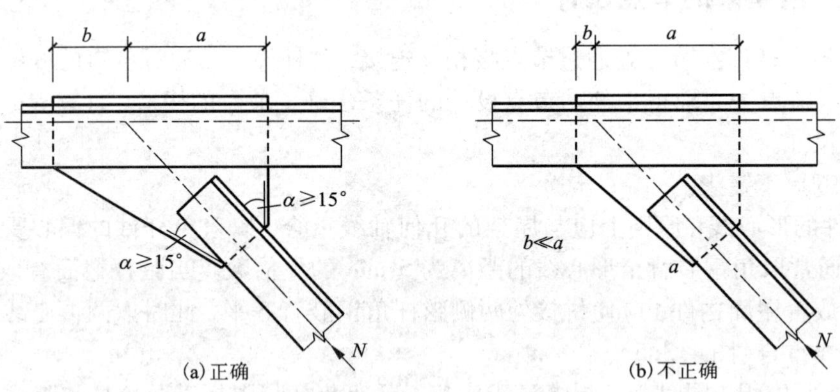

图4.3.9　节点板的形状和位置

(7)为了确保两个角钢组成的T形或十字形截面杆件共同工作，必须每隔一定距离在两角钢之间设置填板并用焊缝连接(图4.3.10)。填板的厚度与接点板厚度相同，宽度一般取40~60 mm，长度取：T形截面比角钢肢宽大10~15 mm，十字形截面则由角钢肢尖两侧各缩进10~15 mm。填板间距：对于压杆，$l_d \leqslant 40i$；对于拉杆 $l_d \leqslant 80i$。在T形截面中 i 为一个角钢对平行于填板的自身形心轴[图4.3.10(a)中1-1轴]的回转半径；对于十字形截面 i 为一个角钢的最小回转半径[图4.3.10(b)中2-2轴]。另外，在受压构件的两个侧向支承点之间的填板数不宜少于两个。

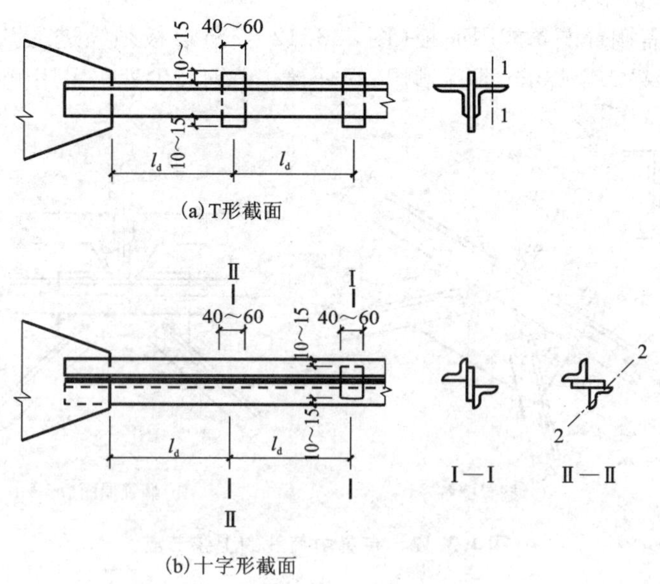

(a) T形截面

(b) 十字形截面

图 4.3.10　屋架杆件的填板

2. 节点的构造

(1) 一般节点

一般节点是指无集中荷载和无弦杆拼接的节点(图 4.3.11)。节点设计步骤为：①画出节点处屋架几何轴线；②按杆件形心线与几何轴线重合的要求，定出角钢杆件的轴心线，并画出其轮廓线；③按各杆件之间的距离不小于 20 mm 的要求切除杆端；④根据计算焊缝长度布置焊缝；⑤确定节点板尺寸。

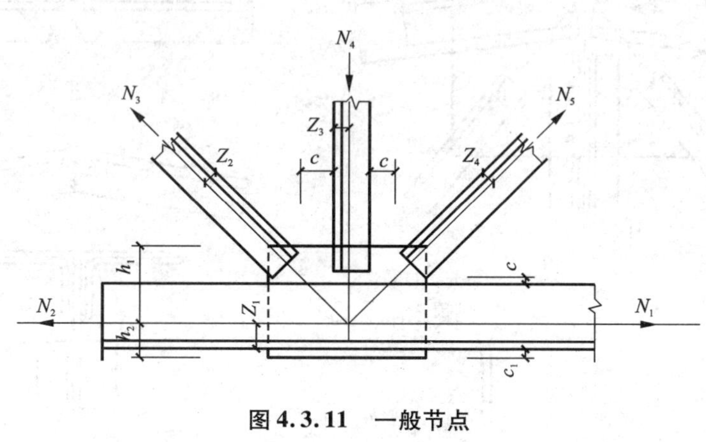

图 4.3.11　一般节点

($c \geqslant 20$ mm；$c_1 = 10 \sim 15$ mm)

节点板上应能布置下所有需要的焊缝，且其形状应较规则。同时还应伸出弦杆角钢肢背 10 ~ 15 mm，以便施焊。杆件与节点板的搭接长度应不小于所需焊缝长度，并且在搭接长度内满焊。

(2)有集中荷载的节点

屋架上弦杆因需搁置檩条或屋面板(图 4.3.12)，节点板须缩进上弦角钢肢背约 2/3t(t 为节点板厚度)，并采用塞焊缝(或称槽焊缝)连接，角钢肢尖处仍采用侧面角焊缝连接。

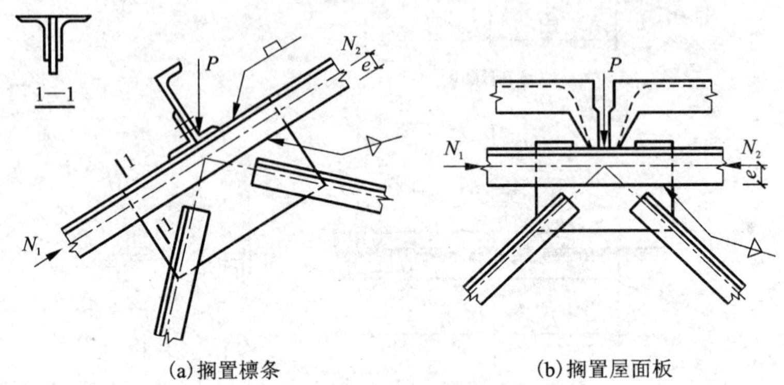

图 4.3.12　有集中荷载的上弦节点

(3)弦杆拼接节点

屋架弦杆的拼接有工厂拼接和工地拼接两种。受角钢长度限制而需要接长时，常在内力较小的节间内拼接，一般在工厂进行，称为工厂拼接。当屋架跨度较大，受运输条件的限制，需将屋架分成左右两个运输单元时，在屋脊节点和下弦跨中节点处设置工地拼接(图 4.3.13、图 4.3.14)。

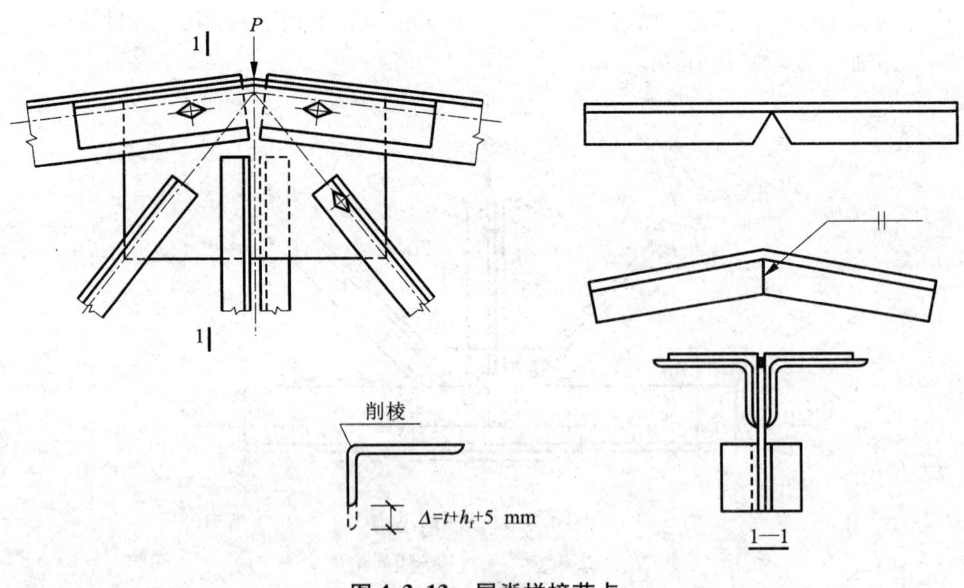

图 4.3.13　屋脊拼接节点

为保证拼接处具有足够的强度和屋架平面外具有足够的刚度，应采用与弦杆截面相同的拼接角钢拼接。为正确定位和便于施焊，需设置临时性的安装螺栓。拼接角钢长度由焊缝长

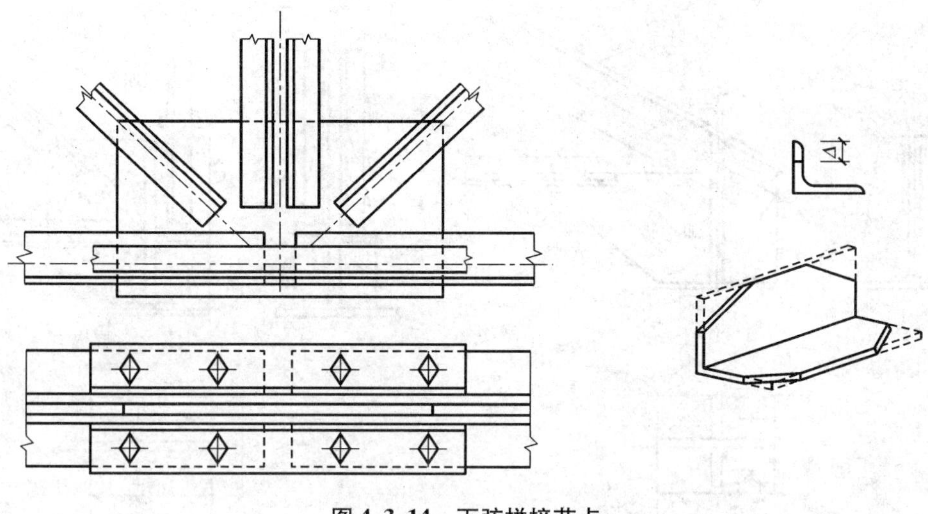

图 4.3.14　下弦拼接节点

度确定。

当屋面坡度不大时，上弦拼接角钢可热弯成型。当屋面坡度较大时，可将竖肢切成斜口冷弯后对接焊牢。为了使拼接角钢与弦杆紧贴且便于施焊，应将拼接角钢的外棱角削去，并把竖肢切去 $\Delta = t + h_f + 5$ mm，t 为角钢厚度，h_f 为焊脚厚度，5 mm 是为避开弦杆角钢肢尖的圆角而考虑的切割量。

下弦拼接节点的构造与屋脊拼接节点相近。如下弦内力很大，可采用比弦杆截面更厚的拼接角钢。当角钢肢宽大于 125 mm 时，应将拼接角钢肢斜切，使内力传递均匀，减少应力集中。

(4) 支座节点

图 4.3.15 所示为支承于钢筋混凝土柱上的铰接支座节点。由节点板、加劲肋、支座底板和锚栓等组成。加劲肋设在支座节点的中线处，其作用是加强支座底板刚度和节点板的侧向刚度。为便于施焊，下弦角钢水平肢和支座底板间的净距离 d 应不小于下弦角钢水平肢的宽度和 130 mm。锚栓预埋于钢筋混凝土柱中，其直径通常取 20 ~ 25 mm。为便于屋架的安装和调整，支座底板上的锚栓孔径一般为锚栓直径的 2 ~ 2.5 倍，待屋架调整到设计位置后，用垫板套住锚栓与底板焊接。

4.3.4　钢屋架施工图

1. 钢屋架施工图的内容

钢屋架施工图是制作和安装屋架的依据。一般按运输单元绘制，当屋架对称时，可仅绘制半榀屋架。其主要内容和绘制要点为：

(1) 施工图一般应包括屋架正面图，上弦和下弦平面图，必要的侧面图、剖面图和零件图。

(2) 在图纸左上角绘制屋架简图，左半跨注明屋架杆件的轴线尺寸，右半跨注明杆件的内力设计值。当需要起拱时（梯形屋架跨度大于或等于 24 m，三角形屋架跨度大于或等于 15 m），应注明起拱高度。

(a)三角形屋架支座节点　　(b)梯形屋架支座节点

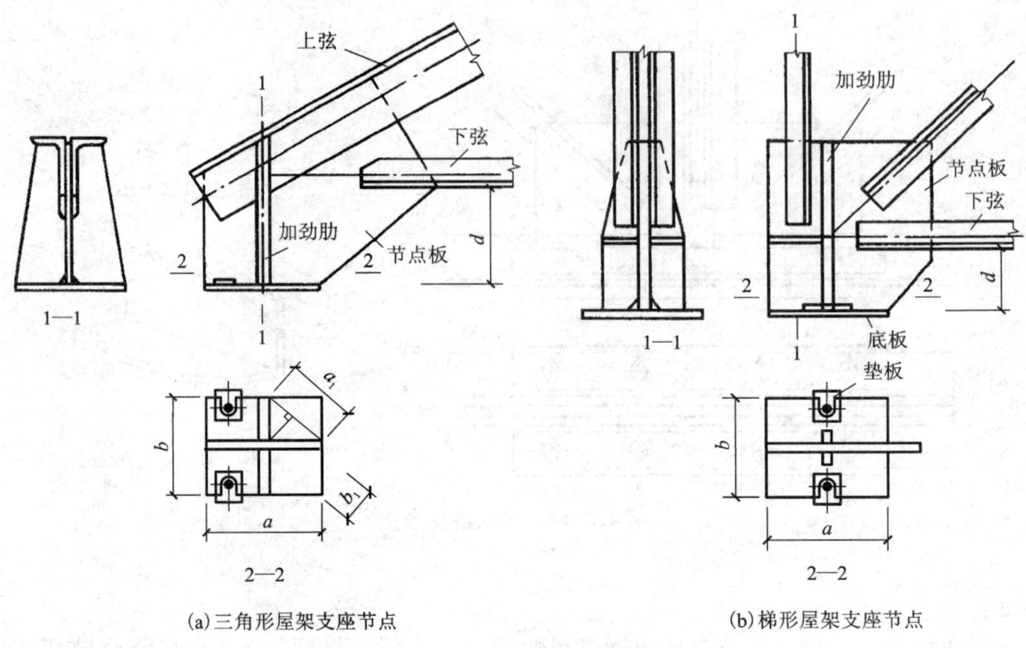

图 4.3.15　屋架支座节点

(3)钢屋架施工图通常用两种比例绘制。屋架杆件的轴线一般为1∶20～1∶30，杆件的截面尺寸和节点尺寸一般用1∶10～1∶15。对重要节点和零部件还可加大比例，清楚表达细部尺寸。

(4)施工图中应把所有杆件和零部件的尺寸注全，包括加工尺寸、定位尺寸、孔洞位置以及对制造和安装的要求等。加工尺寸一般取5 mm的倍数。定位尺寸主要有节点中心至杆端的距离、节点中心至节点板边缘的距离、轴线至角钢肢背的距离等。螺栓孔位置要符合螺栓排列的要求。制造和安装的要求主要有切角、切肢、削棱、孔洞直径和焊缝尺寸等。

(5)施工图中应列出材料表，把所有杆件和零部件的编号、规格尺寸、数量(区别正反)和重量都依次填入表中，并算出整榀屋架的重量。

(6)编号顺序按主次、上下和左右排列。完全相同的可采用同一编号。如两个杆件形状和尺寸完全相同，仅因开孔位置或切角不同，使两杆件成镜面对称时，也可采用同一编号，但需在材料表中标明正反，以示区别。

(7)在工地进行拼装和安装的构件应注明安装螺栓和安装焊缝的符号。

(8)施工图中的说明内容主要有：选用钢材的钢号，焊条型号，焊接方法和质量要求，图中未注明的焊缝和螺栓孔尺寸，防锈处理方法，运输，安装要求以及其他宜用文字表达的内容等。

2. 钢屋架施工图示例

图4.3.16(见本书最后的插页)为梯形钢屋架施工图(局部)。

实践教学课题：**识读简单钢结构施工图。**

【目的与意义】　随着我国钢产量的不断增加，高效连接工艺与材料的应用，以及防腐、防火等新工艺，新材料的开发，都为发展钢结构工程创造了条件，可以预测钢结构工程的应用会日益广泛。通过对简单钢结构施工图的识读，初步掌握识图的基本方法和重点内容，以及制图规则和构造详图，初步具备识读钢结构施工图的基本能力。

【内容与要求】 选择简单钢屋架或部分钢楼盖、墙、柱施工图，在指导教师或工程技术人员的指导下，结合有关规范、标准图集、制图规则和构造详图等，从施工说明、材料表、加工和安装要求、构件类型、连接方法、节点构造等方面进行识图训练，熟悉钢结构施工图的内容、标注方法，以及杆件尺寸、节点尺寸、零部件尺寸、加工尺寸、定位尺寸等。

习 题

1. 角焊缝的焊脚尺寸、焊缝长度有何限制？
2. 普通抗剪螺栓连接有几种破坏形式？怎样保证不发生破坏？
3. 摩擦型高强度螺栓和普通螺栓连接有何不同？
4. 格构柱的主要优点是什么？
5. 组合梁的翼缘和腹板各采取什么措施保证局部稳定？
6. 常用的钢屋架形式有哪几种？确定钢屋架形式需考虑哪些因素？
7. 为什么说钢屋架的外形要尽可能与均布荷载的弯矩图相近？
8. 钢屋盖有哪几种支撑？各种支撑的作用是什么？如何布置？
9. 屋架节点板的形状、尺寸如何确定？
10. 屋架弦杆拼接角钢为什么要削棱、切肢？

模块四 习题答案

附：某办公楼工程结构施工图

结构施工图图纸目录

序号	图　纸　名　称	图纸编号		附　注
		图　号	图　幅	
1	结构设计说明	结–01		
2	基础图	结–02		
3	基础表，结构构件大样图	结–03		
4	柱表，柱平面布置图	结–04		
5	3.270m梁平面配筋图	结–05		
6	3.270m板平面配筋图	结–06		
7	6.300m梁平面配筋图	结–07		
8	6.300m梁平面配筋图	结–08		
9	楼梯详图	结–09		

结 构 设 计 总 说 明

1.工程概况

本工程主体采用钢筋混凝土框架结构，屋顶为平屋顶.

2.一般说明

2.1 本套图纸除注明外，所注尺寸均以毫米(mm)为单位，标高以米(m)为单位.

2.2 本工程±0.000相当于绝对标高156.40.

2.3 本总说明中所注内容为通用做法，当总说明与图纸说明不一致时，以图纸为准.

3.建筑分类等级

3.1 本工程建筑结构的安全等级为二级，抗震等级四级.

3.2 本工程地基基础设计等级为丙级，建筑场地类别为?类，土壤类别二类.

3.3 本工程室内地坪以上室内正常环境的混凝土环境类别为一类，室内地坪以下及以上露天和室内潮湿环境混凝土环境类别为二a类，钢筋保护层见4.1条.

3.4 本工程为三类建筑，耐火等级为二级.

4.主要结构材料

4.1 混凝土

结构部位	强度等级	保护层厚度/mm
基础垫层	C15	
基础及基础梁	C30	40
柱	C30	30
梁、板	C30	梁：25； 板：15
构造柱	C25	30
楼梯	同各层梁、板	同各层梁、板

环境类别	最大水灰比	最小水泥用量/(kg·m^{-3})	最大氯离子含量/%	最大碱含量/(kg·m^{-3})
一	0.65	225	1.0	不限制
二a	0.60	250	0.3	3.0

4.2 钢筋：ϕ表示HPB235级钢筋(f_y=210N/mm^2)；Φ表示HRB335级钢筋(f_y=300N/mm^2)；Φ表示HRB400级钢筋(f_y=360N/mm^2)；预埋件钢板采用Q235钢，吊环采用HPB235级钢筋.

5.基础

本工程采用独立柱基和墙下条基，持力层为强风化泥灰岩，地基承载力特征值f_{ak}大于或等于450KPa.

6.砌体工程

6.1 砌体填充墙与钢筋混凝土结构的连接见中南标03ZG003第36页.

6.2 出屋面女儿墙构造柱，截面为240X墙厚(大于或等于200)，内配4Φ14，ϕ8@150.

6.3 门窗洞口过梁设置

所有门窗洞口顶应设置过梁，过梁选自中南标<<筋混凝土过梁>>(03ZG313)，荷载等级均为2级，过梁采用现场就位预制.

7.施工方案

7.1 土方采用人工开挖，就近50m范围内堆放;

7.2 取土场，卸土场位于距现场中心距离500m处

设 计		项目名称	办 公 楼	图 号	第 1 页 共 9 页
审 核		图 名	结构设计说明	图 别	结施
				日 期	2017.01

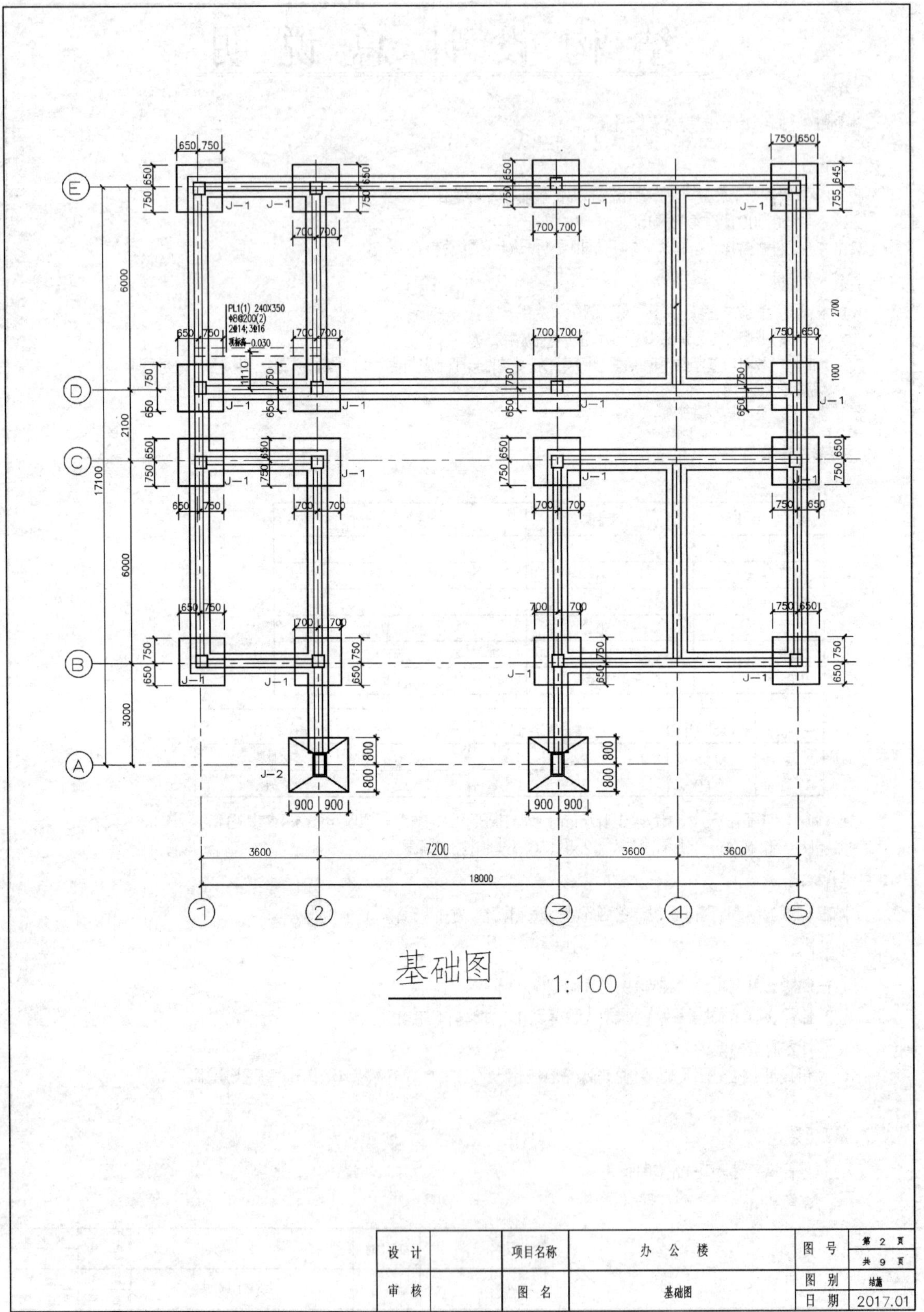
PL1(1) 240X350
ф8@200(2)
2ф14;3ф16
梁顶标高-0.030
J-1
J-2
3600
7200
3600
3600
18000
6000
2100
6000
3000
17100
2700
1000
基础图
1:100
设 计
审 核
项目名称
办 公 楼
图 名
基础图
图 号
第 2 页
共 9 页
图 别
结施
日 期
2017.01

柱下锥形独立基础表

编号	柱尺寸		独基尺寸			独基配筋		基底标高
	b	*h*	*A*	*B*	H_1/H_2	①	②	*H*/m
J-1			1400	1400	300/0	Φ10@150	Φ10@150	-1.800
J-2			1600	1800	350/200	Φ12@150	Φ12@150	-1.800
图例	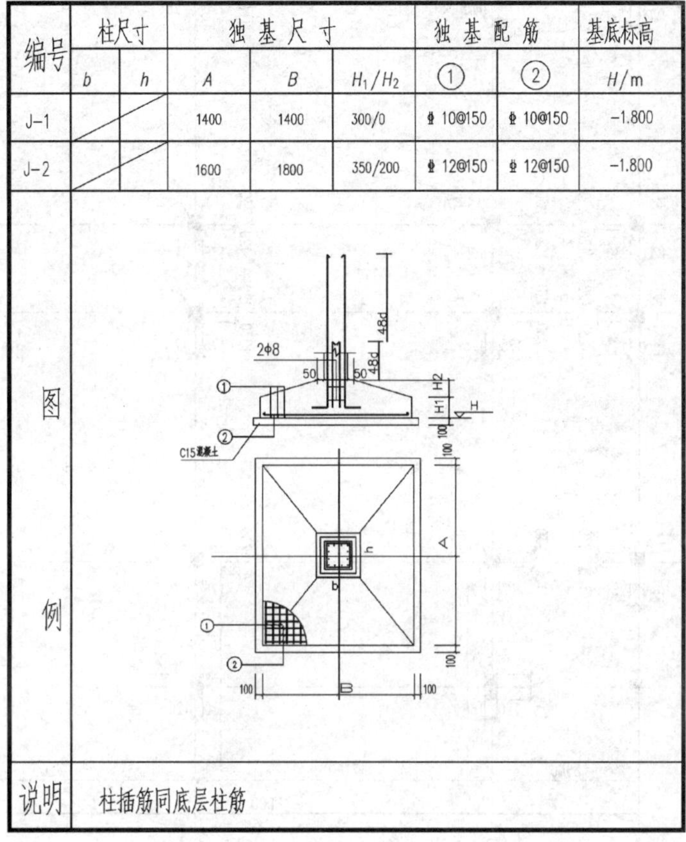							
说明	柱插筋同底层柱筋							

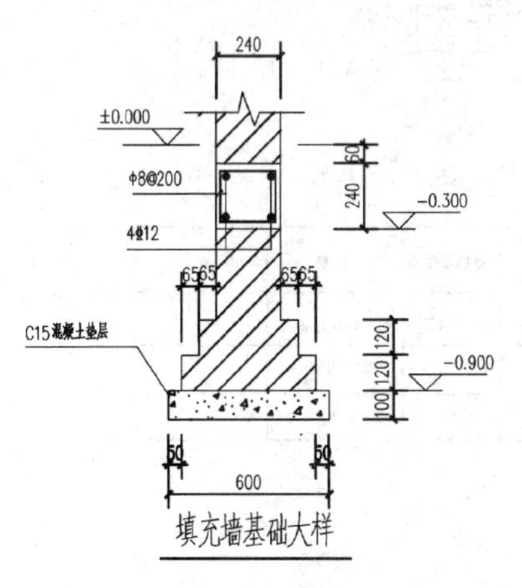

填充墙基础大样

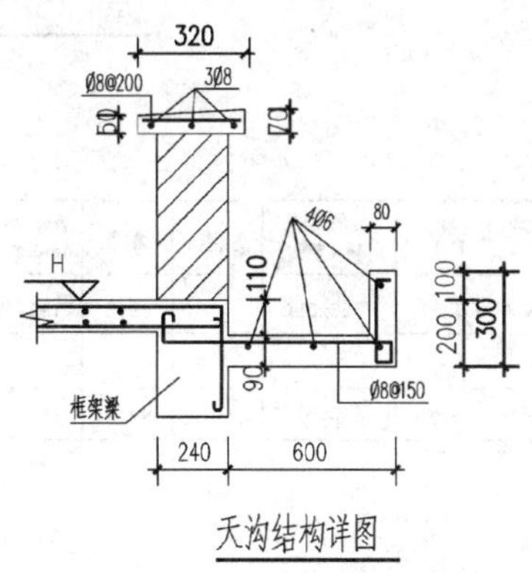

天沟结构详图

设计		项目名称	办公楼	图号	第3页 共9页
审核		图名	基础表 结构构件大样图	图别	结施
				日期	2017.01

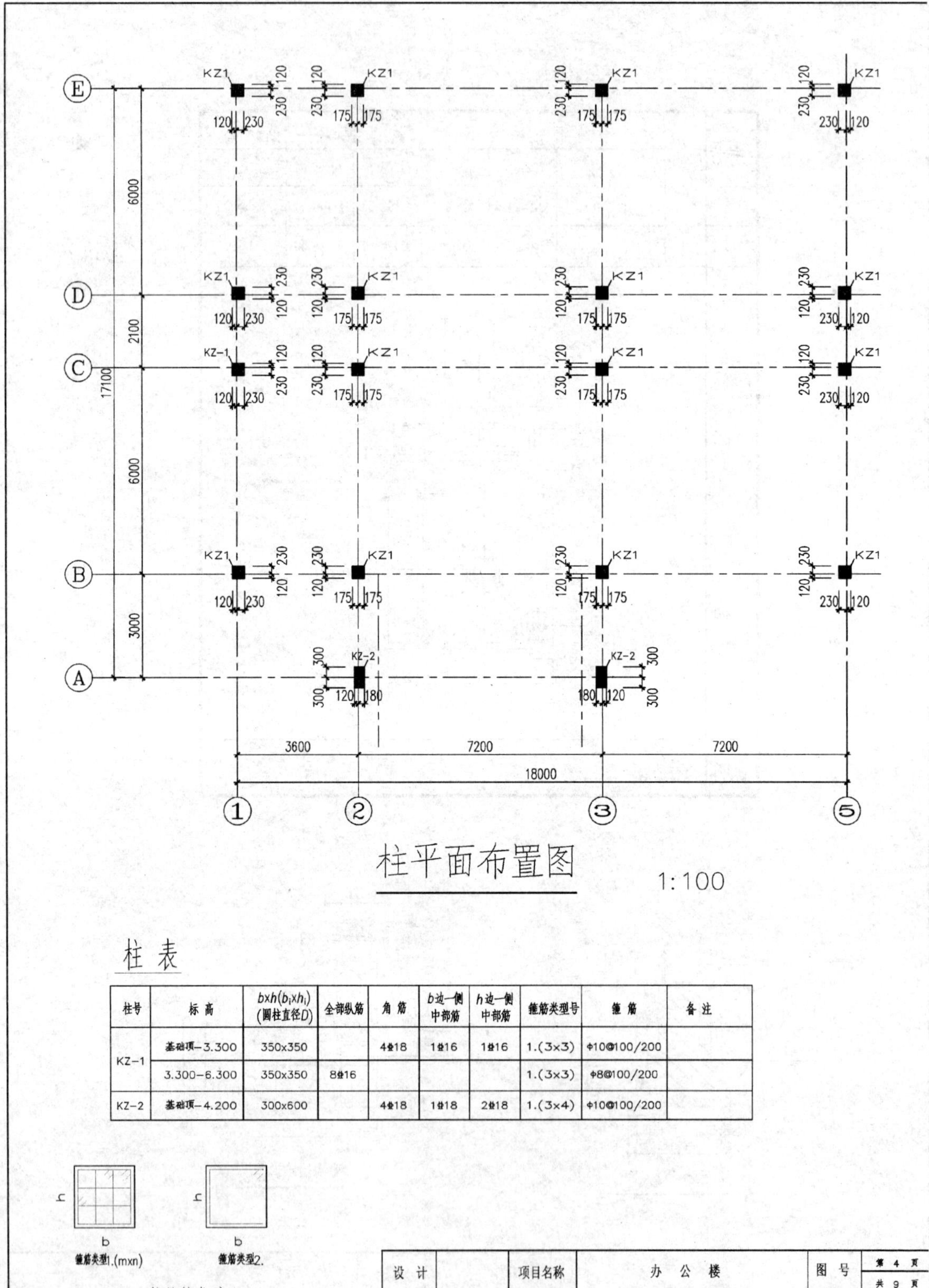

柱 表

柱号	标 高	$b \times h(b_i \times h_i)$ (圆柱直径D)	全部纵筋	角 筋	b边一侧中部筋	h边一侧中部筋	箍筋类型号	箍 筋	备 注
KZ-1	基础顶–3.300	350x350		4Φ18	1Φ16	1Φ16	1.(3x3)	φ10@100/200	
	3.300–6.300	350x350	8Φ16				1.(3x3)	φ8@100/200	
KZ-2	基础顶–4.200	300x600		4Φ18	1Φ18	2Φ18	1.(3x4)	φ10@100/200	

设 计		项目名称	办 公 楼	图 号	第 4 页 / 共 9 页
审 核		图 名	柱表 柱平面布置图	图 别	结施
				日 期	2017.01

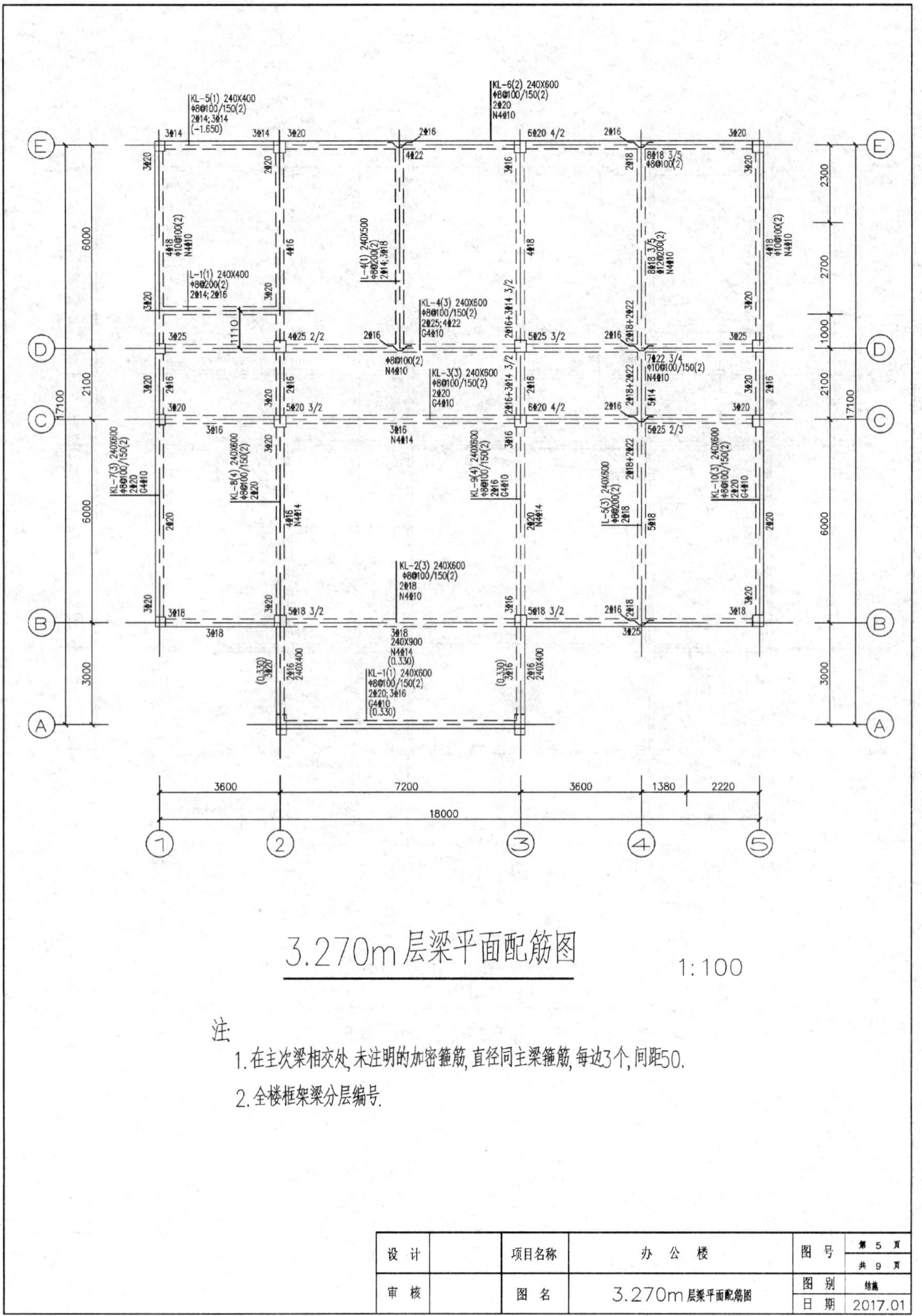
3.270m层梁平面配筋图
1:100
3600
7200
3600
1380
2220
18000
6000
2100
6000
3000
17100
2300
2700
1000
注:
1. 在主次梁相交处，未注明的加密箍筋，直径同主梁箍筋，每边3个，间距50.
2. 全楼框架梁分层编号.
设 计
项目名称
办 公 楼
图 号
第 5 页
共 9 页
审 核
图 名
3.270m 层梁平面配筋图
图 别
结施
日 期
2017.01

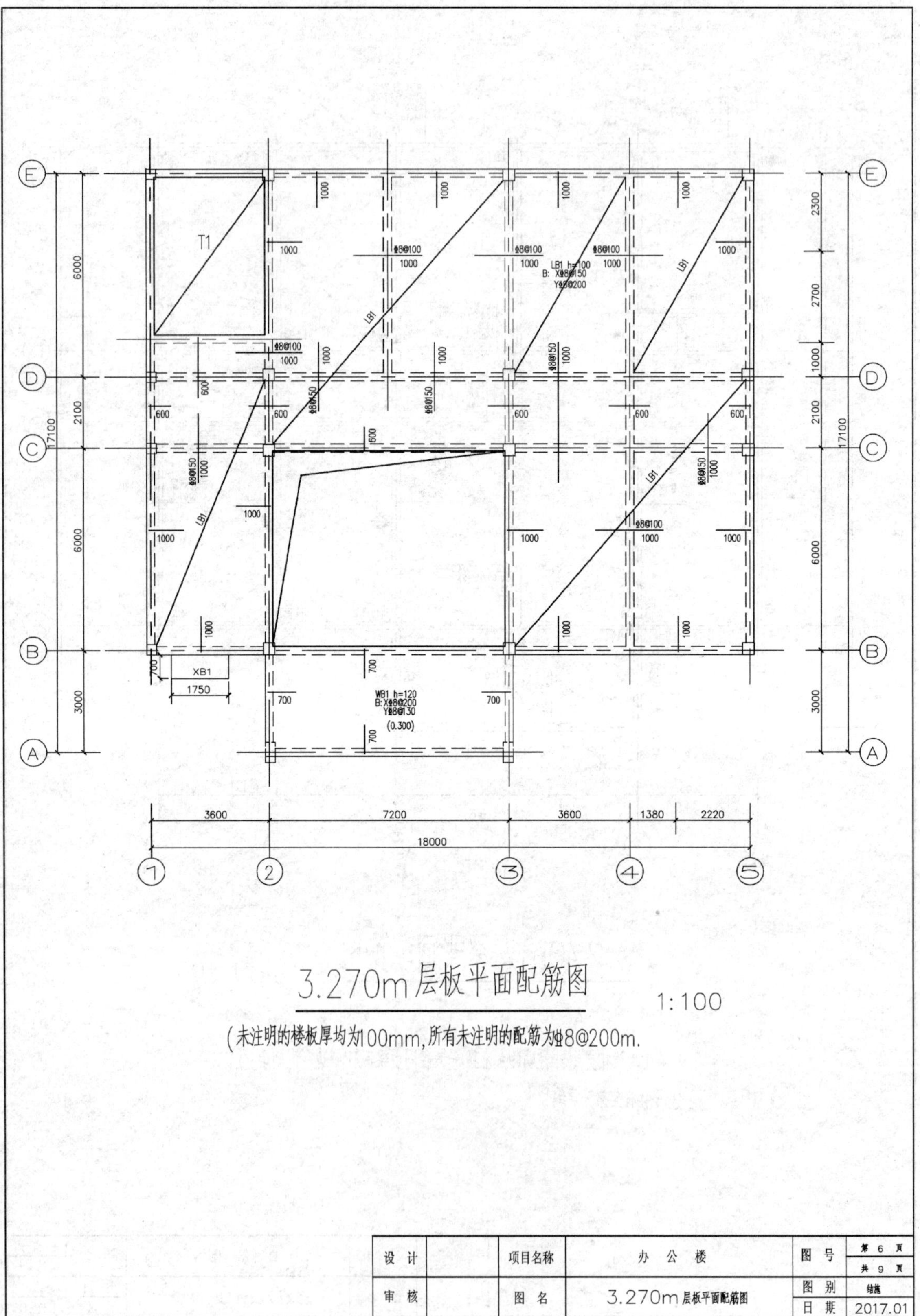
T1
LB1
LB1 h=100
B: X⌀8@150
Y⌀8@200
WB1 h=120
B: X⌀8@200
Y⌀8@130
(0.300)
XB1
1750
3600
7200
3600
1380
2220
18000
6000
2100
6000
3000
17100
2300
2700
1000
3.270m层板平面配筋图
1:100
(未注明的楼板厚均为100mm,所有未注明的配筋为⌀8@200m.
设 计
审 核
项目名称
办 公 楼
图 名
3.270m层板平面配筋图
图 号
第 6 页
共 9 页
图 别
结施
日 期
2017.01

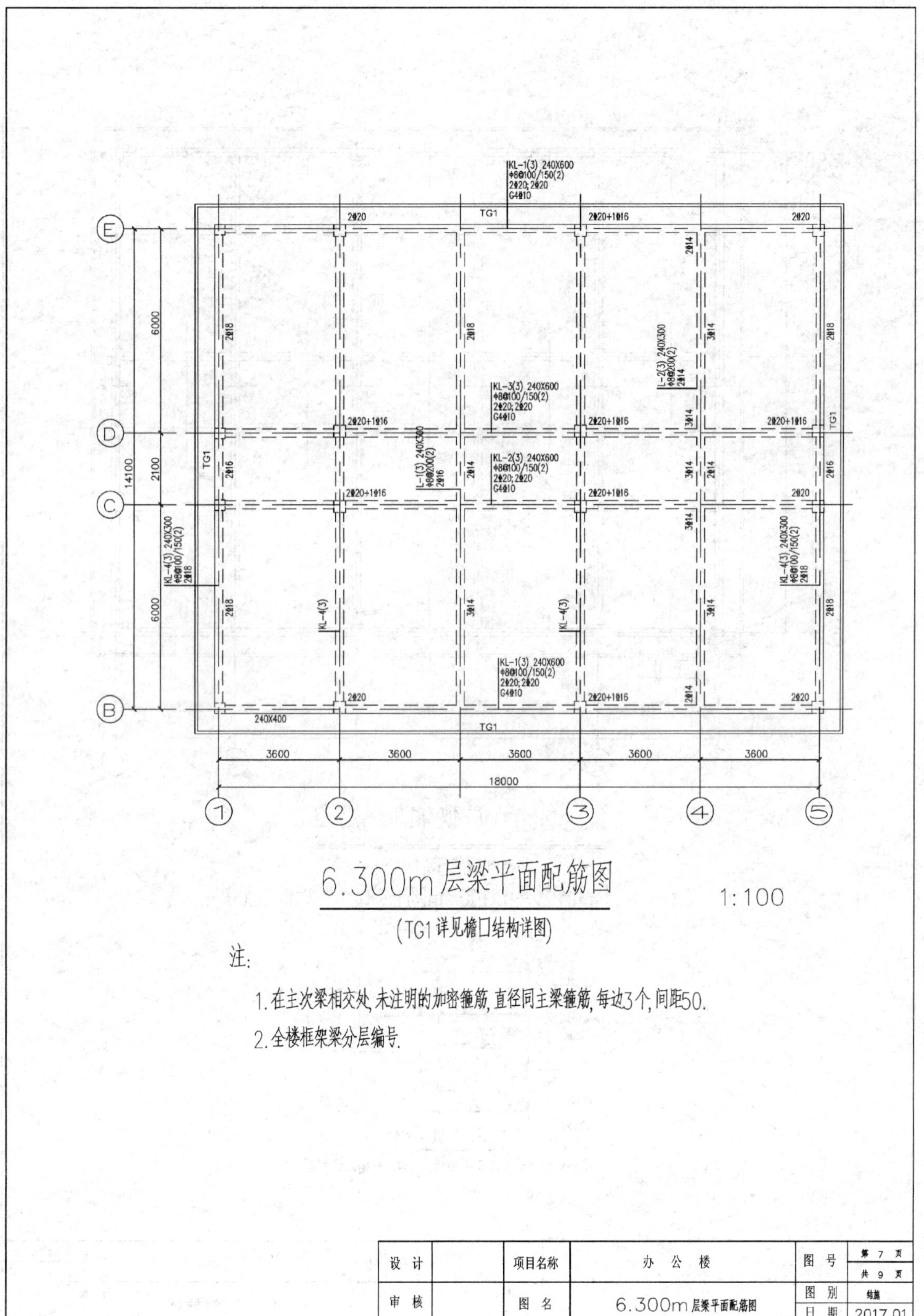
KL-1(3) 240X600
Φ8@100/150(2)
2Φ20;2Φ20
G4Φ10
KL-3(3) 240X600
Φ8@100/150(2)
2Φ20;2Φ20
G4Φ10
KL-2(3) 240X600
Φ8@100/150(2)
2Φ20;2Φ20
G4Φ10
L-2(3) 240X300
Φ8@200(2)
2Φ14
L-1(3) 240X300
Φ8@200(2)
2Φ16
KL-4(3) 240X300
Φ8@100/150(2)
2Φ18
TG1
240X400
3600
3600
3600
3600
3600
18000
6000
2100
6000
14100
6.300m层梁平面配筋图
1:100
(TG1详见檐口结构详图)
注:
1. 在主次梁相交处,未注明的加密箍筋,直径同主梁箍筋,每边3个,间距50.
2. 全楼框架梁分层编号.
设 计
审 核
项目名称
办 公 楼
图 名
6.300m层梁平面配筋图
图 号
第 7 页
共 9 页
图 别
结施
日 期
2017.01

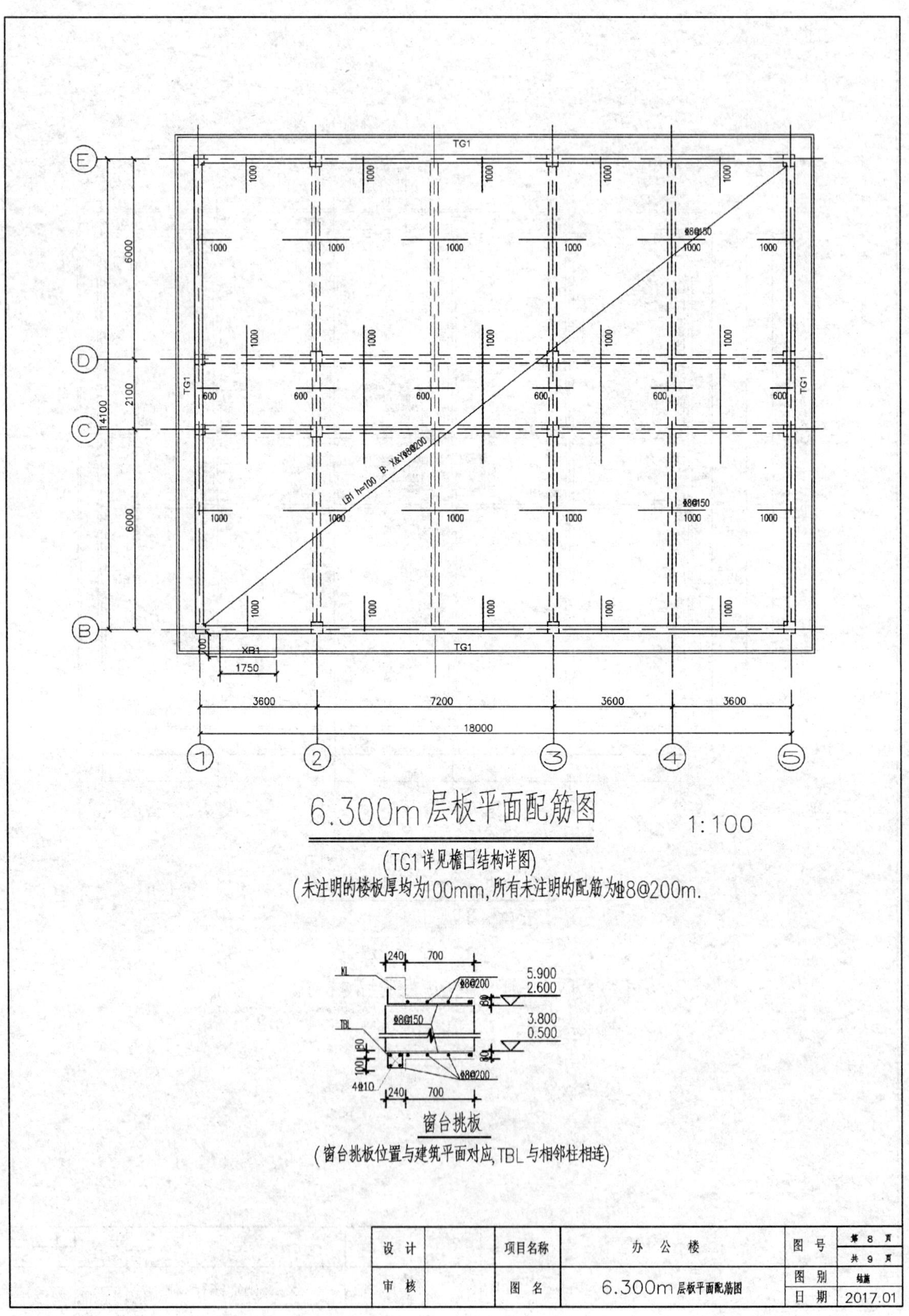

TG1
LB1 h=100 B: X&Y⌀8@200
⌀8@150
1000
600
XB1
1750
3600
7200
3600
3600
18000
6000
2100
6000
14100
E
D
C
B
1
2
3
4
5
6.300m 层板平面配筋图
1:100
（TG1 详见檐口结构详图）
（未注明的楼板厚均为100mm，所有未注明的配筋为⌀8@200m.
240
700
5.900
2.600
3.800
0.500
⌀8@200
⌀8@150
4⌀10
TBL
窗台挑板
（窗台挑板位置与建筑平面对应，TBL 与相邻柱相连）
设 计
审 核
项目名称
办 公 楼
图 名
6.300m 层板平面配筋图
图 号
第 8 页
共 9 页
图 别
结施
日 期
2017.01

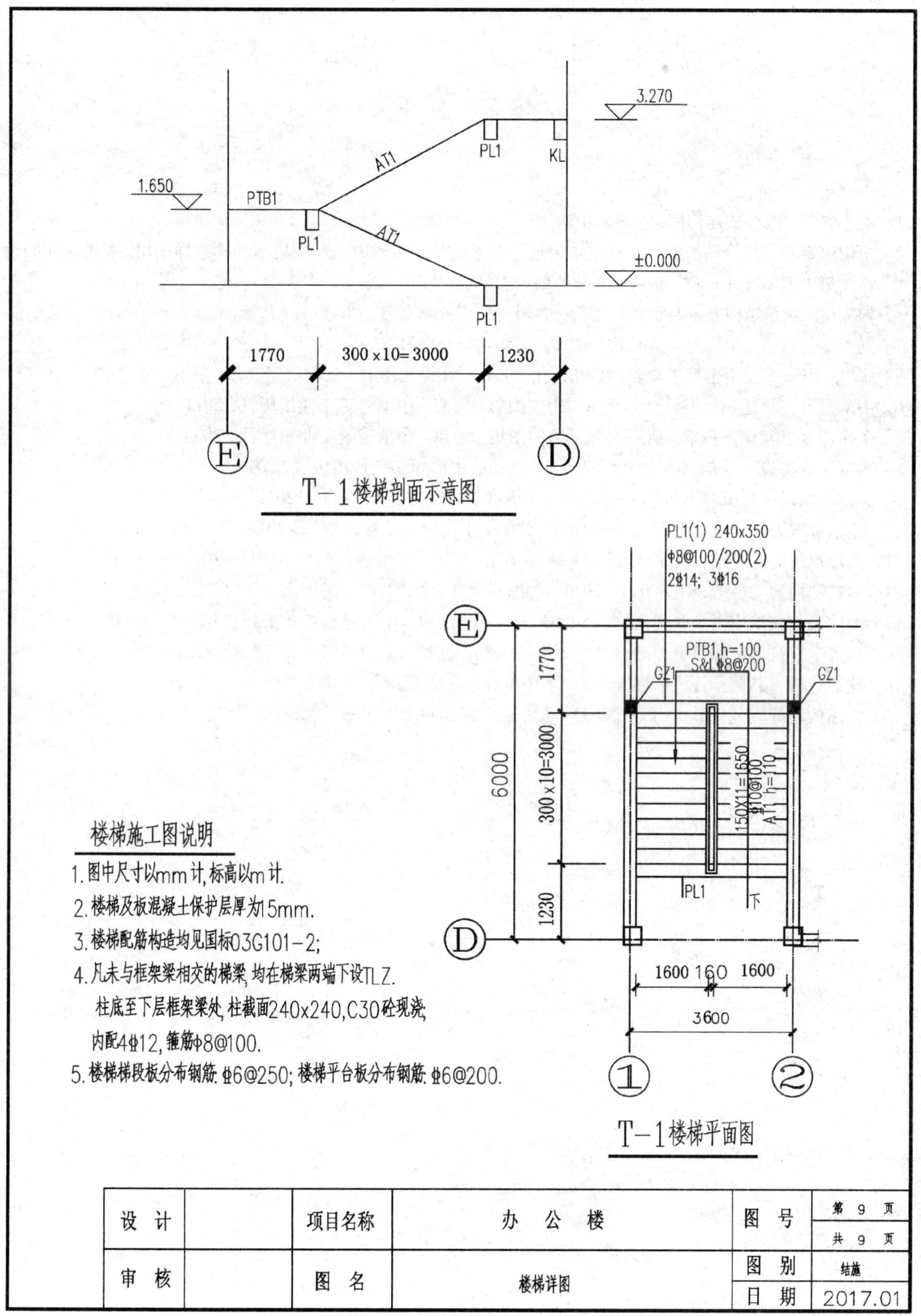

设 计		项目名称	办 公 楼	图 号	第 9 页 共 9 页
审 核		图 名	楼梯详图	图 别	结施
				日 期	2017.01

参考文献

[1] 刘小聪. 建筑构造与识图. 长沙：中南大学出版社，2013

[2] 中国建筑标准设计研究院. 混凝土结构施工图平面整体表示方法制图规则和构造详图(国家建筑标准设计图集 11G101—1～3). 北京：中国计划出版社，2011

[3] 杨太生. 建筑结构基础与识图. 北京：中国建筑工业出版社，2008

[4] 刘孟良. 混凝土结构与砌体结构. 长沙：中南大学出版社，2013

[5] 张军，钢筋工程手工算量与实例解析. 北京：化学工业出版社，2014

[6] 中南地区工程建设标准设计办公室. 建筑图集. 北京：中国建筑工业出版社，2011

[7] 中南地区工程建设标准设计办公室. 结构图集. 北京：中国建筑工业出版社，2005

[8] 混凝土结构设计规范(GB 50010—2010). 北京：中国建筑工业出版社，2010

[9] 砌体结构设计规范(GB 50003—2011). 北京：中国建筑工业出版社，2011

[10] 建筑抗震设计规范(GB 50011—2010). 北京：中国建筑工业出版社，2010.

[11] 高层建筑混凝土结构技术规程(JGJ 3—2010). 北京：中国建筑工业出版社，2011

[12] 建筑结构荷载规范(GB 50009—2012). 北京：中国建筑工业出版社，2012

[13] 砌体工程施工质量验收规范(GB 50203—2011). 北京：中国建筑工业出版社，2011

[14] 建筑工程抗震设防分类标准(GB 50223—2008). 北京：中国建筑工业出版社，2008

[15] 建筑结构可靠度设计统一标准. 北京：中国建筑工业出版社，2001

[16] 钢结构设计规范(GB 50017—2003). 北京：中国建筑工业出版社，2003